三角関数の数値

θ〔°〕	0	30	45	60	90
θ〔rad〕	0	$\frac{\pi}{6}$	$\frac{\pi}{4}$	$\frac{\pi}{3}$	$\frac{\pi}{2}$
$\sin\theta$	0	$\frac{1}{2}$	$\frac{1}{\sqrt{2}}$	$\frac{\sqrt{3}}{2}$	1
$\cos\theta$	1	$\frac{\sqrt{3}}{2}$	$\frac{1}{\sqrt{2}}$	$\frac{1}{2}$	0
$\tan\theta$	0	$\frac{1}{\sqrt{3}}$	1	$\sqrt{3}$	∞

$$\pi \fallingdotseq 3.1416$$

$$\frac{1}{\pi} \fallingdotseq 0.318$$

$$\frac{1}{2\pi} \fallingdotseq 0.159$$

［**10**］微分

$$\frac{d}{dx}x^n = nx^{n-1}$$

$$\frac{d}{dt}1 = 0$$

$$\frac{d}{dx}x^2 = 2x$$

$$\frac{d}{dx}e^{ax} = ae^{ax}$$

$$\frac{d}{dx}\log_e x = x^{-1} = \frac{1}{x}$$

$$\frac{d}{d\theta}\sin\theta = \cos\theta$$

$$\frac{d}{d\theta}\cos\theta = -\sin\theta$$

$y = f\{u(x)\}$ において関数を $f(x)$ とすると合成関数の微分

$$\frac{dy}{dx} = \frac{dy}{du}\cdot\frac{du}{dx}$$

$$\frac{d}{dt}\cos\omega t = -\omega\sin\omega t$$

$$\frac{d}{d\theta}\sin 2\theta = 2\cos 2\theta$$

$$\frac{d}{dx}\log_e(a-x) = -\frac{1}{a-x}$$

$y = \dfrac{u}{v}$ において u，v を x の関数とすると

y の微分 y'

$$y' = \frac{u'v - uv'}{v^2}$$

$$\frac{d}{dx}\frac{x}{(a+x)^2} = \frac{(a+x)^2 - 2(a+x)x}{(a+x)^4}$$

$$= \frac{a^2 - x^2}{(a+x)^4}$$

［**11**］積分（積分定数は省略）

$$\int x^n\,dx = \frac{x^{n+1}}{n+1}$$

$$\int 1\,dx = x$$

$$\int x\,dx = \frac{x^2}{2}$$

$$\int x^{-1}\,dx = \log_e x$$

$$\int \frac{1}{a-x}\,dx = -\log_e(a-x)$$

$$\int e^{ax}\,dx = \frac{1}{a}e^{ax}$$

$\int \sin\theta d\theta = -$ co

$\int \cos\theta d\theta = \sin$

$\int \cos 2\theta d\theta =$

$\int_0^{\pi} \sin\theta d\theta =$

$\int_0^{2\pi} \sin\theta d\theta$

$\int \sin\omega t dt =$

［**12**］ブール代数

$A + A = A$

$A + 1 = 1$

$A + 0 = A$

$A \cdot A = A$

$A \cdot 1 = A$

$A \cdot 0 = 0$

$A + \overline{A} = 1$

$A \cdot \overline{A} = 0$

$\overline{\overline{A}} = A$

［**13**］単位の接頭語

記号	T	G	M	k	c	m	μ	n	p
数値	10^{12}	10^9	10^6	10^3	10^{-2}	10^{-3}	10^{-6}	10^{-9}	10^{-12}

第一級陸上無線技術士試験

やさしく学ぶ

無線工学の基礎

【改訂3版】

吉川忠久・著

まえがき

無線従事者とは，「無線設備の操作またはその監督を行う者であって，総務大臣の免許を受けたもの」と電波法で定義されています．

無線従事者には，無線技術士，無線通信士，特殊無線技士，アマチュア無線技士の資格がありますが，第一級陸上無線技術士（一陸技）は，陸上に開設する放送局，航空局，固定局等の無線局の無線設備の操作またはその監督を行う無線従事者として必要な資格であり，陸上に開設したすべての無線局の無線設備の技術操作を行うことができる資格です．

また，無線通信の分野では携帯電話などの移動通信を行う無線局，あるいは放送の分野においてはデジタル化や多局化により無線局の数が著しく伸びています．これらの無線局の無線設備を国の検査に代わって保守点検を実施しているのが登録点検事業者です．登録点検事業者の点検員として無線従事者の資格が必要となり，無線従事者の免許を受けるためには国家試験に合格しなければなりません．

本書は，やさしく学習して第一級陸上無線技術士（一陸技）の国家試験に合格できることを目指しました．

一陸技の国家試験科目は，「無線工学の基礎」，「無線工学A」，「無線工学B」，「法規」の4科目があります．国家試験の出題範囲は大学卒業レベルの内容ですので，試験問題を解くには，かなりの専門的な知識が要求されます．

本書で学習する「無線工学の基礎」の国家試験問題の出題分野を次に示します．

- 電気物理
- 電気回路
- 半導体・電子管
- 電子回路
- 電気磁気測定

これらの科目を学習するには，一般にはたくさんの参考書を学習しなければなりませんが，これまでに出題された問題の種類はそれほど多くはありません．

そこで，本書は1冊で国家試験問題を解くのに必要な内容をひととおり学習することができるように，学習内容を試験に出題された問題の範囲に絞って，その範囲をやさしく学習することができるような構成としました．また，専門科目を学習したことがない方でも学習しやすいように，基礎的な内容も解説しました．

国家試験で合格点をとるための近道は，これまでに出題された問題をよく理解することです．本書は各分野の出題状況に応じて内容と練習問題を選定して構成しています．また，改訂２版が発行されてから約４年半が経過し，国家試験に新しい傾向の問題も出題されています．

改訂３版では，最新の国家試験問題の出題状況に応じて，掲載した問題を削除および追加しました．それに合わせて，本文の内容を充実させるとともに，国家試験問題の解説についても見直しを行い，わかりにくい部分や計算過程についての解説を増やしました．

また，各問題にある★印は出題頻度を表しています．★★★は数期おきに出題されている問題，★★はより長い期に出題される問題です．合格ラインを目指す方はここまでしっかり解けるようにしておきましょう．★は出題頻度が低い問題ですが，出題される可能性は十分にありますので，一通り学習することをお勧めします．

国家試験の出題では，いつも同じ問題が出題されるわけではなく，内容の一部が異なる類題が多く出題されています．類題が解けるようになるためには，解説や練習問題の解き方を学習して実力をつけてください．

特に，国家試験問題を解くときに注意することをキャラクターがコメントして，図やイラストによって視覚的にも印象づけられるようにしました．

練習問題の計算過程については，解答を導く途中の計算を詳細に記述してありますが，読むだけでは実際の試験で解答することはできません．自ら計算してください．

本書を繰り返して学習することが，合格への近道です．そのために，何度も読んでいただけるように，やさしく学べることを目指しました．

本書で楽しく学習して，一陸技の資格を取得されることを願っています．

2022年４月

筆者しるす

目次

1章　電気物理

2章　電気回路

3章　半導体・電子管

4章　電子回路

5章　電気磁気測定

1章

電気物理

この章から 5問 出題

【合格へのワンポイントアドバイス】

電気物理の分野は計算問題や公式を答える問題が中心です．公式を答える試験問題は，単に公式を答えるのではなく，公式を誘導する問題が多いので，式を誘導する過程を正確に理解してください．物理量の比例や反比例の関係とそれらの単位に注意して学習すれば，試験問題を解くときに選択肢を絞ることができます．

1.1 電荷と電界

- 静電気による力は距離の 2 乗に反比例
- 静電気力や電界は大きさと方向を持ったベクトル量
- 電界は単位電荷当たりの力
- 電界中の電荷に働く力と運動方程式

1.1.1 クーロンの法則

図 1.1 のように，真空中で r〔m〕離れた二つの**点電荷**（単位：クーロン〔C〕）Q_1，Q_2 の間に働く力の大きさ F〔N〕は次式で表されます．

$$F = \frac{Q_1 Q_2}{4\pi\varepsilon_0 r^2}$$

$$\fallingdotseq 9 \times 10^9 \times \frac{Q_1 Q_2}{r^2}\ \text{〔N〕} \qquad (1.1)$$

Q を除いた $\frac{1}{4\pi\varepsilon_0 r^2}$ のうち，$4\pi r^2$ は球の表面積の意味．

ここで，ε_0 は真空の誘電率です．

$$\varepsilon_0 \fallingdotseq \frac{1}{36\pi} \times 10^{-9}\ \text{〔F/m〕}$$

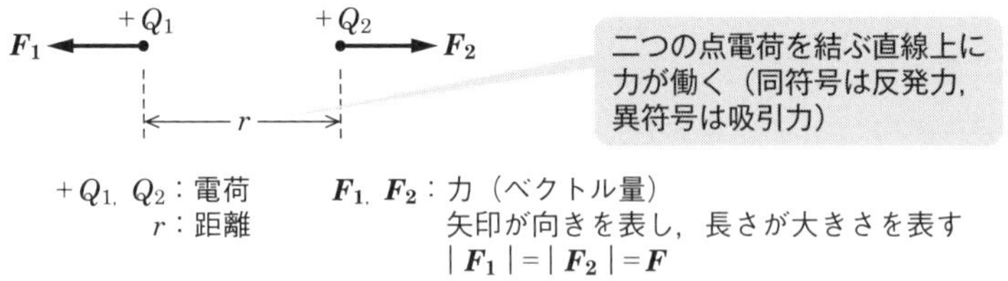

■図 1.1　二つの点電荷に働く力

関連知識　力の単位

力の単位はニュートン〔N〕で表します．地表上の 1〔kg〕の質量には，地球の中心に向かって約 9.8〔N〕の力が働きます．

1.1.2 電　界

図 1.2 のように，真空中に点電荷 Q〔C〕を置いたとき，点電荷から r〔m〕離れた点の電界の大きさ E〔V/m〕は次式で表されます．

$$E = \frac{Q}{4\pi\varepsilon_0 r^2}\ \text{〔V/m〕} \qquad (1.2)$$

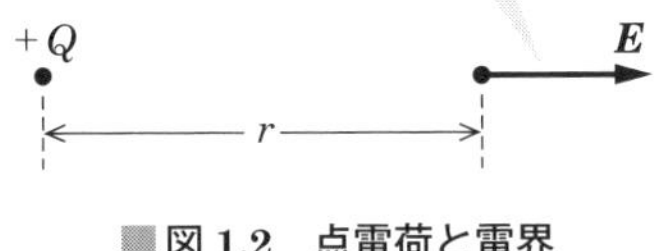

■図 1.2　点電荷と電界

電界の大きさ E〔V/m〕の電界中に q〔C〕の電荷を置くと，電荷に働く力 F〔N〕は次式で表されます．

$$F = qE \text{〔N〕} \tag{1.3}$$

1.1.3 電界の計算

電界は，力と同じように大きさと方向を持ったベクトル量です．二つ以上の電荷による電界は**図 1.3** のようにベクトル和となります．図 1.3 および式 (1.4)，式 (1.5) において，電界の記号のうち $\boldsymbol{E}$ はベクトルを，E はスカラを表します．

$$\boldsymbol{E}_0 = \boldsymbol{E}_1 + \boldsymbol{E}_2 \tag{1.4}$$

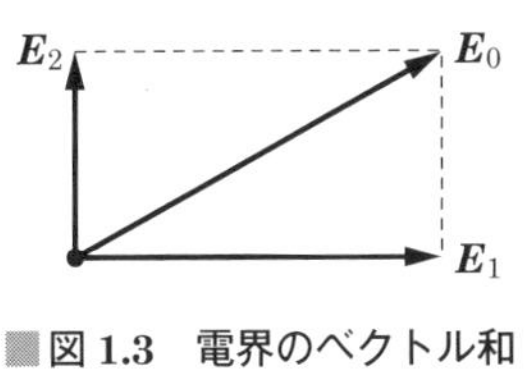

■図 1.3　電界のベクトル和

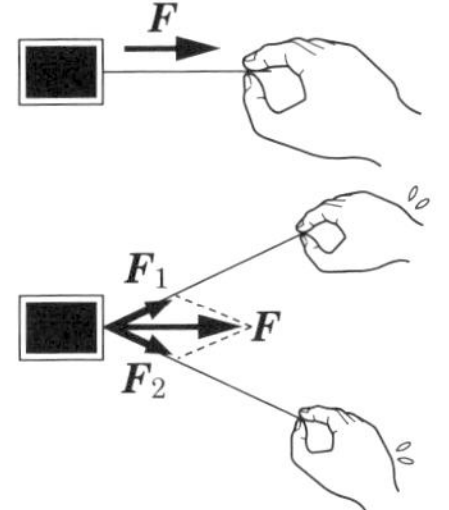

図 1.3 において，Q_1 による P 点の電界を E_1，Q_2 による電界を E_2 とすると，各々のベクトルを平行四辺形の各辺としたときに，その対角線が合成ベクトルを表し，その大きさ E_0 は，E_1 と E_2 のなす角が直角のときは，次式によって求めることができます．

$$E_0 = \sqrt{E_1^2 + E_2^2} \tag{1.5}$$

1.1.4 電気力線と電束

電界の状態を表す仮想な線を**電気力線**といいます．電荷 Q〔C〕から飛び出す全電気力線数 N は，媒質の誘電率を ε とすると，次式で表されます．

$$N = \frac{Q}{\varepsilon} \tag{1.6}$$

単位面積を通過する電気力線数 n を**電気力線密度**といいます．電気力線密度は電界と同じ大きさです．また，電荷 Q〔C〕から飛び出す電気量の束を**電束**といいます．

真空中に点電荷 Q〔C〕を置いたとき，点電荷から発する全電束 Φ〔C〕は次式で表されます．

$$\Phi = Q \text{〔C〕} \tag{1.7}$$

また，単位面積を通過する電束数を**電束密度**といいます．

真空中の電界 E と電束密度 D〔C/m^2〕の関係は次式で表されます．

$$D = \varepsilon_0 E \text{〔C/m}^2\text{〕} \tag{1.8}$$

電気力線密度は，媒質によってその大きさが変わるが，電束密度は媒質によって変わらない．

1.1.5 磁気に関するクーロンの法則

静電気と同じように，磁石などの磁気に関してもクーロンの法則が成り立ちます．真空中で r〔m〕離れた二つの点磁極（単位：ウェーバー〔Wb〕）m_1 と m_2 の間に働く力の大きさ F〔N〕は次式で表されます．

$$F = \frac{m_1 m_2}{4\pi\mu_0 r^2} \text{〔N〕} \tag{1.9}$$

ここで，μ_0 は真空の透磁率を表します．

$$\mu_0 = 4\pi \times 10^{-7} \text{〔H/m〕}$$

関連知識　μ_0 と ε_0 の値

μ_0 は，電流間に働く力から定義された値です．真空中の光の速度を c〔m/s〕とすると，次式の関係があります．

$$c = \frac{1}{\sqrt{\varepsilon_0 \mu_0}} \text{〔m/s〕} \tag{1.10}$$

ただし

$$c = 2.99792458 \times 10^8 \fallingdotseq 3 \times 10^8 \text{〔m/s〕} \tag{1.11}$$

式（1.10）と式（1.11）より ε_0 を求めると，次式で表されます．

$$\varepsilon_0 = \frac{1}{\mu_0 c^2} \fallingdotseq \frac{1}{36\pi} \times 10^{-9} \text{〔F/m〕}$$

電界 E〔V/m〕，電束密度 D〔C/m²〕と同じように，磁界 H〔A/m〕，磁束密度 B（単位：テスラ〔T〕）が定義されます．真空中に点磁極 m〔Wb〕を置いたとき，点磁極から r〔m〕離れた点の磁界の大きさは次式で表されます．

磁界も電界と同じようにベクトル量なので，磁界の計算も電界の計算と同様にベクトルの演算を行う．

$$H = \frac{m}{4\pi\mu_0 r^2} \text{〔A/m〕} \tag{1.12}$$

電界と電束密度の関係と同じように，次式が成り立ちます．

$$B = \mu_0 H \text{〔T〕} \tag{1.13}$$

磁界の大きさ H〔A/m〕の磁界中に m〔Wb〕の磁極を置くと，磁極に働く力の大きさ F〔N〕は次式で表されます．

$$F = mH \text{〔N〕} \tag{1.14}$$

磁極は正負の二つの極が対で存在します．**図 1.4** のように，真空中に置かれた棒磁石の磁極の強さを $\pm m$〔Wb〕，長さを l〔m〕とすると，棒磁石の中点 O から垂直線上 r〔m〕の位置にある点 P の磁界の強さ H_P〔A/m〕は，$r \gg l$ の条件では

$$H_P \fallingdotseq \frac{ml}{4\pi\mu_0 r^3} \text{〔A/m〕} \tag{1.15}$$

の式で表され，r^3 に反比例します．

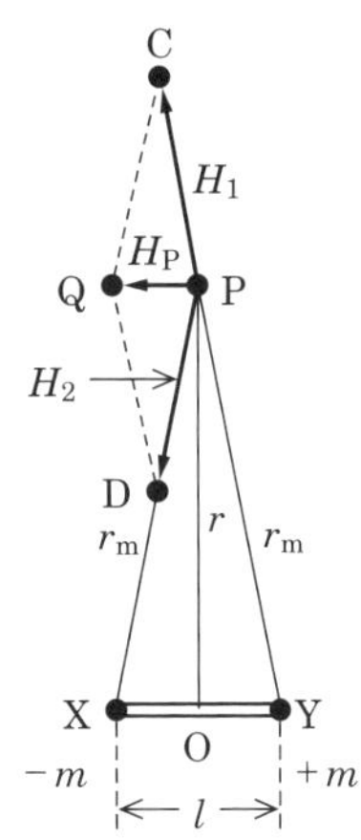

図 1.4　磁気双極子

点磁極から r〔m〕離れた点の磁界の大きさは，距離の 2 乗に反比例する．
+と－の点磁極が近接して置かれた双極子（ダイポール）磁極の中心から r〔m〕離れた点の磁界の大きさは，距離の 3 乗に反比例する．

問題 1 ★★★ ➡1.1

次の記述は，電界の強さが E〔V/m〕の均一な電界中の電子Dの運動について述べたものである．□内に入れるべき字句の正しい組合せを下の番号から選べ．ただし，**図 1.5** に示すように，Dは，電界の方向との角度 θ が $\pi/6$〔rad〕，初速度が V_0〔m/s〕で原点Oから電界中に放出されるものとし，Dはこの電界からのみ力を受けるものとする．また，Dの電荷の大きさおよび質量を e〔C〕および m〔kg〕とし，DがOから放出されてからの時間を t〔s〕とする．

(1) Dは，x 方向には力を受けないので，x 方向の速さは，$V_x = \dfrac{V_0}{2}$〔m/s〕の等速度である．

(2) Dは，y 方向には減速する力を受けるので，y 方向の速さは，$V_y =$ [A] $- \dfrac{eE}{m}t$〔m/s〕に従って変化する．

(3) $V_y = 0$〔m/s〕のとき y が最大となり，その値 y_m は，$y_m =$ [B]〔m〕である．

(4) また，そのときの x を x_m とすると，その値 x_m は，$x_m =$ [C]〔m〕である．

	A	B	C
1	$\dfrac{V_0}{\sqrt{2}}$	$\dfrac{3mV_0^2}{8eE}$	$\dfrac{\sqrt{3}\,mV_0^2}{4eE}$
2	$\dfrac{V_0}{\sqrt{2}}$	$\dfrac{3mV_0^2}{4eE}$	$\dfrac{mV_0^2}{4eE}$
3	$\dfrac{\sqrt{3}\,V_0}{2}$	$\dfrac{3mV_0^2}{8eE}$	$\dfrac{\sqrt{3}\,mV_0^2}{4eE}$
4	$\dfrac{\sqrt{3}\,V_0}{2}$	$\dfrac{3mV_0^2}{4eE}$	$\dfrac{mV_0^2}{4eE}$
5	$\dfrac{\sqrt{3}\,V_0}{2}$	$\dfrac{3mV_0^2}{8eE}$	$\dfrac{mV_0^2}{4eE}$

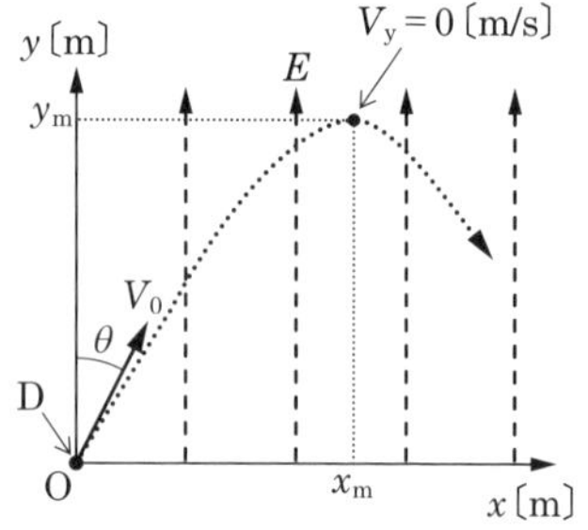

x：E と直角方向の距離〔m〕
y：E と同一方向の距離〔m〕
θ：E と V_0 との角度〔rad〕

図 1.5

解説 V_0 と y 軸の成す角度 $\theta = \pi/6$〔rad〕より，x 方向の速さ V_x〔m/s〕は次式で表されます．

$$V_x = V_0 \sin\frac{\pi}{6} = \frac{V_0}{2}\ \text{〔m/s〕} \quad ①$$

y 方向の初速度 V_{y0}〔m/s〕は次式で表されます．

$$V_{y0} = V_0 \cos\theta = V_0 \cos\frac{\pi}{6} = \frac{\sqrt{3}\,V_0}{2}\ \text{〔m/s〕} \qquad ②$$

電子の電荷は負なので，y 方向の電界によって $-y$ 方向の力 $F = eE$ を受ける．運動方程式は，$F = m\alpha$

電界 E〔V/m〕中の電荷 e〔C〕に働く力 $F = eE$〔N〕なので，$-y$ 方向の加速度 α〔m/s²〕を求めると

$$\alpha = \frac{F}{m} = \frac{eE}{m}\ \text{〔m/s}^2\text{〕} \qquad ③$$

t〔s〕後の y 方向の速度 V_y は，式③の加速度によって減速されるため

（A の答え）

$$V_y = V_{y0} - \alpha t = \boldsymbol{\frac{\sqrt{3}\,V_0}{2}} - \frac{eE}{m}t\ \text{〔m/s〕} \qquad ④$$

$V_y = 0$ となる時刻 t_m〔s〕は，式④$= 0$ として求めることができるので

$$t_m = \frac{\sqrt{3}\,mV_0}{2eE}\ \text{〔s〕} \qquad ⑤$$

となります．t〔s〕後の y 方向の移動距離 y〔m〕は，式④より

$$y = V_{y0}\,t - \int_0^t \alpha t dt = \frac{\sqrt{3}\,V_0}{2}t - \frac{eE}{m}\int_0^t tdt$$

$$= \frac{\sqrt{3}\,V_0}{2}t - \frac{eE}{2m}t^2\ \text{〔m〕} \qquad ⑥$$

$\int xdx = \frac{x^2}{2}$

となります．y_m〔m〕は，式⑥の t に式⑤の t_m を代入すると求めることができるので

（B の答え）

$$y_m = \frac{\sqrt{3}\,V_0}{2} \times \frac{\sqrt{3}\,mV_0}{2eE} - \frac{eE}{2m} \times \left(\frac{\sqrt{3}\,mV_0}{2eE}\right)^2 = \boldsymbol{\frac{3mV_0^2}{8eE}}\ \text{〔m〕}$$

となります．t〔s〕後の x 方向の移動距離 x_m〔m〕は，式①の x 方向の速さ V_x〔m/s〕と式より，次式で表されます．

$$x_m = V_x t_m = \frac{V_0}{2} \times \frac{\sqrt{3}\,mV_0}{2eE} = \boldsymbol{\frac{\sqrt{3}\,mV_0^2}{4eE}}\ \text{〔m〕}$$

（C の答え）

答え▶▶▶3

出題傾向 θ が $\pi/4$ の問題も出題されています．$\cos\theta$ と $\sin\theta$ の値が異なるので注意してください．また，下線の部分を穴埋めの字句とした問題も出題されています．

問題 2 ★★ ➡1.1

次の記述は，**図 1.6** に示すように，電界が一様な平行平板電極間（PQ）に，速度 v〔m/s〕で電極に平行に入射する電子の運動について述べたものである．［　　］内に入れるべき字句の正しい組合せを下の番号から選べ．ただし，電界の強さを E〔V/m〕とし，電子はこの電界からのみ力を受けるものとする．また，電子の電荷を $-q$〔C〕（$q>0$），電子の質量を m〔kg〕とする．

(1) 電子が受ける電界の方向の加速度の大きさ α は，$\alpha=$［ A ］〔m/s²〕である．

(2) 電子が電極間を通過する時間 t は，$t=$［ B ］〔s〕である．

(3) 電子が電極を抜けるときの電界方向の偏位の大きさ y は，$y=$［ C ］〔m〕である．

	A	B	C
1	qE/m	l/v	$qEl^2/(2mv^2)$
2	qE/m	$l/(2v)$	$qEl^2/(2mv^2)$
3	qE/m	l/v	$2qEl/(mv^2)$
4	$2qE/m$	l/v	$qEl^2/(2mv^2)$
5	$2qE/m$	$l/(2v)$	$2qEl/(mv^2)$

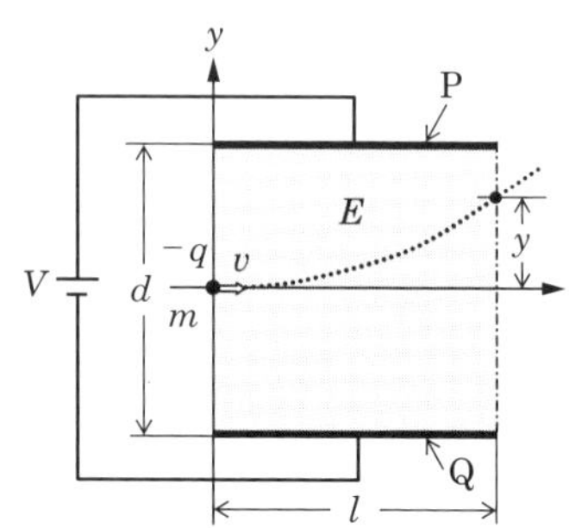

d：PQ 間の間隔〔m〕
l：P および Q の長さ〔m〕
V：直流電圧〔V〕

図 1.6

解説 (1) y 方向の電界 E〔V/m〕によって，電子の電荷 q〔C〕に働く力 F〔N〕は次式で表されます．

$$F=qE\ \text{〔N〕} \qquad ①$$

運動方程式 $F=m\alpha$ より，加速度 α〔m/s²〕は式①を用いて，次式で表されます．

$$\alpha=\frac{F}{m}=\boldsymbol{\frac{qE}{m}}\ \text{〔m/s}^2\text{〕} \qquad ②$$

←［ A ］の答え

(2) x 軸方向の電極の長さ l〔m〕と速度 v〔m/s〕より，電子が電極間を通過する時間 t〔s〕は次式で表されます．

［ B ］の答え→

$$t=\boldsymbol{\frac{l}{v}}\ \text{〔s〕} \qquad ③$$

(3) t〔s〕後の y 軸方向の移動距離 y〔m〕は，式②と式③より次式のようになります．

$$y=\int_0^t \alpha t dt=\frac{qE}{m}\int_0^t t dt=\frac{qE}{m}\times\frac{t^2}{2}=\boldsymbol{\frac{qEl^2}{2mv^2}}\ \text{〔m〕}$$

←［ C ］の答え

答え ▶▶▶ 1

1.2 ガウスの定理・電位・静電容量

要点
- ガウスの定理：電束密度の面積積分は内部の電荷と等しい
- 電界はベクトル量，電位はスカラ量
- コンデンサに蓄えられる電荷は静電容量に比例する

1.2.1 ガウスの定理

電荷を取り囲む任意の面を考えたときに，その面を通る全電気力線数は，面内に存在する電荷から発生する全電気力線数と一致します．これを**ガウスの定理**といいます．

クーロンの法則は，面積を持たない点電荷間の力を表す．

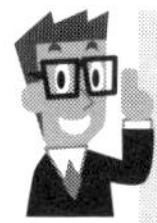

$$\int E_{\mathrm{n}}\, ds = \frac{Q}{\varepsilon_0} \tag{1.16}$$

ただし，E_{n} は微小面積 ds 上の電界の法線成分を表します．

法線とは，面に垂直な線のこと．

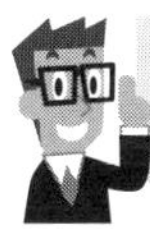

電界の大きさがその点の電気力線密度を表すので，式（1.16）の左辺の積分は面全体から飛び出す電気力線の総数を表します．

図 1.7 に示すような電荷 Q〔C〕を中心として，取り囲む面の表面において電界が一様なときは，面積を S〔m^2〕，電界を E〔V/m〕，空間の誘電率を ε とすると，ガウスの定理により次式が成り立ちます．

ガウスの定理は，電荷を取り囲む平曲面を通過する電束数がその内部の電束数を表す法則なので，電荷が分布している状態などの問題を容易に解くことができる．

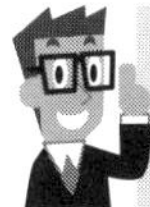

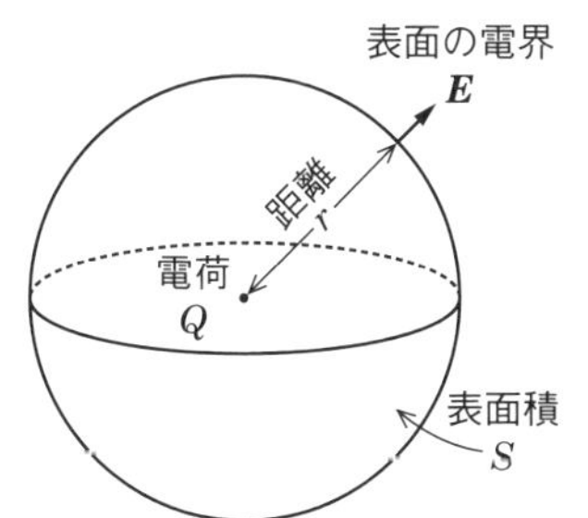

全電束数 $\Phi = Q$

全電気力線数 $N = \dfrac{Q}{\varepsilon}$

ε：誘電率

電束密度 $D = \dfrac{Q}{S}$

電気力線密度 $n = \dfrac{Q}{\varepsilon S}$

電界 $E = n = \dfrac{Q}{\varepsilon S}$

図 1.7 ガウスの定理

$$SE = \frac{Q}{\varepsilon} \tag{1.17}$$

電界を求めると，次式で表されます．

$$E = \frac{Q}{\varepsilon S} \tag{1.18}$$

関連知識　ガウスの定理

一般に，物理法則はクーロンの法則のように○○の法則といいますが，ガウスが発見した法則は数学の定理として証明されているので，ガウスの定理とも呼びます．

1.2.2 電位

電界中に置かれた単位正電荷が持つエネルギーを**電位**といいます．

(1) 平等電界中の電位

図 1.8 のように，電界が一様な平等電界 E〔V/m〕の中に，電界の方向に l〔m〕離れた点 a, b をとると，a, b 間の電位 V〔V〕は，単位正電荷（+1〔C〕）を l 移動させたときのエネルギーで定義され，次式で表されます．

$$V = El \text{〔V〕} \tag{1.19}$$

電界はベクトル量ですが，電位は大きさのみを持つスカラ量なので，合成電位を求めるときは，代数和で計算することができます．

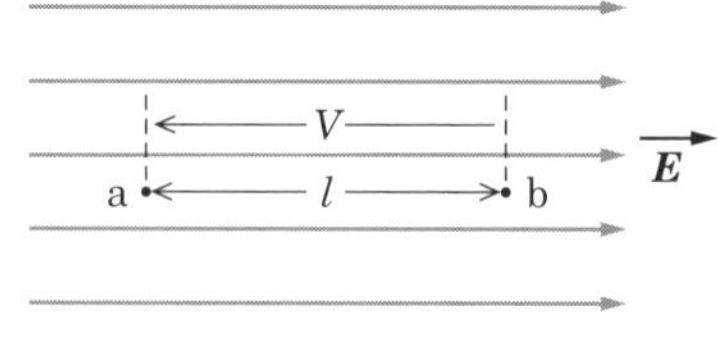

図 1.8　平等電界中の電位

(2) 点電荷による電界中の電位

真空中（誘電率 ε_0）に点電荷 Q〔C〕を置いたとき，点電荷から r〔m〕離れた点の電位 V〔V〕は，単位正電荷を∞の点から，r の点まで移動させたときのエネルギーで定義され，次式で表されます．

$$V = \int_{\infty}^{r} (-E)\,dr$$

$$= -\frac{Q}{4\pi\varepsilon_0}\int_{\infty}^{r} \frac{1}{r^2}\,dr$$

$$= \frac{Q}{4\pi\varepsilon_0}\left[\frac{1}{r}\right]_{\infty}^{r} = \frac{Q}{4\pi\varepsilon_0 r} \text{〔V〕} \tag{1.20}$$

(3) 電位と電界

電界は電位の傾きを表すので，電位 V〔V〕の点の x 方向の電界 E〔V/m〕は次式で表されます．

$$E = -\frac{dV}{dx} \text{〔V/m〕} \tag{1.21}$$

符号の－は，電位の正の向きと電界ベクトルの向きが逆であることを表します．

数学の公式

$$\frac{dx^n}{dx} = nx^{n-1}$$

$$\int x^n\,dx = \frac{x^{n+1}}{n+1}$$

$$\frac{d}{dx} \cdot \frac{1}{x} = \frac{d}{dx} x^{-1} = -x^{-2} = -\frac{1}{x^2}$$

$$\int \frac{1}{x^2}\,dx = \int x^{-2}\,dx = -x^{-1} = -\frac{1}{x}$$

（積分定数は省略）

1.2.3 静電容量

(1) 導体球の電界と電位

真空中に孤立した導体球に電荷 Q〔C〕を与えると，ガウスの定理より，導体球の中心に電荷が集まった状態と同様に取り扱うことができます．したがって，導体球の外側において，球の中心から距離 r〔m〕の点の電界 E〔V/m〕と電位 V〔V〕は次式で表されます．

$$E = \frac{Q}{4\pi\varepsilon_0 r^2} \text{〔V/m〕} \tag{1.22}$$

$$V = \frac{Q}{4\pi\varepsilon_0 r} \text{〔V〕} \tag{1.23}$$

(2) 静電容量

絶縁体で隔離された導体に，電荷 Q〔C〕を与えたときの電位を V〔V〕とすると，静電容量 C〔F〕は次式で表されます．

静電容量は，同じ電圧でどれだけ電荷を蓄えることができるかを表す．

$$C = \frac{Q}{V} \text{〔F〕} \tag{1.24}$$

静電容量は導体の形状や導体周りの誘電体の誘電率によって定まります（**図 1.9**）.

真空中に孤立した半径 a〔m〕の導体球の静電容量 C〔F〕は次式で表されます.

$$C = \frac{Q}{V} = \frac{Q}{\dfrac{Q}{4\pi\varepsilon_0 a}} = 4\pi\varepsilon_0 a \text{〔F〕} \qquad (1.25)$$

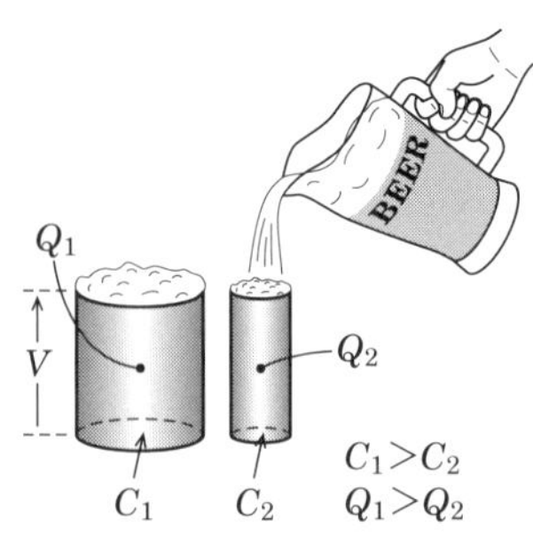

図 1.9　静電容量

問題 3 ★★★　➡ 1.2

次の記述は，図に示すように，真空中で，半径 a〔m〕の球の体積内に一様に Q〔C〕の電荷が分布しているとしたときの電界について述べたものである．［　　］内に入れるべき字句の正しい組合せを下の番号から選べ．ただし，球の中心 O から r〔m〕離れた点を P とし，真空の誘電率を ε_0〔F/m〕とする．なお，同じ記号の［　　］内には，同じ字句が入るものとする．

(1) **図 1.10** のように P が球の外部（$r > a$）のとき，P の電界の強さを E_o〔V/m〕として，ガウスの定理を当てはめると次式が成り立つ．

$E_o \times 4\pi r^2 = $ ［ A ］ ……………………… 【1】

(2) 式【1】から E_o は，次式で表される．

$$E_o = \frac{1}{4\pi r^2} \times \text{［ A ］〔V/m〕}$$

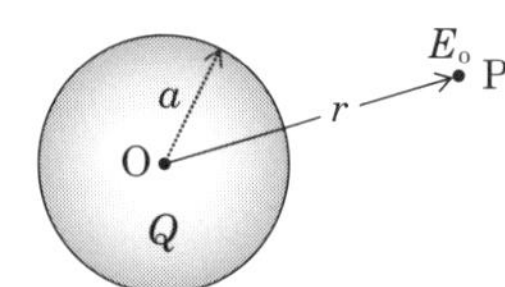

図 1.10

(3) **図 1.11** のように P が球の内部（$r \leqq a$）のとき，電界の強さを E_i〔V/m〕として，ガウスの定理を当てはめると次式が成り立つ．

$E_i \times 4\pi r^2 = $ ［ B ］ ……………………… 【2】

(4) 式【2】から E_i は，次式で表される．

$E_i = $ ［ C ］〔V/m〕

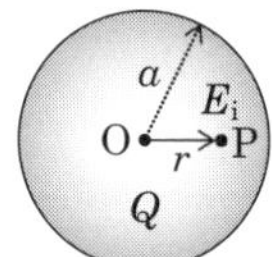

図 1.11

	A	B	C
1	$\dfrac{\varepsilon_0}{Q}$	$\dfrac{Qr^2}{\varepsilon_0 a^2}$	$\dfrac{Qr^2}{4\pi\varepsilon_0 a^2}$
2	$\dfrac{\varepsilon_0}{Q}$	$\dfrac{Qr^3}{\varepsilon_0 a^3}$	$\dfrac{Qr}{4\pi\varepsilon_0 a^3}$
3	$\dfrac{Q}{\varepsilon_0}$	$\dfrac{Qr^2}{\varepsilon_0 a^2}$	$\dfrac{Qr}{4\pi\varepsilon_0 a^3}$
4	$\dfrac{Q}{\varepsilon_0}$	$\dfrac{Qr^3}{\varepsilon_0 a^3}$	$\dfrac{Qr}{4\pi\varepsilon_0 a^3}$
5	$\dfrac{Q}{\varepsilon_0}$	$\dfrac{Qr^2}{\varepsilon_0 a^2}$	$\dfrac{Qr^2}{4\pi\varepsilon_0 a^2}$

解説 ガウスの定理によると，電荷を取り囲む平曲面を通過する全電気力線数は内部の電荷を誘電率で割った値に等しくなります．それを，E_n〔V/m〕が微小面積 ds 上の電界の法線成分とした式で表すと

$$\int E_n ds = \frac{Q}{\varepsilon_0} \quad ①$$

電界の大きさが電気力線密度を表すので，式①の左辺の積分は面全体から飛び出す電気力線の総数を表す．

となります．電界が一定な半径 r〔m〕の球では，$E_n = E_o$ とすると

$$E_o \times 4\pi r^2 = \frac{Q}{\varepsilon_0} \quad ②$$

よって　$E_o = \dfrac{1}{4\pi r^2} \times \boldsymbol{\dfrac{Q}{\varepsilon_0}}$　③

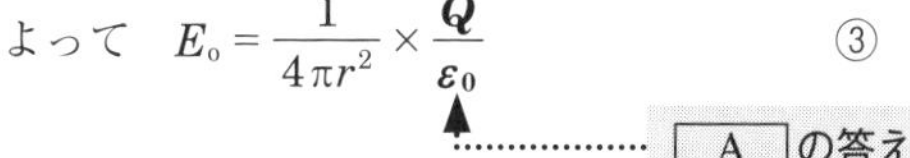

A の答え

となります．半径 r〔m〕の球の表面積 $S_r = 4\pi r^2$〔m²〕，体積 $V_r = 4\pi r^3/3$〔m³〕，半径 a〔m〕の球の表面積 $S_a = 4\pi a^2$〔m²〕，体積 $V_a = 4\pi a^3/3$〔m³〕より，点 P が球の内部（$r \leq a$）のときは

B の答え

$$E_i \times 4\pi r^2 = \frac{QV_r}{\varepsilon_0 V_a} = \boldsymbol{\frac{Qr^3}{\varepsilon_0 a^3}} \quad ④$$

$\dfrac{Q}{V_a}$ は電荷の体積密度．

となります．式④より

C の答え

$$E_i = \frac{Qr^3}{4\pi r^2 \varepsilon_0 a^3} = \boldsymbol{\frac{Qr}{4\pi\varepsilon_0 a^3}} \text{〔V/m〕}$$

答え ▶▶▶ 4

問題 4 ★★★ ➡1.2.2

次の記述は，**図 1.12** に示すように x 軸に沿って x 方向に電界 E〔V/m〕が分布しているとき，x 軸に沿った各点の電位差について述べたものである．［　　］内に入れるべき字句の正しい組合せを下の番号から選べ．ただし，点 a の電位を 0〔V〕とする．

(1) 点 a と点 b の 2 点間の電位差は，［ A ］である．

(2) 点 b と点 c の 2 点間の電位差は，［ B ］である．

(3) 点 a と点 d の 2 点間の電位差は，［ C ］である．

	A	B	C
1	8〔V〕	1〔V〕	4〔V〕
2	8〔V〕	0〔V〕	0〔V〕
3	4〔V〕	1〔V〕	4〔V〕
4	4〔V〕	0〔V〕	4〔V〕
5	4〔V〕	0〔V〕	0〔V〕

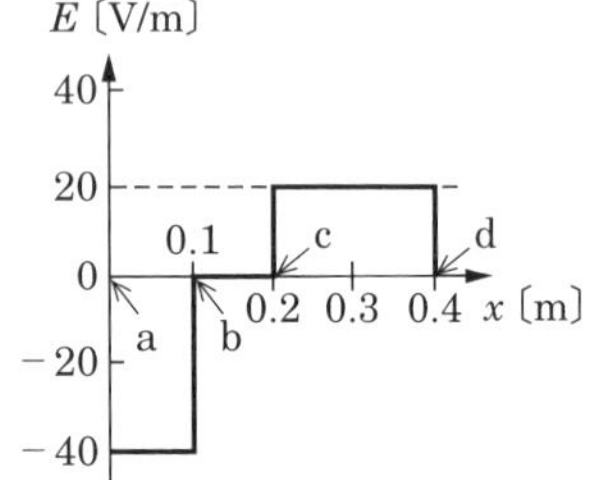

a：$x = 0$〔m〕の点
b：$x = 0.1$〔m〕の点
c：$x = 0.2$〔m〕の点
d：$x = 0.4$〔m〕の点

■図 1.12

解説 **図 1.12** のように電界 E が一定の値で分布している x 軸上の区間内において，区間 $x_1 \sim x_2$〔m〕の電界が E〔V/m〕のときの電位差 V〔V〕は，次式で表されます．

$$V = -E(x_2 - x_1)\text{〔V〕}$$

(1) 点 a と点 b の 2 点間の電位差 V_1〔V〕は次式で表されます．

$$V_1 = -(-40) \times (0.1 - 0) = \mathbf{4}\ \textbf{〔V〕}$$ ◀……［ A ］の答え

(2) 点 b と点 c の 2 点間の電位差 V_2〔V〕は次式で表されます．

$$V_2 = -0 \times (0.2 - 0.1) = \mathbf{0}\ \textbf{〔V〕}$$ ◀……［ B ］の答え

(3) 点 c と点 d の 2 点間の電位差 V_3〔V〕は次式で表されます．

$$V_3 = -20 \times (0.4 - 0.2) = -4\text{〔V〕}$$

点 a と点 d の 2 点間の電位差 V_4〔V〕はこれらの電位差の和となるので，次式で表されます．

$$V_4 = V_1 + V_2 + V_3 = 4 + 0 - 4 = \mathbf{0}\ \textbf{〔V〕}$$ ◀……［ C ］の答え

答え▶▶▶5

問題 5 ★★★ ➡ 1.2.2

図 1.13 に示すように，真空中で r〔m〕離れた点 a および b にそれぞれ点電荷 Q〔C〕（$Q > 0$）が置かれているとき，線分 ab の中点 c と，c から線分 ab に垂直方向に $\sqrt{3}\,r/2$〔m〕離れた点 d との電位差の値として，正しいものを下の番号から選べ．ただし，真空の誘電率を ε_0〔F/m〕とする．

1 $\dfrac{Q}{2\pi\varepsilon_0 r}$〔V〕

2 $\dfrac{Q}{3\pi\varepsilon_0 r}$〔V〕

3 $\dfrac{Q}{4\pi\varepsilon_0 r}$〔V〕

4 $\dfrac{2Q}{\pi\varepsilon_0 r}$〔V〕

5 $\dfrac{3Q}{2\pi\varepsilon_0 r}$〔V〕

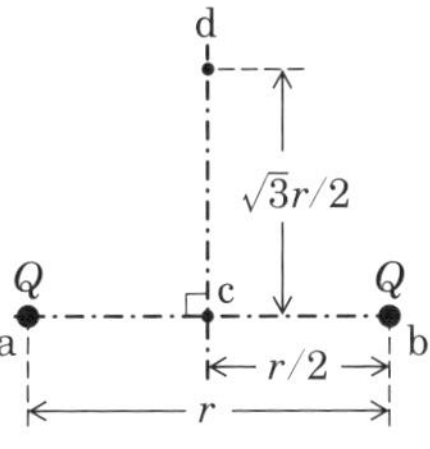

■ 図 1.13

解説 $\overline{\mathrm{ad}} = \overline{\mathrm{bd}}$ の長さを求めると

$$\overline{\mathrm{ad}} = \sqrt{\left(\frac{r}{2}\right)^2 + \left(\frac{\sqrt{3}\,r}{2}\right)^2} = \sqrt{\frac{r^2}{4} + \frac{3r^2}{4}} = r\ \text{〔m〕}$$

電位はスカラなので，二つの点電荷 Q〔C〕によって，r〔m〕離れた点 d に生じる電位 V_{d}〔V〕は一つの電荷による電位の 2 倍となるので

図の長さから，正三角形だとわかるので，$\overline{\mathrm{ad}} = r$ と求めることもできる．

$$V_{\mathrm{d}} = 2 \times \frac{Q}{4\pi\varepsilon_0 r} = \frac{Q}{2\pi\varepsilon_0 r}\ \text{〔V〕}$$

二つの点電荷 Q〔C〕によって点 c に生じる電位 V_{c}〔V〕は次式で表されます．

$$V_{\mathrm{c}} = 2 \times \frac{Q}{4\pi\varepsilon_0 \dfrac{r}{2}} = \frac{Q}{\pi\varepsilon_0 r}\ \text{〔V〕}$$

点 c と点 d の電位差 V_{cd}〔V〕は次式によって求めることができます．

$$V_{\mathrm{cd}} = V_{\mathrm{c}} - V_{\mathrm{d}} = \frac{Q}{\pi\varepsilon_0 r} - \frac{Q}{2\pi\varepsilon_0 r} = \boldsymbol{\frac{Q}{2\pi\varepsilon_0 r}}\ \textbf{〔V〕}$$

答え ▶▶▶ 1

問題 6 ★ ➡1.2.2

図 1.14 に示すように，真空中で 8〔m〕離れた点 a および b にそれぞれ点電荷 Q〔C〕（$Q>0$）が置かれている．点 a，b 間の中点 O から線分 ab と垂直方向に 3〔m〕離れた点 c から O まで点電荷 q〔C〕（$q>0$）を移動させるのに必要な仕事量として，最も近いものを下の番号から選べ．ただし，重力の影響は無視し，真空中の誘電率を ε_0 としたとき，$1/(4\pi\varepsilon_0) \fallingdotseq 9\times10^9$〔$N\cdot m^2/C^2$〕を k とする．

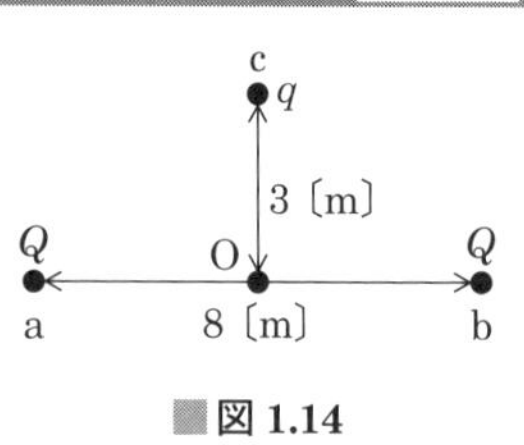

図 1.14

1　$0.5kqQ$〔J〕　　2　$0.4kqQ$〔J〕　　3　$0.2kqQ$〔J〕
4　$0.1kqQ$〔J〕　　5　$0.05kqQ$〔J〕

解説 点 a，b の二つの点電荷 Q〔C〕によって $r_1=4$〔m〕離れた中点 O に生じる電位 V_O〔V〕は次式で表されます．

$$V_O = 2\times\frac{Q}{4\pi\varepsilon_0 r_1} = 2k\frac{Q}{4} = 0.5kQ \text{〔V〕} \quad ①$$

点 c と O の距離を $r_2=3$〔m〕とすると，点 a と点 c，点 b と点 c 間の距離 r_3〔m〕は次式で表されます．

$$r_3 = \sqrt{r_1^2 + r_2^2} = \sqrt{4^2+3^2} = 5 \text{〔m〕}$$

二つの点電荷 Q〔C〕によって点 c に生じる電位 V_c〔V〕は次式で表されます．

$$V_c = 2k\frac{Q}{r_3} = 2k\frac{Q}{5} = 0.4kQ \text{〔V〕} \quad ②$$

点 c から点 O まで点電荷 q〔C〕を移動させるのに必要な仕事量 W〔J〕は次式で表されます．

$$W = (V_O - V_c)q = (0.5kQ - 0.4kQ)q = \mathbf{0.1kqQ} \text{〔J〕}$$

答え▶▶▶4

電位は単位電荷当たりの仕事量を表すので，電位差と電荷の積が仕事量を表す．

問題 7 ★★★ ➡1.2.2

次の記述は，**図 1.15** に示すように真空中に置かれた２本の平行無限長直線導体 X および Y の間の静電容量について述べたものである．［　　］内に入れるべき字句の正しい組合せを下の番号から選べ．ただし，真空の誘電率を ε_0〔F/m〕とし，X および Y の半径をそれぞれ r〔m〕，導体間の間隔を d〔m〕（$r \ll d$）とする．

(1) XY 間に V〔V〕の直流電圧を加え，X および Y にそれぞれ単位長さ当たり Q〔C/m〕および $-Q$〔C/m〕の電荷が蓄えられたとき，X の Q によって X の中心より x〔m〕離れた点 P に生ずる電界の強さの大きさ E_X は，ガウスの定理により次式で表される．

$E_X =$ ［ A ］〔V/m〕

(2) 同様にして Y の $-Q$ によって点 P に生ずる電界の強さの大きさを求めて E_Y とすると，E_X および E_Y の方向は同方向であるから，点 P の合成電界の強さ E は，$E = E_X + E_Y$〔V/m〕で表される．

(3) したがって，V は次式で表される．

$$V = -\int_{d-r}^{r} E dx = \int_{r}^{d-r} E dx = \frac{Q}{\pi\varepsilon_0} \times \boxed{\text{ B }} \text{〔V〕}$$

(4) よって，XY 間の単位長さ当たりの静電容量 C は，$r \ll d$ であるから，次式で求めることができる．

$C \fallingdotseq$ ［ C ］〔F/m〕

	A	B	C
1	$\dfrac{Q}{2\pi\varepsilon_0 x}$	$\log_e \dfrac{r}{d-r}$	$\dfrac{2\pi\varepsilon_0}{\log_e \dfrac{d}{r}}$
2	$\dfrac{Q}{2\pi\varepsilon_0 x}$	$\log_e \dfrac{r}{d-r}$	$\dfrac{\pi\varepsilon_0}{\log_e \dfrac{d}{r}}$
3	$\dfrac{Q}{4\pi\varepsilon_0 x}$	$\log_e \dfrac{d-r}{r}$	$\dfrac{\pi\varepsilon_0}{\log_e \dfrac{d}{r}}$
4	$\dfrac{Q}{2\pi\varepsilon_0 x}$	$\log_e \dfrac{d-r}{r}$	$\dfrac{\pi\varepsilon_0}{\log_e \dfrac{d}{r}}$
5	$\dfrac{Q}{4\pi\varepsilon_0 x}$	$\log_e \dfrac{r}{d-r}$	$\dfrac{2\pi\varepsilon_0}{\log_e \dfrac{d}{r}}$

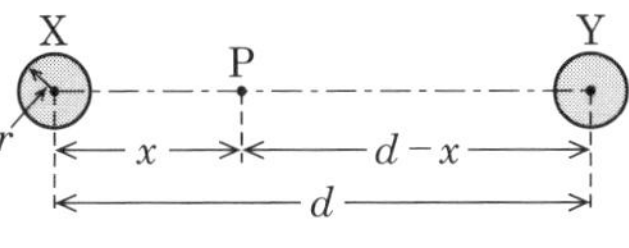

図 1.15

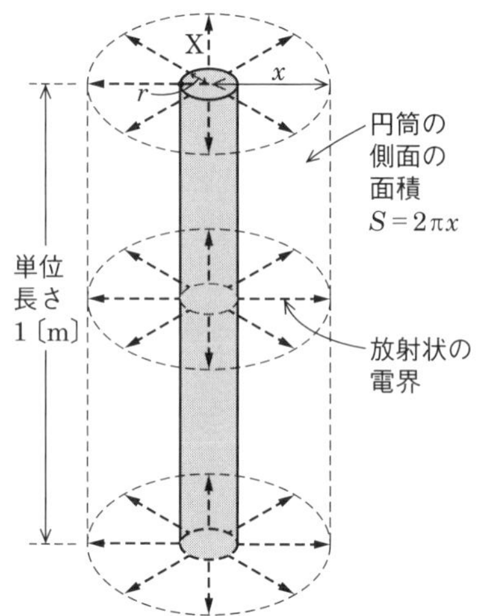

■図 1.16　導体に発生する電界

解説 導体から発生する電気力線は，導体を囲む円筒から**図 1.16** のように放射状に発生します．電気力戦は円筒の側面に一様で垂直なので，単位長さ（1〔m〕）の円筒の側面にガウスの定理を適用して電界の強さの大きさを求めると，次式で表されます．

$$E_X=\frac{Q}{S\varepsilon_0}=\frac{Q}{2\pi\varepsilon_0 x}\ \text{〔V/m〕} \quad ①$$

（A の答え）

$$E_Y=\frac{Q}{S\varepsilon_0}=\frac{Q}{2\pi(d-x)\varepsilon_0}\ \text{〔V/m〕} \quad ②$$

電位 V〔V〕は次式で表されます．

$$V=\int_{d-r}^{r}(-E)\,dx$$

$$=\int_{r}^{d-r}(E_X+E_Y)\,dx$$

$$=\frac{Q}{2\pi\varepsilon_0}\int_{r}^{d-r}\left(\frac{1}{x}+\frac{1}{d-x}\right)dx$$

$$=\frac{Q}{2\pi\varepsilon_0}\left([\log_e x]_r^{d-r}+[-\log_e(d-x)]_r^{d-r}\right)$$

$$=\frac{Q}{2\pi\varepsilon_0}\{\log_e(d-r)-\log_e r-\log_e r+\log_e(d-r)\}$$

$$=\frac{Q}{2\pi\varepsilon_0}\left(2\times\log_e\frac{d-r}{r}\right)=\frac{Q}{\pi\varepsilon_0}\log_e\frac{d-r}{r}\ \text{〔V〕}$$

（B の答え）

微分や積分の計算がときどき出てくるが，いくつかの公式を覚えておけば大丈夫．

問題の条件から，$d-r \fallingdotseq d$ とすると，静電容量 C〔F/m〕は次式で表されます．

$$C=\frac{Q}{V}\fallingdotseq\frac{2\pi\varepsilon_0}{2\times\log_e\frac{d}{r}}=\frac{\pi\varepsilon_0}{\log_e\frac{d}{r}}\ \text{〔F/m〕}$$

（C の答え）

答え▶▶▶ 4

$$\frac{d}{dx}\log_e x = x^{-1} = \frac{1}{x}$$

$$\frac{d}{dx}\log_e(d-x) = \frac{d}{du}\log_e u \times \frac{d}{dx}(d-x)$$ （合成関数の微分）

$$= -\frac{1}{d-x}$$ （ただし，$u = d - x$）

$$\int x^{-1}dx = \log_e x$$ （積分定数は省略）

$$\int \frac{1}{d-x}dx = -\log_e(d-x)$$

$$\log_e a + \log_e b = \log_e(ab) \qquad \log_e a - \log_e b = \log_e\frac{a}{b}$$

出題傾向 円筒形や球形のコンデンサの静電容量を求める問題や電気力線数を求める問題が出題されたことがあります．

1.3 コンデンサ

要点
- コンデンサの形状から静電容量を求めることができる
- 合成静電容量は合成抵抗の計算と比較すると直列と並列が逆になる
- コンデンサのエネルギーは電圧 V^2 に比例する

1.3.1 平行平板コンデンサ

静電容量を持つ部品を**コンデンサ**といいます．基本的な構造は**図 1.17** のように平行平板の間にプラスチックフィルムなどの誘電体を挟んで作られています．

図 1.17 のコンデンサの電極の面積を S〔m²〕，厚さを d〔m〕，誘電体の誘電率を ε〔F/m〕とすると，静電容量 C〔F〕は次式で表されます．

$$C = \varepsilon \frac{S}{d} \text{〔F〕} \tag{1.26}$$

ただし，$\varepsilon = \varepsilon_r \varepsilon_0$，

ε_r：比誘電率，

ε_0：真空の誘電率とします．

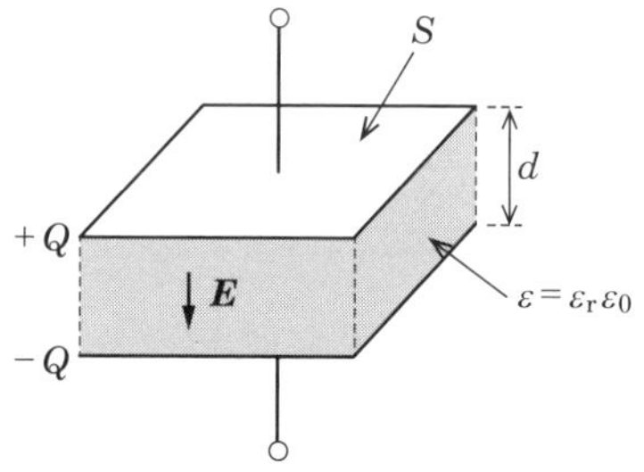

図 1.17　平行平板コンデンサ

電極間の電界 E は平行で一定なので，電位 V は

$$V = Ed = \frac{Q}{\varepsilon S} d$$

よって

$$C = \frac{Q}{V} = \varepsilon \frac{S}{d}$$

1.3.2 コンデンサの接続

(1) 直列接続

図 1.18 (a) のように直列接続すると，C_1〔F〕と C_2〔F〕の電荷は同じなので，次式が成り立ちます．

$$V = V_1 + V_2 \tag{1.27}$$

$$\frac{Q}{C_S} = \frac{Q}{C_1} + \frac{Q}{C_2} \tag{1.28}$$

合成静電容量 C_S〔F〕は次式で表されます．

$$\frac{1}{C_S} = \frac{1}{C_1} + \frac{1}{C_2} \tag{1.29}$$

コンデンサが三つ以上のときは

$$\frac{1}{C_S} = \frac{1}{C_1} + \frac{1}{C_2} + \frac{1}{C_3} + \cdots$$

によって求めることができる．

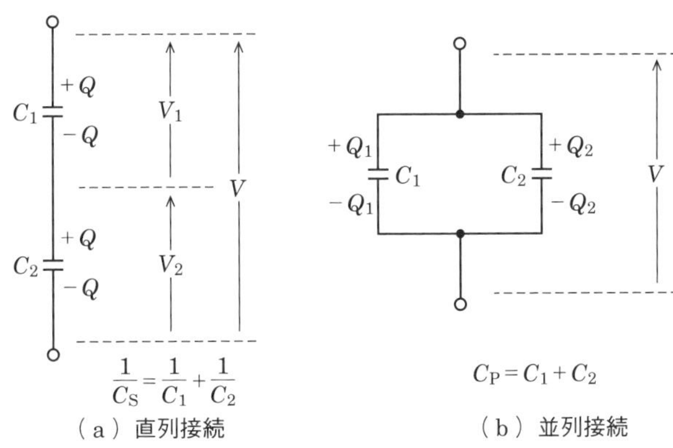

■図 1.18　コンデンサの接続

$$C_S = \frac{C_1 C_2}{C_1 + C_2} \text{〔F〕} \tag{1.30}$$

式（1.30）は，コンデンサが二つのときに合成静電容量を求めることができる.

(2) 並列接続

図 1.18 (b) のように並列接続すると，C_1 と C_2 の電圧は同じなので，次式が成り立ちます.

$$Q = Q_1 + Q_2 \tag{1.31}$$

$$C_P V = C_1 V + C_2 V \tag{1.32}$$

合成静電容量 C_P〔F〕は次式で表されます.

$$C_P = C_1 + C_2 \text{〔F〕} \tag{1.33}$$

1.3.3 絶縁破壊電圧

コンデンサに加える電圧が低いときは極板間に電流は流れませんが，電圧を上げて絶縁体（誘電体）中の電界の大きさがある値を超えると，絶縁体が破壊され放電現象が起きて電流が流れるようになります．この現象を**絶縁破壊**といい，このとき加えた電圧を絶縁破壊電圧，電界の大きさを絶縁耐力といいます.

絶縁破壊電圧 V〔V〕は，絶縁体内の最大電界 E〔V/m〕で決まるので，電極の間隔を d〔m〕とすると，$V = Ed$ で表され，電極の間隔が大きくなると絶縁破壊電圧も比例して大きくなります.

1.3.4 静電エネルギー

電荷が蓄積されていないコンデンサに，電荷を0からQ〔C〕まで増加させて蓄積するには，電荷が増加するとともに加える電圧も増加させなければなりません．**図1.19**のような，静電容量C〔F〕のコンデンサの電圧がv〔V〕，電荷がq〔C〕のとき，dq〔C〕の電荷を増加させるときに必要な仕事dw〔J〕は次式で表されます．

$$dw = vdq = \frac{1}{C} qdq \text{〔J〕} \tag{1.34}$$

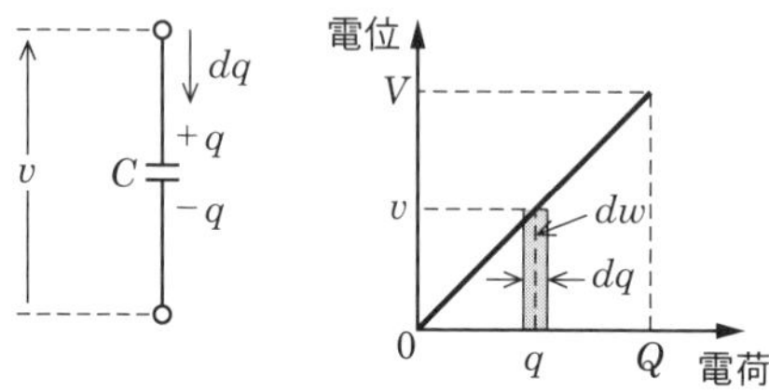

図1.19 コンデンサの電荷と電位

電荷を0からQ〔C〕まで増加させて蓄積する仕事W〔J〕は

$$W = \int_0^Q dw = \int_0^Q \frac{1}{C} qdq$$

$$= \frac{1}{C} \times \left[\frac{q^2}{2}\right]_0^Q = \frac{Q^2}{2C} \text{〔J〕} \tag{1.35}$$

式(1.35)の仕事量が静電エネルギーW〔J〕となるので

$$W = \frac{Q^2}{2C} = \frac{1}{2} QV = \frac{1}{2} CV^2 \text{〔J〕} \tag{1.36}$$

図1.17の平行平板コンデンサの電極間の体積はSd〔m^3〕で表されます．電束密度を$D = \varepsilon E$〔C/m^2〕とすると，単位体積当たりのエネルギー密度w〔J/m^3〕は，式(1.26)と式(1.36)より，次式で表されます．

$$w = \frac{W}{Sd} = \frac{1}{Sd} \times \frac{1}{2} CV^2 = \frac{1}{Sd} \times \frac{1}{2} \times \varepsilon \frac{S}{d} \times (Ed)^2 = \frac{1}{2} \varepsilon E^2$$

$$= \frac{1}{2} ED \text{〔J/m}^3\text{〕} \tag{1.37}$$

1章

問題 8 ★★★ ➡ 1.3.1 ➡ 1.3.2

図 1.20 に示す静電容量 C〔F〕の平行平板空気コンデンサの電極板間の間隔 r〔m〕を，**図 1.21** に示すように d_0〔m〕広げ，そこに，厚さ d〔m〕の誘電体を片方の電極板に接しておいても静電容量は C〔F〕で変わらなかった．このときの誘電体の誘電率 ε を表す式として，正しいものを下の番号から選べ．ただし，空気の誘電率を ε_0〔F/m〕，誘電体の面積は電極板の面積 S〔m^2〕に等しいものとする．

1 $\varepsilon = \dfrac{\varepsilon_0 d_0}{d - d_0}$〔F/m〕

2 $\varepsilon = \dfrac{\varepsilon_0 d}{d_0 - d}$〔F/m〕

3 $\varepsilon = \dfrac{\varepsilon_0 d}{d - d_0}$〔F/m〕

4 $\varepsilon = \dfrac{\varepsilon_0 (d - d_0)}{d_0}$〔F/m〕

5 $\varepsilon = \dfrac{\varepsilon_0 (d_0 - d)}{d}$〔F/m〕

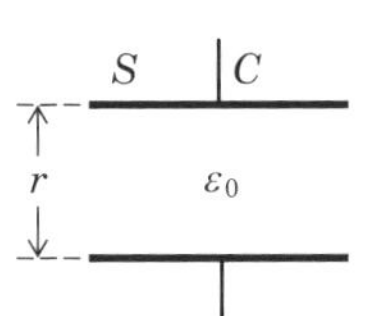
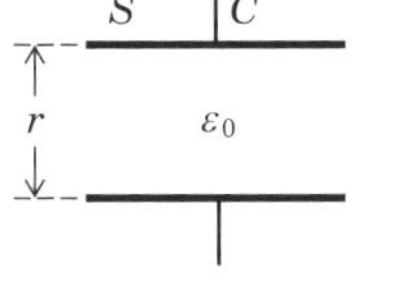

図 1.20

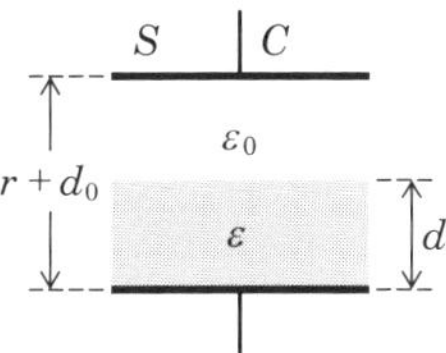

図 1.21

解説 図 1.20 のコンデンサの静電容量 C〔F〕は次式で表されます．

$$C = \varepsilon_0 \frac{S}{r} \text{〔F〕} \quad ①$$

図 1.21 のコンデンサは，**図 1.22** のように誘電率 ε_0 と ε のコンデンサ C_1，C_2〔F〕が直列に接続されているものとして，合成静電容量を C とすると，次式で表されます．

空気コンデンサと誘電体で構成された二つのコンデンサの直列接続となる．

$$\frac{1}{C} = \frac{1}{C_1} + \frac{1}{C_2} = \frac{r + d_0 - d}{\varepsilon_0 S} + \frac{d}{\varepsilon S} \quad ②$$

$\dfrac{1}{\text{式①}}$ = 式②より

$$\frac{r}{\varepsilon_0 S} = \frac{r + d_0 - d}{\varepsilon_0 S} + \frac{d}{\varepsilon S}$$

よって $$-\frac{d_0 - d}{\varepsilon_0} = \frac{d}{\varepsilon} \quad ③$$

となります．式③から ε を求めると，次式で表されます．

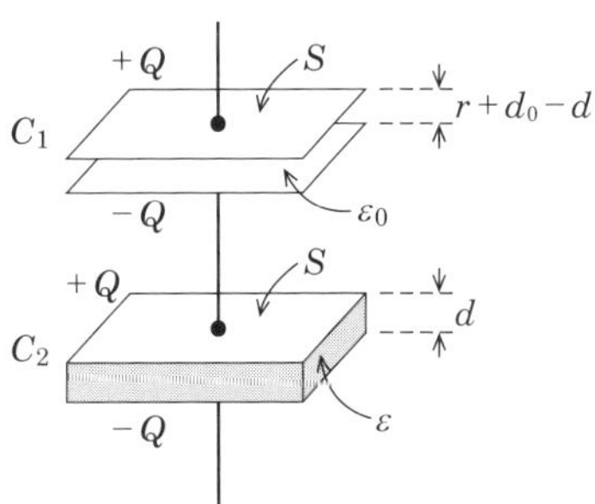

図 1.22

$$\varepsilon=\frac{\varepsilon_0 d}{d-d_0}\ \text{〔F/m〕}$$

答え▶▶▶3

問題 9 ★★ ➡1.3.1 ➡1.3.2

次の記述は，**図1.23**に示すように平行平板コンデンサの電極間の半分が誘電率 ε_r〔F/m〕の誘電体で，残りの半分が誘電率 ε_0〔F/m〕の空気であるときの静電容量について述べたものである．□内に入れるべき字句を下の番号から選べ．

(1) 電極間では誘電体中の電束密度と空気中の電束密度は等しく，これを D〔C/m²〕とすると，誘電体中の電界の強さ E_r は次式で表される．

E_r = ［ア］〔V/m〕

同様にして，空気中の電界の強さ E_0 を求めることができる．

(2) 誘電体および空気の厚さをともに d〔m〕とすると，誘電体の層の電圧（電位差）V_r は次式で表される．

V_r = ［イ］$\times E_r$〔V〕

同様にして，空気の層の電圧（電位差）V_0 を求めることができる．

(3) 電極間の電圧 V は，$V=V_r+V_0$〔V〕で表される．また，電極に蓄えられる電荷 Q は，電極の面積を S〔m²〕とすれば，

Q = ［ウ］〔C〕で表される．

(4) したがって，コンデンサの静電容量 C は次式で表される．

C = ［エ］〔F〕 ……………………【1】

(5) 式【1】より，C は，**図1.24**に示す二つのコンデンサの静電容量 C_r〔F〕および C_0〔F〕の［オ］接続の合成静電容量に等しい．

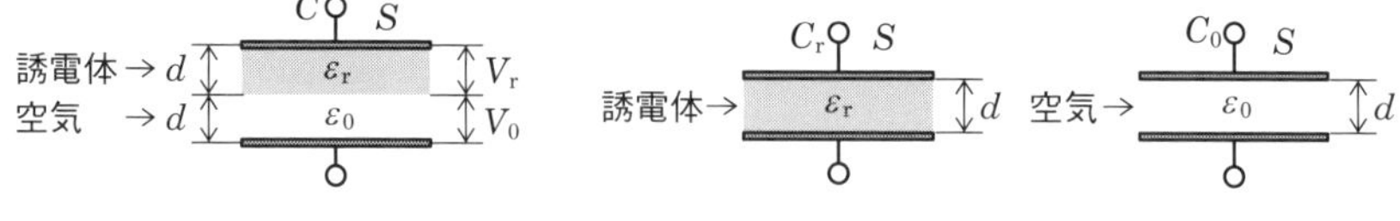

■図1.23　　■図1.24

1 d	2 $\dfrac{D}{\varepsilon_r}$	3 直列	4 $\dfrac{d(\varepsilon_r+\varepsilon_0)}{S}$	5 $\dfrac{D}{S}$
6 $2d$	7 $D\varepsilon_r$	8 並列	9 $\dfrac{S\varepsilon_r\varepsilon_0}{d(\varepsilon_r+\varepsilon_0)}$	10 DS

解説 電極間の電位 V〔V〕は次式で表されます．

$$V = V_r + V_0 = E_r d + E_0 d = \frac{D}{\varepsilon_r} d + \frac{D}{\varepsilon_0} d \text{〔V〕}$$

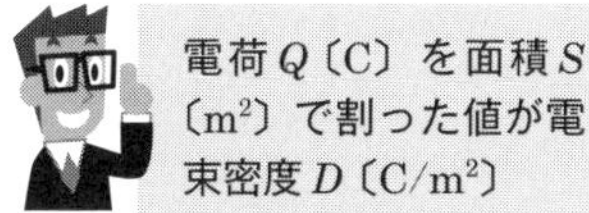

静電容量 C〔F〕を求めると，次式で表されます．

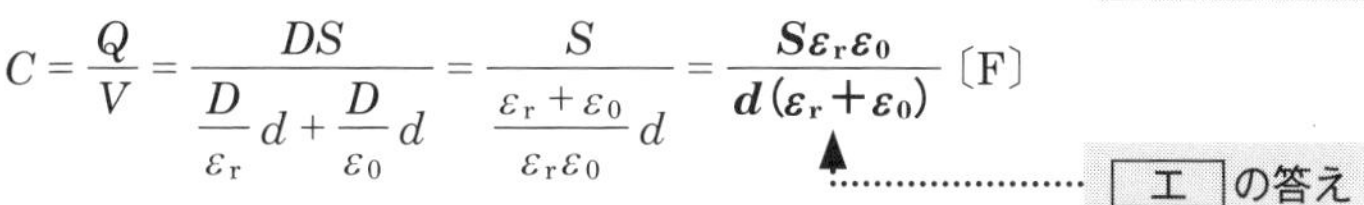

$$C = \frac{Q}{V} = \frac{DS}{\dfrac{D}{\varepsilon_r} d + \dfrac{D}{\varepsilon_0} d} = \frac{S}{\dfrac{\varepsilon_r + \varepsilon_0}{\varepsilon_r \varepsilon_0} d} = \boldsymbol{\frac{S\varepsilon_r\varepsilon_0}{d(\varepsilon_r + \varepsilon_0)}} \text{〔F〕}$$

答え▶▶▶ア－2，イ－1，ウ－10，エ－9，オ－3

問題 10 ★★ ➡1.3.2

図 1.25 に示すような，静電容量 C_1，C_2，C_3 および C_0〔F〕の回路において，C_1，C_2 および C_3 に加わる電圧が定常状態で等しくなるときの条件式として，正しいものを下の番号から選べ．

1　$C_1 = C_2 + C_0 = 4C_3 + C_0$
2　$C_1 = C_2 + 2C_0 = C_3 + 3C_0$
3　$C_1 = 3C_2 + 2C_0 = 3C_3 + C_0$
4　$2C_1 = C_2 + C_0 = C_3 + 5C_0$
5　$3C_1 = C_2 + C_0 = 5C_3 + C_0$

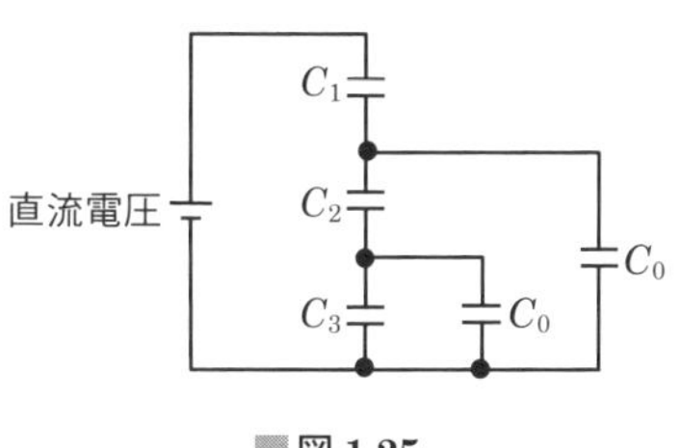

図 1.25

解説 C_1，C_2，C_3 に加わる電圧を V〔V〕とすると，C_2 に加わる電圧と C_3 と C_0 の並列合成静電容量 C_{30} に加わる電圧が等しいので，電荷を Q〔C〕とすると，次式が成り立ちます．

$$V = \frac{Q}{C_2} = \frac{Q}{C_{30}} = \frac{Q}{C_3 + C_0}$$

よって，次式が得られます．

$$C_2 = C_3 + C_0 \qquad ①$$

図 1.26 のように，C_2，C_3，C_0 の合成静電容量 C_{23} は次式で表されます．

$$C_{23} - \frac{C_2 \times C_{30}}{C_2 + C_{30}} + C_0 \qquad ②$$

式②に式①を代入すると，$C_2 = C_{30}$ より，次のようになります．

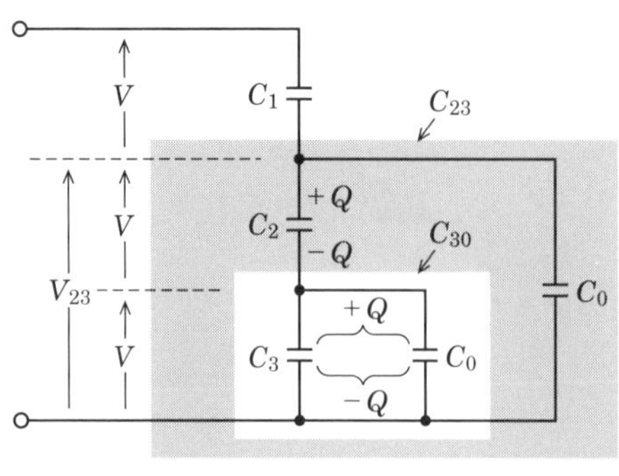

■図 1.26

$$C_{23} = \frac{C_2}{2} + C_0 \qquad ③$$

同じ値の静電容量の直列接続は 1/2 になる．

C_1 および C_{23} に蓄えられる電荷を Q_1 とすると，C_1 に加わる電圧 V と合成静電容量 C_{23} に加わる電圧 V_{23} には，問題の条件より次式の関係があります．

$$2V = V_{23}$$

$$2 \times \frac{Q_1}{C_1} = \frac{Q_1}{C_{23}} \qquad ④$$

よって，式④に式③を代入すれば

$$C_1 = 2C_{23} = 2 \times \left(\frac{C_2}{2} + C_0\right) = C_2 + 2C_0 \qquad ⑤$$

となり，式①を式⑤の右辺に代入すれば，次式が得られます．

$$C_1 = C_2 + 2C_0 = (C_3 + C_0) + 2C_0 = \mathbf{C_3 + 3C_0}$$

答え ▶▶▶ 2

コンデンサを直列に接続すると，蓄えられる電荷は等しくなる．コンデンサの直列接続は，電圧の比と静電容量の比が逆になり，$2V = V_{23}$ のときに $C_1 = 2C_{23}$ となる．

問題 11 ★★★ ➡ 1.3.4

次の記述は，**図 1.27** に示すような平行平板コンデンサの電極間に働く力について述べたものである．［　　］内に入れるべき字句の正しい組合せを下の番号から選べ．ただし，電極間の電界の強さは均一とする．

(1) 電極板に働く力を F〔N〕としたとき，F によって電極板が微小区間 Δd 動くと仮定すると，そのときの仕事量 W_1 は次式で表される．

$W_1 =$ [A]〔J〕

(2) また，W_1 は，電極板が Δd 動くことによって $S\Delta d$ の体積の誘電体に蓄えられていたエネルギー W_2 が変換されたものと考えられる．

(3) W_2 は，$W_2 =$ [B]〔J〕で表される．

(4) $W_1 = W_2$ であるから，電極板に働く力 F は，次式で表される．

$F =$ [C]〔N〕

	A	B	C
1	$2F\Delta d$	$\frac{1}{2}\varepsilon\left(\frac{V}{d}\right)^2 S\Delta d$	$\frac{1}{2}\varepsilon\left(\frac{V}{d}\right)^2 S$
2	$2F\Delta d$	$2\varepsilon\left(\frac{V}{d}\right)^2 S\Delta d$	$2\varepsilon\left(\frac{V}{d}\right)^2 S$
3	$F\Delta d$	$\frac{1}{2}\varepsilon\left(\frac{V}{d}\right)^2 S\Delta d$	$\frac{1}{2}\varepsilon\left(\frac{V}{d}\right)^2 S$
4	$F\Delta d$	$2\varepsilon\left(\frac{V}{d}\right)^2 S\Delta d$	$2\varepsilon\left(\frac{V}{d}\right)^2 S$
5	$F\Delta d$	$\frac{1}{2}\varepsilon\left(\frac{V}{d}\right)^2 S\Delta d$	$2\varepsilon\left(\frac{V}{d}\right)^2 S$

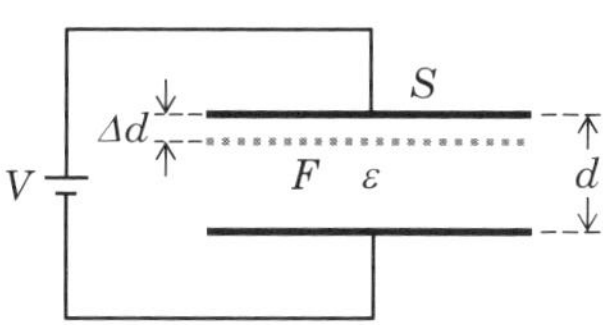

S：電極の面積〔m²〕
d：電極の間隔〔m〕
V：電極間に加える直流電圧〔V〕
ε：電極間の誘電体の誘電率〔F/m〕

図 1.27

解説 電極間の電界の強さ $E = V/d$〔V/m〕より，電界の静電エネルギー密度 W_E〔J/m³〕は次式で表されます．

$$W_E = \frac{1}{2}\varepsilon E^2 = \frac{1}{2}\varepsilon\left(\frac{V}{d}\right)^2 \text{〔J/m}^3\text{〕}$$

電極板が動いたときの仕事量 $W_1 = \boldsymbol{F\Delta d}$〔J〕と体積 $S\Delta d$〔m³〕内のエネルギー $W_2 = W_E S\Delta d$〔J〕が等しいとすると

[A] の答え

$$F\Delta d = W_E S\Delta d = \boldsymbol{\frac{1}{2}\varepsilon\left(\frac{V}{d}\right)^2 S\Delta d} \text{〔J〕}$$

[B] の答え

となります．F を求めると，次式で表されます．

$$F = \boldsymbol{\frac{1}{2}\varepsilon\left(\frac{V}{d}\right)^2 S} \text{〔N〕}$$

[C] の答え

平面に電荷が分布しているので，点電荷間の力を求めるクーロンの法則は使えない．

答え ▶▶▶ 3

1.4 電流の磁気作用

- 磁界の線積分はそれが囲む電流に等しい
- 無限長直線導体から r 離れた点の磁界は r に反比例する
- 微小長さの導体から r 離れた点の磁界は r^2 に反比例する
- 電流によって発生する磁界は空間の透磁率 μ に関係しない

1.4.1 アンペアの法則

図 1.28 のように導線に電流を流すと，電流の回りに回転磁界が発生します．磁界を一周して線積分を求めると，それを取り囲む電流の値に一致します．これを**アンペアの周回路の法則**といい，次式で表されます．

H は方向と大きさを持ったベクトル量を表す．積分するときは，積分路と同じ方向の成分と区間の積をとる．

$$\int H_l dl = I \tag{1.38}$$

ただし，H_l は微小長さ dl の点の磁界の接線成分の大きさを表します．

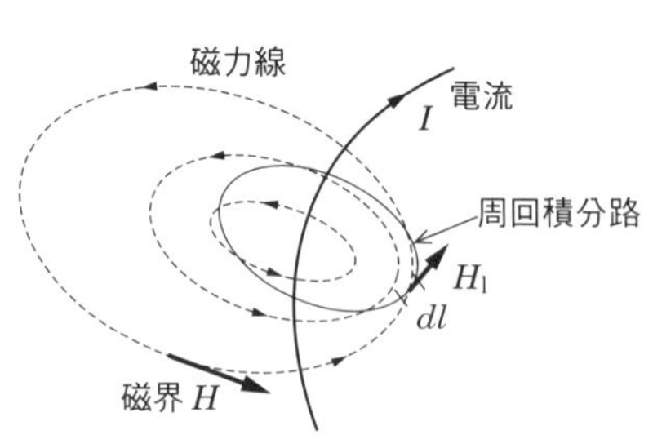

■図 1.28　電流と発生する磁界

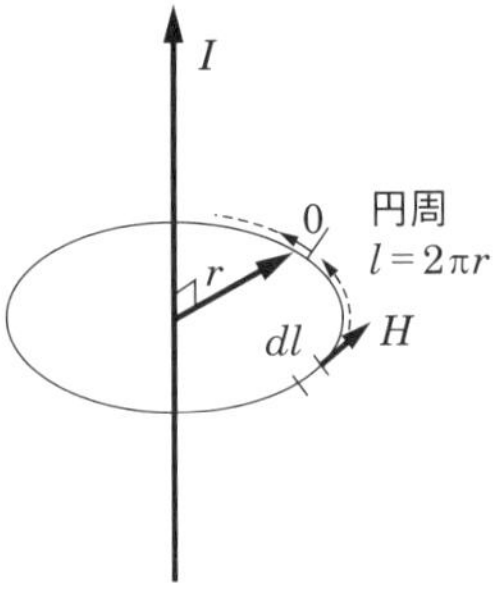

■図 1.29　直線導線に流れる電流と磁界

図 1.29 のように，無限長の直線導線に流れる電流 I〔A〕から r〔m〕の距離の点を通る円を考えると，この円上ではどの点でも磁界の強さ H〔A/m〕は同じ値をとるので，アンペアの法則は次式で表されます．

積分路で磁界の大きさが変わらないので，定数とみなして，積分路だけを計算すると円周となる．

$$H \times 2\pi r = I \tag{1.39}$$

式 (1.39) より，磁界の強さを求めれば，次のようになります．

$$H = \frac{I}{2\pi r} \text{〔A/m〕} \tag{1.40}$$

関連知識　アンペアの右ねじの法則

磁界の回転する向きを右回りのねじが回転する向きとすると，ねじの進行する向きが電流の向きを表します．これをアンペアの右ねじの法則といいます．

1.4.2 ビオ・サバールの法則

図 1.30 のように導線の微小部分 dl〔m〕を流れる電流 I〔A〕によって，r〔m〕離れた点に生じる磁界の強さ dH〔A/m〕は次式で表されます．

$$dH = \frac{Idl}{4\pi r^2}\sin\theta \text{〔A/m〕} \tag{1.41}$$

アンペアの法則やビオ・サバールの法則は，ガウスの定理やクーロンの法則と式が似ているが，ε_0 に相当する値の μ_0 がない（電流によって発生する磁界は媒質に関係しない）．

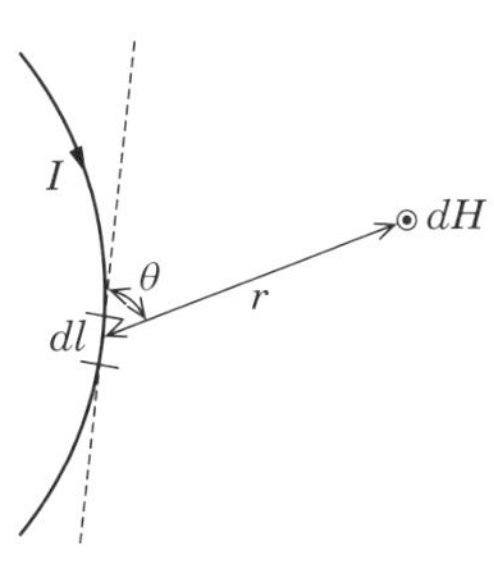

■図 1.30　微小部分を流れる電流と磁界

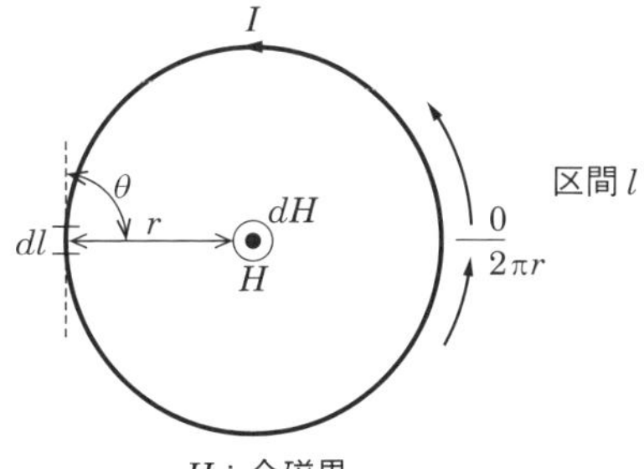

■図 1.31　円形に流れる電流と磁界

図 1.31 のように，円形に電流 I が流れているとき，円の中心の点の磁界 H を求めるには**ビオ・サバールの法則**を用います．電流の微小長さ dl による微小磁界 dH をとって，この微小磁界が全円周の電流によって合成されるので，dH を円周にわたって積分すると，次式で表されます．

dH は円周上で変化しないので，定数として扱い，円周の $2\pi r$ を掛ければよい．

$$H = \int_0^{2\pi r} dH = \frac{I}{4\pi r^2}\int_0^{2\pi r} dl = \frac{I}{4\pi r^2}[l]_0^{2\pi r}$$

$$= \frac{I}{4\pi r^2}(2\pi r - 0) = \frac{I}{2r} \text{〔A/m〕} \tag{1.42}$$

出題傾向　円形電流の磁界を求める問題が出題されるので，式（1.42）を覚えておきましょう．

問題 12 ★★★ ➡ 1.4.1

図 1.32 に示すように，I〔A〕の直流電流が流れている半径 r〔m〕の円形コイル A の中心 O から，$4r$〔m〕離れて $4\pi I$〔A〕の直流電流が流れている無限長の直線導線 B があるとき，O における磁界の強さ H_O〔A/m〕を表す式として，正しいものを下の番号から選べ．ただし，A の面は紙面上にあり，B は紙面に垂直に置かれているものとする．

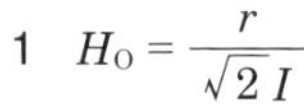

1　$H_O = \dfrac{r}{\sqrt{2}\,I}$

2　$H_O = \dfrac{Ir}{\sqrt{2}}$

3　$H_O = \dfrac{I}{\sqrt{2}\,r}$

4　$H_O = \dfrac{I}{2\sqrt{2}\,r}$

5　$H_O = \dfrac{Ir}{2\sqrt{2}}$

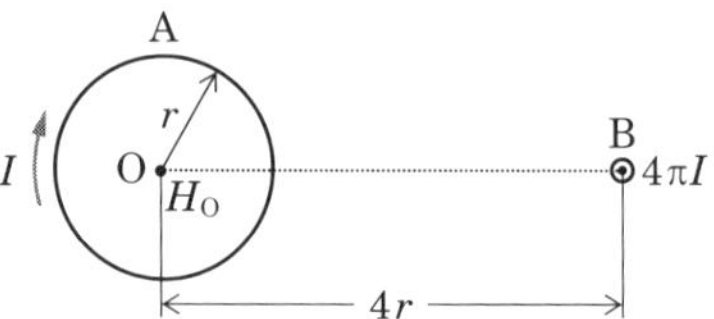

直線導線 B に流れる電流の方向は，紙面の裏から表の方向とする．

図 1.32

解説　電流 $I_1 = I$〔A〕の円形コイルによって点 O に生じる磁界の強さ H_1〔A/m〕は，次式で表されます．

$$H_1 = \frac{I}{2r}\ \text{〔A/m〕} \qquad ①$$

電流 $I_2 = 4\pi I$〔A〕の直線導線による $r_2 = 4r$〔m〕離れた点 O の磁界の強さ H_2〔A/m〕はアンペアの法則より，次式で表されます．

$$H_2 = \frac{I_2}{2\pi r_2} = \frac{4\pi I}{2\pi \times 4r} = \frac{I}{2r}\ \text{〔A/m〕} \qquad ②$$

アンペアの法則は $2\pi r_2 \times H_2 = I_2$

$\boldsymbol{H_1}$ と $\boldsymbol{H_2}$ の合成磁界 $\boldsymbol{H_O}$ は，**図 1.33** のようにベクトル和で求めることができるので，式①と式②より

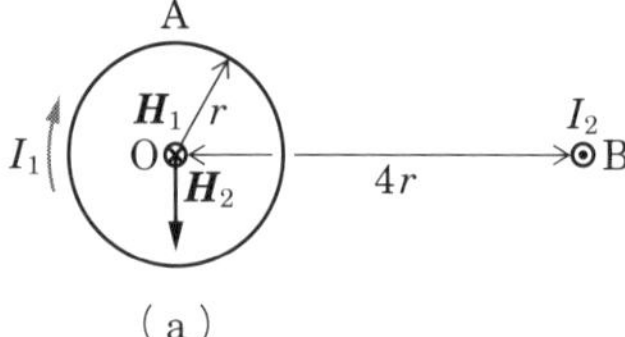

（a）

磁界 $\boldsymbol{H_1}$ は紙面の表から裏の方向

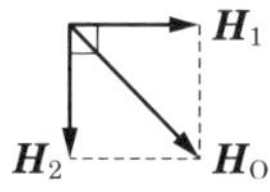

（b）$\boldsymbol{H_1}$ と $\boldsymbol{H_2}$ の作る平面上の磁界

図 1.33

$$H_O = \sqrt{H_1{}^2 + H_2{}^2} = \sqrt{\left(\frac{I}{2r}\right)^2 + \left(\frac{I}{2r}\right)^2} = \frac{I}{r}\sqrt{\left(\frac{1}{2}\right)^2 + \left(\frac{1}{2}\right)^2} = \frac{\sqrt{2}\,I}{2r}$$

$$= \frac{\boldsymbol{I}}{\sqrt{\boldsymbol{2}}\,\boldsymbol{r}}\ \text{〔A/m〕}$$

答え▶▶▶3

問題13 ★ ➡1.4.2

次の記述は，**図1.34**に示すように，面が直交した半径r〔m〕の円形コイルAおよびBのそれぞれに直流電流I〔A〕を流したときのAおよびBの中心点Oにおける合成磁界H_Oについて述べたものである．□内に入れるべき字句を下の番号から選べ．

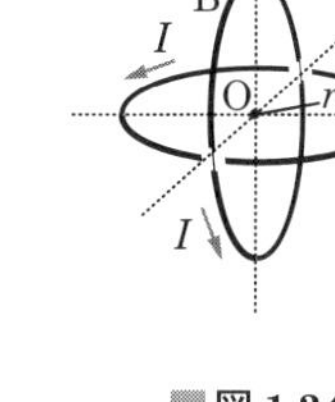

■図1.34

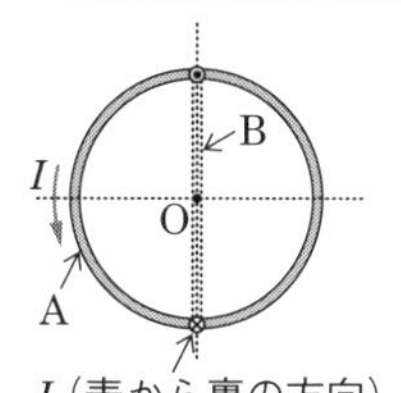

■図1.35

(1) **図1.35**に示すように，Aの面を紙面上に置いて電流Iを流したとき，Aによる点Oの磁界H_Aの方向は，紙面の［ア］の方向である．

(2) H_Aの強さは，［イ］〔A/m〕である．

(3) H_Aの方向とBによる点Oの磁界H_Bの方向は，［ウ］〔rad〕異なる．

(4) したがって，H_Oの強さは，［エ］〔A/m〕である．

(5) また，H_Aの方向とH_Oの方向は，［オ］〔rad〕異なる．

1 裏から表	2 $\frac{I}{2r}$	3 $\frac{\pi}{4}$	4 $\frac{\pi}{3}$	5 $\frac{\sqrt{2}I}{\pi r}$
6 表から裏	7 $\frac{I}{2\pi r}$	8 $\frac{\pi}{2}$	9 π	10 $\frac{I}{\sqrt{2}\,r}$

解説 円形導体A上の微小長さdlによって中心点Oに生じる磁界dH_A〔A/m〕は，ビオ・サバールの法則より，次式で表されます．

$$dH_A = \frac{Idl}{4\pi r^2}\sin\theta\ \text{〔A/m〕} \quad ①$$

dlから点Oに引いた直線とdlの成す角度$\theta = \pi/2$〔rad〕なので，円形導体全周によって生じる磁界の強さH_A〔A/m〕は次式で表されます．

［イ］の答え

$$H_A = \int_0^{2\pi r} dH_A = \int_0^{2\pi r}\frac{Idl}{4\pi r^2} = \frac{I}{4\pi r^2}\,[l]_0^{2\pi r} = \frac{I\times 2\pi r}{4\pi r^2} = \frac{\boldsymbol{I}}{\boldsymbol{2r}}\ \text{〔A/m〕} \quad ②$$

右ネジの法則より，回転電流の向きをネジが回転する方向とすると，ネジが進む向きが磁界の向きを表します．

$\boldsymbol{H}_{\mathrm{A}}$ と $\boldsymbol{H}_{\mathrm{B}}$ の合成磁界 $\boldsymbol{H}_{\mathrm{O}}$ は，**図 1.36** のようにベクトル和で求めることができるので，磁界の強さを $H_{\mathrm{A}} = H_{\mathrm{B}}$ とすると，式②より

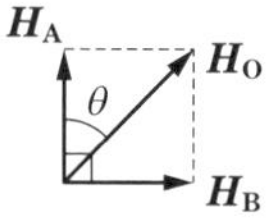

$\boldsymbol{H}_{\mathrm{A}}$　θ　$\boldsymbol{H}_{\mathrm{O}}$　$\boldsymbol{H}_{\mathrm{B}}$

■図 1.36

$$H_{\mathrm{O}} = \sqrt{H_{\mathrm{A}}{}^2 + H_{\mathrm{B}}{}^2} = \sqrt{2H_{\mathrm{A}}{}^2} = \frac{\sqrt{2}\,I}{2r} = \frac{\boldsymbol{I}}{\sqrt{2}\,\boldsymbol{r}} \ \text{〔A/m〕}$$ ← エ の答え

となります．また，$\boldsymbol{H}_{\mathrm{A}}$ と $\boldsymbol{H}_{\mathrm{B}}$ の方向は $\dfrac{\boldsymbol{\pi}}{\boldsymbol{2}}$〔rad〕異なり，$\boldsymbol{H}_{\mathrm{A}}$ と $\boldsymbol{H}_{\mathrm{O}}$ の方向 θ は $\dfrac{\boldsymbol{\pi}}{\boldsymbol{4}}$〔rad〕異なります．

ウ の答え ↑　　オ の答え ↑

答え▶▶▶アー 1，イー 2，ウー 8，エー 10，オー 3

問題 14 ★★★　→1.4.2

次の記述は，**図 1.37** に示すような円形コイル L の中心軸上の点 P の磁界の強さを求める過程について述べたものである．［　　］内に入れるべき字句の正しい組合せを下の番号から選べ．ただし，L の円の半径を r〔m〕，L に流す直流電流を I〔A〕，点 P と L の円の中心 O との間の距離を a〔m〕とする．なお，同じ記号の［　　］内には，同じ字句が入るものとする．

(1) L の微小部分の長さ dl〔m〕に流れる I によって P に生じる磁界の強さ dH_{P} は，ビオ・サバールの法則によって，次式で表される．

$dH_{\mathrm{P}} =$〔［ A ］〕dl〔A/m〕

また，dH_{P} の方向は，**図 1.38** に示すように右ねじの法則に従い，dl と P を結ぶ直線に対して直角な方向である．

(2) L 全体に流れる電流で点 P に生じる磁界の強さ H は，dH_{P} を円周全体にわたって積分することにより求められる．図 1.38 に示すように，dH_{P} を x 軸方向成分 dH_{Px} と x 軸に直角な y 軸方向成分 dH_{Py} に分けると，dH_{Py} は積分すると 0（零）になる．したがって，dH_{Px} を円周全体にわたって積分することで H が求

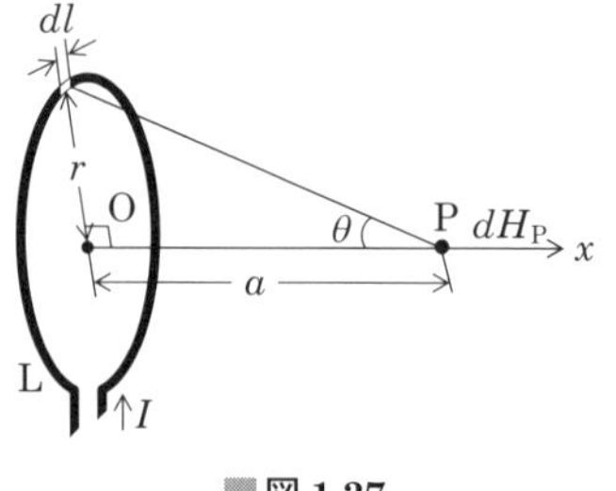

■図 1.37

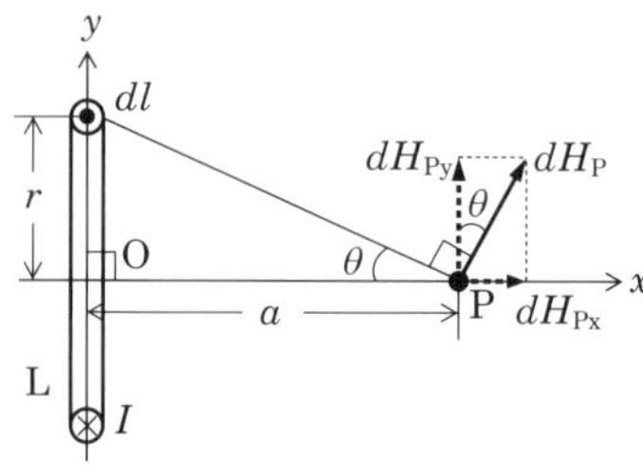

■図 1.38

められる．

(3) dH_{Px} は，次式で表される．

$$dH_{Px} = dH_P \sin\theta = [\boxed{\ \ B\ \ }]\, dl \ [\mathrm{A/m}]$$

(4) したがって，H は次式で表される．

$$H = \int_0^{2\pi r} [\boxed{\ \ B\ \ }]\, dl = \boxed{\ \ C\ \ } \ [\mathrm{A/m}]$$

	A	B	C
1	$\dfrac{I}{4\pi(a^2+r^2)}$	$\dfrac{Ir}{4\pi(a^2+r^2)^{1/2}}$	$\dfrac{Ir^2}{4(a^2+r^2)^{1/2}}$
2	$\dfrac{I}{4\pi(a^2+r^2)}$	$\dfrac{Ir}{4\pi(a^2+r^2)^{3/2}}$	$\dfrac{Ir^2}{4(a^2+r^2)^{3/2}}$
3	$\dfrac{I}{4\pi(a^2+r^2)}$	$\dfrac{Ir}{4\pi(a^2+r^2)^{3/2}}$	$\dfrac{Ir^2}{2(a^2+r^2)^{3/2}}$
4	$\dfrac{I}{4\pi(a^2+r^2)^2}$	$\dfrac{Ir}{4\pi(a^2+r^2)^{1/2}}$	$\dfrac{Ir^2}{2(a^2+r^2)^{3/2}}$
5	$\dfrac{I}{4\pi(a^2+r^2)^2}$	$\dfrac{Ir}{4\pi(a^2+r^2)^{3/2}}$	$\dfrac{Ir^2}{4(a^2+r^2)^{3/2}}$

解説 H は，微小部分 dl を円周全体にわたって積分すれば求めることができるので次式で表されます．

$$H = \int_0^{2\pi r} \frac{Ir}{4\pi(a^2+r^2)^{3/2}}\, dl$$

$$= \frac{Ir}{4\pi(a^2+r^2)^{3/2}} \int_0^{2\pi r} 1\, dl$$

$$= \frac{Ir}{4\pi(a^2+r^2)^{3/2}} [l]_0^{2\pi r}$$

$$= \frac{Ir}{4\pi(a^2+r^2)^{3/2}} (2\pi r - 0)$$

$$= \boldsymbol{\frac{Ir^2}{2(a^2+r^2)^{3/2}}} \ [\mathrm{A/m}]$$ ◀……… C の答え

$\sin\theta = \dfrac{r}{(a^2+r^2)^{1/2}}$

積分しないで，円周の $2\pi r$ を掛けてもよい．

答え ▶▶▶ 3

出題傾向 ビオ・サバールの法則と円形電流の中心点の磁界を求める式を覚えておけば，この問題は選択肢から答えを見つけることができます．選択肢の式に $a = 0$ を代入すると，$dH_P = \dfrac{I}{4\pi r^2} dl$，$H = \dfrac{I}{2r}$ となるのは，選択肢の 3 のみです．

1.5 電　磁　力

- 導線間の電磁力は距離に反比例する
- 磁界と導線の角度が θ の電磁力は $\sin\theta$ に比例する
- 電磁力の方向は電流と磁界が作る平面に垂直

1.5.1 磁界中の電流に働く力

図 1.39 のように大きさと向きが一定な磁界中に電流が流れている導線を置くと，導線に力が働きます．このとき，磁界の磁束密度を B〔T〕，電流を I〔A〕，導線の長さを l〔m〕，磁界と導線のなす角を θ とすると，導線に働く力の大きさ F〔N〕は次式で表されます．

$$F = IlB\sin\theta\ \text{〔N〕} \tag{1.43}$$

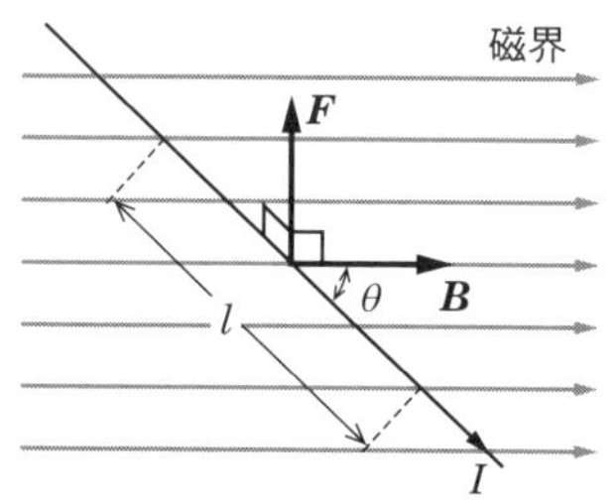

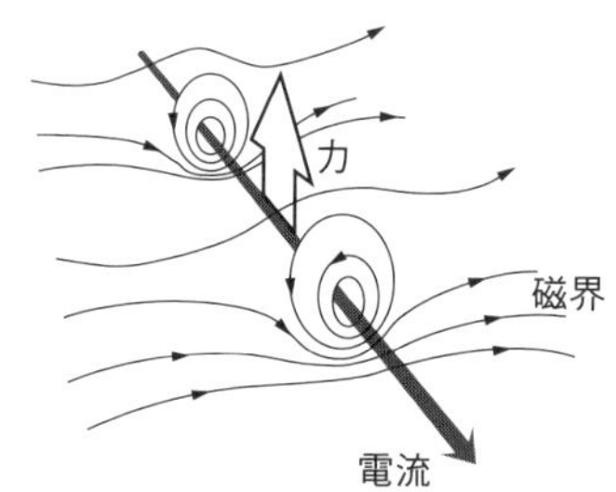

図 1.39　磁界中の電流に働く力

これらの向きは，**フレミングの左手の法則**（**図 1.40**）で表されます．左手の親指，人差し指，中指を互いに直角に開いて，中指を電流 I，人差し指を磁界（磁束密度 B）の方向に合わせると，親指が力 F の方向を表します．

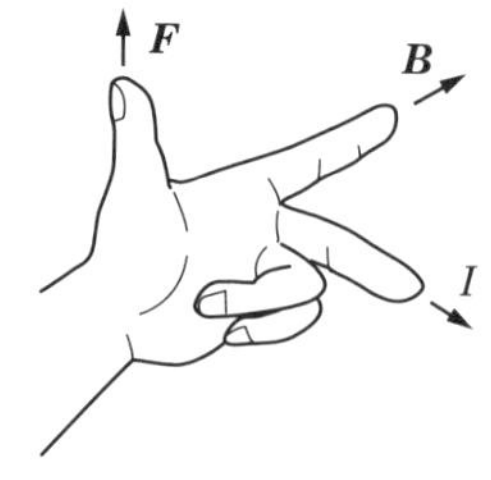

図 1.40　フレミングの左手の法則

1.5.2 電流相互間に働く力

図 1.41 のように，真空中で間隔が r〔m〕の 2 本の平行に並んだ無限に長い導線に，電流 I_1〔A〕，I_2〔A〕を流すと導線間に力が働きます．

導線の長さ l〔m〕に働く力 F〔N〕は，真空の透磁率を μ_0（$=4\pi\times10^{-7}$）とすると，次式で表されます．

$$F=\frac{\mu_0 I_1 I_2 l}{2\pi r}\ \text{〔N〕} \tag{1.44}$$

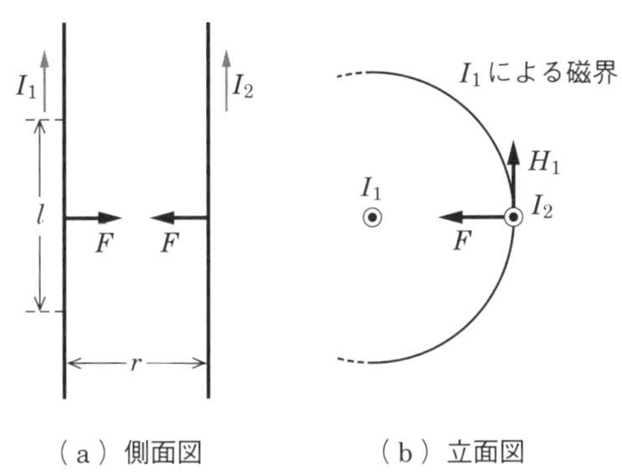

（a）側面図　（b）立面図

図 1.41　電流相互間に働く力

I_2 の電流が流れている導線上で，I_1 の電流による磁界の強さ H_1〔A/m〕は

$$H_1=\frac{I_1}{2\pi r}\ \text{〔A/m〕} \tag{1.45}$$

となります．磁界 H_1 の向きは I_2 に直角なので，H_1 の磁束密度を B_1（$=\mu_0 H_1$）とすると，電流 I_2 の流れている導線に働く力 F〔N〕は次のようになります．

$$F=I_2 B_1 l=I_2\mu_0\frac{I_1}{2\pi r}l=\frac{\mu_0 I_1 I_2 l}{2\pi r}\ \text{〔N〕} \tag{1.46}$$

式（1.46）に $\mu_0=4\pi\times10^{-7}$〔H/m〕を代入すると，次式となります．

$$F=\frac{2I_1 I_2 l}{r}\times10^{-7}\ \text{〔N〕} \tag{1.47}$$

1.5.3 ローレンツ力

電荷 q〔C〕の荷電粒子が一様な電界と磁界中を移動するとき，荷電粒子は電界および磁界から力を受けます．電界ベクトルを $\boldsymbol{E}$〔V/m〕，磁束密度のベクトルを $\boldsymbol{B}$〔T〕，粒子の速度のベクトル量を $\boldsymbol{v}$〔m/s〕とすると，力 $\boldsymbol{F}$〔N〕は次式で表されます．

$$\boldsymbol{F} = q\boldsymbol{E} + q\boldsymbol{v} \times \boldsymbol{B} \text{〔N〕} \tag{1.48}$$

式（1.48）で表される力を**ローレンツ力**といいます．また，$\boldsymbol{v} \times \boldsymbol{B}$（クロス）はベクトルの外積を表し，$\boldsymbol{v}$ と $\boldsymbol{B}$ のなす角度を θ とすると，磁界によって発生する力の大きさ F_B〔N〕は次式で表されます．

$$F_B = qvB \sin\theta \text{〔N〕} \tag{1.49}$$

電界による力の向きは同じ向き．磁界による力の向きは，速度方向から磁界の方向に右ネジを回したときに進む向き．

問題 15 ★★★ ➡ 1.5.2

図 1.42 に示すように，一辺の長さ r〔m〕の正三角形 abc のそれぞれの頂点に紙面に垂直な無限長導線を置き，それぞれの導線に同じ大きさと方向の直流電流 I〔A〕を流した．このとき，一本の導線の 1〔m〕当たりに作用する電磁力の大きさ F_0〔N/m〕を表す式として，正しいものを下の番号から選べ．ただし，導線は真空中にあり，真空の透磁率を $4\pi \times 10^{-7}$〔H/m〕とする．

1 $F_0 = \dfrac{\sqrt{3}\,\pi I^2}{r} \times 10^{-7}$

2 $F_0 = \dfrac{\sqrt{2}\,\pi I^2}{r} \times 10^{-7}$

3 $F_0 = \dfrac{2\sqrt{3}\,\pi I^2}{r} \times 10^{-7}$

4 $F_0 = \dfrac{3\sqrt{3}\,I^2}{r} \times 10^{-7}$

5 $F_0 = \dfrac{2\sqrt{3}\,I^2}{r} \times 10^{-7}$

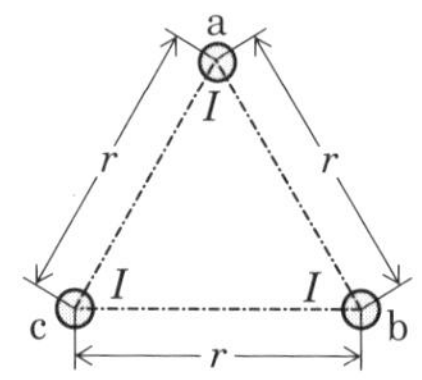

図 1.42

解説 真空中で間隔が r〔m〕の位置に平行に並んだ無限に長い2本の導線に電流 I_1〔A〕, I_2〔A〕を流すと，導線の長さ l〔m〕当たりに働く力 F〔N〕は真空の透磁率を μ_0（$=4\pi\times10^{-7}$）とすると

$$F=\frac{\mu_0 l I_1 I_2}{2\pi r}\ \text{〔N〕} \qquad ①$$

2πr は円周を表す．

で表されます．各正三角形の頂点に置かれた電流は他の2本の電流間の力が合成されるので，**図 1.43** のようになります．

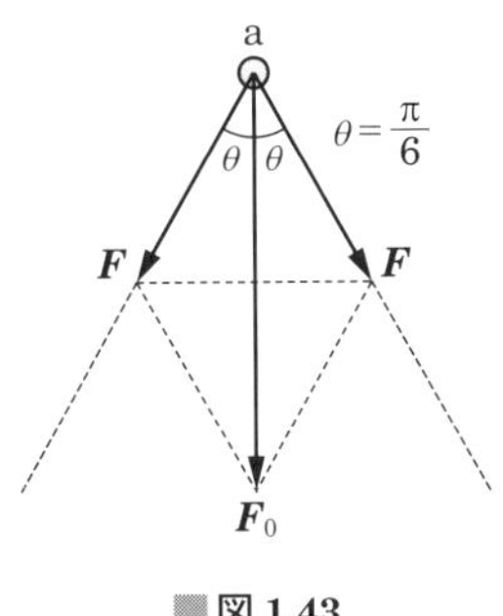

正三角形の一辺が F なので高さの2倍が $\sqrt{3}\,F$ になる．

■図 1.43

$l=1$〔m〕，電流を I〔A〕として，式①より F_0〔N/m〕を求めると，次式で表されます．

$$F_0=2F\cos\frac{\pi}{6}=2\times\frac{\sqrt{3}}{2}F=\sqrt{3}\times\frac{4\pi\times10^{-7}\times I^2}{2\pi r}=\frac{\mathbf{2\sqrt{3}\,I^2}}{\boldsymbol{r}}\times\mathbf{10^{-7}}\ \text{〔N/m〕}$$

答え▶▶▶ 5

出題傾向 電界，磁界や力の大きさを求める問題は，ベクトル合成によって求める問題が多く出題されています．図を用いてその大きさを求めることができます．

問題 16 ★★ ➡1.5.3

次の記述は，**図 1.44** に示すように，磁束密度が B〔T〕で方向が紙面の表から裏の方向の一様な磁界中に，磁界の方向に対して直角に速さ v〔m/s〕で等速運動している電子について述べたものである．□内に入れるべき字句の正しい組合せを下の番号から選べ．ただし，電子の電荷を $-q$〔C〕（$q>0$），質量を m〔kg〕とする．

(1) 電子は，v の方向と直角方向のローレンツ力（電磁力）$F_1=$ [A]〔N〕を常に受けるので円運動をする．

(2) F_l は，円運動の半径を r〔m〕とすれば，円運動で受ける遠心力 $F_c = mv^2/r$〔N〕と釣り合う．

(3) したがって，円運動の半径 r は，$r = \boxed{\text{B}}/qB$〔m〕となり，角速度 ω は，$\omega = \boxed{\text{C}}/m$〔rad/s〕となる．

	A	B	C
1	qv^2B	m	qB
2	qv^2B	mv	qBv
3	qvB	m	qBv
4	qvB	mv	qBv
5	qvB	mv	qB

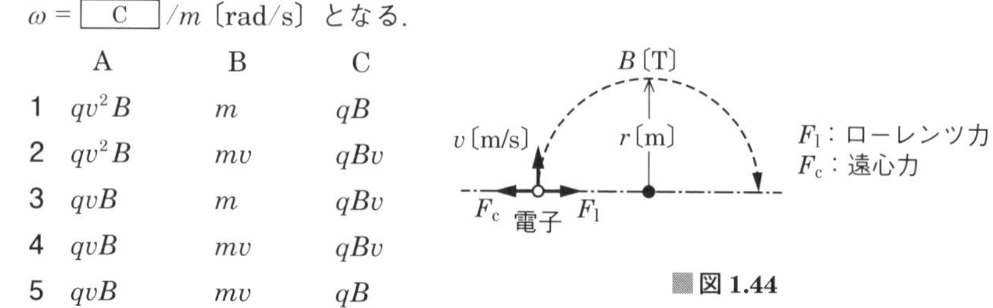

図 1.44

解説 磁界に直角方向から入射した電子に働く電磁力 F_l〔N〕は次式で表されます．

$$F_l = \boldsymbol{qvB} \text{〔N〕} \quad \leftarrow \boxed{\text{A}}\text{の答え} \qquad ①$$

> 磁界と電子の進入角度が θ のときの電磁力は
> $F_e = qvB \sin\theta$

円運動する電子が受ける遠心力 F_c〔N〕は

$$F_c = \frac{mv^2}{r} \text{〔N〕} \qquad ②$$

式①＝式②より，半径 r〔m〕を求めると

$$qvB = \frac{mv^2}{r} \quad \text{よって} \quad r = \boldsymbol{\frac{mv}{qB}} \quad \leftarrow \boxed{\text{B}}\text{の答え} \qquad ③$$

電子が回転する周期を T〔s〕とすると，角速度 $\omega = 2\pi/T$，速度 $v = 2\pi r/T$ および式③より

$$\omega = \frac{2\pi}{T} = \frac{2\pi v}{2\pi r} = \frac{v}{r} = \boldsymbol{\frac{qB}{m}} \text{〔rad/s〕} \quad \leftarrow \boxed{\text{C}}\text{の答え}$$

答え▶▶▶5

関連知識　物体に働く力とエネルギー

運動方程式

$$F = m\alpha \text{〔N〕}$$

遠心力

$$F = \frac{mv^2}{r} \text{〔N〕}$$

力とエネルギー（仕事量）

$$U = Fl \text{〔J〕}$$

運動エネルギー

$$U = \frac{mv^2}{2} \text{〔J〕}$$

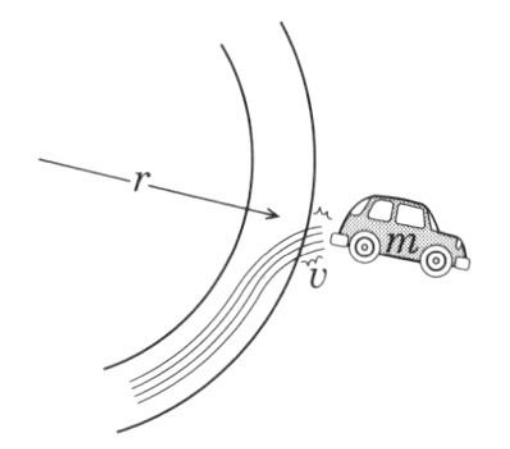

F：力〔N〕，U：エネルギー〔J〕，m：質量〔kg〕，l：距離〔m〕，r：半径〔m〕，α：加速度〔m/s^2〕，v：速度〔m/s〕

1.6 電磁誘導

- 誘導起電力は，磁束の時間的な変化に比例する
- フレミングの右手の法則で誘導起電力の向きを求める

1.6.1 ファラデーの電磁誘導の法則

図 1.45 のように，コイルを通過する磁束が変化すると，コイルに起電力が発生します．微小時間 dt〔s〕の間の磁束の微小変化を $d\phi$〔Wb〕とすると，コイルの巻数が N 回のときの誘導起電力 e〔V〕は次式で表されます．

$$e = -N\frac{d\phi}{dt}\ \text{〔V〕} \qquad (1.50)$$

また，起電力は磁束の変化を妨げる向きに発生します．これを**レンツの法則**といいます．

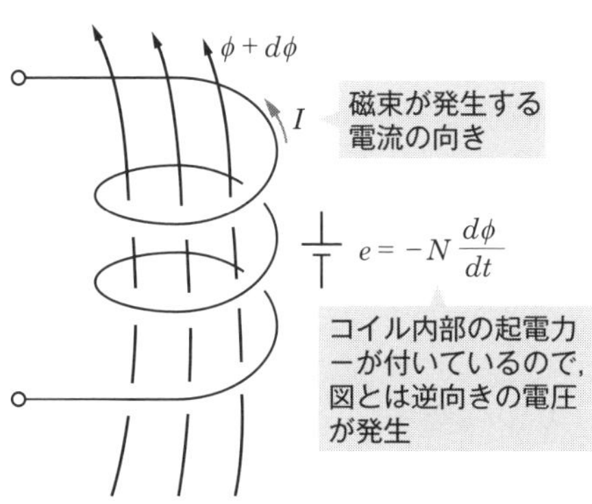

誘導起電力は発生電圧のこと．式のーは電圧の向きを表す．電流が流れて磁束が発生する向きを＋とすると，逆向きを表す．

■図 1.45　コイルに発生する起電力

1.6.2 運動する導線の誘導起電力

図 1.46 のように，大きさと向きが一定な磁界中に導線を置き，この導線を磁束を切る方向に移動させると，導線に起電力が生じます．

このとき，磁界の磁束密度を B〔T〕，導線の長さを l〔m〕，導線の速度を v〔m/s〕，磁界と導線のなす角を θ とすると，導線に発生する起電力 e〔V〕は次式で表されます．

$$e = Blv\sin\theta\ \text{〔V〕} \qquad (1.51)$$

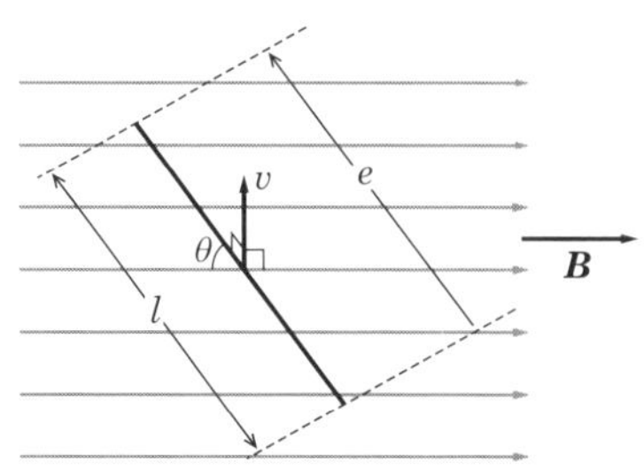

■図 1.46　運動する導線の誘導起電力

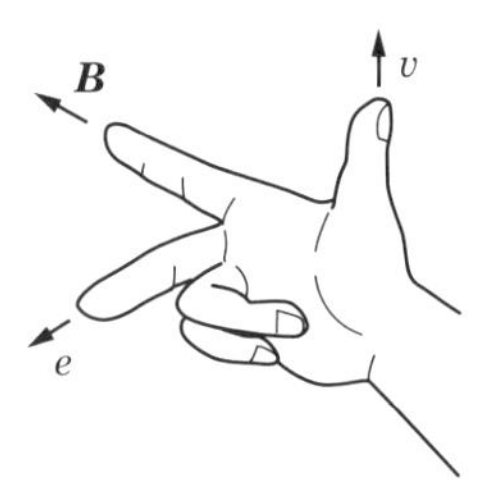

■図 1.47　フレミングの右手の法則

これらの向きを表すのが**フレミングの右手の法則**（**図 1.47**）です．右手の親指，人差し指，中指を互いに直角に開いて，親指を導線の移動方向，人差し指を磁界の方向に合わせると，中指が起電力の方向を表します．

問題 17 ★★★　➡ 1.6

次の記述は，**図 1.48** に示すように正方形の導線 D が，磁石 M の磁極 NS 間を，v〔m/s〕の速度で移動するときの現象について述べたものである．［　　］内に入れるべき字句を下の番号から選べ．ただし，磁極は一辺が m〔m〕の正方形で，磁極間の磁束密度は一様で B〔T〕とする．また D は，一辺を l〔m〕（$l < m$）とし，その面を磁極面に平行に保ち，かつ，磁極間の中央を辺 ab と磁極の辺 pq が平行を保って移動するものとする．

(1) D に生じる起電力の大きさ e は，D 内部の磁束が Δt〔s〕間に $\Delta\phi$〔Wb〕変化すると，$e =$［ア］〔V〕である．

(2) 辺 dc が面 pp′q′q に達した時間 t_1 から，辺 ab が面 pp′q′q に達する時間 t_2 の間に D に生じる起電力の大きさは，$e =$［イ］$\times v$〔V〕である．

(3) (2) のとき，e によって D に流れる電流の方向は，点 a から［ウ］の方向である．

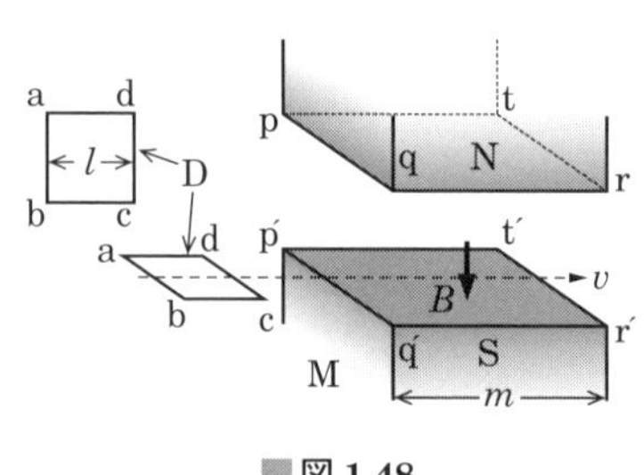

■図 1.48

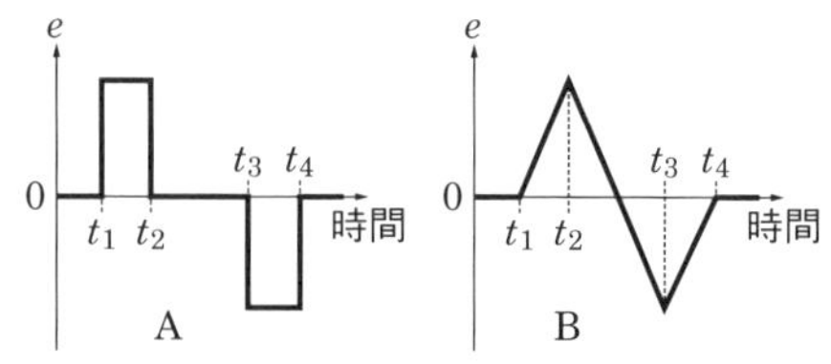

■図 1.49

(4) D 全体が磁界中にあるときには，起電力の大きさは，[エ]〔V〕である．
(5) D に生じる起電力の時間による変化の概略は，**図 1.49** の[オ]である．

1 $\Delta\phi/\Delta t$	2 Bl	3 d → c → b → a	4 $2Bl$	5 B
6 $\Delta\phi\Delta t$	7 B/l	8 b → c → d → a	9 0（零）	10 A

解説 起電力の大きさは符号を考えないので，次式で表されます．

$$e = \frac{\boldsymbol{\Delta\phi}}{\boldsymbol{\Delta t}}\ \text{〔V〕} \quad ①$$

← [ア]の答え

図 1.50 のように，導線の辺 cd の移動方向は常に磁界と直角です．導線が微小区間 Δx〔m〕移動するときの時間を Δt とすると，速度 v〔m/s〕は次式で表されます．

$$v = \frac{\Delta x}{\Delta t}\ \text{〔m/s〕} \quad ②$$

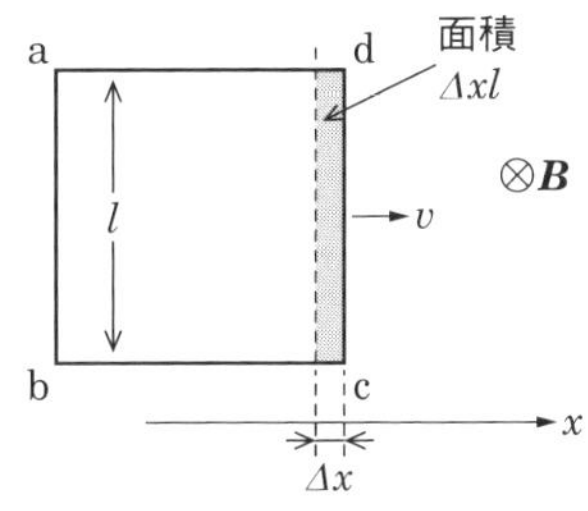

辺 ad と辺 bc は導線の向きと移動方向が同じなので，磁束と交差しないので，起電力は発生しない．

図 1.50

このとき，交わる磁束 $\Delta\phi$〔Wb〕は面積と磁束密度の積なので，次式で表されます．

$$\Delta\phi = \Delta x l B \quad ③$$

式③と式②を式①に代入すると

$$e = \frac{\Delta\phi}{\Delta t} = \frac{\Delta x l B}{\Delta t} = \boldsymbol{Blv}\ \text{〔V〕} \quad ④$$

← [イ]の答え

となります．フレミングの右手の法則より，右手の親指を v の方向，人差し指を B の方向に向けると中指が c から d の方向に向くので，電流の向きは **b → c → d → a** となります． [ウ]の答え

D 全体が磁界中にあるときは，ab の辺にも起電力が発生し，cd の辺の起電力と打ち消し合うので，起電力の大きさは **0**〔V〕となります． [エ]の答え

速度が一定ならば，式④の電圧は一定なので，起電力の時間による変化の概略は図 1.49 の **A** となります． [オ]の答え

答え▶▶▶ア－1，イ－2，ウ－8，エ－9，オ－10

問題 18 ★★★ ➡1.6

次の記述は，**図 1.51** に示すような磁束密度が B〔T〕の一様な磁界中で，**図 1.52** に示す形状のコイル L が角速度 ω〔rad/s〕で回転しているとき，L に生ずる誘導起電力について述べたものである．［　　］内に入れるべき字句を下の番号から選べ．ただし，**図 1.53** に示すように L は中心軸 OP を磁界の方向に対して直角に保って回転し，さらに，時間 t は L の面が磁界の方向と直角となる位置（X-Y）を回転の始点とし，このときを $t=0$〔s〕とする．なお，同じ記号の［　　］内には，同じ字句が入るものとする．

(1) L の中を鎖交する磁束を ϕ〔Wb〕とすると，誘導起電力 e は，$e=-$［ア］〔V〕である．

(2) 時間 t〔s〕における ϕ は，$\phi=$［イ］〔Wb〕となるので，時間 t〔s〕における e は次式で表される．

$e=$［ウ］$\times\sin$［エ］〔V〕

(3) したがって，e は，最大値が［ウ］〔V〕で周波数が［オ］〔Hz〕の正弦波交流電圧となる．

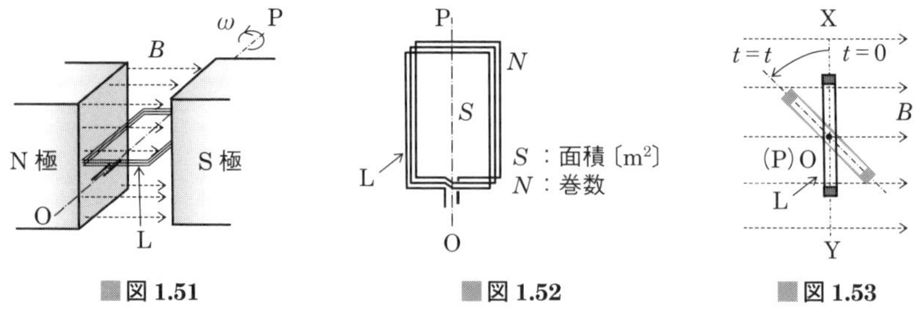

図 1.51　　図 1.52　　図 1.53

1　$N^2\dfrac{d\phi}{dt}$	2　$BS\cos\omega t$	3　$N^2BS\omega$	4　ωt	5　$\dfrac{\omega}{2\pi}$
6　$N\dfrac{d\phi}{dt}$	7　$BS\sin\omega t$	8　$NBS\omega$	9　ωt^2	10　$2\pi\omega$

解説 $t=0$〔s〕のときに鎖交する磁束が最大になります．時間 t〔s〕の磁束 $\phi = NBS\cos\omega t$〔Wb〕より，起電力 e〔V〕を求めると次式で表されます．

$$e = -\frac{d\phi}{dt} = -NBS\frac{d}{dt}\cos\omega t$$

$$= \boldsymbol{NBS\omega} \times \sin \boldsymbol{\omega t}\ \text{〔V〕}$$

［エ］の答え（ωt）

［ウ］の答え（$NBS\omega$）

磁束密度 B は，単位面積当たりの磁束を表す．

答え▶▶▶ア－6，イ－2，ウ－8，エ－4，オ－5

出題傾向 周波数（$f=\omega/(2\pi)$）を答える問題も出題されています．

数学の公式 $y=f\{u(x)\}$ において関数を $f(x)$ とすると合成関数の微分

$$\frac{dy}{dx} = \frac{dy}{du}\cdot\frac{du}{dx}$$

$$\frac{d}{dt}\cos\omega t = \frac{d}{du}\cos u \times \frac{d}{dt}\omega t = -\omega\sin\omega t \quad \text{ただし，} u=\omega t$$

問題 19 ★★ ➡ 1.6

次の記述は，**図 1.54** に示すように，金属（アルミニウム）円板 P を磁石 M の N 極と S 極で挟み M を P の円周に沿って時計方向に移動させたときの現象について述べたものである．［　　］内に入れるべき字句の正しい組合せを下の番号から選べ．ただし，P は M とは接しないで，軸 O を中心に自由に回転できるものとする．

(1) 磁極近くの P には，渦電流 i が生じ，その方向は**図 1.55** の［ A ］に示す方向である．

(2) 渦電流 i と M による磁界との間には，［ B ］が働く．

(3) (2) の結果 P は，M と［ C ］に回転する．

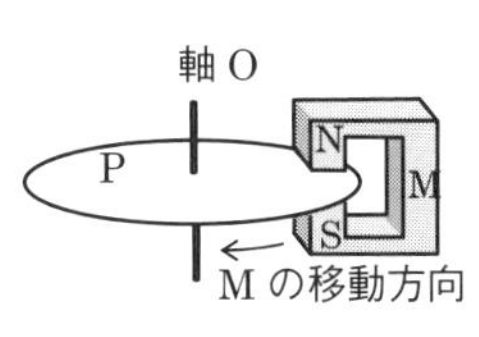

図 1.54

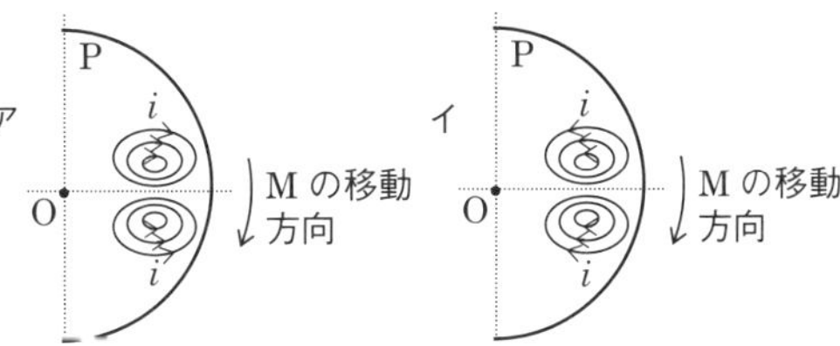

図 1.55　P を上から見た図

	A	B	C
1	ア	保磁力	逆方向
2	ア	電磁力	同方向
3	ア	電磁力	逆方向
4	イ	保磁力	逆方向
5	イ	電磁力	同方向

解説 磁石Mの磁極NとSの磁界による磁束が通過する円板において，**図1.56**のように磁束付近の面積を考えると，磁石が移動する前方の面aの内部の磁束は増加し，後方の面bの内部の磁束は減少します．回転電流と発生する磁束は右ねじの法則で表されるので，前方では磁束を減少させる方向の電流が発生し，後方では磁束を増加させる方向の電流が発生するので，図1.55の**ア**の方向に電流が流れます．このとき発生

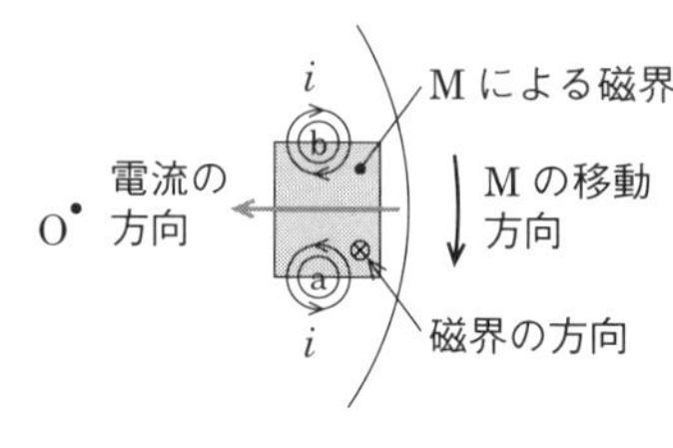

図1.56

A の答え

する電流は渦状に流れるので渦電流と呼ばれます．円板を流れる電流は中心方向に流れ，磁界は上から下方向なので，そのとき発生する**電磁力**はフレミングの左手の法則より，円板は磁石Mの移動方向と**同方向**に回転します．

B の答え

C の答え

答え▶▶▶2

 インダクタンス

- インダクタンスは，電流の変化により発生する起電力の比例定数
- 二つのコイルを接続するときは，和動接続と差動接続により合成インダクタンスは異なる

1.7.1 自己インダクタンス

コイルに電流を流すと磁束が発生し，発生する磁束は電流に比例します．コイルに流れている電流を dt〔s〕の時間に dI〔A〕変化させると，N 回巻きのコイルの磁束も $d\phi$〔Wb〕変化します．このとき発生する誘導起電力 e〔V〕は次式で表されます．

$$e = -N\frac{d\phi}{dt}\ \text{〔V〕} \tag{1.52}$$

インダクタンスは，電流と誘導起電力を結びつける比例定数．

磁束と電流が比例することより

$$e = -L\frac{dI}{dt}\ \text{〔V〕} \tag{1.53}$$

と表されます．ここで，L はコイルの自己インダクタンス（単位：ヘンリー〔H〕）と呼びます．

式 (1.52) と式 (1.53) の関係より，時間とともに変化する量が一定とすれば，次式が成り立ちます．

$$N\phi = LI \tag{1.54}$$

式 (1.54) は，インダクタンスを求めるときに用いる．

1.7.2 相互インダクタンス

図 1.57 のように，コイルの磁束が相互に影響するとき，片方のコイルの電流を変化させると別のコイルに発生する誘導起電力 e〔V〕は次式で表されます．

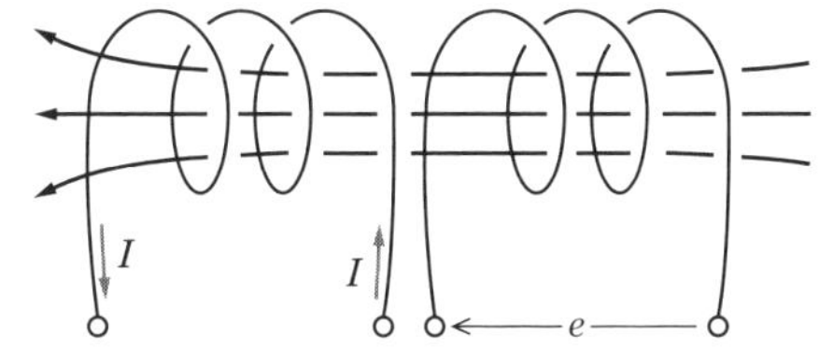

■図 1.57　相互インダクタンス

$$e = -M\frac{dI}{dt}\ \text{〔V〕} \tag{1.55}$$

ただし，M はコイルの相互インダクタンス（単位：ヘンリー〔H〕）です．

1.7.3 コイルの接続

図 1.58 のように，コイル相互の磁束が影響する状態では，相互インダクタンスを M〔H〕とすると，合成インダクタンス L_M〔H〕は式（1.56）と式（1.57）によって表されます．

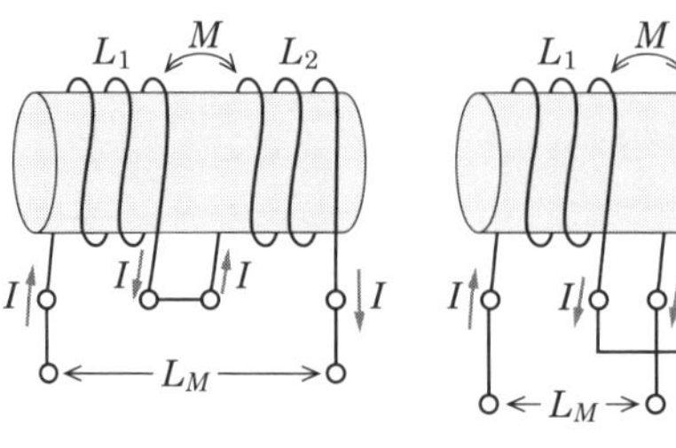

二つのコイルを流れる電流の向きが同じで，磁束が同じ向きのときは，和動接続．向きが反対のときは，差動接続．

■**図 1.58　コイルの接続**

磁束が互いに加わるような方向の接続を**和動接続**といい，次式で表されます．

$$L_M = L_1 + L_2 + 2M \text{〔H〕} \tag{1.56}$$

磁束が互いに打ち消し合うような方向の接続を**差動接続**といい，次式で表されます．

$$L_M = L_1 + L_2 - 2M \text{〔H〕} \tag{1.57}$$

コイルの結合の状態を表す**結合係数** k は次式で表されます．

$$k = \frac{M}{\sqrt{L_1 L_2}} \tag{1.58}$$

右回りに回転する電流によって，コイルの中心に発生する磁束の向きは，右ネジが進む向きとなる．磁束の向きは電流の回転する向きによって決まるので，コイルの巻き方が右か，左かによって決まる．コイルが巻き進む前後の方向とは関係がない．

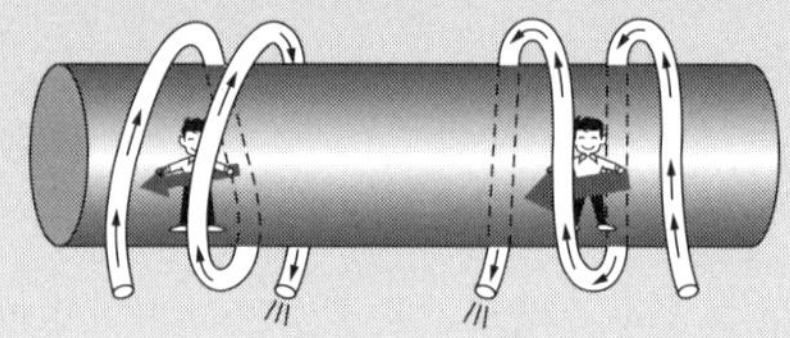

問題 20 ★★★ ➡ 1.7.1

次の記述は，**図 1.59** に示すように断面積が S〔m²〕，平均磁路長が l〔m〕および透磁率が μ〔H/m〕の環状鉄心にコイルを N 回巻いたときの自己インダクタンス L〔H〕について述べたものである．[ ]内に入れるべき字句の正しい組合せを下の番号から選べ．ただし，漏れ磁束および磁気飽和はないものとする．

(1) L は，コイルに流れる電流を I〔A〕，磁気回路内の磁束を ϕ〔Wb〕とすると，$L =$ [A]〔H〕で表される．

(2) 環状鉄心内の ϕ は，$\phi =$ [B]〔Wb〕で表される．

(3) したがって L は，(1) および (2) より，$L =$ [C]〔H〕で表される．

	A	B	C
1	$\dfrac{N\phi}{I}$	$\dfrac{\mu NIS}{l}$	$\mu N^2 Sl$
2	$\dfrac{NI}{\phi}$	$\dfrac{\mu NIS}{l}$	$\dfrac{\mu N^2 S}{l}$
3	$\dfrac{N\phi}{I}$	$\dfrac{\mu NIS}{l}$	$\dfrac{\mu N^2 S}{l}$
4	$\dfrac{NI}{\phi}$	$\dfrac{\mu NIl}{S}$	$\mu N^2 Sl$
5	$\dfrac{N\phi}{I}$	$\dfrac{\mu NIl}{S}$	$\mu N^2 Sl$

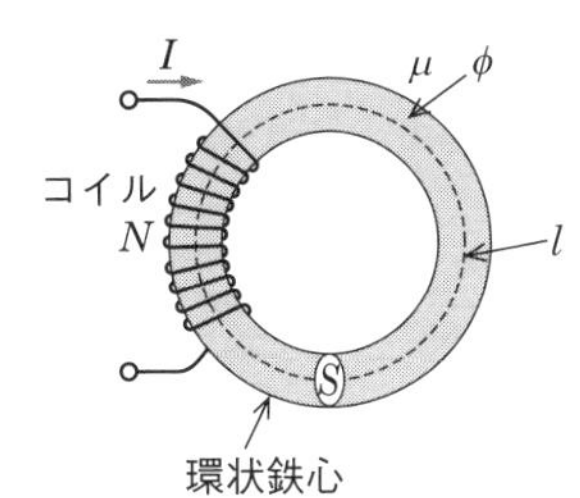

■図 1.59

解説 N 回巻きのコイルに発生する磁束 ϕ〔Wb〕，コイルに流れる電流 I〔A〕，自己インダクタンス L〔H〕は，次式の関係があります．

$$N\phi = LI \quad より \quad L = \boldsymbol{\frac{N\phi}{I}} \quad \text{◀……… [A]の答え} \tag{①}$$

環状鉄心内の磁界 H〔A/m〕は平均磁路長 l〔m〕上で一定なので，アンペアの法則より次式が成り立ちます．

$$Hl = NI \tag{②}$$

磁束密度 B〔Wb〕は $B = \mu H$ で表されるので，式②の磁界を用いると，磁束 ϕ〔Wb〕は次式で表されます．

$$\phi = BS = \mu HS$$

$$= \boldsymbol{\frac{\mu NIS}{l}} \quad \text{◀……… [B]の答え} \tag{③}$$

式①と式③より，自己インダクタンス L〔H〕は次のようになります．

$$L = \frac{N\phi}{I} = \frac{\boldsymbol{\mu N^2 S}}{\boldsymbol{l}}$$ ◀…… C の答え

答え▶▶▶ 3

問題 21 ★★ ➡1.7.2 ➡1.7.3

次の記述は，**図 1.60** に示すような円筒に，同一方向に巻かれた二つのコイル X および Y の合成インダクタンスおよび XY 間の相互インダクタンスについて述べたものである． 内に入れるべき字句の正しい組合せを下の番号から選べ．

(1) 端子 b と端子 c を接続したとき，二つのコイルは A 接続となる．このとき，端子 ad 間の合成インダクタンス L_{ad} は，XY 間の相互インダクタンスを M〔H〕とすると，次式で表される．

L_{ab} = B 〔H〕

(2) 端子 b と端子 d を接続したときの端子 ac 間の合成インダクタンスを L_{ac} とすると，L_{ad} と L_{ac} から M は次式で表される．

$$M = \frac{L_{ad} - L_{ac}}{\boxed{\text{C}}} \text{〔H〕}$$

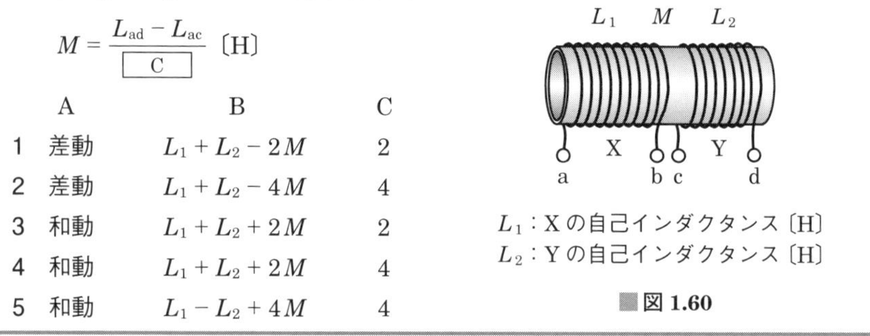

	A	B	C
1	差動	$L_1 + L_2 - 2M$	2
2	差動	$L_1 + L_2 - 4M$	4
3	和動	$L_1 + L_2 + 2M$	2
4	和動	$L_1 + L_2 + 2M$	4
5	和動	$L_1 - L_2 + 4M$	4

L_1：X の自己インダクタンス〔H〕
L_2：Y の自己インダクタンス〔H〕

■図 1.60

解説 a から b に直流電流を流すと磁界の向きは右向き，c から d に直流電流を流すと磁界の向きは右向きなので，端子 b と端子 c を接続すると**和動**接続となるので，L_{ad}〔H〕は次式で表されます．（A の答え）

$L_{ad} = \boldsymbol{L_1 + L_2 + 2M}$〔H〕 ◀…… B の答え　　①

L_{ac} は差動接続になるので

$L_{ac} = L_1 + L_2 - 2M$〔H〕　　②

電流の流れる向きに右ねじを回すと，磁界の向きはネジが進む向き．

式① − 式②より

$$L_{ad} - L_{ac} = 2M - (-2M)$$

$$M = \frac{L_{ad} - L_{ac}}{\boldsymbol{4}} \text{〔H〕}$$ ◀…… C の答え

となります．

答え▶▶▶ 4

出題傾向 端子の接続が入れ替わって差動接続となる問題も出題されています．

1.8 磁気回路

要点
- 磁気回路（電気回路）は，起磁力（起電力または電圧），磁気抵抗（電気抵抗），磁束（電流）によって表される
- 磁気回路の透磁率は電気回路で用いられる導電率と同じ
- 磁気エネルギーは電流 I^2 に比例する

1.8.1 磁気回路のオームの法則

図 1.61 のように，環状鉄心に導線を N 回巻いた環状コイルに電流 I〔A〕が流れているとき，鉄心の平均円周を l〔m〕，鉄心内の磁界を H〔A/m〕とすると，アンペアの法則より次式が成り立ちます．

$$Hl = NI$$

$$H = \frac{NI}{l} \tag{1.59}$$

鉄心の透磁率を μ，比透磁率を μ_r，真空の透磁率を μ_0（$= 4\pi \times 10^{-7}$），断面積を S〔m²〕とすると，鉄心内の磁束 ϕ〔Wb〕は次式で表されます．

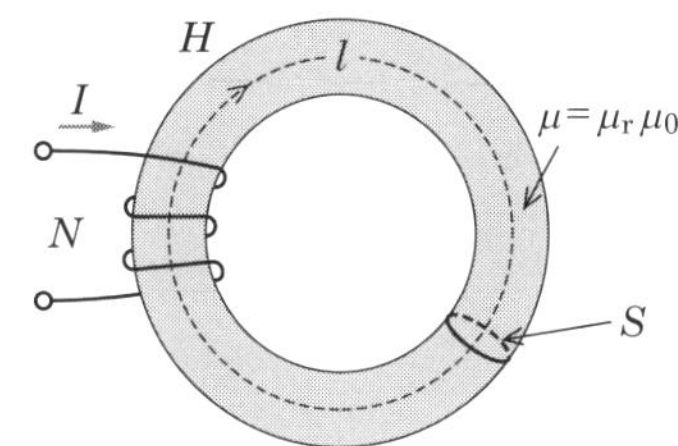

■図 1.61　環状コイル

$$\phi = \mu SH = \frac{\mu SNI}{l}$$

$$= \frac{\mu_r \mu_0 SNI}{l} \text{〔Wb〕} \tag{1.60}$$

ここで，次式で定義されるように起磁力を F_m〔A〕，磁気抵抗を R_m〔H^{-1}〕とすると

$$F_m = NI \text{〔A〕} \tag{1.61}$$

$$R_m = \frac{l}{\mu_r \mu_0 S} \text{〔}H^{-1}\text{〕} \tag{1.62}$$

となり，起磁力と磁気抵抗を用いると，磁束 ϕ〔Wb〕は次式で表すことができます．

$$\phi = \frac{F_m}{R_m} \text{〔Wb〕} \tag{1.63}$$

これは，**図 1.62** のように磁束 ϕ を電流 I に，起磁力 F_m を起電力 E に，磁気抵抗 R_m を抵抗 R に置き換えたときに，電気回路のオームの法則と同様に計算す

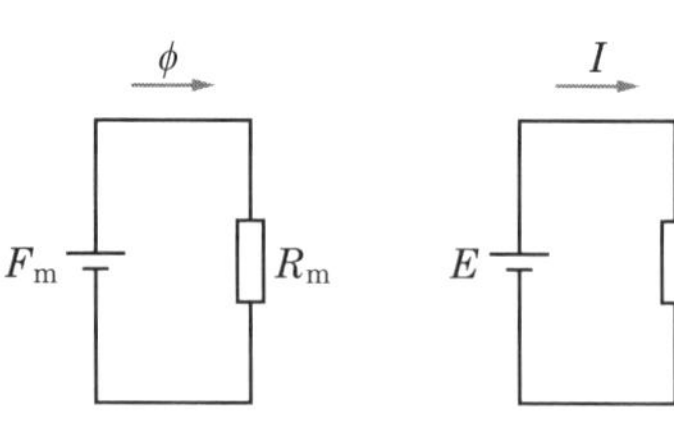

■図 1.62　オームの法則

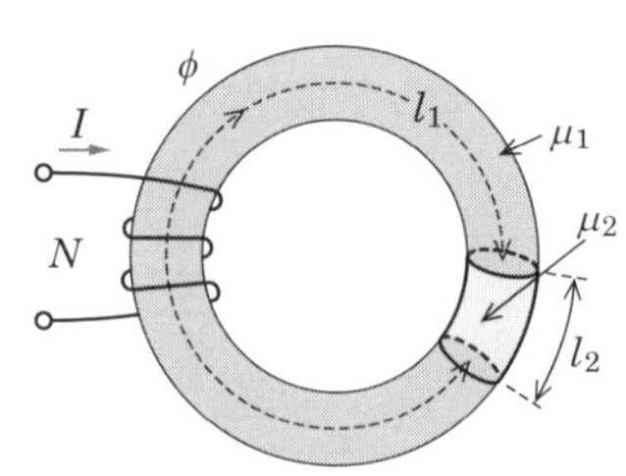

■図 1.63　一部の材質が異なる環状コイル

ることができるので，この公式を**磁気回路のオームの法則**といいます．

図 1.63 のように，環状鉄心の一部が異なる材質の環状コイルでは，次式で表されます．

$$\phi = \frac{F_m}{R_{m1} + R_{m2}} \text{〔Wb〕} \tag{1.64}$$

ただし

$$R_{m1} = \frac{l_1}{\mu_1 S} \text{〔H}^{-1}\text{〕} \tag{1.65}$$

$$R_{m2} = \frac{l_2}{\mu_2 S} \text{〔H}^{-1}\text{〕} \tag{1.66}$$

ここで，直列合成磁気抵抗 R_{mS} は次式で表されます．

$$R_{mS} = R_{m1} + R_{m2} \text{〔H}^{-1}\text{〕} \tag{1.67}$$

これらの公式は電気回路の直列合成抵抗の計算方法と同じです．

関連知識　導体の抵抗率

電気回路では，**図 1.64** のように導体の抵抗率を ρ〔Ω·m〕，導電率を σ〔S/m〕，断面積を S〔m²〕とすると，導体の抵抗 R〔Ω〕は次式で表されます．

$$R = \rho \frac{l}{S} = \frac{l}{\sigma S} \text{〔Ω〕} \tag{1.68}$$

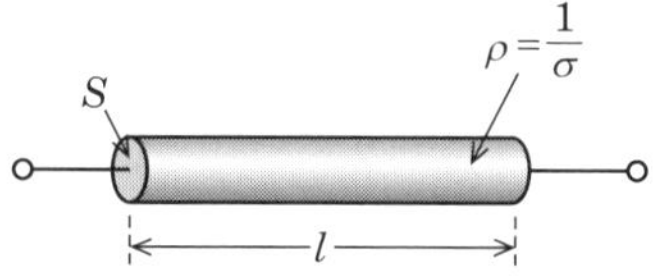

■図 1.64　導体の抵抗率

1.8.2 磁気エネルギー

インダクタンス L〔H〕のコイルに電流 I〔A〕が流れているとき，コイルに蓄えられる磁気エネルギー W〔J〕は次式で表されます．

$$W = \frac{1}{2} LI^2 \text{〔J〕} \tag{1.69}$$

関連知識　静電エネルギー

コンデンサの静電容量が C〔F〕，電位が V〔V〕のとき，静電エネルギー W〔J〕は，次式で表されます．

$$W = \frac{1}{2} CV^2 \text{〔J〕} \tag{1.70}$$

問題 22 ★★　➡ 1.8.1

図 1.65 に示すような透磁率が μ〔H/m〕の鉄心で作られた磁気回路の磁路 ab の磁束 ϕ〔Wb〕を表す式として，正しいものを下の番号から選べ．ただし，磁路の断面積はどこも S〔m²〕であり，図 1.66 に示す各磁路の長さ ab, bc, cd, ad は l〔m〕で等しいものとし，磁気回路に漏れ磁束はないものとする．また，コイル C の巻数を N，C に流す直流電流を I〔A〕とする．

1　$\phi = \dfrac{\mu NIl}{4S}$

2　$\phi = \dfrac{\mu NIS}{4l}$

3　$\phi = \dfrac{\mu NIS}{5l}$

4　$\phi = \dfrac{2\mu NIS}{l}$

5　$\phi = \dfrac{2\mu NIl}{5S}$

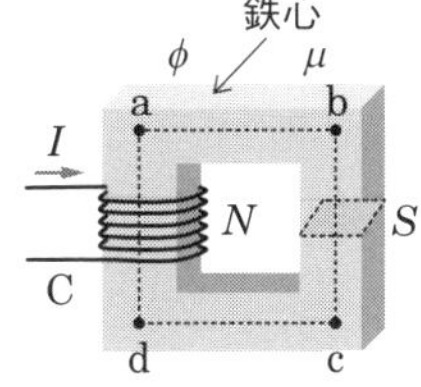

図 1.65

解説　ab, bc, cd, ad 間の各磁気抵抗 R_m〔H⁻¹〕は，各磁路の長さが l〔m〕なので，次式で表されます．

$$R_m = \frac{l}{\mu S} \text{〔H}^{-1}\text{〕}$$

磁気回路は，四つの磁気抵抗 R_m の直列接続として**図 1.66** のように表すことができるので，合成磁気抵抗 R_{m0}〔H^{-1}〕を求めると

$$R_{m0} = 4R_m = \frac{4l}{\mu S} \text{〔H}^{-1}\text{〕}$$

となるので，起磁力を $F_m = NI$〔A〕とすると，磁束 ϕ〔Wb〕は次式で表されます．

$$\phi = \frac{F_m}{R_{m0}} = \boldsymbol{\frac{\mu NIS}{4l}} \text{〔Wb〕}$$

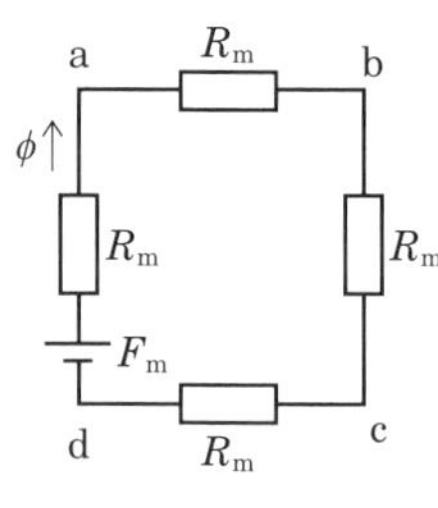

図 1.66

答え▶▶▶2

関連知識

磁路が一つで全長 $4 \times l$〔m〕がわかっていて，漏れ磁束がないのでアンペアの法則を適用することができます．磁路の内部の電流は NI であり，磁界の強さを H〔A/m〕とすると，次式が成り立ちます．

$$NI = H \times 4 \times l$$

鉄心内部の磁束密度 $B = \mu H$〔T〕なので，磁束 ϕ〔Wb〕は次式で表されます．

$$\phi = BS = \mu HS = \frac{\mu NIS}{4l} \text{〔Wb〕}$$

問題 23 ★★★ ➡ 1.8.1

図 1.67 に示すような透磁率が μ〔H/m〕の鉄心で作られた磁気回路の磁路 ab の磁束 ϕ を表す式として，正しいものを下の番号から選べ．ただし，磁路の断面積はどこも S〔m^2〕であり，図 1.67 に示す各磁路の長さ ab，cd，ef，ac，ae，bd，bf は l〔m〕で等しいものとし，磁気回路に漏れ磁束はないものとする．また，コイル C の巻数を N，C に流す直流電流を I〔A〕とする．

1　$\phi = \frac{2\mu N^2 IS}{5l}$〔Wb〕

2　$\phi = \frac{2\mu NIS}{5l}$〔Wb〕

3　$\phi = \frac{5\mu N^2 Il}{2S}$〔Wb〕

4　$\phi = \frac{5\mu NIS}{2l}$〔Wb〕

5　$\phi = \frac{5\mu NIl}{2S}$〔Wb〕

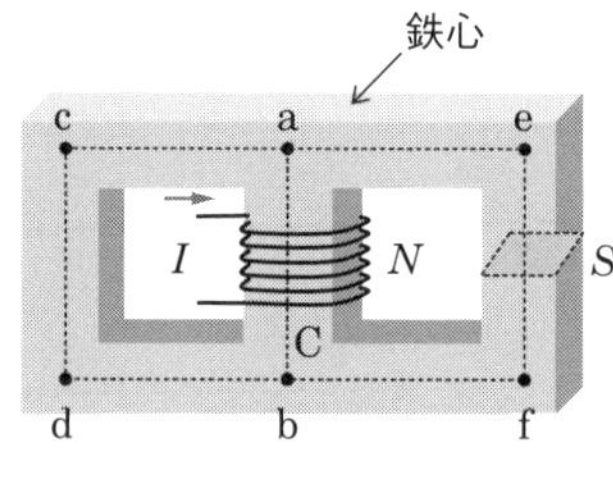

図 1.67

解説 コイルが巻かれたab間の磁気抵抗R_m〔H^{-1}〕は，磁路の長さがl〔m〕なので，次式で表されます．

$$R_m = \frac{l}{\mu S}\ 〔H^{-1}〕$$

ほかの区間は，長さが$3l$〔m〕の磁気抵抗として**図1.68**のように表すことができるので，合成磁気抵抗R_{m0}〔H^{-1}〕を求めると

$$R_{m0} = R_m + \frac{3 \times R_m}{2} = \frac{5}{2} R_m = \frac{5l}{2\mu S}\ 〔H^{-1}〕$$

となるので，起磁力を$F_m = NI$〔A〕とすると，磁束ϕ〔Wb〕は次式で表されます．

$$\phi = \frac{F_m}{R_{m0}} = \boldsymbol{\frac{2\mu NIS}{5l}}\ \textbf{〔Wb〕}$$

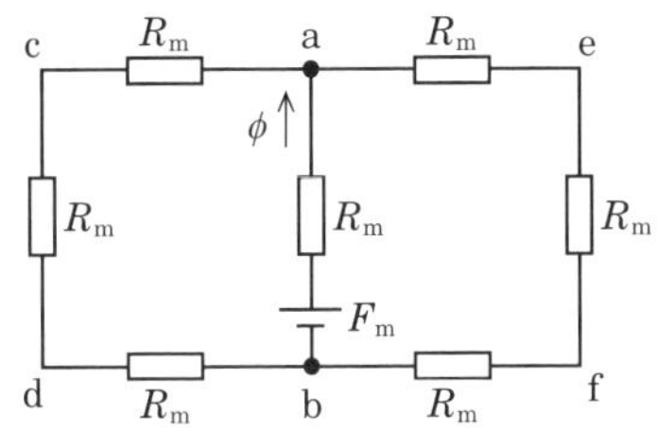

図1.68

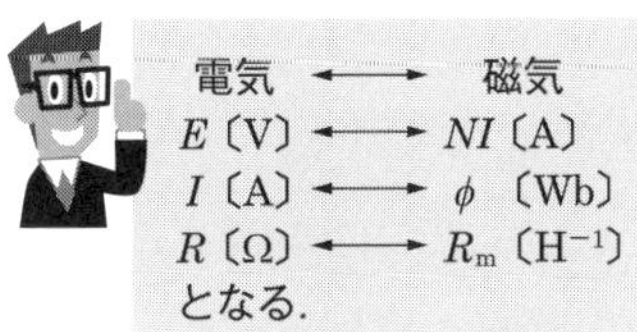

答え▶▶▶2

問題24 ★★ ➡1.8.1

図1.69に示す平均磁路長lが50〔mm〕の環状鉄心Aの中に生ずる磁束と，**図1.70**に示すようにAに1〔mm〕の空隙l_gを設けた環状鉄心Bの中に生ずる磁束が共にϕ〔Wb〕で等しいとき，図1.70のコイルに流す電流I_Bを表す近似式として，正しいものを下の番号から選べ．ただし，Aに巻くコイルに流れる電流をI_A〔A〕とし，コイルの巻数Nは図1.69および図1.70で等しく，鉄心の比透磁率μ_rを1 500とする．また，磁気飽和および漏れ磁束はないものとする．

1 $I_B \fallingdotseq 31 I_A$〔A〕
2 $I_B \fallingdotseq 41 I_A$〔A〕
3 $I_B \fallingdotseq 51 I_A$〔A〕
4 $I_B \fallingdotseq 61 I_A$〔A〕
5 $I_B \fallingdotseq 71 I_A$〔A〕

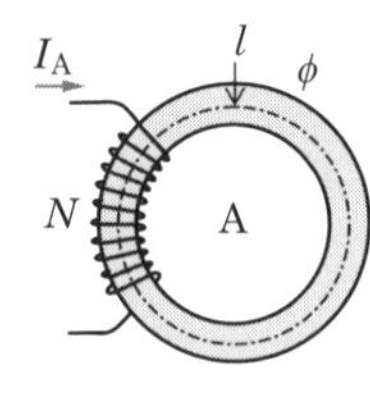

■図 1.69

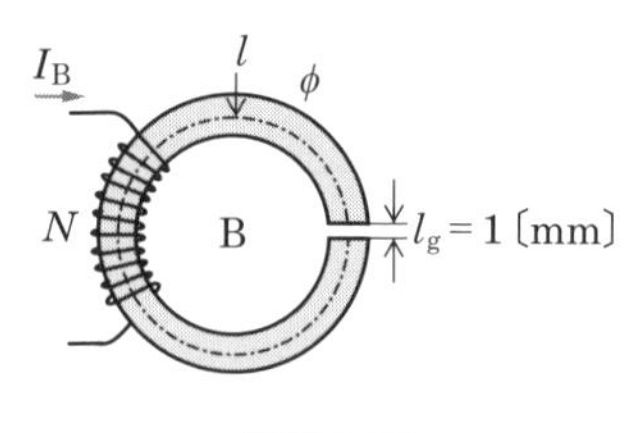

■図 1.70

解説 図 1.69 の環状鉄心 A の断面積を S〔m²〕，平均磁路長を l〔m〕，鉄心の比透磁率を μ_r，真空の透磁率を μ_0 とすると，磁気抵抗 R_A は次式で表されます．

$$R_A = \frac{l}{\mu_r \mu_0 S} \text{〔H}^{-1}\text{〕} \quad ①$$

図 1.70 の環状鉄心 B の磁気抵抗 R_B は，空隙 l_g〔m〕が l_g（$= 1 \times 10^{-3}$）$\ll l$（$= 50 \times 10^{-3}$）なので，$l - l_g \fallingdotseq l$ とすると，次式で表されます．

$$R_B \fallingdotseq \frac{l}{\mu_r \mu_0 S} + \frac{l_g}{\mu_0 S} \text{〔H}^{-1}\text{〕} \quad ②$$

コイル A および B の磁束 ϕ〔Wb〕は等しいので

$$\phi = \frac{N I_A}{R_A} = \frac{N I_B}{R_B} \text{〔Wb〕} \quad ③$$

が成り立ちます．式③に式①と式②を代入すれば

$$\frac{\mu_r \mu_0 I_A}{l} = \left(\frac{1}{\dfrac{l}{\mu_r \mu_0} + \dfrac{l_g}{\mu_0}} \right) I_B$$

磁束 ϕ が等しい条件から，A，B それぞれの磁束の式が等しいとして，ϕ を消去する．

となります．したがって

$$I_B = \frac{\mu_r \mu_0 I_A}{l} \left(\frac{l}{\mu_r \mu_0} + \frac{l_g}{\mu_0} \right)$$

$$= \left(1 + \frac{\mu_r l_g}{l} \right) I_A$$

$$= \left(1 + \frac{1\,500 \times 1 \times 10^{-3}}{50 \times 10^{-3}} \right) I_A$$

$$= \mathbf{31 I_A} \textbf{〔A〕}$$

となります．

答え ▶▶▶ 1

答えの選択肢の式に，≒の記号が付いているときは，問題で与えられている変数のうち小さい値を省略して計算します．この問題では，磁路の長さのうち間隙の長さを省略します．

問題 25 ★★★ ➡ 1.8.1

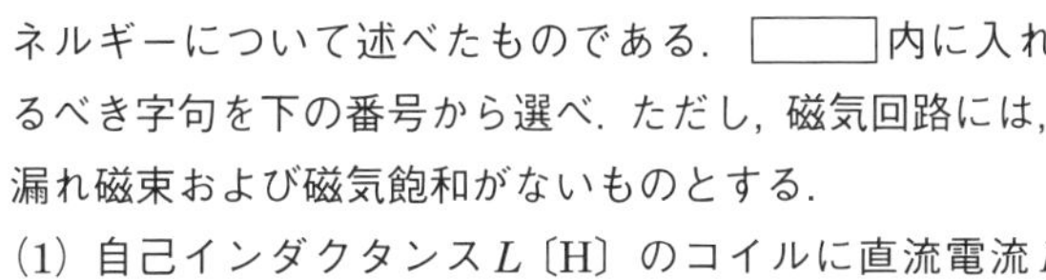
次の記述は，**図 1.71** に示す磁気回路に蓄えられるエネルギーについて述べたものである．［　　］内に入れるべき字句を下の番号から選べ．ただし，磁気回路には，漏れ磁束および磁気飽和がないものとする．

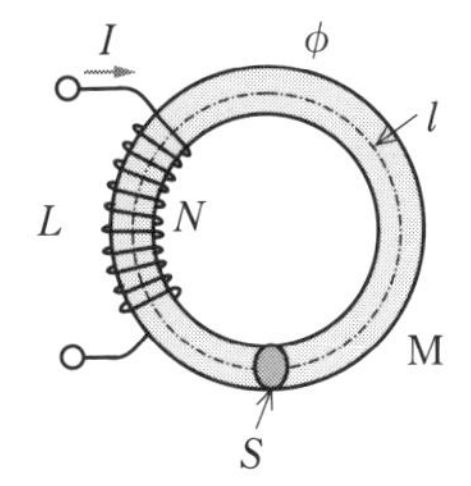

■図 1.71

(1) 自己インダクタンス L〔H〕のコイルに直流電流 I〔A〕が流れているとき，磁気回路に蓄えられるエネルギー W は，L および I で表すと，次式で表される．

$W =$ ［ア］〔J〕 ……………… 【1】

(2) L は，環状鉄心 M の中の磁束を ϕ〔Wb〕，コイルの巻数を N とすると，次式で表される．

$$L = \frac{N\phi}{I} \text{〔H〕} \quad \cdots\cdots 【2】$$

(3) M の断面積を S〔m^2〕，平均磁路長を l〔m〕，M の中の磁束密度を B〔T〕とすると，ϕ および磁界の強さ H は，それぞれ次式で表される．

$\phi =$ ［イ］〔Wb〕 ……………… 【3】

$H = \dfrac{［ウ］}{l}$〔A/m〕 ……………… 【4】

(4) 式【2】，【3】，【4】を用いると，式【1】は次式で表される．

$W =$ ［エ］〔J〕

(5) したがって，磁路の単位体積当たりに蓄えられるエネルギー w は，$w =$ ［オ］〔J/m^3〕である．

1 LI^2　　2 $\dfrac{LI^2}{2}$　　3 BS　　4 BS^2　　5 NI

6 N^2I　　7 $\dfrac{HBS}{l}$　　8 $\dfrac{HBSl}{2}$　　9 $\dfrac{HB}{2}$　　10 HB

解説 環状鉄心の磁路 l において内部の電流は NI となるので，アンペアの法則を適用すると次式が成り立ちます．

$$NI = Hl \quad よって \quad H = \frac{\boldsymbol{NI}}{l} \text{〔A/m〕}$$ ◀…… ウ の答え ①

変形すると $I = \dfrac{Hl}{N}$〔A〕 ②

問題の式【2】に式【3】を代入すると

$$L = \frac{NBS}{I}$$ ③

となるので，問題の式【1】に，式③と式②を代入すると次式のようになります．

$$W = \frac{1}{2} \times L \times I \times I = \frac{1}{2} \times \frac{NBS}{I} \times I \times \frac{Hl}{N}$$

$$= \frac{\boldsymbol{HBSl}}{\boldsymbol{2}} \text{〔J〕}$$ ◀…… エ の答え ④

式④において，Sl〔m^3〕は環状鉄心の体積を表すので，磁路の単位体積当たりに蓄えられるエネルギー w〔$\mathrm{J/m}^3$〕は次式で表されます．

$$w = \frac{\boldsymbol{HB}}{\boldsymbol{2}} \text{〔J/m}^3\text{〕}$$ ◀…… オ の答え

答え▶▶▶ア－2，イ－3，ウ－5，エ－8，オ－9

問題 26 ★ ➡1.8.2

図 1.72 に示す回路において，静電容量 C〔F〕に蓄えられる静電エネルギーと自己インダクタンス L〔H〕に蓄えられる電磁（磁気）エネルギーが等しいときの条件式として，正しいものを下の番号から選べ．ただし，回路は定常状態にあり，コイルの抵抗および電源の内部抵抗は無視するものとする．

1 $R = \sqrt{\dfrac{1}{2CL}}$

2 $R = \sqrt{\dfrac{C}{2L}}$

3 $R = \sqrt{\dfrac{1}{CL}}$

4 $R = \sqrt{\dfrac{L}{C}}$

5 $R = \sqrt{\dfrac{C}{L}}$

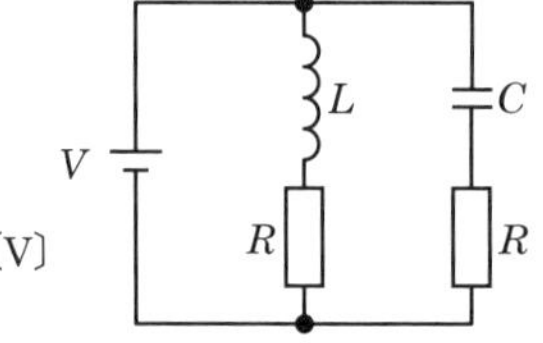

V：直流電源電圧〔V〕
R：抵抗〔Ω〕

図 1.72

解説 定常状態ではコンデンサに加わる電圧は電源電圧 V〔V〕なので，コンデンサに蓄えられる静電エネルギー W_C〔J〕は次式で表されます．

$$W_C = \frac{1}{2} CV^2 \text{〔J〕} \quad ①$$

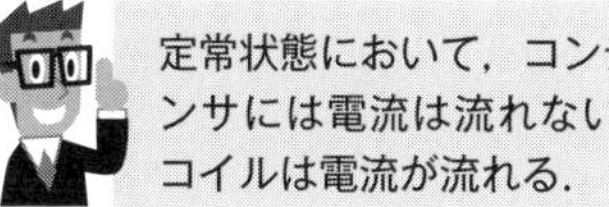

コイルに流れる電流 I〔A〕は次式で表されます．

$$I = \frac{V}{R} \text{〔A〕} \quad ②$$

コイルに蓄えられる磁気エネルギー W_L〔J〕は次式で表されます．

$$W_L = \frac{LI^2}{2} \text{〔J〕} \quad ③$$

問題の条件より，式①＝式③であり，式②を代入すると次式のようになります．

$$CV^2 = \frac{LV^2}{2R^2} \quad \text{よって} \quad \boldsymbol{R = \sqrt{\frac{L}{C}}} \text{〔Ω〕}$$

答え▶▶▶4

1.9 単　　　位

- 国際単位系（SI）は，四つの基本単位，長さ（m），質量（kg），時間（s），電流（A）を用いて，ほかの単位を表すことができる
- 物理法則による式から，ほかの単位を使って表すことができる

1.9.1 国際単位系（SI）

国際単位系（SI）は 10 進法による国際的な単位系で，7 の基本単位で構成されています．このうち，長さの単位にメートル（m），質量の単位にキログラム（kg），時間の単位に秒（s），電気の単位にアンペア（A）を用いれば，電気に関係するほかの単位も表すことができます．

1.9.2 ほかの単位による表し方

① エネルギー U〔J〕は力 F〔N〕，距離 l〔m〕より次式で表されます．

$U = Fl$　なので　〔N·m〕

② 電荷 Q〔C〕は電流 I〔A〕，時間 t〔s〕より次式で表されます．

$Q = It$　なので　〔A·s〕

③ 電位 V〔V〕は単位電荷 Q〔C〕当たりの仕事 W〔J〕より次式で表されます．

$V = \dfrac{W}{Q}$　なので　〔J/C〕

④ 電力 P〔W〕は電圧 V〔V〕，電流 I〔A〕，時間 t〔s〕，仕事 W〔J〕より次式で表されます．

$P = VI = \dfrac{W}{Q} \times \dfrac{Q}{t} = \dfrac{W}{t}$　なので　〔J/s〕

ここで，電流 I〔A〕は単位時間 t〔s〕当たりの電荷 Q〔C〕の移動量を表します．

$I = \dfrac{Q}{t}$　なので　〔C/s〕

⑤ 静電容量 C〔F〕は電位 V〔V〕を与えたときに蓄えられる電荷 Q〔C〕より次式で表されます．

$C = \dfrac{Q}{V}$　なので　〔C/V〕

⑥　磁束ϕ〔Wb〕が時間t〔s〕で変化すると，誘導起電力e〔V〕は次式で表されます．

$e = \dfrac{d\phi}{dt}$〔V〕

よって，ϕ〔Wb〕は

$\phi = et$　なので　〔V·s〕

⑦　インダクタンスL〔H〕を流れている電流I〔A〕が時間t〔s〕で変化すると，誘導起電力e〔V〕は次式で表されます．

$e = L\dfrac{dI}{dt}$〔V〕

⑥の式を使うと

$e = L\dfrac{dI}{dt} = \dfrac{d\phi}{dt}$

よって，$LI = \phi$ より

$L = \dfrac{\phi}{I}$　なので　〔Wb/A〕

⑧　磁束密度B〔T〕は単位面積S〔m^2〕当たりの磁束ϕ〔Wb〕より次式で表されます．

$B = \dfrac{\phi}{S}$　なので　〔Wb/m^2〕

1.9.3 基本単位による表し方

① 力F〔N〕は，質量をm〔kg〕，加速度をα〔$m\cdot s^{-2}$〕とすれば，ニュートンの運動方程式より，次式で表すことができます．

$F = m\alpha$　なので　〔$m\cdot kg\cdot s^{-2}$〕

② 電力P〔W〕は，仕事W〔J〕，時間t〔s〕，距離l〔m〕より，次式で表されます．

$$P = \frac{W}{t} = \frac{Fl}{t} = \frac{m\alpha l}{t}\ 〔m^2\cdot kg\cdot s^{-3}〕$$

③ 電位V〔V〕は，仕事をW〔J〕とすると，次式で表されます．

$$V = \frac{W}{Q} = \frac{W}{It}\ 〔m^2\cdot kg\cdot s^{-3}\cdot A^{-1}〕$$

④ 静電容量C〔F〕は次式で表されます．

$$C = \frac{Q}{V} = \frac{Q^2}{W} = \frac{I^2 t^2}{W}\ 〔m^{-2}\cdot kg^{-1}\cdot s^4\cdot A^2〕$$

⑤ 抵抗R〔Ω〕は次式で表されます．

$$R = \frac{V}{I}\ 〔m^2\cdot kg\cdot s^{-3}\cdot A^{-2}〕$$

問題 27 ★★★ ➡1.9.2

次の記述は，電気磁気量に関する国際単位系（SI 単位）について述べたものである．［　　］内に入れるべき字句を下の番号から選べ．

(1) 電荷の単位は，クーロン〔C〕であるが，［ア］と表すこともできる．
(2) 静電容量の単位は，ファラド〔F〕であるが，［イ］と表すこともできる．
(3) インダクタンスの単位は，ヘンリー〔H〕であるが，［ウ］と表すこともできる．
(4) 磁束密度の単位は，テスラ〔T〕であるが，［エ］と表すこともできる．
(5) 電力の単位は，ワット〔W〕であるが，［オ］と表すこともできる．

1 〔A・s〕　2 〔W/A〕　3 〔V・s〕　4 〔V/A〕　5 〔J/s〕
6 〔A/V〕　7 〔C/V〕　8 〔Wb/A〕　9 〔Wb/m^2〕　10 〔N・m〕

解説 各選択肢は，次のようになります．

ア　電流 I〔A〕，時間 t〔s〕より，電荷 Q は次式で表されます．

$$Q\,〔\mathrm{C}〕= I\,〔\mathrm{A}〕\times t\,〔\mathrm{s}〕$$

イ　電荷 Q〔C〕，電圧 V〔V〕より，静電容量 C〔F〕は次式で表されます．

$$C\,〔\mathrm{F}〕= \frac{Q\,〔\mathrm{C}〕}{V\,〔\mathrm{V}〕}$$

ウ　磁束 ϕ〔Wb〕，電流 I〔A〕より，インダクタンス L〔H〕は次式で表されます．

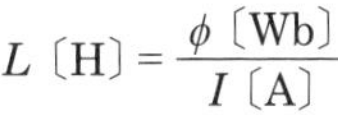

$$L\,〔\mathrm{H}〕= \frac{\phi\,〔\mathrm{Wb}〕}{I\,〔\mathrm{A}〕}$$

誘導起電力の式
$N\phi = LI$
を $N=1$ として用いる．

エ　磁束 ϕ〔Wb〕，面積 S〔m^2〕より，磁束密度 B〔T〕は次式で表されます．

$$B\,〔\mathrm{T}〕= \frac{\phi\,〔\mathrm{Wb}〕}{S\,〔\mathrm{m^2}〕}$$

オ　仕事 W〔J〕，電荷 Q〔C〕より，電圧 V〔V〕は次式で表されます．

$$V\,〔\mathrm{V}〕= \frac{W\,〔\mathrm{J}〕}{Q\,〔\mathrm{C}〕}$$

電力 P〔W〕は次式のようになります．

$$P\,〔\mathrm{W}〕= V\,〔\mathrm{V}〕\times I\,〔\mathrm{A}〕= \frac{W\,〔\mathrm{J}〕}{Q\,〔\mathrm{C}〕}\times\frac{Q\,〔\mathrm{C}〕}{t\,〔\mathrm{s}〕}=\frac{W〔\mathrm{J}〕}{t\,〔\mathrm{s}〕}$$

答え▶▶▶ア－1，イ－7，ウ－8，エ－9，オ－5

問題 28 ★ ➡1.9.3

次に示す電気磁気量の単位とその単位を国際単位系（SI）の基本単位で表したものの組合せのうち，誤っているものを下の番号から選べ．なお，表にSIの基本単位を示す．

■表 1.1

量	単　位	単位記号
長さ	メートル	m
質量	キログラム	kg
時間	秒	s
電流	アンペア	A

	電気磁気量の単位	SI 基本単位による表し方
1	電気量，電荷「クーロン〔C〕」	$\mathrm{s \cdot A}$
2	力「ニュートン〔N〕」	$\mathrm{m \cdot kg \cdot s^{-2}}$
3	仕事，熱量「ジュール〔J〕」	$\mathrm{m^2 \cdot kg \cdot s^{-2}}$
4	電圧，電位「ボルト〔V〕」	$\mathrm{m^2 \cdot kg \cdot s^{-3} \cdot A}$
5	コンダクタンス「ジーメンス〔S〕」	$\mathrm{m^{-2} \cdot kg^{-1} \cdot s^3 \cdot A^2}$

解説 各選択肢は，次のようになります．

1　電気量 Q〔C〕は，電流 I〔A〕，時間 t〔s〕より次式で表されます．

$$Q = tI \ \text{〔s·A〕}$$

2　力 F〔N〕は，質量 m〔kg〕，加速度 α〔$\mathrm{m \cdot s^{-2}}$〕より次式で表されます．

$$F \ \text{〔N〕} = m\alpha \ \text{〔}\mathrm{kg \cdot m \cdot s^{-2}}\text{〕}$$

3　仕事 W〔J〕は，力 F〔N〕，移動距離 l〔m〕，質量 m〔kg〕，加速度 α〔$\mathrm{m \cdot s^{-2}}$〕より次式で表されます．

$$W \ \text{〔J〕} = F \ \text{〔N〕} \times l \ \text{〔m〕} = m\alpha l \ \text{〔}\mathrm{m^2 \cdot kg \cdot s^{-2}}\text{〕}$$

4　電圧 V〔V〕は，仕事 W〔$\mathrm{J = m^2 \cdot kg \cdot s^{-2}}$〕，電気量 Q〔$\mathrm{C = s \cdot A}$〕より次式で表されます．

$$V = \frac{W \ \text{〔J〕}}{Q \ \text{〔C〕}} = \frac{W \ \text{〔J〕}}{t \ \text{〔s〕} \times I \ \text{〔A〕}} = \frac{m\alpha l}{tI} \ \text{〔}\mathrm{m^2 \cdot kg \cdot s^{-3} \cdot A^{-1}}\text{〕}$$

◀……… 問題の選択肢は誤っている．

5　コンダクタンス G〔S〕は，抵抗 R〔Ω〕の逆数なので，電流 I〔A〕と電圧 V〔V〕より次式で表されます．

$$G = \frac{1}{R} = \frac{I \ \text{〔A〕}}{V \ \text{〔V〕}} \ \text{〔}\mathrm{m^{-2} \cdot kg^{-1} \cdot s^3 \cdot A^2}\text{〕}$$

答え▶▶▶4

2章

電気回路

この章から 5問 出題

【合格へのワンポイントアドバイス】

電気回路の分野は計算問題や公式を答える問題が中心です．公式を答える試験問題は，単に公式を答えるのではなく，公式を誘導する問題が多く出題されます．手順を間違えるとなかなか解けない問題がありますので，手順を確認しながら学習してください．

2.1 直流回路

- 導線の抵抗値は温度が上昇すると増加する
- 電圧は抵抗の比に比例して分圧する
- 電流は抵抗の比に反比例して分流する

2.1.1 電　流

導体中の電荷の移動を**電流**といいます．導体の断面を微小時間 dt〔s〕の間に dQ〔C〕の電荷が通過したときの電流 i〔A〕は次式で表されます．

$$i = \frac{dQ}{dt} \text{〔A〕} \tag{2.1}$$

電荷が一様な割合で通過するとき，電流 I〔A〕は次式で表されます．

$$I = \frac{Q}{t} \text{〔A〕} \tag{2.2}$$

2.1.2 起電力

電池などの電源は，**図 2.1**（a）のように電圧源の起電力 E〔V〕あるいは図 2.1（b）のように電流源の短絡電流 I_S〔A〕と内部抵抗 r〔Ω〕で表すことができます．電圧源自体の内部抵抗は 0〔Ω〕，電流源自体の内部抵抗は∞〔Ω〕です．

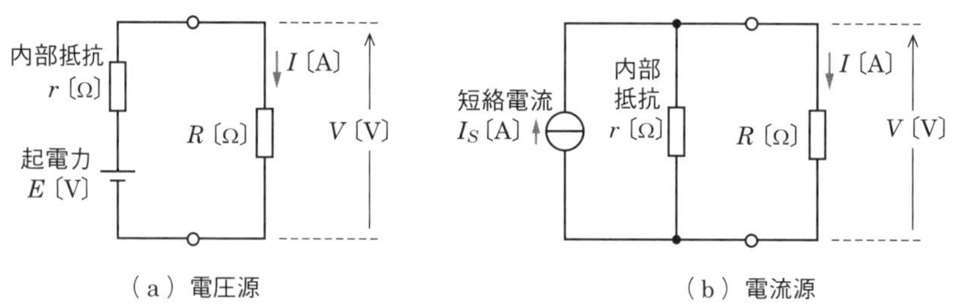

■**図 2.1**　電源の等価回路

2.1.3 導線の電気抵抗

図 2.2 のような断面積 S〔m^2〕，長さ l〔m〕の導線の電気抵抗 R〔Ω〕は次式で表されます．

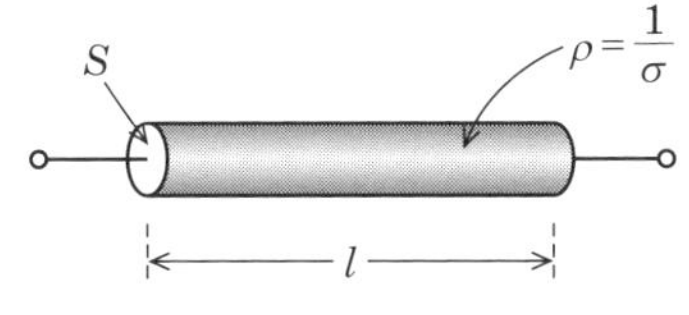

■図 2.2　導線の電気抵抗

$$R=\rho\frac{l}{S}=\frac{l}{\sigma S}\ 〔\Omega〕 \quad (2.3)$$

ここで，ρ〔Ω・m〕は**抵抗率**，σ〔S/m〕は**導電率**を表し，導線の材質によって異なる値を持ちます．これらの間には

$$\rho=\frac{1}{\sigma}\ 〔\Omega\cdot\mathrm{m}〕 \quad (2.4)$$

ρ はロー，σ はシグマと読む．

の関係があります．

一般に，金属は温度が上昇すると抵抗値が増加します．ある温度 T_1〔℃〕の抵抗値が R_1〔Ω〕のとき，温度が T_2〔℃〕に上昇したときの抵抗値 R_2〔Ω〕は次式で表されます．

$$R_2=\{1+\alpha(T_2-T_1)\}R_1\ 〔\Omega〕 \quad (2.5)$$

ここで，α〔1/℃〕は**温度係数**で，一般に金属は正の温度係数を持ちます．

$\alpha(T_2-T_1)R_1$ は温度差による抵抗の変化を表す．α はアルファと読む．

2.1.4 オームの法則

抵抗 R〔Ω〕に電圧 V〔V〕を加えると電流 I〔A〕が流れます．このとき，式（2.6）の関係が成り立ち，これを**オームの法則**といいます．

$$V=RI\ 〔\mathrm{V}〕 \quad (2.6)$$

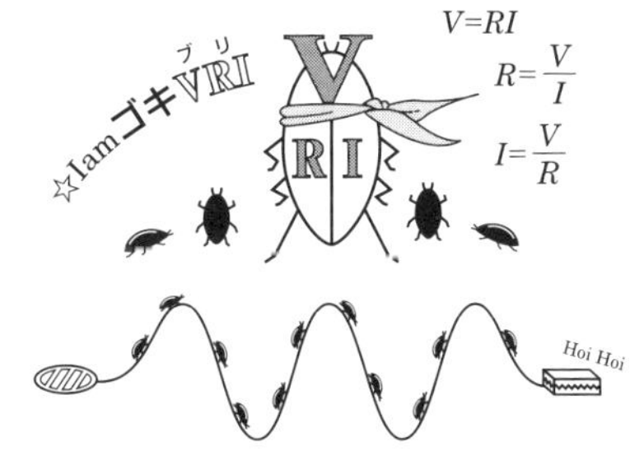

2.1.5 キルヒホッフの法則

(1) 第一法則

回路網中の任意の接続点では，その1点に流入する電流の総和と流出する電流の総和は等しくなります．**図 2.3** の回路の点aでは（点bも同じ），次のようになります．

$$I_1 + I_2 = I_3 \tag{2.7}$$

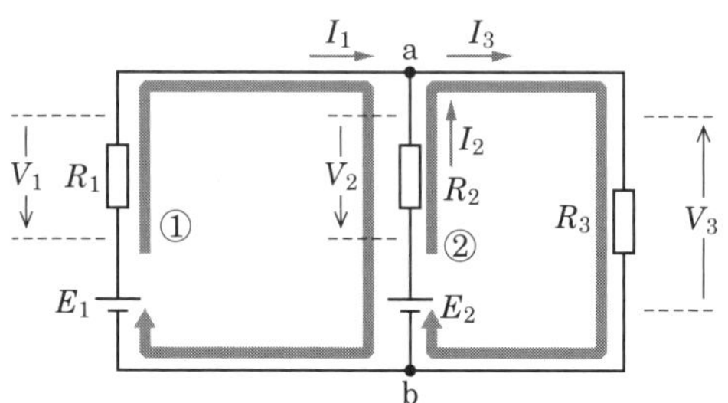

■図 2.3　キルヒホッフの法則

(2) 第二法則

回路網中の任意の閉回路を一定方向に一周したとき，回路の各部分の起電力の総和と，回路を流れる電流によって抵抗端に発生する電圧降下の総和は等しくなります．図 2.3 の回路において①の閉回路を考えます．

起電力の内部抵抗は0〔Ω〕なので，起電力を通る電流を考えることができる．

$$V_1 - V_2 = E_1 - E_2 \tag{2.8}$$
$$R_1 I_1 - R_2 I_2 = E_1 - E_2$$

②の閉回路では，次のようになります．

$$V_2 + V_3 = E_2$$
$$R_2 I_2 + R_3 I_3 = E_2 \tag{2.9}$$

キルヒホッフの法則を用いて，各枝路の電流を未知数としてそれらの値を求めることができる．未知数が三つの場合は，三つの式を立てて連立方程式を解けば各部の電流を求めることができる．

2.1.6 電圧の分圧

図 2.4 のように，抵抗が直列に接続された回路の各部の電圧と抵抗の間には，次式の関係があります．

$$V_1 : V_2 = R_1 : R_2 \tag{2.10}$$

また，式 (2.10) は次のように表すことができます．

$$V_1 = \frac{R_1}{R_1 + R_2} V \text{〔V〕} \tag{2.11}$$

$$V_2 = \frac{R_2}{R_1 + R_2} V \text{〔V〕} \tag{2.12}$$

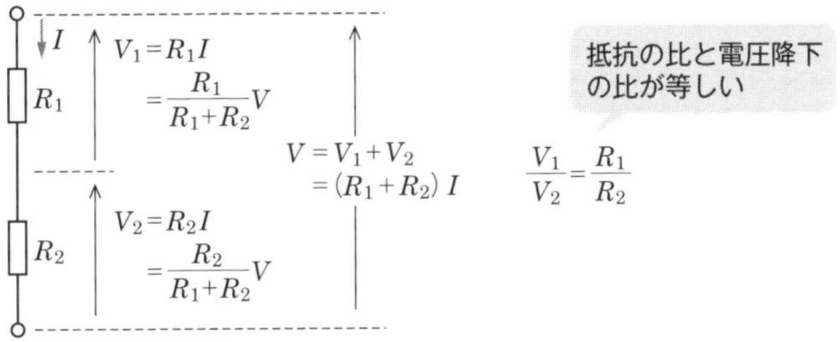

■図 2.4　電圧の分圧

2.1.7 電流の分流

図 2.5 のように，各部の電流と抵抗の間には，次式の関係があります．

$$I_1 : I_2 = \frac{1}{R_1} : \frac{1}{R_2} = R_2 : R_1 \tag{2.13}$$

また，抵抗が二つの場合，各枝路の電流と全電流の比は次式で表されます．

$$I_1 = \frac{R_2}{R_1 + R_2} I \text{〔A〕} \tag{2.14}$$

ほかの辺の抵抗 / 抵抗の和

$$I_2 = \frac{R_1}{R_1 + R_2} I \text{〔A〕} \tag{2.15}$$

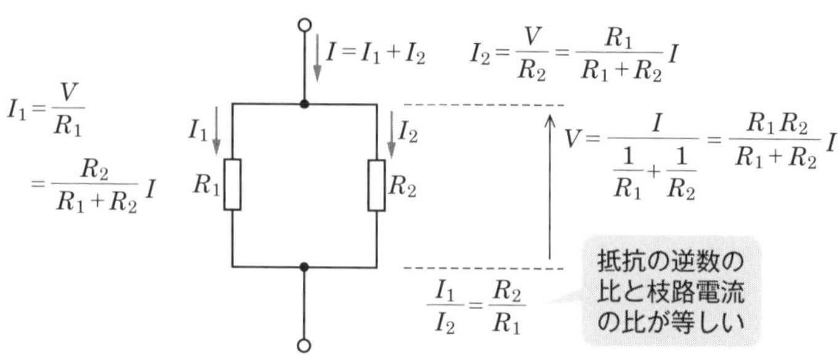

■図 2.5　電流の分流

問題 1 ★★　➡2.1.3

導線の抵抗の値を温度 T_1〔℃〕および T_2〔℃〕で測定したとき，**表 2.1** のような結果が得られた．このときの温度差（$T_2 - T_1$）の値として，正しいものを下の番号から選べ．ただし，T_1〔℃〕のときの導線の抵抗の温度係数 α を $\alpha = 1/238$〔℃$^{-1}$〕とする．

1　47.6〔℃〕　2　51.6〔℃〕　3　58.8〔℃〕
4　61.3〔℃〕　5　73.6〔℃〕

■表 2.1

T_1〔℃〕	T_2〔℃〕
0.15〔Ω〕	0.18〔Ω〕

解説　T_1〔℃〕の抵抗値を R_1〔Ω〕とすると，T_2〔℃〕の抵抗値 R_2〔Ω〕は次式で表されます．

$$R_2 = \{1 + \alpha(T_2 - T_1)\}R_1 = R_1 + \alpha(T_2 - T_1)R_1$$

よって，温度差（$T_2 - T_1$）は次式で表されます．

$$T_2 - T_1 = \frac{1}{\alpha} \times \frac{R_2 - R_1}{R_1}$$

$$= 238 \times \frac{0.18 - 0.15}{0.15} = 238 \times 0.2 = \mathbf{47.6}\text{〔℃〕}$$

$\alpha(T_2 - T_1)R_1$ は温度差による抵抗の変化を表す．

答え▶▶▶ 1

問題 2 ★★ ➡ 2.1

図 2.6 に示す回路において，端子 ab 間に流れる直流電流 I が 40〔mA〕であるとき，抵抗 R_0 の両端の電圧 V_0 の値として，正しいものを下の番号から選べ．ただし，抵抗は $R_0 = R = 3$〔kΩ〕とする．

1　10〔V〕　　2　12〔V〕　　3　20〔V〕

4　30〔V〕　　5　40〔V〕

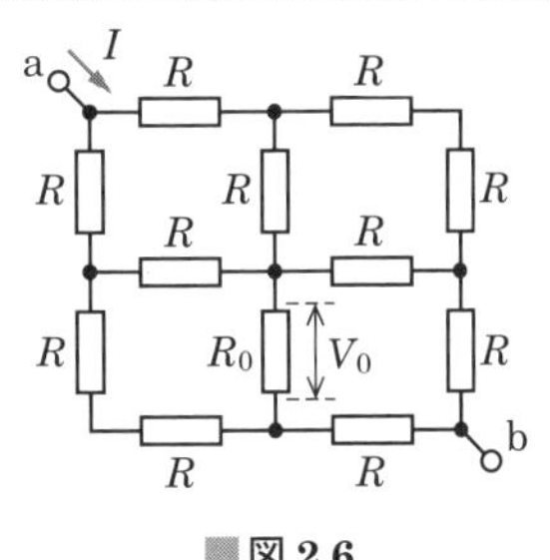

■ **図 2.6**

解説 **図 2.7** のように回路を流れる電流を考えます．

このとき，端子 ab を結ぶ線の上下を見ると対称なので，対称の点の電位は同じになり，中心の点では上下の対称な回路の相互に電流は流れません．

したがって，R_0〔Ω〕の電圧 V_0〔V〕は次式で表されます．

$$V_0 = \frac{I}{4} R_0 = \frac{40 \times 10^{-3}}{4} \times 3 \times 10^3 = \mathbf{30}\ \textbf{〔V〕}$$

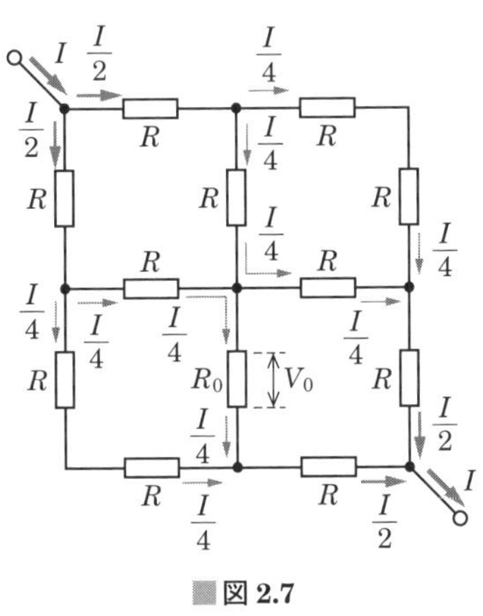

■ **図 2.7**

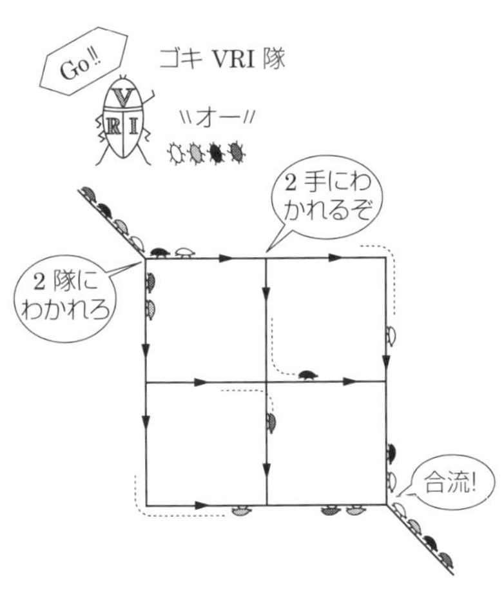

答え ▶▶▶ 4

出題傾向　合成抵抗を求める問題では，端子 ab を結ぶ線で上下にわければ，それぞれの合成抵抗を求めることができます．同じ抵抗値の並列接続となるので，その値を 1/2 にすれば端子 ab 間の合成抵抗を求めることができます．

2.2 抵抗の接続

- 並列合成抵抗は，$1/R$ の和をとって逆数より R〔Ω〕を求める
- $1/R$ はコンダクタンスのこと
- ブリッジ回路が平衡すると中央に接続された抵抗に電流が流れない

2.2.1 直列接続

図 2.8 のように，n 本の抵抗を直列接続した端子 ab 間の合成抵抗を R_S〔Ω〕とすると，次式で表されます．

$$R_S = R_1 + R_2 + R_3 + \cdots + R_n \text{〔Ω〕} \quad (2.16)$$

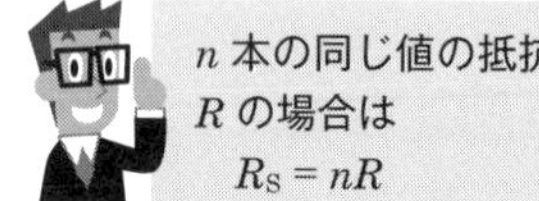

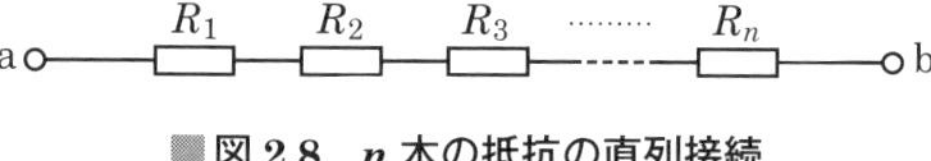

■図 2.8　n 本の抵抗の直列接続

2.2.2 並列接続

図 2.9（a）のように，n 本の抵抗を並列接続した端子 ab 間の合成抵抗を R_P〔Ω〕とすると，次式が成り立ちます．

$$\frac{1}{R_P} = \frac{1}{R_1} + \frac{1}{R_2} + \frac{1}{R_3} + \cdots + \frac{1}{R_n} \quad (2.17)$$

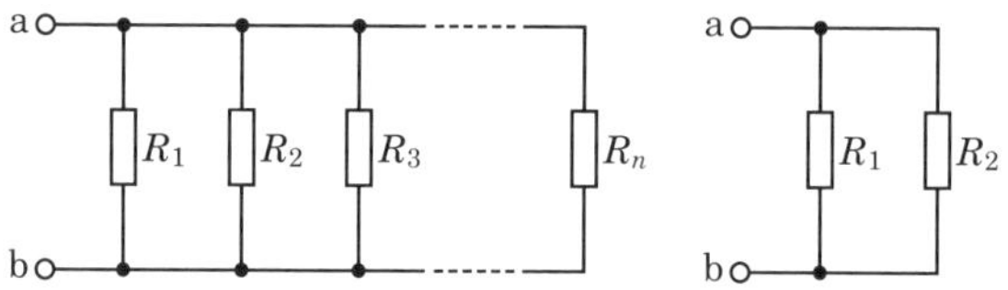

a　b　R_1　R_2　R_3　R_n

（a）n 本

a　b　R_1　R_2

（b）2 本

■図 2.9　抵抗の並列接続

図 2.9（b）のように，2 本の抵抗を並列接続したときの合成抵抗 R_P〔Ω〕は次式で表されます．

$$\frac{1}{R_P} = \frac{1}{R_1} + \frac{1}{R_2} \quad (2.18)$$

式 (2.18) を変形すると，次式で表されます．

$$R_P = \frac{R_1 R_2}{R_1 + R_2} \text{〔}\Omega\text{〕} \tag{2.19}$$

積 / 和（和分の積）と覚える．

多数の抵抗の並列接続では，$1/R_P$ の値を計算してから，その逆数より R_P〔Ω〕を求める．$1/R$ はコンダクタンスのこと．

2.2.3 ブリッジ回路

図 2.10 のような回路を**ブリッジ回路**といいます．各部の抵抗値が次式の関係にあるとき，R_5 には電流が流れなくなります．このとき，ブリッジは**平衡した**といいます．

$$\frac{R_1}{R_3} = \frac{R_2}{R_4} \tag{2.20}$$

または

$$R_1 R_4 = R_2 R_3 \tag{2.21}$$

← 対辺の抵抗の積は等しい

$I_5 = 0$ のときは，$I_1 = I_3$，$I_2 = I_4$ なので

$$\frac{V_1}{V_3} = \frac{V_2}{V_4}$$

の関係となり，抵抗比も同じ関係になる．

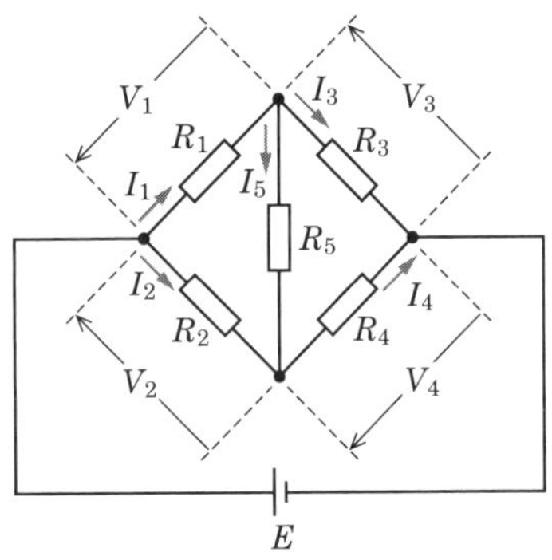

図 2.10　ブリッジ回路

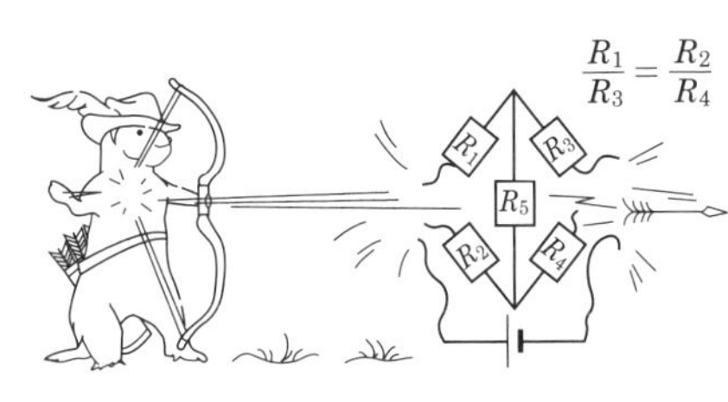

関連知識　ホイートストンブリッジ

どれか一つの辺に未知抵抗を接続してブリッジの平衡をとり，ほかの抵抗値から未知抵抗の値を測定する測定器を**ホイートストンブリッジ**といいます．

2.2.4 △-Y（デルタ，スター）変換

図 2.11（a）のような△接続の三つの抵抗が与えられているとき，図 2.11（b）のようなY接続の三つの抵抗に置き換えても，各端子間の抵抗値は同じ値を持つことができます．逆にY接続の抵抗は△接続の抵抗に置き換えることができます．

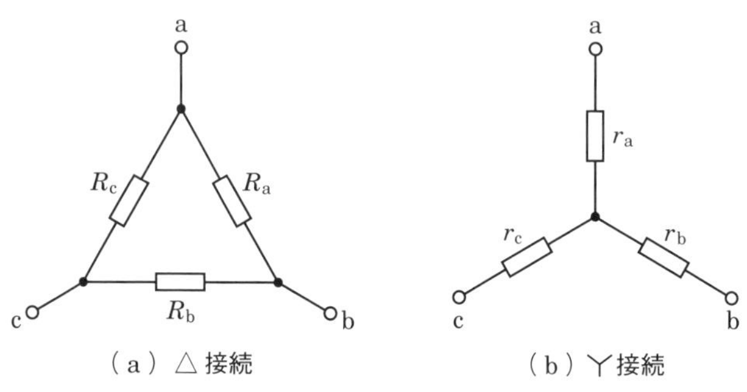

図 2.11　△接続とY接続

(1) △－Y変換

△接続から置き換えられるY接続の三つの抵抗は次式で表すことができます．

$$r_a = \frac{R_c R_a}{R_a + R_b + R_c} \text{〔}\Omega\text{〕}$$

$$r_b = \frac{R_a R_b}{R_a + R_b + R_c} \text{〔}\Omega\text{〕} \qquad (2.22)$$

$$r_c = \frac{R_b R_c}{R_a + R_b + R_c} \text{〔}\Omega\text{〕}$$

$$\frac{\text{求める抵抗の両わきに位置する抵抗の積}}{\text{△接続の三つの抵抗の和}}$$

(2) Y－△変換

Y接続から置き換えられる△接続の三つの抵抗は次式で表すことができます．

$$R_a = \frac{r_a r_b + r_b r_c + r_c r_a}{r_c} \text{〔}\Omega\text{〕}$$

$$R_b = \frac{r_a r_b + r_b r_c + r_c r_a}{r_a} \text{〔}\Omega\text{〕} \qquad (2.23)$$

$$R_c = \frac{r_a r_b + r_b r_c + r_c r_a}{r_b} \text{〔}\Omega\text{〕}$$

$$\frac{\text{隣り合う二つの抵抗積の和}}{\text{求める抵抗の対辺にあるY形回路の抵抗}}$$

$R_a = R_b = R_c = R$，$r_a = r_b = r_c = r$ のときは，$r = R/3$，$R = 3r$ で表されます．

問題 3 ★★★ ➡2.2.1 ➡2.2.2

図 2.12 に示すように，R の抵抗が接続されている回路において，端子 ab 間から見た合成抵抗 R_{ab} の値として，正しいものを下の番号から選べ．ただし，$R = 20$〔Ω〕とする．

1 $R_{ab} = 25$〔Ω〕
2 $R_{ab} = 30$〔Ω〕
3 $R_{ab} = 35$〔Ω〕
4 $R_{ab} = 40$〔Ω〕
5 $R_{ab} = 50$〔Ω〕

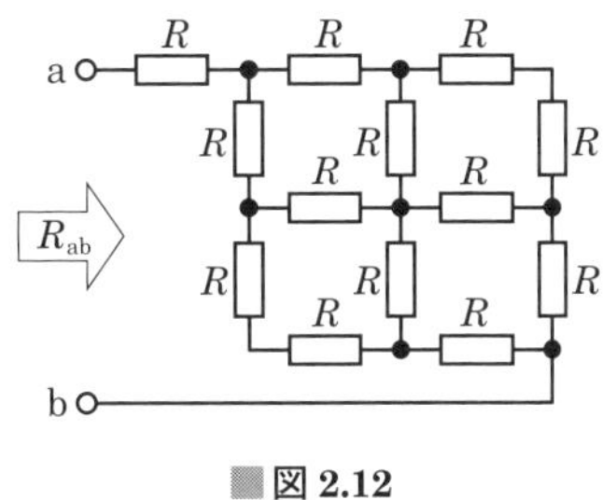

■図 2.12

解説 四角形の組合せ回路の抵抗 R_x〔Ω〕は対称回路となるので，**図 2.13** のように二つに分けたときの実線で表される合成抵抗を求めて，1/2 とすれば R_x を求めることができます．よって

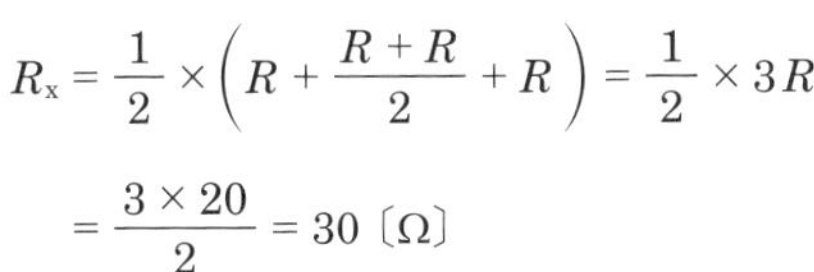

$$R_x = \frac{1}{2} \times \left(R + \frac{R+R}{2} + R \right) = \frac{1}{2} \times 3R$$

$$= \frac{3 \times 20}{2} = 30 \text{〔Ω〕}$$

二つの同じ値の抵抗 R を並列接続すると，$R/2$

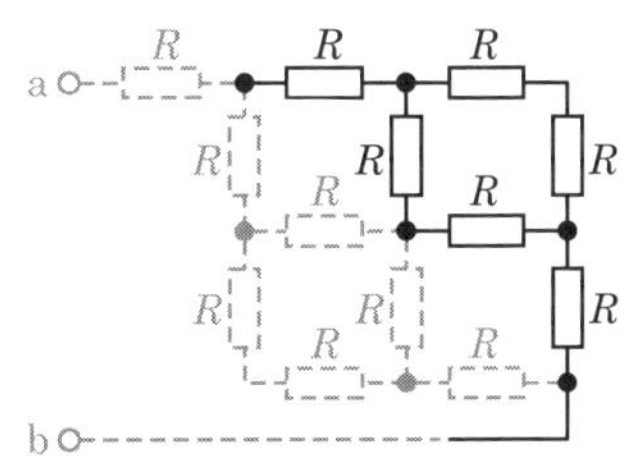

■図 2.13

となるので，直列に接続された R との合成抵抗 R_{ab} は次式で表されます．

$$R_{ab} = R + R_x = 20 + 30 = \mathbf{50} \text{〔Ω〕}$$

答え ▶▶▶ 5

問題 4 ★ ➡2.2.1 ➡2.2.2

図 2.14 に示すように，R〔Ω〕の抵抗が接続されている回路において，端子 ab 間から見た合成抵抗 R_{ab} を表す式として，正しいものを下の番号から選べ．

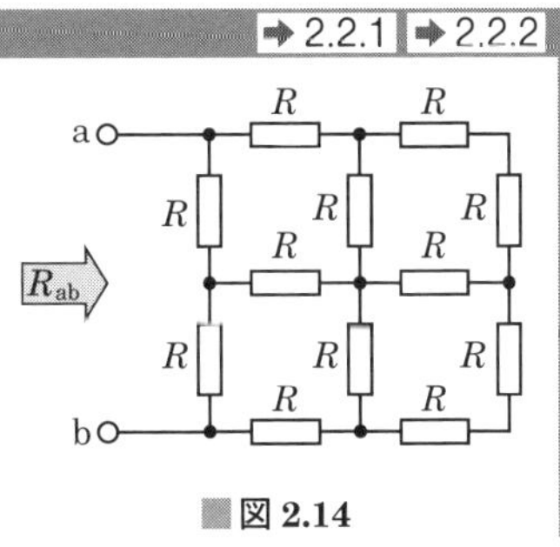

■図 2.14

1 $R_{ab}=4R/3$〔Ω〕
2 $R_{ab}=4R/5$〔Ω〕
3 $R_{ab}=5R/2$〔Ω〕
4 $R_{ab}=5R/3$〔Ω〕
5 $R_{ab}=5R/4$〔Ω〕

解説 入力aからbを見たとき，**図2.15**に示すように，接続点B，C，Dは対称回路の中点となるので電位が等しくなります．そこで，ブリッジ回路と同様に，点BC間およびCD間の抵抗を開放した回路として，点AEから右側を見た合成抵抗R_{AE}〔Ω〕を求めると

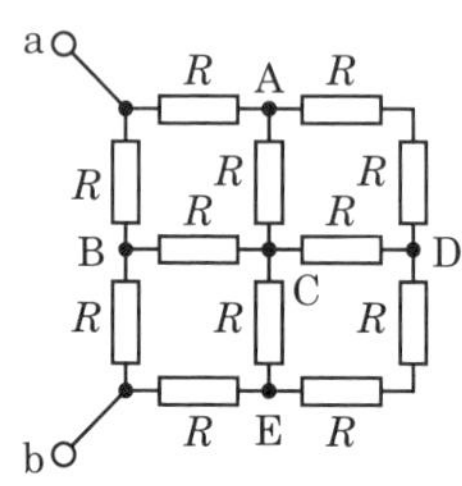

図2.15

$$R_{AE}=\frac{2R\times 4R}{2R+4R}=\frac{4}{3}R\ 〔Ω〕$$

合成抵抗R_{ab}〔Ω〕を求めると

$$R_{ab}=\frac{2R\times(2R+R_{AE})}{2R+2R+R_{AE}}=\frac{2\times\left(2+\frac{4}{3}\right)}{4+\frac{4}{3}}R$$

$$=\frac{12+8}{12+4}R=\frac{\mathbf{5}}{\mathbf{4}}\boldsymbol{R}\ 〔Ω〕$$

合成抵抗を求めるときは，同電位の点は接続しても開放してもよい．

答え▶▶▶5

問題5 ★★★ ➡2.2.1 ➡2.2.2

図2.16に示すように，R〔Ω〕の抵抗が接続されている回路において，端子ab間から見た合成抵抗R_{ab}〔Ω〕を表す式として，正しいものを下の番号から選べ．

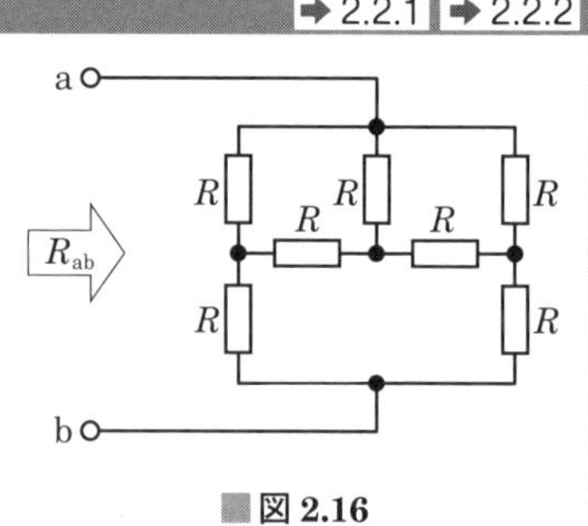

図2.16

1 $\frac{3}{8}R$　2 $\frac{5}{8}R$　3 $\frac{7}{8}R$

4 $\frac{9}{8}R$　5 $\frac{15}{8}R$

解説 端子 ab から見た抵抗のうち中央の抵抗 R〔Ω〕を，二つの同じ値の抵抗 $2R$〔Ω〕の並列接続として**図 2.17** のような回路とします．端子 ab の合成抵抗 R_{ab}〔Ω〕は，図 2.17 より左右の回路の合成抵抗を求めて 1/2 とすればよいので，次式で表されます．

$$R_{ab} = \frac{1}{2} \times \left(\frac{R \times (2R \times R)}{R + (2R + R)} + R \right)$$

$$= \frac{1}{2} \times \left(\frac{3}{4} R + R \right) = \frac{\mathbf{7}}{\mathbf{8}} \boldsymbol{R} \text{〔Ω〕}$$

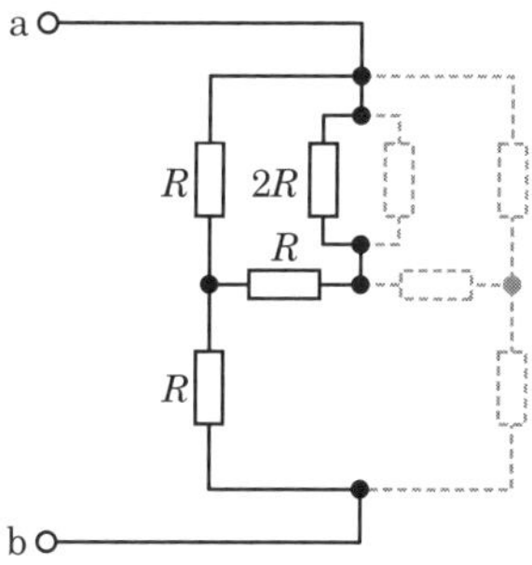

■図 2.17

答え▶▶▶ 3

二つの同じ値の抵抗 R を並列接続すると合成抵抗は $R/2$ となる．

問題 6 ★★★ ➡2.2.1 ➡2.2.2

図 2.18 に示すように，R_1 と R_2 の抵抗が無限に接続されている回路において，端子 ab 間から見た合成抵抗 R_{ab} の値として，正しいものを下の番号から選べ．ただし，$R_1 = 100$〔Ω〕，$R_2 = 75$〔Ω〕とする．

1 150〔Ω〕
2 140〔Ω〕
3 130〔Ω〕
4 120〔Ω〕
5 110〔Ω〕

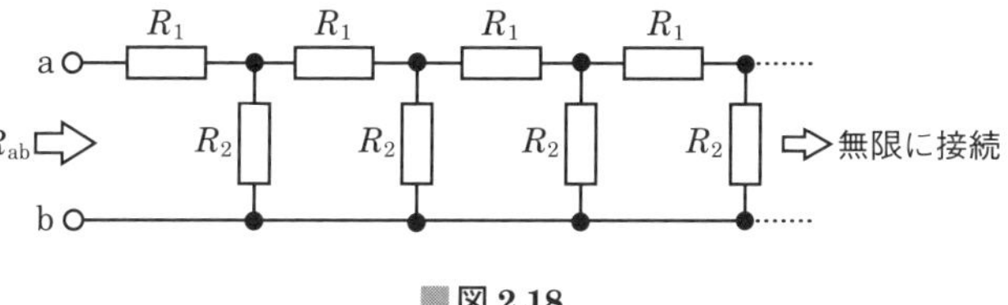

■図 2.18

解説 図 2.18 の回路は，R_1 と R_2 の二つの抵抗で構成された⏋形回路の抵抗が無限に接続されているので，**図 2.19** のように端子 ab 間にもう 1 段 R_1 と R_2 の⏋形回路の抵抗を付けて端子 cd としても合成抵抗は変わりません．

抵抗が無限に接続されているので，単純に合成抵抗の計算はできない．

図 2.19 の端子 cd から右の回路を見た合成抵抗 R_{cd} は R_{ab} と等しくなるので，$R_{cd} = R_{ab}$ とすると

$$R_{ab} = R_1 + \frac{R_2 R_{ab}}{R_2 + R_{ab}} \quad ①$$

$$(R_{ab} - R_1)(R_2 + R_{ab}) - R_2 R_{ab} = 0$$

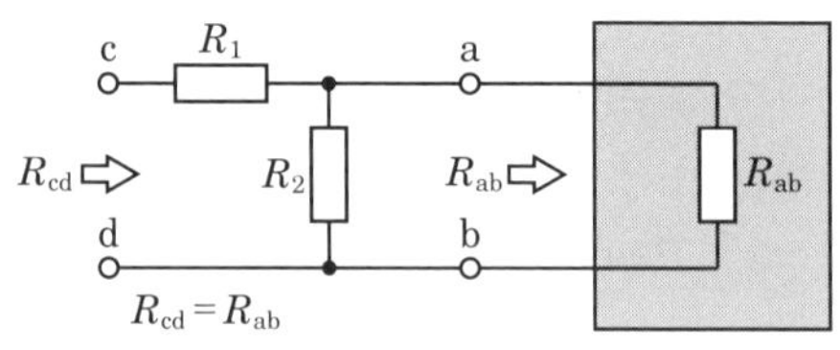

■図 2.19

$$R_{ab}{}^2 - R_1R_{ab} - R_1R_2 = 0 \qquad ②$$

となるので，式②に解の公式を使うと

$$R_{ab} = \frac{-(-R_1) \pm \sqrt{R_1{}^2 - (-4R_1R_2)}}{2} \qquad ③$$

となります．抵抗値は正の値を持つので，式③は次式で表されます．

$$R_{ab} = \frac{R_1 + \sqrt{R_1{}^2 + 4R_1R_2}}{2} = \frac{100 + \sqrt{100 \times (100 + 300)}}{2}$$

$$= \frac{100 + \sqrt{10^2 \times 20^2}}{2} = \frac{300}{2} = \mathbf{150}\ \textbf{〔}\boldsymbol{\Omega}\textbf{〕}$$

別解 式②に数値を代入すると

$$R_{ab}{}^2 - 100R_{ab} - 100 \times 75 = 0$$

$$R_{ab}{}^2 - 100R_{ab} - 7\,500 = 0$$

$$(R_{ab} - 150)(R_{ab} + 50) = 0$$

R_{ab} は抵抗値なので，正の値を持つことから $R_{ab} = 150$〔Ω〕

答え▶▶▶1

出題傾向 抵抗 R_1，R_2 の記号式で答える問題も出題されています．この問題では数値が与えられているので，解説の式②に問題で与えられた数値を代入して計算すれば，解の公式を使わなくても答えを出すことができます．

数学の公式 2次方程式の解の公式：2次方程式の一般式は次式で表されます．

$$ax^2 + bx + c = 0 \qquad ①$$

式①の根は二つあり，解の公式を用いると次式で表されます．

$$x = \frac{-b \pm \sqrt{b^2 - 4ac}}{2a} \qquad ②$$

問題 7 ★★★ ➡2.2.3

次の記述は，**図 2.20** に示すブリッジ回路によって，抵抗 R_X を求める過程について述べたものである． ［　　］内に入れるべき字句の正しい組合せを下の番号から選べ．ただし，回路は平衡しているものとする．

(1) 抵抗 R_1，R_2 および R_3 の部分を，△-Y変換した回路を**図 2.21** とすると，図 2.21 の抵抗 R_a および R_b は，それぞれ R_a = ［ A ］〔Ω〕，R_b = ［ B ］〔Ω〕となる．

(2) 図 2.21 の回路が平衡しているので R_X は，R_X = ［ C ］〔Ω〕となる．

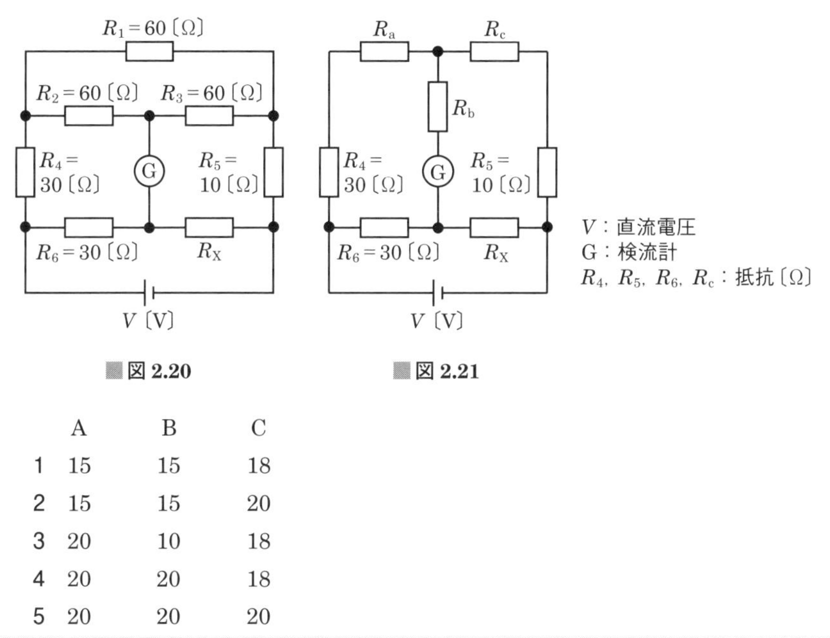

図 2.20　　**図 2.21**

	A	B	C
1	15	15	18
2	15	15	20
3	20	10	18
4	20	20	18
5	20	20	20

解説 図 2.20 の変換する部分の回路を**図 2.22** に示します．図 2.22，**図 2.23** において，端子 c を切り離したとき，端子 ab 間の△接続回路とY接続回路のそれぞれの合成抵抗より，次式が成り立ちます．

$$R_a + R_b = \frac{R_2(R_1 + R_3)}{R_2 + R_1 + R_3} = \frac{60 \times (60 + 60)}{60 \times (1 + 1 + 1)} = \frac{120}{3} = 40 \quad ①$$

端子 b を切り離したとき端子 ac 間より

$$R_a + R_c = \frac{R_1(R_3 + R_2)}{R_1 + R_3 + R_2} = \frac{60 \times (60 + 60)}{60 \times (1 + 1 + 1)} = \frac{120}{3} = 40 \quad ②$$

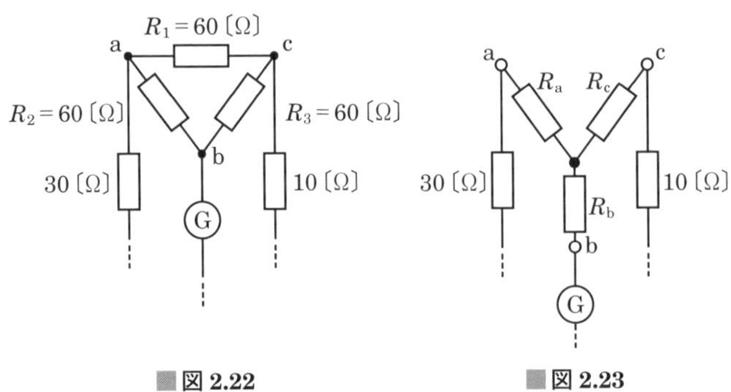

■図 2.22　　■図 2.23

端子 a を切り離したとき端子 bc 間より

$$R_b + R_c = \frac{R_3(R_2 + R_1)}{R_3 + R_2 + R_1} = \frac{60 \times (60 + 60)}{60 \times (1 + 1 + 1)} = \frac{120}{3} = 40 \qquad ③$$

となるので，式①＋式②＋式③－2×式③より

A の答え

$$2R_a = 40 + 40 + 40 - 2 \times 40 = 40 \quad したがって \quad R_a = \mathbf{20}〔\Omega〕$$

となります．また，三つの抵抗が同じ値 $R_1 = R_2 = R_3$ なので，$R_a = R_b = R_c = \mathbf{20}$〔Ω〕となります．

B の答え

$R_1 = R_2 = R_3$ のときは，$R_a = \dfrac{R_1}{3}$ より求めることもできる．

ブリッジが平衡しているときは次式が成り立ちます．

$$R_X = \frac{R_5 + R_c}{R_4 + R_a} \times R_6 = \frac{10 + R_c}{30 + R_a} \times 30 = \frac{30}{50} \times 30$$

$$= \mathbf{18}〔\Omega〕$$

C の答え

答え▶▶▶ 4

関連知識

△-Y変換の公式：問題の図 2.20 の△接続から図 2.21 のY接続への変換は次式で表されます．

$$R_a = \frac{R_1 R_2}{R_1 + R_2 + R_3}〔\Omega〕 \qquad R_b = \frac{R_2 R_3}{R_1 + R_2 + R_3}〔\Omega〕 \qquad R_c = \frac{R_3 R_1}{R_1 + R_2 + R_3}〔\Omega〕$$

2.3 テブナンの定理・ミルマンの定理

- 複雑な回路網の出力電流を求めるときはテブナンの定理を用いる
- 複雑な回路網の出力電圧を求めるときはミルマンの定理を用いる

2.3.1 テブナンの定理

図 2.24 (a) のように，回路網の端子 ab を開放したときの電圧を V_0〔V〕，端子 ab から回路網を見た合成抵抗を R_0〔Ω〕とすると，図 2.24 (b) のように抵抗 R〔Ω〕を接続したとき，R に流れる電流 I〔A〕は次式で表されます．これを**テブナンの定理**といいます．

$$I = \frac{V_0}{R_0 + R} \text{〔A〕} \tag{2.24}$$

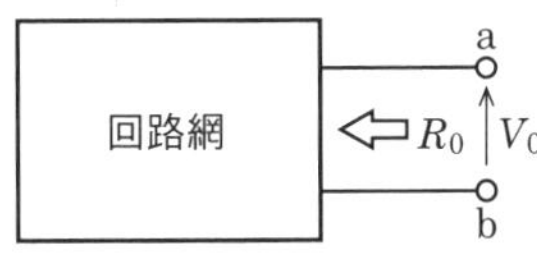

（a）端子 ab を開放

（b）端子 ab に抵抗を接続

■図 2.24　テブナンの定理

2.3.2 ノートンの定理

図 2.25 (a) のように，回路網の端子 ab を短絡したときに流れる電流を I_0〔A〕，端子 ab から回路網を見たときの合成コンダクタンスを G_0〔S〕とすると，図 2.25 (b) のようにコンダクタンス G を接続したとき，端子 ab 間の電圧 V〔V〕は次式で表されます．これを**ノートンの定理**といいます．

コンダクタンス G〔S〕は抵抗 R〔Ω〕の逆数で表される．

$$G = \frac{1}{R}$$

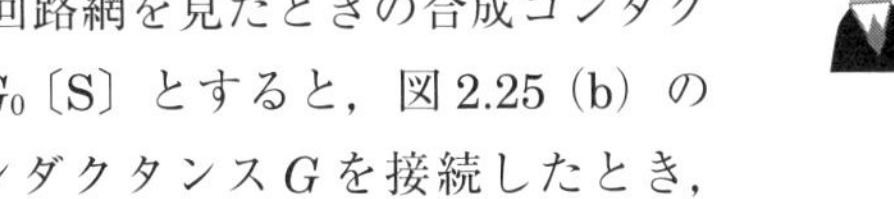

$$V = \frac{I_0}{G_0 + G} \text{〔V〕} \tag{2.25}$$

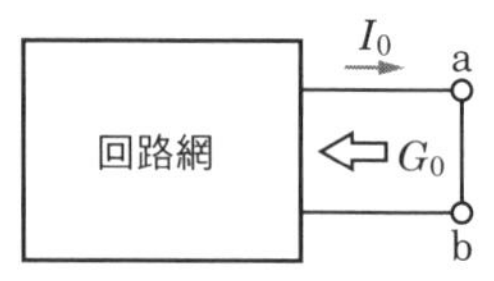

（a）端子 ab を短絡

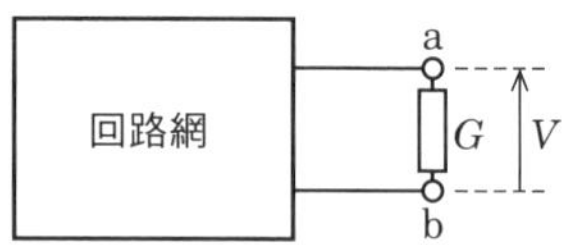

（b）端子 ab にコンダクタンスを接続

■図 2.25　ノートンの定理

図 2.24 の回路網は，**図 2.26**(a) の等価回路で表すことができます．このとき，V_0 を**等価電圧源**，R_0 を**内部抵抗**といいます．

図 2.25 の回路網は，図 2.26(b) の等価回路で表すことができます．このとき，I_0 を**等価電流源**，G_0 を**等価コンダクタンス**といいます．

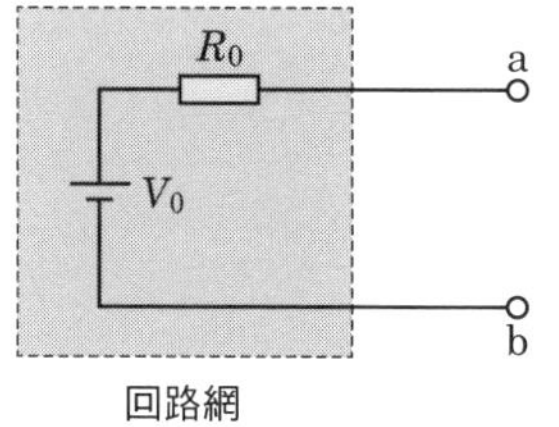

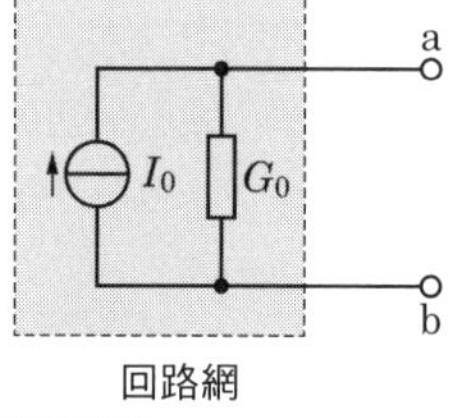

図 2.26 (a) と (b) の等価回路は相互に変換することができる．

等価電圧源の抵抗は 0
等価電流源の抵抗は無限大

（a）テブナンの定理の等価回路

（b）ノートンの定理の等価回路

■図 2.26

2.3.3 ミルマンの定理

図 2.27 のように，いくつかの枝路が並列に接続されているとき，その端子電圧 V〔V〕は次式で表されます．これを**ミルマンの定理**といいます．

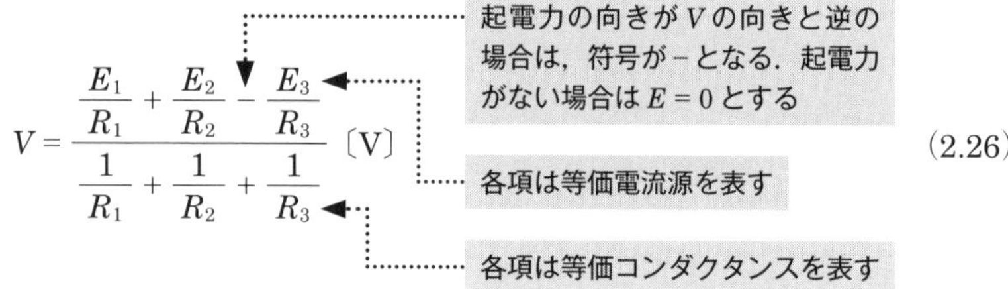

$$V = \frac{\dfrac{E_1}{R_1} + \dfrac{E_2}{R_2} - \dfrac{E_3}{R_3}}{\dfrac{1}{R_1} + \dfrac{1}{R_2} + \dfrac{1}{R_3}} \text{〔V〕} \quad (2.26)$$

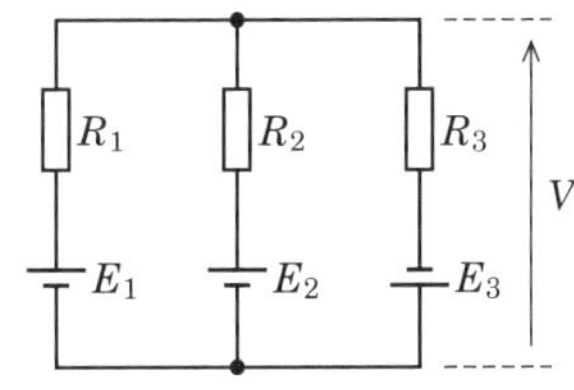

図 2.27　ミルマンの定理

問題 8 ★★ ➡ 2.3.1

次の記述は，**図 2.28** に示す回路の抵抗 R_0〔Ω〕に流れる電流 I_0〔A〕を求める方法について述べたものである．［　　］内に入れるべき字句を下の番号から選べ．ただし，直流電源 V_1 および V_2〔V〕の内部抵抗は零とする．

(1) **図 2.29** に示すように，端子 ab 間を開放したときの ab 間の電圧を V_{ab}〔V〕，ab から左側を見た抵抗を R_{ab}〔Ω〕とすると電流 I_0 は，［ア］の定理により，次式で表される．

$I_0 =$［イ］〔A〕 ……………………………………………………………… 【1】

(2) V_{ab} は，抵抗 R_2〔Ω〕の電圧を V_{R2}〔V〕とすると，$V_{ab} = V_{R2} +$［ウ］〔V〕で表される．

ここで V_{R2} は，$V_{R2} = \dfrac{(V_1 - V_2)R_2}{R_1 + R_2}$〔V〕である．

(3) R_{ab} は，$R_{ab} =$［エ］〔Ω〕で表される．

(4) したがって，式【1】は，次式で表される．

$I_0 =$［オ］〔A〕

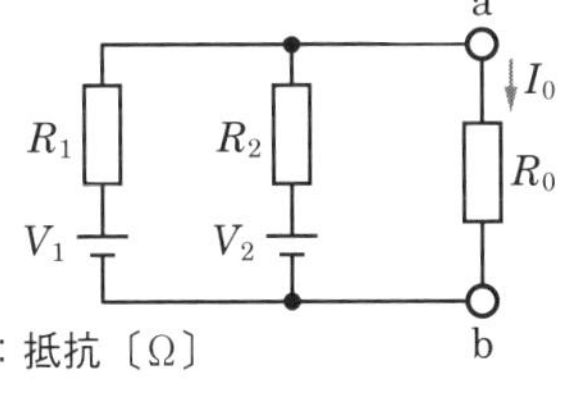

図 2.28

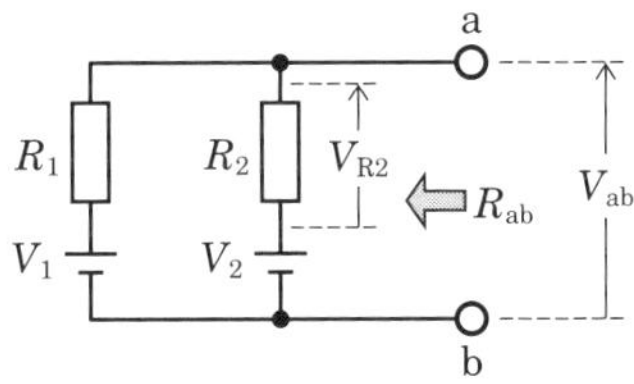

図 2.29

1 テブナン	2 相反	3 R_1+R_2	4 $\dfrac{V_{ab}}{R_{ab}+R_0}$
5 V_2-V_1	6 V_2	7 $\dfrac{R_1R_2}{R_1+R_2}$	8 $R_1R_0+R_2R_0$
9 $\dfrac{V_{ab}}{R_{ab}}$	10 $\dfrac{V_1R_2+V_2R_1}{R_1R_2+R_1R_0+R_2R_0}$		

解説 図2.29の回路は端子ab間を開放しているので，回路を流れる電流I〔A〕は，回路の外に流れません．V_{R2}の電圧の向きより，電流I〔A〕はR_2を上から下へ流れる向きとなるので，次式で表されます．

$$I=\frac{V_1-V_2}{R_1+R_2}\ \text{〔A〕} \quad ①$$

端子ab間の開放電圧V_{ab}〔V〕は

$$V_{ab}=V_{R2}+V_2=IR_2+\boldsymbol{V_2}$$ ← ウ の答え

$$=\frac{(V_1-V_2)R_2}{R_1+R_2}+V_2\ \text{〔V〕} \quad ②$$

端子abから左側を見た抵抗R_{ab}〔Ω〕は

$$R_{ab}=\frac{\boldsymbol{R_1R_2}}{\boldsymbol{R_1+R_2}}\ \text{〔Ω〕} \quad ③$$ ← エ の答え

テブナンの定理に，式②と式③を代入して，I_0〔A〕を求めると ← ア の答え

$$I_0=\frac{\boldsymbol{V_{ab}}}{\boldsymbol{R_{ab}+R_0}}$$ ← イ の答え

$$=\frac{\dfrac{(V_1-V_2)R_2}{R_1+R_2}+V_2}{\dfrac{R_1R_2}{R_1+R_2}+R_0}$$

$$=\frac{(V_1-V_2)R_2+V_2(R_1+R_2)}{R_1R_2+R_0(R_1+R_2)}$$

$$=\frac{\boldsymbol{V_1R_2+V_2R_1}}{\boldsymbol{R_1R_2+R_1R_0+R_2R_0}}\ \text{〔A〕}$$ ← オ の答え

答え▶▶▶ア－1，イ－4，ウ－6，エ－7，オ－10

問題 9 ★ ➡2.3.2

図 2.30 に示す回路の端子 ab から左を電圧電源と考えたとき，**図 2.31** に示す等価電流電源の抵抗 R_0 および定電流 I_0 の値の組合せとして，正しいものを下の番号から選べ．

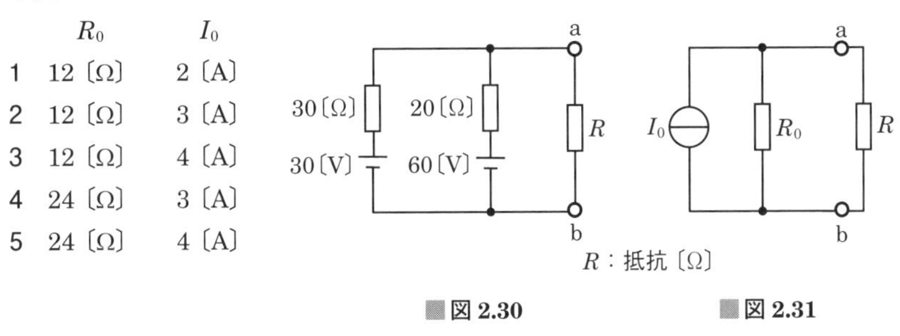

	R_0	I_0
1	12〔Ω〕	2〔A〕
2	12〔Ω〕	3〔A〕
3	12〔Ω〕	4〔A〕
4	24〔Ω〕	3〔A〕
5	24〔Ω〕	4〔A〕

■図 2.30　■図 2.31

解説 電圧電源の内部抵抗は 0 なので，抵抗 R〔Ω〕から電源側を見た合成抵抗 R_0〔Ω〕は**図 2.32** のような並列接続となり，次式で表されます．

$$R_0 = \frac{R_1 R_2}{R_1 + R_2} = \frac{30 \times 20}{30 + 20} = \frac{60}{5} = \mathbf{12\ 〔Ω〕}$$ ◀……… R_0 の答え

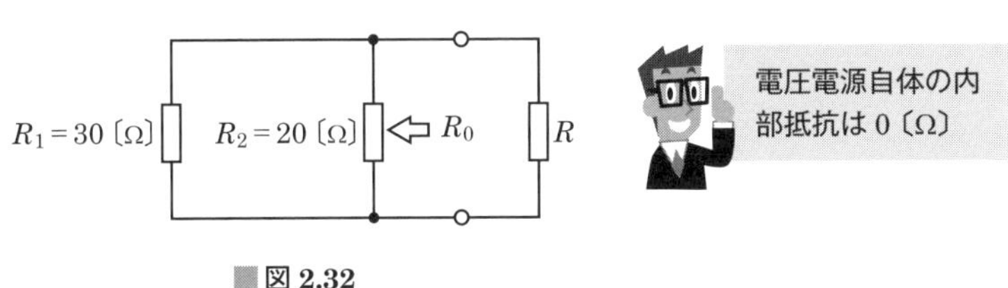

■図 2.32

電圧電源 $V_1 = 60$〔V〕と R_1 の枝路を短絡したときの短絡電流を I_{S1}〔A〕，電圧電源 $V_2 = 120$〔V〕と R_2 の枝路を短絡したときの短絡電流を I_{S2}〔A〕とすると，電流電源の定電流 I_0〔A〕は次式で表されます．

$$I_0 = I_{S1} + I_{S2} = \frac{V_1}{R_1} + \frac{V_2}{R_2} = \frac{30}{30} + \frac{60}{20} = \mathbf{4\ 〔A〕}$$ ◀……… I_0 の答え

答え ▶▶▶ 3

2.4 電　力

●電源の内部抵抗と負荷抵抗の値が同じとき，負荷に供給される電力が最大となる

2.4.1 電力の計算

回路に加えた電圧を V〔V〕，流れる電流を I〔A〕とすると，回路の電力 P〔W〕は次式で表されます．

$$P = VI \text{〔W〕} \quad (2.27)$$

抵抗 R〔Ω〕で消費される電力は次式で表されます．

$$P = I^2 R = \frac{V^2}{R} \text{〔W〕} \quad (2.28)$$

電圧 V，電流 I，抵抗 R のどれか二つがわかっていれば電力を求めることができる．

2.4.2 負荷に供給される電力の最大値

図 2.33 のように，起電力 E〔V〕，内部抵抗 R_0〔Ω〕の電源に負荷抵抗 R〔Ω〕を接続したとき，負荷抵抗に供給される電力 P〔W〕は次式で表されます．

$$P = I^2 R = \frac{E^2}{(R_0 + R)^2} R \text{〔W〕} \quad (2.29)$$

負荷抵抗 R〔Ω〕が変化したとき，電力 P〔W〕が最大になる条件を求めると，$R = 0$〔Ω〕，$R = \infty$〔Ω〕のとき $P = 0$〔W〕となり，R を変化させて，P が極値（最大値）を持つのは式（2.29）を R で微分した値が 0 になるときなので

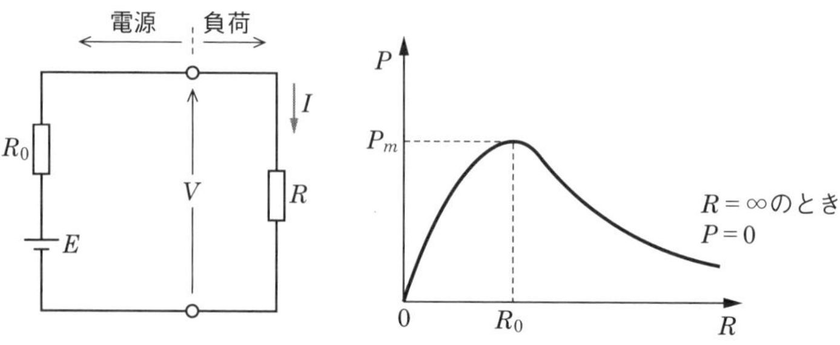

■図 2.33　負荷に供給される電力

$$\frac{dP}{dR} = E^2 \frac{d}{dR} \frac{R}{(R_0 + R)^2}$$

$$= E^2 \frac{(R_0 + R)^2 - 2(R_0 + R)R}{(R_0 + R)^4}$$

$$= E^2 \frac{{R_0}^2 - R^2}{(R_0 + R)^4} = 0 \qquad (2.30)$$

式 (2.30) の分子＝0 とすれば

$${R_0}^2 - R^2 = 0 \quad したがって \quad R = R_0 \qquad (2.31)$$

このとき，負荷に供給される電力 P_m〔W〕は次式で表されます．

$$P_m = \frac{E^2}{4R_0} 〔W〕 \qquad (2.32)$$

$$\frac{d}{dx} x^n = nx^{n-1}$$

u，v を x の関数とすると，$y = \frac{u}{v}$ のとき，y の微分 y' は

$$y' = \frac{u'v - uv'}{v^2}$$

問題 10 ★★ ➡ 2.4.1

図 2.34 に示す内部抵抗が r〔Ω〕で起電力が V〔V〕の同一規格の電池 C を，**図 2.35** に示すように，直列に 5 個接続したものを並列に 6 個接続したとき，端子 ab から得られる最大出力電力の値として，正しいものを下の番号から選べ．

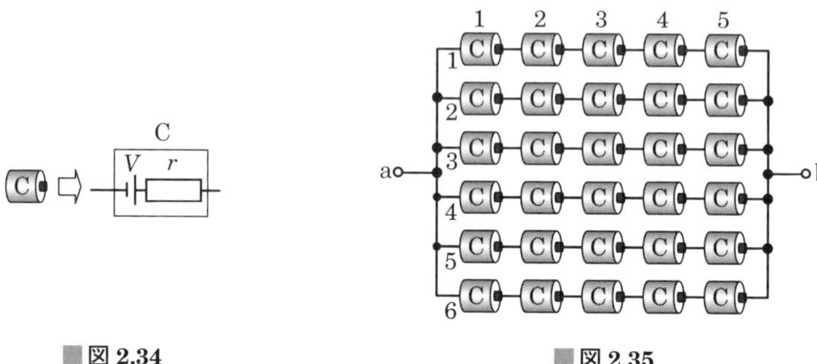

図 2.34　　図 2.35

1　$\dfrac{15V^2}{2r}$〔W〕　　2　$\dfrac{20V^2}{r}$〔W〕　　3　$\dfrac{25V^2}{2r}$〔W〕

4　$\dfrac{30V^2}{r}$〔W〕　　5　$\dfrac{35V^2}{2r}$〔W〕

解説　電池を $m=5$ 個直列に，$n=6$ 個並列に接続したときの合成抵抗 r_0〔Ω〕は，次式で表されます．

$$r_0=\frac{mr}{n}=\frac{5r}{6}\text{〔Ω〕}$$

最大出力電力 P_m〔W〕が得られるのは，合成抵抗と同じ大きさの負荷 r_0〔Ω〕を接続したときです．ab 間の開放電圧 $V_{ab}=mV=5V$〔V〕は，r_0 の負荷を接続すると 1/2 になるので，P_m を求めると次式で表されます．

$$P_m=\left(\frac{V_{ab}}{2}\right)^2\times\frac{1}{r_0}=\frac{(5V)^2}{4}\times\frac{6}{5r}=\mathbf{\frac{15V^2}{2r}}\text{〔W〕}$$

抵抗の直列接続は m 倍，並列接続は（$1/n$）倍，起電力 V は短絡して考える．

答え ▶▶▶ 1

問題 11 ★★★ ➡2.4.2

図 2.36 に示す回路において，負荷抵抗 R〔Ω〕の値を変えて R で消費する電力 P の値を最大にした．このときの P の値として，正しいものを下の番号から選べ．

1　16〔W〕
2　21〔W〕
3　25〔W〕
4　30〔W〕
5　32〔W〕

直流電圧	抵抗
$V_1 = 18$〔V〕	$R_1 = 3$〔Ω〕
$V_2 = 12$〔V〕	$R_2 = 6$〔Ω〕

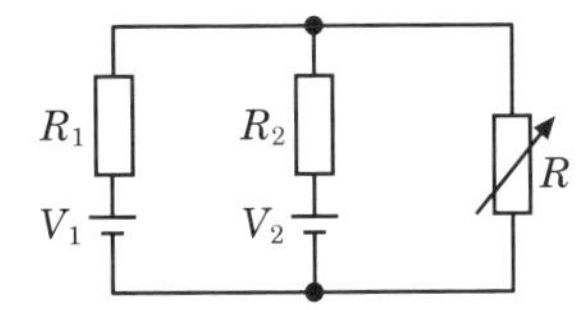

■図 2.36

解説 **図 2.37** のように負荷抵抗 R〔Ω〕を取り外したときに回路内部を流れる電流 I_0〔A〕は次式で表されます．

$$I_0 = \frac{V_1 - V_2}{R_1 + R_2} = \frac{18 - 12}{3 + 6} = \frac{2}{3} \text{〔A〕}$$

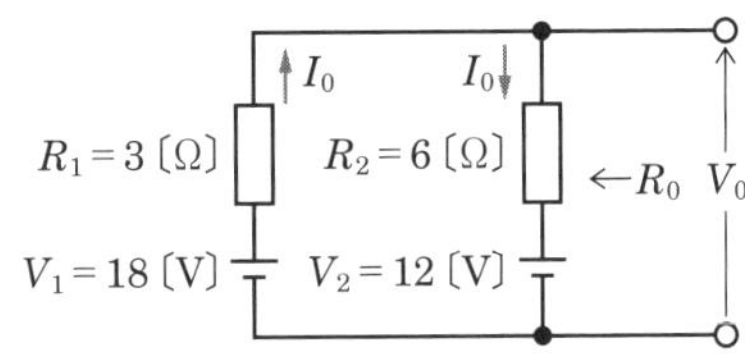

■図 2.37

開放電圧 V_0〔V〕は次式で表されます．

$$V_0 = V_2 + R_2 I_0 = 12 + 6 \times \frac{2}{3} = 16 \text{〔V〕}$$

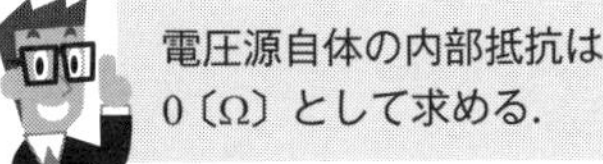

電源側を見た内部抵抗 R_0〔Ω〕は次式で表されます．

$$R_0 = \frac{R_1 R_2}{R_1 + R_2} = \frac{3 \times 6}{3 + 6} = 2 \text{〔Ω〕}$$

$R_0 = R$ のときに R で消費する電力は最大値 P〔W〕となります．そのとき，R の端子電圧は開放電圧の 1/2 なので

$$P = \left(\frac{V_0}{2}\right)^2 \times \frac{1}{R_0} = \left(\frac{16}{2}\right)^2 \times \frac{1}{2} = \mathbf{32} \text{〔W〕}$$

となります．

答え▶▶▶5

最大消費電力を答える問題はいろいろな回路が出題されています．電源側を見た内部抵抗と開放電圧がわかれば，最大消費電力を求めることができます．

2.5 交流回路

- 正弦波交流の平均値は最大値の $2/\pi$
- 正弦波交流の実効値は最大値の $1/\sqrt{2}$
- 周期関数のひずみ波はフーリエ展開できる

2.5.1 正弦波交流

時間とともに大きさや方向が繰り返し変化する電圧や電流を**交流**といい，正弦波的に変化する交流を**正弦波交流**といいます．一般に，電源として取り扱う交流（低周波，高周波）は，特にひずみ波の断りがない限り正弦波交流のことです．

正弦波交流の電圧は**図 2.38** のように変化します．電圧，電流の瞬時値を v〔V〕，i〔A〕とすると，次式で表されます．

$$v = V_{\mathrm{m}} \sin \omega t \text{〔V〕} \tag{2.33}$$

$$i = I_{\mathrm{m}} \sin \omega t \text{〔A〕} \tag{2.34}$$

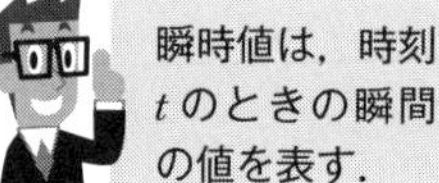

瞬時値は，時刻 t のときの瞬間の値を表す．

ただし，角周波数 $\omega = 2\pi f = \dfrac{2\pi}{T}$〔rad/s〕

一つの波形の変化を 1 サイクルといい，1 サイクルに要する時間 T〔s〕を 1 周期といいます．また，交流の 1 秒間に繰り返されるサイクル数を**周波数** f〔Hz〕といいます．

関連知識　角周波数 ω とは

角周波数 ω〔rad/s〕は時刻 t〔s〕を角度の関数 θ〔rad〕に変換する定数です．

$t = T$（1 周期）のときに，$\theta = 2\pi$〔rad〕となります．

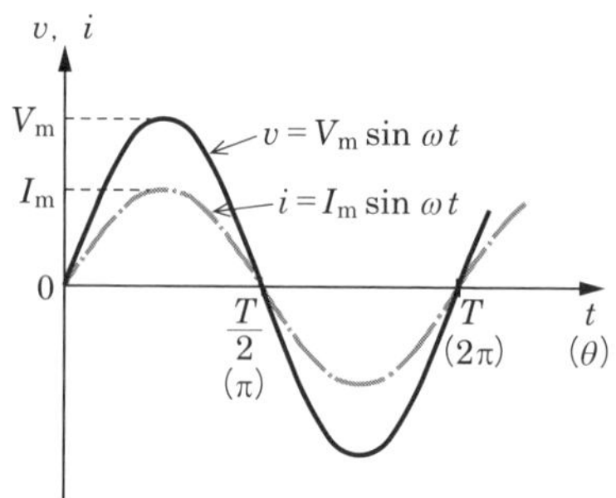

図 2.38　正弦波交流の v と i

2.5.2 平均値，実効値

図 2.39 の最大値が V_{m}〔V〕の交流の正または負の半周期において，**平均値** V_{a}〔V〕を求めると

$$V_{\mathrm{a}} = \frac{2}{\pi} V_{\mathrm{m}} \fallingdotseq 0.637\, V_{\mathrm{m}} \text{〔V〕} \tag{2.35}$$

$\pi/2$ と間違いやすいが，$\pi/2$ では平均値が最大値より大きくなってしまう．

となります．

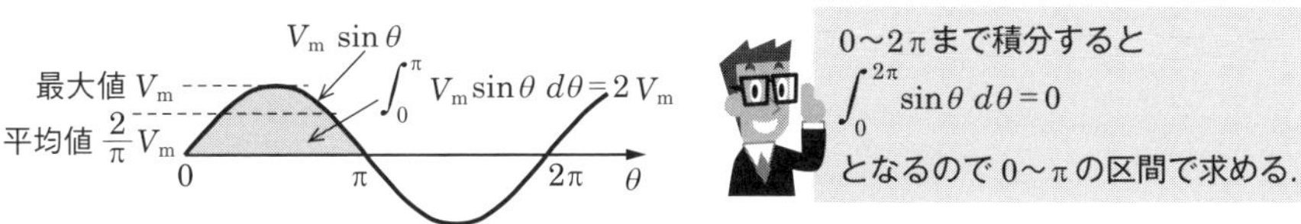

図 2.39　正弦波交流の平均値と実効値

また，直流と同じ平均電力を発生する大きさを**実効値** V_e〔V〕いい，次式で表されます．

$$V_e = \frac{1}{\sqrt{2}} V_m \fallingdotseq 0.707 V_m \text{〔V〕} \tag{2.36}$$

交流波形の形状は波高率と波形率によって表されます．電圧の最大値 V_m，実効値 V_e，平均値 V_a より，波高率 K_p および波形率 K_f は次式によって表されます．

$$K_p = \frac{V_m}{V_e} \tag{2.37}$$

$$K_f = \frac{V_e}{V_a} \tag{2.38}$$

正弦波の波高率と波形率は式（2.35）と式（2.36）より，次式で表されます．

$$K_p = \frac{V_m}{V_e} = \sqrt{2} \fallingdotseq 1.414 \tag{2.39}$$

$$K_f = \frac{V_e}{V_a} = \frac{1}{\sqrt{2}} \times \frac{\pi}{2} \fallingdotseq 1.111 \tag{2.40}$$

方形波は実効値 $V_e = V_m$，平均値 $V_a = V_m$ なので，波高率 $K_p = 1$，波形率 $K_f = 1$ となります．

三角波およびのこぎり波は実効値 $V_e = V_m/\sqrt{3}$，平均値 $V_a = V_m/2$ なので，波高率 $K_p = \sqrt{3}$，波形率 $K_f = 2/\sqrt{3} \fallingdotseq 1.155$ となります．

関連知識　平均値と実効値

積分は関数の面積を求めます．sin や cos は，0 〜 2π の 1 周期で積分すると，＋と－の値が相殺されて 0 となります．sin 関数を 0 〜 π の区間で積分すると 2 になるので，区間 π で割った値 2/π が平均値となります．

実効値は，電流または電圧の 2 乗の平均値を求めて，その平方根をとることで表されます．式で表すと

$$V_e = \sqrt{\frac{1}{2\pi}\int_0^{2\pi} V_m{}^2 \sin^2\theta d\theta}$$
$$= V_m\sqrt{\frac{1}{2\pi}\int_0^{2\pi} \frac{1-\cos 2\theta}{2} d\theta} \qquad (2.41)$$

となります．**図 2.40** で表されるように，$\cos 2\theta$ を $0 \sim 2\pi$ で積分すると + と − の値が相殺されて 0 となるので，平均値は 1/2 となります．この平方根を取るので実効値は $1/\sqrt{2}$ となります．

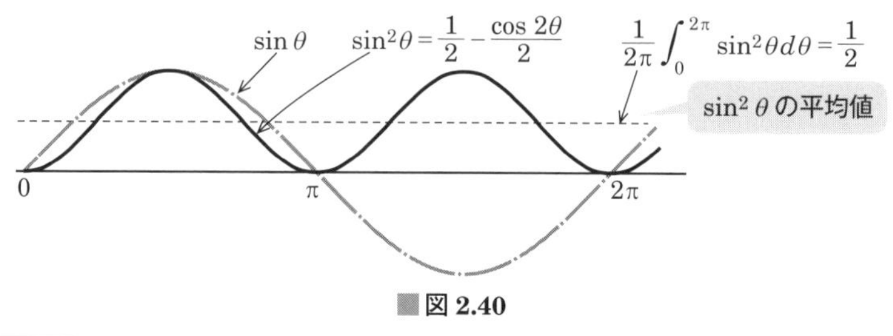

■図 2.40

2.5.3 ひずみ波のフーリエ展開

図 2.41 に示す θ〔rad〕の周期関数で表される電圧波形 $v(\theta)$〔V〕は，**フーリエ級数**によって，次式のように展開することができます．

$$v(\theta) = a_0 + a_1\cos\theta + b_1\sin\theta + a_2\cos 2\theta + b_2\sin 2\theta + \cdots$$
$$+ a_n\cos n\theta + b_n\sin n\theta$$
$$= a_0 + \sum_{n=1}^{\infty}(a_n\cos n\theta + b_n\sin n\theta)\text{〔V〕} \qquad (2.42)$$

式 (2.42) の定数は次式によって求めることができます．

$$a_0 = \frac{1}{2\pi}\int_0^{2\pi} v(\theta)\,d\theta\text{〔V〕} \qquad (2.43)$$

$$a_n = \frac{1}{\pi}\int_0^{2\pi} v(\theta)\cos n\theta d\theta\text{〔V〕} \qquad (2.44)$$

$$b_n = \frac{1}{\pi}\int_0^{2\pi} v(\theta)\sin n\theta d\theta\text{〔V〕} \qquad (2.45)$$

式 (2.42) において，a_0 が直流成分，$a_1\cos\theta$ または $b_1\sin\theta$ が基本波成分，$a_n\cos n\theta$，$b_n\sin n\theta$ が高調波成分を表し，周期関数はこれらの周波数成分の和で表すことができます．

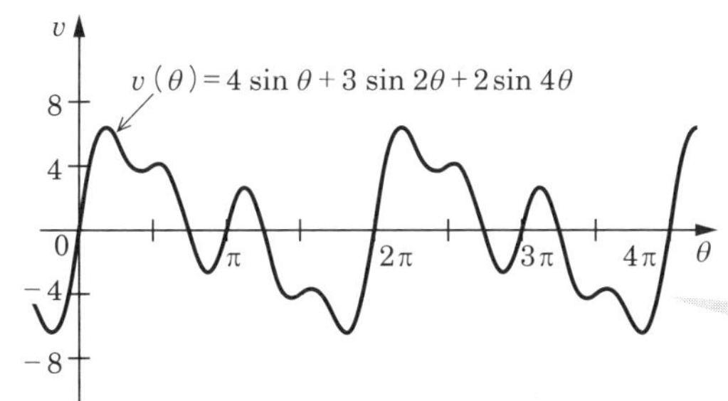

a_n 成分と奇数次高調波成分がないひずみ波

■図 2.41　ひずみ波

問題 12 ★★★　➡2.5.2

図 2.42 に示すような最大値が V〔V〕の三角波交流電圧 v〔V〕を R〔Ω〕の抵抗に加えたとき，R で消費される電力の値として，正しいものを下の番号から選べ．ただし，三角波交流電圧の角周波数を ω〔rad/s〕，時間を t〔s〕とする．

1　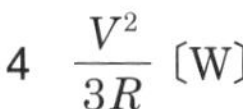 $\dfrac{V^2}{\sqrt{2}\,R}$〔W〕

2　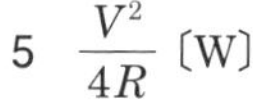 $\dfrac{V^2}{\sqrt{3}\,R}$〔W〕

3　$\dfrac{V^2}{2R}$〔W〕

4　$\dfrac{V^2}{3R}$〔W〕

5　$\dfrac{V^2}{4R}$〔W〕

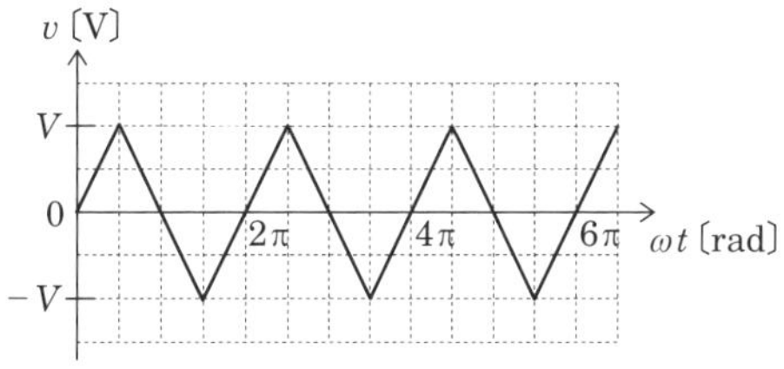

■図 2.42

解説　最大値 V〔V〕の三角波の実効値 $V_e = V/\sqrt{3}$〔V〕なので，電力 P〔W〕は次式で表されます．

$$P = \frac{V_e^2}{R} = \left(\frac{V}{\sqrt{3}}\right)^2 \times \frac{1}{R} = \boldsymbol{\frac{V^2}{3R}}\ \textbf{〔W〕}$$

答え▶▶▶ 4

関連知識　実効値 V_e

図2.42において，$\theta=\omega t$ とすると，0から $\pi/2$ の区間では三角波の瞬時値電圧 $v=2V\theta/\pi$ の式で表されるので，実効値 V_e は次式で表されます．

$$V_e=\sqrt{\frac{2}{\pi}\int_0^{\frac{\pi}{2}}v^2 d\theta}=\sqrt{\frac{2}{\pi}\int_0^{\frac{\pi}{2}}\frac{2^2V^2\theta^2}{\pi^2}d\theta}=V\sqrt{\frac{8}{3\pi^3}\left[\theta^3\right]_0^{\frac{\pi}{2}}}=\frac{V}{\sqrt{3}}\ \text{〔V〕} \quad (2.46)$$

問題13　★★　➡2.5.2

図2.43に示す最大値がそれぞれ V_m〔V〕で等しい三つの波形の電圧 v_a，v_b および v_c を同じ抵抗値の抵抗 R に加えたとき，R で消費されるそれぞれの電力 P_a，P_b および P_c の大きさの関係を表す式として，正しいものを下の番号から選べ．ただし，のこぎり波，方形波および正弦波の波高率をそれぞれ $\sqrt{3}$，1および $\sqrt{2}$ とし，各波形の角周波数を ω〔rad/s〕，時間を t〔s〕とする．

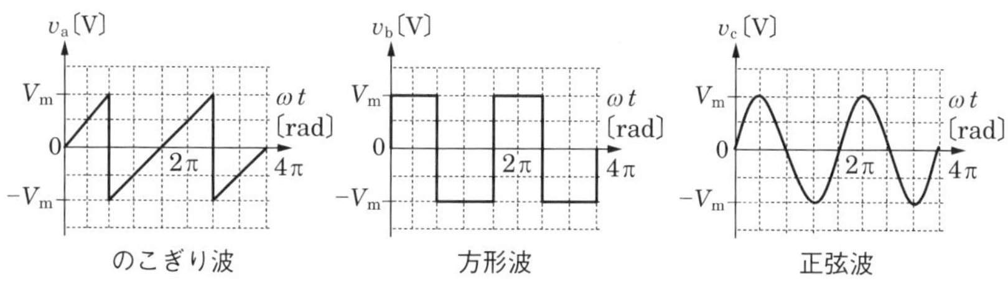

図2.43

1　$P_b>P_c>P_a$
2　$P_a>P_b>P_c$
3　$P_a>P_c>P_b$
4　$P_c>P_b>P_a$
5　$P_b>P_a>P_c$

解説　最大値 V_m〔V〕が同じのこぎり波，方形波，正弦波の実効値 $V_a=V_m/\sqrt{3}$，$V_b=V_m$，$V_c=V_m/\sqrt{2}$〔V〕なので，それぞれの電力 P_a，P_b，P_c〔W〕は，次式で表されます．

$$P_a=\frac{V_a^2}{R}=\left(\frac{V_m}{\sqrt{3}}\right)^2\times\frac{1}{R}=\frac{V_m^2}{3R}\ \text{〔W〕}$$

$$P_b=\frac{V_b^2}{R}=\frac{V_m^2}{R}\ \text{〔W〕}$$

$$P_c=\frac{V_c^2}{R}=\left(\frac{V_m}{\sqrt{2}}\right)^2\times\frac{1}{R}=\frac{V_m^2}{2R}\ \text{〔W〕}$$

よって，$\boldsymbol{P_b>P_c>P_a}$ となります．

答え▶▶▶ 1

出題傾向 のこぎり波が三角波となっている問題も出題されています．のこぎり波と三角波の電力は同じ値です．

問題 14 ★★ ➡2.5.3

次の記述は，**図 2.44** に示す最大値が V_a〔V〕の正弦波交流を半波整流した電圧 v のフーリエ級数による展開について述べたものである．□内に入れるべき字句の正しい組合せを下の番号から選べ．

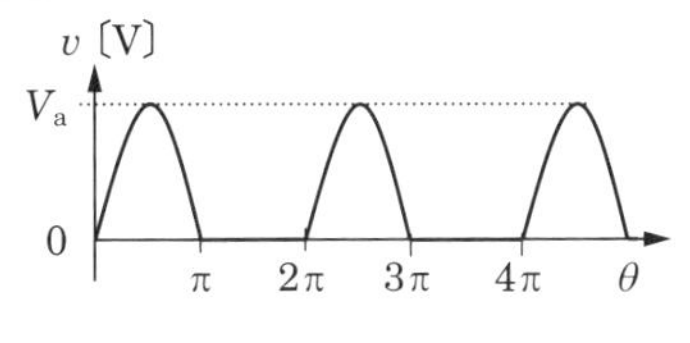

図 2.44

(1) v は，n を 1, 2, 3…∞の整数とすると，角度 θ〔rad〕の関数として，次式のフーリエ級数で表される．

$$v(\theta)=a_0+\sum_{n=1}^{\infty}(a_n\cos n\theta+b_n\sin n\theta)\ \text{〔V〕}$$

a_0，a_n および b_n は次式で表される．

$$a_0=\frac{1}{2\pi}\times\int_0^{2\pi}v\,d\theta\ \text{〔V〕},\quad a_n=\frac{1}{\pi}\times\int_0^{2\pi}v\cos n\theta\,d\theta\ \text{〔V〕},$$

$$b_n=\frac{1}{\pi}\times\int_0^{2\pi}v\sin n\theta\,d\theta\ \text{〔V〕}$$

(2) a_0 は，v の直流分であり，$a_0=$ [A]〔V〕となる．

(3) a_n は，n が奇数のとき $a_n=0$〔V〕であり，偶数のとき次式で表される．

$$a_n=\left(\frac{2V_a}{\pi}\right)\times\boxed{\text{B}}\ \text{〔V〕}$$

(4) b_n は，$n\neq1$ のとき，$b_n=0$〔V〕であり，$n=1$ のとき，$b_n=$ [C]〔V〕となる．

(5) したがって，v は直流分，基本波分および偶数次の高調波からなる電圧である．

	A	B	C
1	$\dfrac{V_a}{\pi}$	$\dfrac{1}{(n-1)(n+1)}$	$\dfrac{V_a}{2}$
2	$\dfrac{V_a}{\pi}$	$\dfrac{1}{(n-1)(n+1)}$	$\dfrac{V_a}{3}$
3	$\dfrac{V_a}{\pi}$	$\dfrac{1}{n(n+1)}$	$\dfrac{V_a}{3}$
4	$\dfrac{2V_a}{\pi}$	$\dfrac{1}{(n-1)(n+1)}$	$\dfrac{V_a}{2}$
5	$\dfrac{2V_a}{\pi}$	$\dfrac{1}{n(n+1)}$	$\dfrac{V_a}{3}$

解説 $\theta=0\sim\pi$〔rad〕の区間においては $v=V_a\sin\theta$，$\theta=\pi\sim2\pi$〔rad〕の区間では $v=0$ なので，平均値 a_0 は次式で表されます．

$$a_0=\frac{1}{2\pi}\int_0^\pi v\,d\theta=\frac{V_a}{2\pi}\int_0^\pi\sin\theta\,d\theta$$

$$=\frac{V_a}{2\pi}(-1)\times[\cos\theta]_0^\pi=\frac{V_a}{2\pi}(-1)\times[\cos\pi-\cos0]=\boldsymbol{\frac{V_a}{\pi}}\text{〔V〕}$$

［A］の答え

問題で与えられた式より a_n を求めると，次式で表されます．

$$a_n=\frac{1}{\pi}\int_0^\pi V_a\sin\theta\cos n\theta\,d\theta=\frac{1}{\pi}\times\frac{V_a}{2}\int_0^\pi\{\sin(n\theta+\theta)-\sin(n\theta-\theta)\}\,d\theta$$

$$=-\frac{V_a}{2\pi}\left[\frac{\cos(n+1)\theta}{n+1}-\frac{\cos(n-1)\theta}{n-1}\right]_0^\pi \qquad ①$$

n が奇数のときは，$n+1$ および $n-1$ は偶数となるので，$n=3$ として 4θ と 2θ とすると

$$[\cos4\theta]_0^\pi=\cos4\pi-\cos0=1-1=0$$

$$[\cos2\theta]_0^\pi=\cos2\pi-\cos0=1-1=0$$

よって，n が奇数のときは $a_n=0$ となります．n が偶数のときは $n+1$ および $n-1$ は奇数となるので，$n=2$ として 3θ と θ とすると，次式で表されます．

$$[\cos3\theta]_0^\pi=\cos3\pi-\cos0=-1-1=-2$$

$$[\cos\theta]_0^\pi=\cos\pi-\cos0=-1-1=-2$$

となるので，式①は次式で表されます．

$$a_n=-\frac{V_a}{2\pi}\left(\frac{-2}{n+1}-\frac{-2}{n-1}\right)=-\frac{V_a}{2\pi}\times\frac{-2\times(n-1)+2\times(n+1)}{(n+1)(n-1)}$$

$$=-\frac{2V_a}{\pi}\times\frac{\mathbf{1}}{\boldsymbol{(n+1)(n-1)}}\ \text{〔V〕}$$

B の答え

問題で与えられた式より $n=1$ のときの b_n を求めると，次式で表されます．

$$b_n=\frac{1}{\pi}\int_0^{\pi}V_a\sin\theta\ \sin\theta\ d\theta=\frac{1}{\pi}\times\frac{V_a}{2}\int_0^{\pi}(1-\cos 2\theta)\,d\theta$$

$$=\frac{V_a}{2\pi}\left\{[\theta]_0^{\pi}-\left[\frac{\sin 2\theta}{2}\right]_0^{\pi}\right\}=\frac{V_a}{2\pi}\left\{(\pi-0)-\left(\frac{\sin 2\pi-\sin 0}{2}\right)\right\}=\frac{\boldsymbol{V_a}}{\mathbf{2}}\ \text{〔V〕}$$

C の答え

答え▶▶▶ 1

数学の公式

$$\cos\alpha\ \sin\beta=\frac{1}{2}\{\sin(\alpha+\beta)-\sin(\alpha-\beta)\}$$

$$\sin^2\theta=\frac{1}{2}(1-\cos 2\theta)$$

$$\frac{d}{d\theta}\cos\theta=-\sin\theta\qquad\frac{d}{d\theta}\cos n\theta=-n\sin n\theta$$

$$\int\sin n\theta\,d\theta=-\frac{\cos n\theta}{n}$$ （積分定数は省略）

$$\int\cos n\theta\,d\theta=\frac{\sin n\theta}{n}$$

問題 15 ★★ ➡2.5.3

次の記述は，**図 2.45** に示す周期的に変化する方形波電圧 v のフーリエ級数による展開について述べたものである．［　　］内に入れるべき字句の正しい組合せを下の番号から選べ．

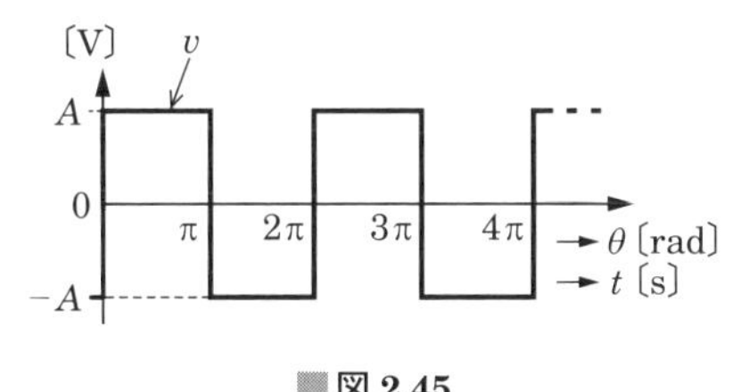

図 2.45

(1) v は，n を 1，2，3… とすると，時間 t〔s〕の関数として，次のフーリエ級数で表される．

$$v(t)=a_0+\sum_{n=1}^{\infty}(a_n\cos n\omega t+b_n\sin n\omega t)\ \text{〔V〕}\ \cdots\cdots\text{【1】}$$

ここで，$\omega t=\theta$（ω：角周波数〔rad/s〕，θ：角度〔rad〕）とすると，式【1】は，次式で表される．

$$v(\theta)=a_0+\sum_{n=1}^{\infty}(a_n\cos n\theta+b_n\sin n\theta)\text{〔V〕}$$

となる．a_0，a_n および b_n は次式で表される．

$$a_0=\frac{1}{2\pi}\int_0^{2\pi}v(\theta)\,d\theta\text{〔V〕},\quad a_n=\frac{1}{\pi}\int_0^{2\pi}v(\theta)\cos n\theta\,d\theta\text{〔V〕},$$

$$b_n=\frac{1}{\pi}\int_0^{2\pi}v(\theta)\sin n\theta\,d\theta\text{〔V〕}$$

(2) $v(\theta)$ は $0<\theta<\pi$ のとき $v(\theta)=A$〔V〕であり，$\pi<\theta<2\pi$ のとき $v(\theta)=-A$〔V〕であるから，$a_0=$ ［A］〔V〕，$a_n=0$〔V〕となる．

(3) b_n は，次式で表される．

$b_n=$ ［B］ ……………………………………………………………… 【2】

(4) 式【2】より，n が偶数のとき，$b_n=0$〔V〕となり，n が奇数のとき，$b_n=$ ［C］〔V〕となる．

(5) したがって，方形波電圧 v は，$n=1$ の基本波交流に奇数倍の高調波成分が加わった電圧となる．

	A	B	C
1	0	$\frac{2A}{n\pi}(1-\cos n\pi)$	$\frac{4A}{n\pi}$
2	0	$\frac{2A}{\pi}(1-\cos n\pi)$	$\frac{2A}{n\pi}$
3	0	$\frac{2A}{n\pi}(2+\sin n\pi)$	$\frac{2A}{n\pi}$
4	$\frac{A}{\pi}$	$\frac{2A}{n\pi}(2+\sin n\pi)$	$\frac{2A}{n\pi}$
5	$\frac{A}{\pi}$	$\frac{2A}{\pi}(1-\cos n\pi)$	$\frac{4A}{n\pi}$

解説 問題で与えられた式より α_0〔V〕を求めると，次式で表されます．

$$\alpha_0=\frac{1}{2\pi}\left(\int_0^{\pi}A\,d\theta-\int_{\pi}^{2\pi}A\,d\theta\right)$$

$$=\frac{A}{2\pi}\left([\theta]_0^{\pi}-[\theta]_{\pi}^{2\pi}\right)$$

$$= \frac{A}{2\pi}\{(\pi - 0) - (2\pi - \pi)\}$$

$$= \mathbf{0}\,〔\mathrm{V}〕$$ ◀…… A の答え ①

a_0 は θ が $0 \sim 2\pi$ の区間における平均値電圧を表すので 0〔V〕となる.

問題で与えられた式より a_n〔V〕を求めると，次式で表されます.

$$a_n = \frac{1}{\pi}\left(\int_0^{\pi} A\cos n\theta\, d\theta - \int_{\pi}^{2\pi} A\cos n\theta\, d\theta\right)$$

$$= \frac{A}{\pi}\left(\left[\frac{\sin n\theta}{n}\right]_0^{\pi} - \left[\frac{\sin n\theta}{n}\right]_{\pi}^{2\pi}\right)$$

$$= \frac{A}{n\pi}\{(\sin n\pi - \sin 0) - (\sin 2n\pi - \sin n\pi)\} = 0\,〔\mathrm{V}〕 \quad ②$$

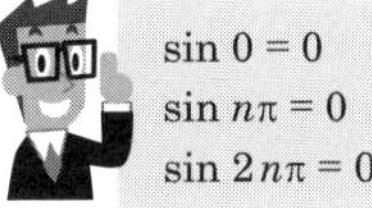

$\sin 0 = 0$
$\sin n\pi = 0$
$\sin 2n\pi = 0$

問題で与えられた式より b_n〔V〕を求めると，次式で表されます.

$$b_n = \frac{1}{\pi}\left(\int_0^{\pi} A\sin n\theta\, d\theta - \int_{\pi}^{2\pi} A\sin n\theta\, d\theta\right)$$

$$= \frac{A}{\pi}\left(\left[-\frac{\cos n\theta}{n}\right]_0^{\pi} - \left[-\frac{\cos n\theta}{n}\right]_{\pi}^{2\pi}\right)$$

$$= \frac{A}{n\pi}\{(-\cos n\pi + \cos 0) + (\cos 2n\pi - \cos n\pi)\}$$

$$= \frac{A}{n\pi}(2 - 2\cos n\pi) = \frac{\mathbf{2A}}{\mathbf{n\pi}}\,(\mathbf{1 - \cos n\pi})\,〔\mathrm{V}〕 \quad ③$$

◀…… B の答え

$\cos 0 = 1$
$\cos 2n\pi = 1$

n が偶数のときは，$\cos n\pi = 1$ となるので，式③は $b_n = 0$ となります.

n が奇数のときは，$\cos n\pi = -1$ となるので，式③は次式で表されます.

$$b_n = \frac{2A}{n\pi}\{(1 - (-1)\} = \frac{\mathbf{4A}}{\mathbf{n\pi}}\,〔\mathrm{V}〕$$ ◀…… C の答え

答え ▶▶▶ 1

出題傾向 下線の部分を穴埋めの字句とした問題も出題されています.

問題 16 ★★ ➡2.5

次の**図 2.46** は，三つの正弦波交流電圧 v_1，v_2 および v_3 を合成したときの式と概略の波形の組合せを示したものである．このうち正しいものを 1，誤っているものを 2 として解答せよ．ただし，正弦波交流電圧は，角周波数を ω〔rad/s〕，時間を t〔s〕としたとき，次式で表されるものとする．

$v_1 = \sin \omega t$〔V〕，$v_2 = \sin 2\omega t$〔V〕，$v_3 = \sin 3\omega t$〔V〕

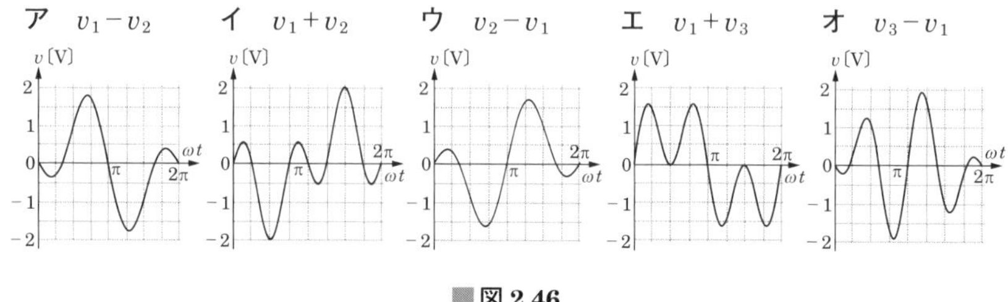

図 2.46

解説 誤っている選択肢は次のようになります．

イ $v_3 - v_1$

オ $v_2 - v_3$

v_1 と $-v_2$ の波形を**図 2.47** に示します．これらの波形の和をとると，選択肢**ア**の波形となります．

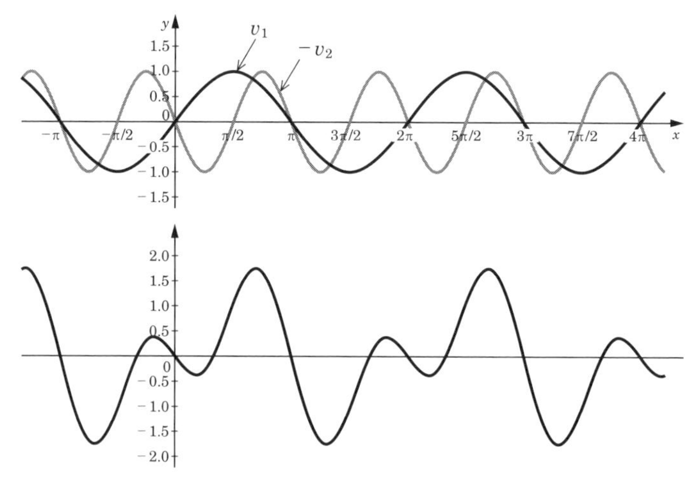

図 2.47

v_1 と v_2 の波形を**図 2.48** に示します．これらの波形の和は，選択肢**イ**の波形と異なります．

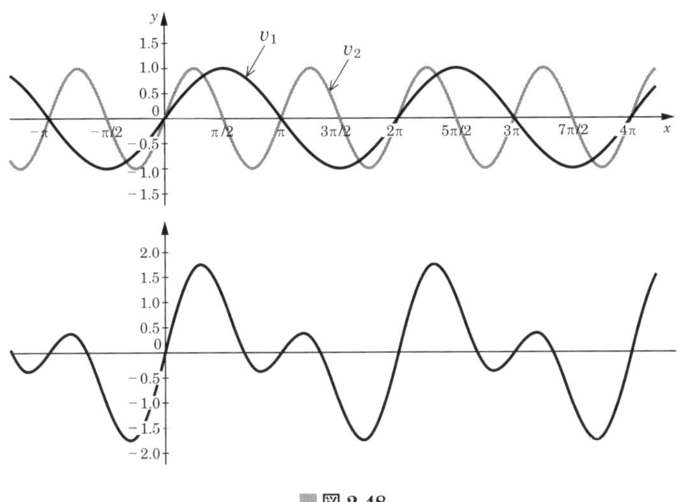

■図 2.48

v_2 と $-v_1$ の波形を**図 2.49** に示します．これらの波形の和をとると，選択肢**ウ**の波形となります．

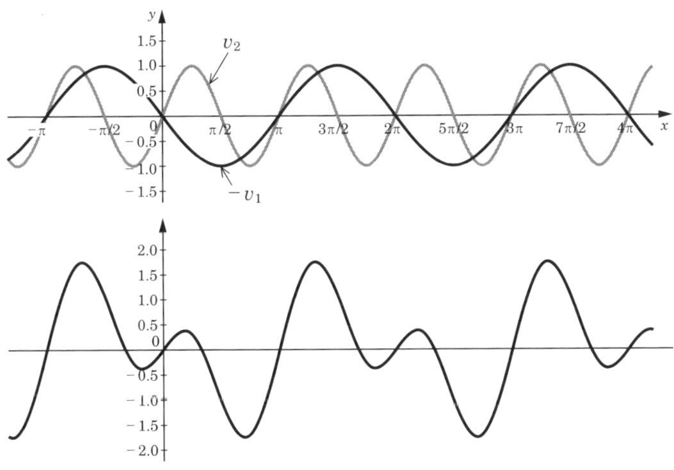

■図 2.49

v_1 と v_3 の波形を**図 2.50** に示します．これらの波形の和をとると，選択肢**エ**の波形になります．

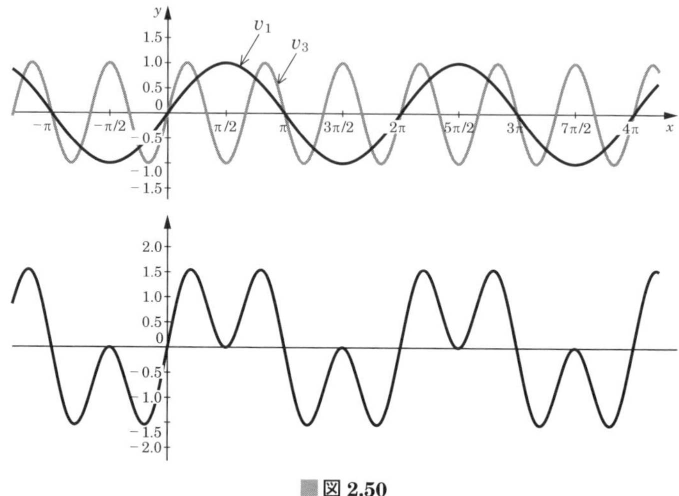

■図 2.50

v_3 と $-v_1$ の波形を**図 2.51** に示します．これらの波形の和は，選択肢**オ**の波形と異なります．

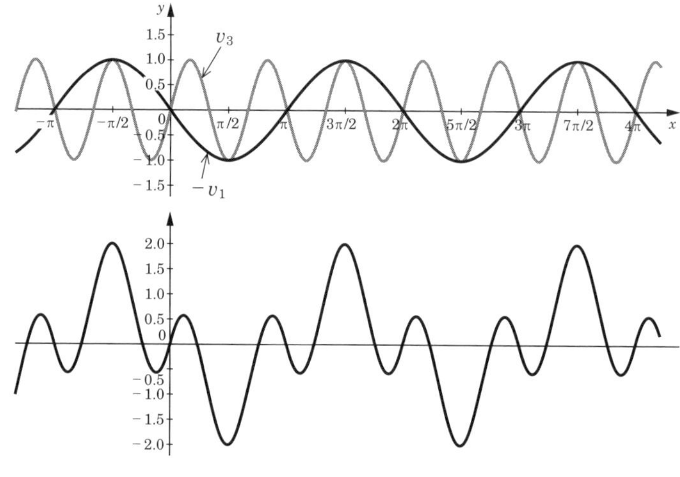

■図 2.51

答え▶▶▶アー 1，イー 2，ウー 1，エー 1，オー 2

2.6 交流回路のフェーザ表示

- コイルのリアクタンスは $j\omega L$
- コンデンサのリアクタンスは $\dfrac{1}{j\omega C} = -j\dfrac{1}{\omega C}$

2.6.1 交流のフェーザ表示

図 2.52 のように同じ周波数の二つの交流電圧 v_1, v_2 があり，それらに θ〔rad〕の位相差があるとき，これらの関係を**図 2.53** のように表したものを**フェーザ表示**といい，これらを表した図を**ベクトル図**といいます．

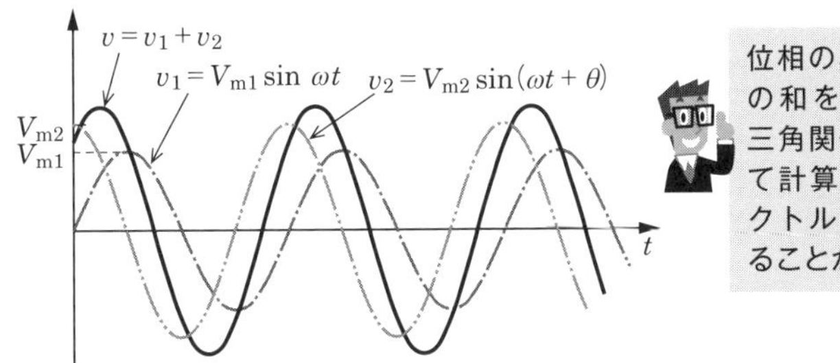

■図 2.52　位相差のある正弦波交流電圧

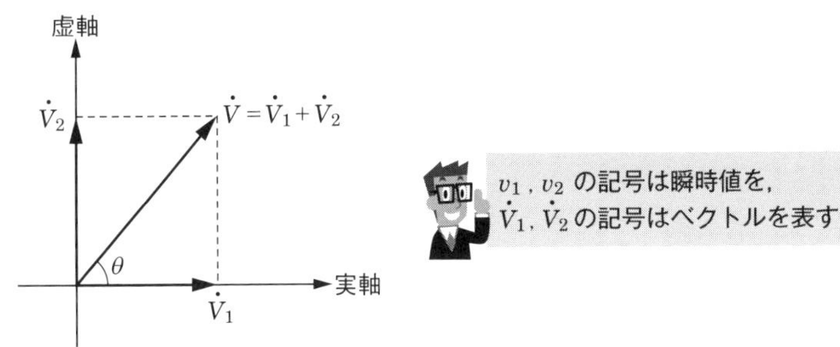

■図 2.53　フェーザ表示

2.6.2 複素数

正弦波交流の電圧や電流は複素数で表され，電気回路の演算に用いられます．**図 2.54** のように，複素平面上の点 $\dot{Z}$ は次式で表すことができます．

$$\dot{Z} = a + jb \quad (2.47)$$

ここで，a を実数部，b を虚数部といいます．

j は虚数単位で

$$j = \sqrt{-1}$$

$$j^2 = -1$$

$$\frac{1}{j} = \frac{j}{jj} = \frac{j}{-1} = -j$$

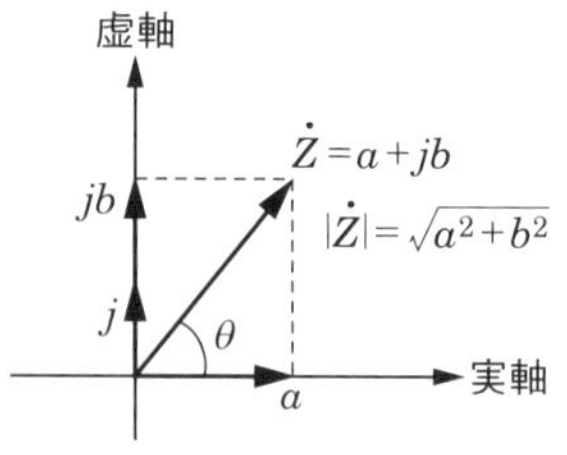

図 2.54　複素数とベクトル

となります．$\dot{Z}$ の大きさを Z で表すと，次のようになります．

$$Z = |\dot{Z}| = \sqrt{a^2 + b^2} \quad (2.48)$$

図の偏角を θ とすると

$$\tan\theta = \frac{b}{a} \quad \text{または} \quad \theta = \tan^{-1}\frac{b}{a} \quad (2.49)$$

数学の公式

$\dot{Z}$ は次のような指数関数で表すこともできます．

$\dot{Z} = |\dot{Z}| e^{j\theta}$　　e は自然対数の底　$e \fallingdotseq 2.718\cdots$

ここで，$e^{j\theta}$ は，オイラーの公式より次のように表すことができます．

$e^{j\theta} = \cos\theta + j\sin\theta$

2.6.3 抵抗回路

図 2.55 のように，抵抗 R〔Ω〕に交流電流 $\dot{I}$〔A〕が流れているとき，抵抗の端子電圧 $\dot{V}_R$〔V〕は，電流と電圧の位相が同相なのでベクトルを用いて表すと，次式で表されます．

$$\dot{V}_R = R\dot{I} \text{〔V〕} \quad (2.50)$$

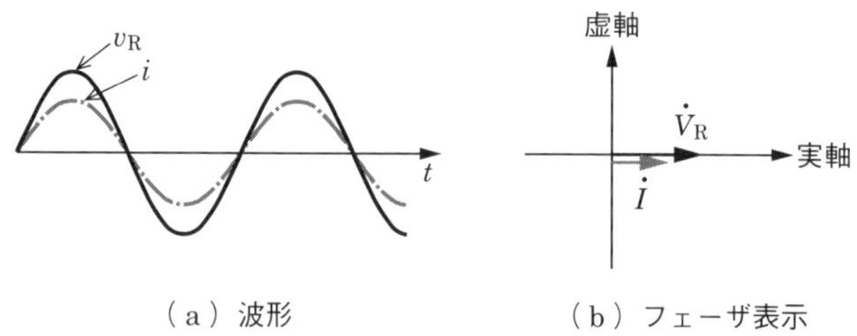

（a）波形　　（b）フェーザ表示

図 2.55　抵抗回路

電流および電圧の瞬時値 i〔A〕, v_R〔V〕は次式で表されます．

$$i = I_m \sin \omega t \text{〔A〕} \qquad (2.51)$$

$$v_R = V_{Rm} \sin \omega t \text{〔V〕} \qquad (2.52)$$

ベクトル表示の電流や電圧の大きさは実効値で表される．

$$|\dot{I}| = \frac{I_m}{\sqrt{2}}$$

$$|\dot{V}| = \frac{V_m}{\sqrt{2}}$$

2.6.4 インダクタンス回路

図 2.56 のように，インダクタンス L〔H〕のコイルに交流電流 I〔A〕が流れているとき，コイルの端子電圧 $\dot{V}_L$〔V〕は，電流よりも位相が π/2〔rad〕進んだ電圧が発生します．ベクトルを用いて表すと，次式で表されます．

$$\dot{V}_L = j\omega L\dot{I} = jX_L\dot{I} \text{〔V〕} \qquad (2.53)$$

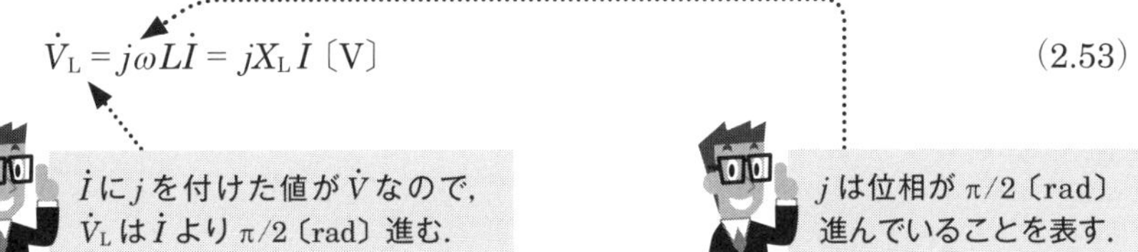

ただし，ω〔rad/s〕は電源の角周波数で

$$\omega = 2\pi f \text{〔rad/s〕} \qquad (2.54)$$

となります．ωL は抵抗と同じように電流を妨げる値を持ちます．これを**誘導性リアクタンス**といい，$X_L = \omega L$〔Ω〕で表します．

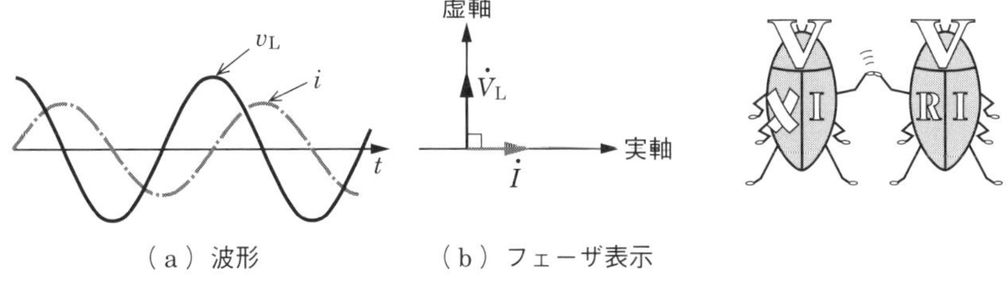

（a）波形　（b）フェーザ表示

■図 2.56　インダクタンス回路

電圧の瞬時値 v_L〔V〕は次式で表されます．

$$v_L = V_{Lm} \cos \omega t = V_{Lm} \sin\left(\omega t + \frac{\pi}{2}\right) \text{〔V〕} \qquad (2.55)$$

2.6.5 コンデンサ回路

図 2.57 のように，静電容量 C〔F〕のコンデンサに交流電流 $\dot{I}$〔A〕が流れているとき，コンデンサの端子電圧 $\dot{V}_C$〔V〕は，電流よりも位相が π/2〔rad〕遅れた電圧が発生します．ベクトルを用いて表すと，次式で表されます．

$$\dot{V}_C = \frac{1}{j\omega C}\dot{I}$$

「j と ω が一緒」と覚える

$$= -j\frac{1}{\omega C}\dot{I} = -jX_C\dot{I}\ \text{〔V〕} \qquad (2.56)$$

ただし，$1/(\omega C)$ は抵抗と同じように電流を妨げる値を持ちます．これを**容量性リアクタンス**といい，式 (2.57) のように表します．

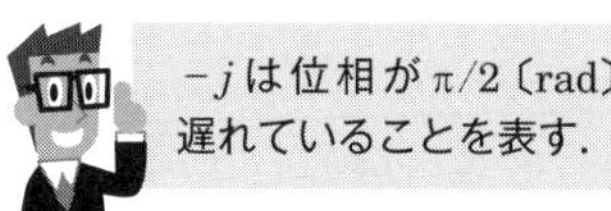

$$X_C = \frac{1}{\omega C}\ \text{〔Ω〕} \qquad (2.57)$$

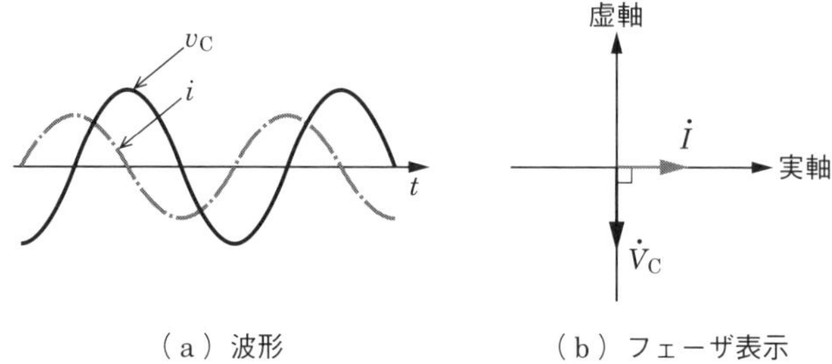

（a）波形　（b）フェーザ表示

図 2.57　コンデンサ回路

電圧の瞬時値 v_C〔V〕は次式で表されます．

$$v_C = -V_{Cm}\cos\omega t = V_{Cm}\sin\left(\omega t - \frac{\pi}{2}\right)\text{〔V〕} \qquad (2.58)$$

関連知識　交流の指数関数表記

インダクタンス L〔H〕に電流 i〔A〕が流れたときの電圧 v〔V〕は，ファラデーの法則より次式で表されます．

$$v = L\frac{di}{dt}\ \text{〔V〕} \qquad (2.59)$$

交流は指数関数で表すこともできます．

$$\dot{I} = |\dot{I}|e^{j\omega t}\ \text{〔A〕} \qquad (2.60)$$

式 (2.59) を指数関数で表すと，次のようになります．

$$\dot{V} = L\frac{d}{dt}|\dot{I}|e^{j\omega t}$$
$$= j\omega L|\dot{I}|e^{j\omega t} = j\omega L\dot{I}\ \text{〔V〕} \qquad (2.61)$$

瞬時値とベクトルでは $\dfrac{d}{dt}$ は $j\omega$，$\int dt$ は $\dfrac{1}{j\omega}$ に置き換えて計算することができる．

2.6.6 インピーダンス

図 2.58 の RLC 直列回路では，直流回路において抵抗が直列に接続された回路と同じように，次式が成り立ちます．

$$\dot{V} = R\dot{I} + jX_L\dot{I} - jX_C\dot{I}$$
$$= R\dot{I} + j(X_L - X_C)\dot{I}$$
$$= R\dot{I} + j\left(\omega L - \frac{1}{\omega C}\right)\dot{I}$$
$$= \dot{Z}\dot{I}\ \text{〔V〕} \qquad (2.62)$$

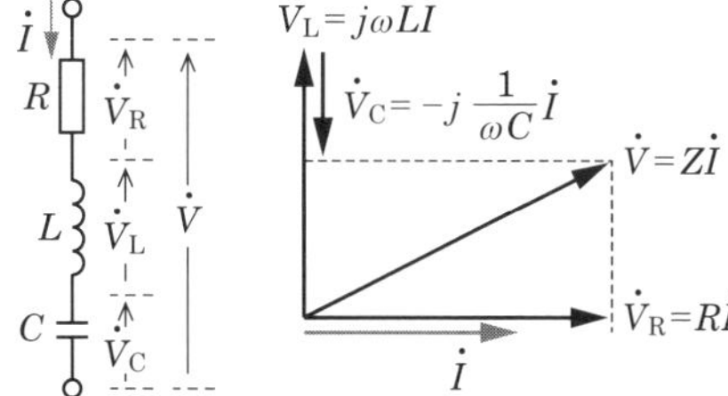

図 2.58　*RLC* 直列回路のインピーダンス

このとき，$\dot{Z}$〔Ω〕は電流を妨げる量を表し，この複素量を**インピーダンス**といいます．インピーダンスは RLC の合成されたもの，または，RLC 単独でも表すことができます．

$\dot{Z}$ は次式で表すことができます．

$$\dot{Z} = R + j\left(\omega L - \frac{1}{\omega C}\right)\ \text{〔Ω〕} \qquad (2.63)$$

$\dot{Z}$ の大きさ Z〔Ω〕は次式で表されます．

$$Z = \sqrt{R^2 + \left(\omega L - \frac{1}{\omega C}\right)^2}\ \text{〔Ω〕} \qquad (2.64)$$

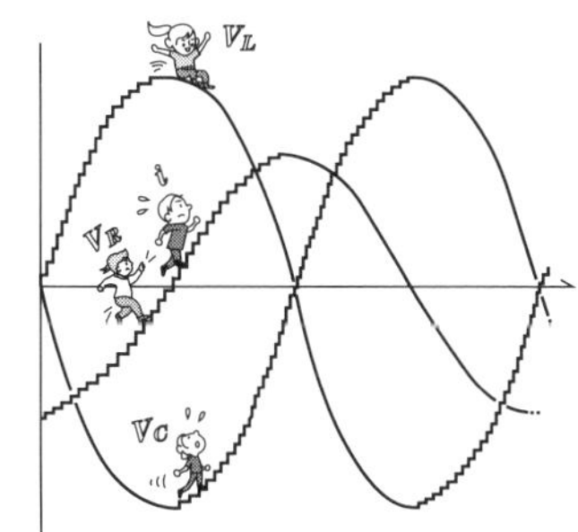

2.6.7 ベクトル軌跡

インピーダンス回路の素子の値や周波数が変化したとき，ベクトルの終点が描く曲線を**ベクトル軌跡**といいます．

(1) *R*-*L* 並列回路

図 2.59 の回路のインピーダンス $\dot{Z}$ はアドミタンス $\dot{Y}$ の逆数なので，次式で表されます．

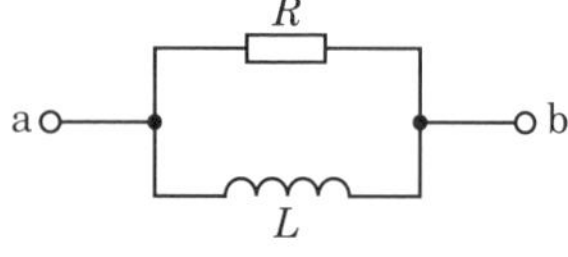

■図 2.59　*R*-*L* 並列回路

$$\dot{Z}=\frac{1}{\dot{Y}}=\frac{1}{\dfrac{1}{R}-j\dfrac{1}{\omega L}}$$

$$=\frac{\dfrac{1}{R}}{\left(\dfrac{1}{R}\right)^2+\left(\dfrac{1}{\omega L}\right)^2}+j\frac{\dfrac{1}{\omega L}}{\left(\dfrac{1}{R}\right)^2+\left(\dfrac{1}{\omega L}\right)^2}$$

$$=x+jy \tag{2.65}$$

① ω が変化するときのインピーダンス $\dot{Z}$ の軌跡

$\dot{Z}$ の式から $x^2+y^2=Rx$ を求めます．両辺に $(R/2)^2$ を加えて整理し，円の方程式を作ると，次式となり，ベクトル軌跡は**図 2.60** となります．

$$\left(x-\frac{R}{2}\right)^2+y^2=\left(\frac{R}{2}\right)^2 \tag{2.66}$$

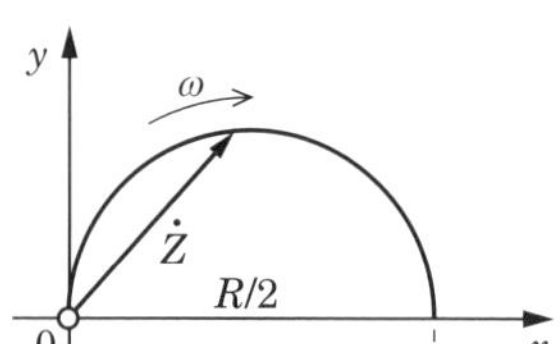

■図 2.60　ω が変化するとき

② R が変化するときのインピーダンス $\dot{Z}$ の軌跡

R が変化するときには，R を消去すれば $x^2+y^2=\omega Ly$ となります．この式から次の円の方程式を作ると，次式となり，ベクトル軌跡は**図 2.61** となります．

$$x^2+\left(y-\frac{\omega L}{2}\right)^2=\left(\frac{\omega L}{2}\right)^2 \tag{2.67}$$

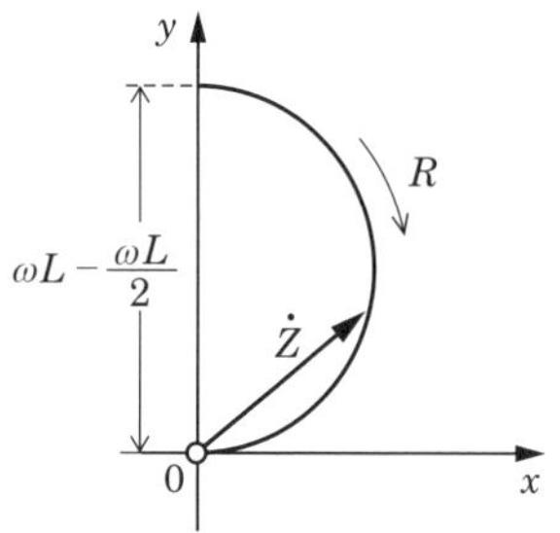

■図 2.61　*R* が変化するとき

(2) *R*-*C* 並列回路

図 5.62 の回路のインピーダンス $\dot{Z}$ は次式で表されます.

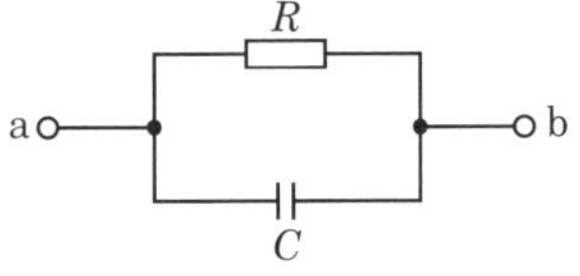

■図 2.62　*R*-*C* 並列回路

$$\dot{Z}=\frac{\dfrac{R}{j\omega C}}{R+\left(\dfrac{1}{j\omega C}\right)}=\frac{R}{1+j\omega CR}$$

$$=\frac{R}{1+(\omega CR)^2}-j\frac{\omega CR}{1+(\omega CR)^2}$$

$$=x+jy \tag{2.68}$$

① ω が変化するときのインピーダンス $\dot{Z}$ の軌跡

円の方程式は次式となり, ベクトル軌跡は**図 2.63** となります.

$$\left(x-\frac{R}{2}\right)^2+y^2=\left(\frac{R}{2}\right)^2 \tag{2.69}$$

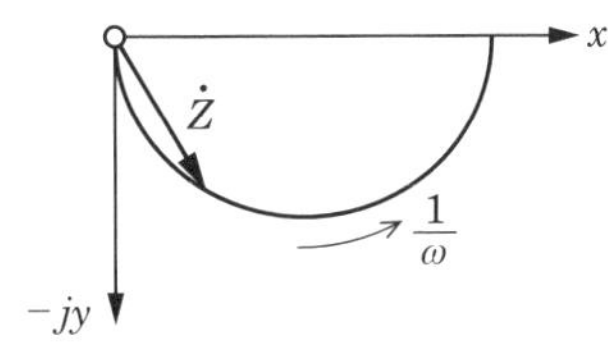

■図 2.63　ω が変化するとき

② R が変化するときのインピーダンス $\dot{Z}$ の軌跡

円の方程式は次式となり, ベクトル軌跡は**図 2.64** となります.

$$x^2+\left(y+\frac{1}{2\omega C}\right)^2=\left(\frac{1}{2\omega C}\right)^2 \tag{2.70}$$

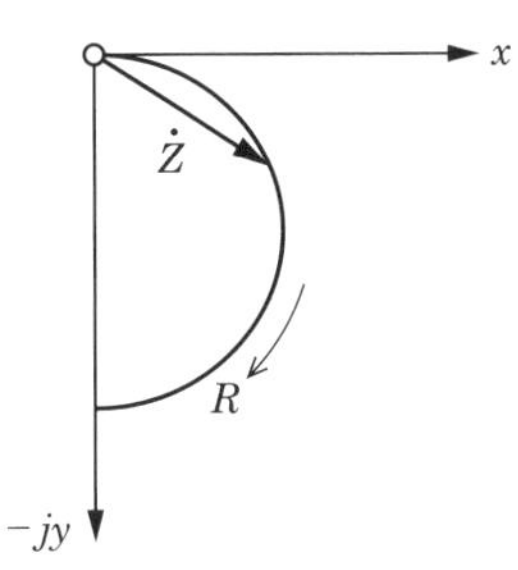

■図 2.64　*R* が変化するとき

問題 17 ★★ ➡ 2.6

図 2.65 に示す回路において，抵抗 R_2〔Ω〕に流れる電流 $\dot{I}_2$〔A〕と交流電圧 $\dot{V}$〔V〕との位相差が $\pi/2$〔rad〕であるとき，$\dot{V}$ の角周波数 ω を表す式として，正しいものを下の番号から選べ．

1 $\omega = \dfrac{1}{R_1 R_2 C_1 C_2}$〔rad/s〕

2 $\omega = \dfrac{1}{\sqrt{R_1 R_2 C_1 C_2}}$〔rad/s〕

3 $\omega = \dfrac{1}{\sqrt{2R_1 R_2 C_1 C_2}}$〔rad/s〕

4 $\omega = \dfrac{1}{\sqrt{3}\,R_1 R_2 C_1 C_2}$〔rad/s〕

5 $\omega = \dfrac{1}{\sqrt{6}\,R_1 R_2 C_1 C_2}$〔rad/s〕

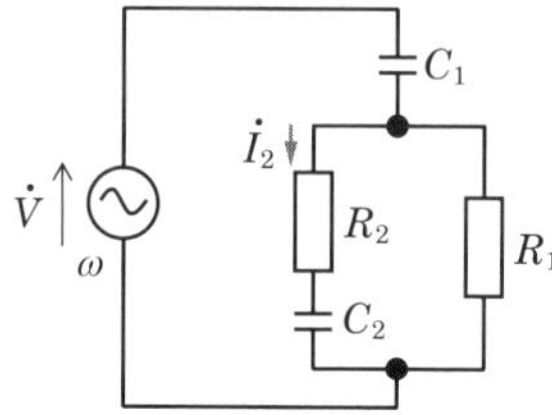

R_1：抵抗〔Ω〕
C_1，C_2：静電容量〔F〕

図 2.65

解説 R_2 と C_2 の直列合成インピーダンス $\dot{Z}_2$〔Ω〕は次式で表されます．

$$\dot{Z}_2 = R_2 + \frac{1}{j\omega C_2}\ 〔\Omega〕 \quad ①$$

R_1 と $\dot{Z}_2$ の並列合成インピーダンス $\dot{Z}_{12}$〔Ω〕は

$$\dot{Z}_{12} = \frac{R_1 \dot{Z}_2}{R_1 + \dot{Z}_2}\ 〔\Omega〕 \quad ②$$

全回路を流れる電流を $\dot{I}$〔A〕とすると，合成インピーダンス $\dot{Z}_0$〔Ω〕は

$$\dot{Z}_0 = \frac{\dot{V}}{\dot{I}} = \frac{1}{j\omega C_1} + \dot{Z}_{12} = \frac{1}{j\omega C_1} + \frac{R_1 \dot{Z}_2}{R_1 + \dot{Z}_2}\ 〔\Omega〕 \quad ③$$

$\dot{I}_2$ と $\dot{I}$ の電流比は回路のインピーダンス比より

$$\frac{\dot{I}_2}{\dot{I}} = \frac{R_1}{R_1 + \dot{Z}_2} \quad ④$$

電流比は
ほかの辺の $\dot{Z}$
$\dot{Z}$ の和

$\dot{I}_2$ を求めると

$$\dot{I}_2 = \frac{R_1}{R_1 + \dot{Z}_2} \times \frac{\dot{V}}{\dot{Z}_0} = \frac{R_1}{R_1 + \dot{Z}_2} \times \frac{\dot{V}}{\dfrac{1}{j\omega C_1} + \dfrac{R_1 \dot{Z}_2}{R_1 + \dot{Z}_2}}$$

$$= \frac{R_1 \dot{V}}{\dfrac{R_1 + \dot{Z}_2}{j\omega C_1} + R_1 \dot{Z}_2}\ 〔\mathrm{A}〕 \quad ⑤$$

$\dot{I}_2$ と $\dot{V}$ の位相差が $\pi/2$ となるのは，式⑤の分母の実数部が 0 のときなので

$$\frac{R_1+\dot{Z}_2}{j\omega C_1}+R_1\dot{Z}_2=\frac{R_1}{j\omega C_1}+\frac{R_2}{j\omega C_1}-\frac{1}{\omega^2 C_1 C_2}+R_1R_2+\frac{R_1}{j\omega C_2} \quad ⑥$$

となるので，式⑥の実数部より

$$R_1R_2-\frac{1}{\omega^2 C_1 C_2}=0 \quad よって \quad \omega=\frac{1}{\sqrt{R_1R_2C_1C_2}}\ \text{〔rad/s〕} \quad となります．$$

答え▶▶▶2

問題 18 ★★　➡2.6

図 2.66 に示す抵抗 R〔Ω〕および自己インダクタンス L〔H〕の回路において，交流電圧 $\dot{V}$〔V〕の角周波数 ω が，$\omega=R/L$〔rad/s〕であるとき，L の両端電圧 $\dot{V}_L$ と $\dot{V}$ の大きさの比の値 $(|\dot{V}_L|/|\dot{V}|)$ として，正しいものを下の番号から選べ．

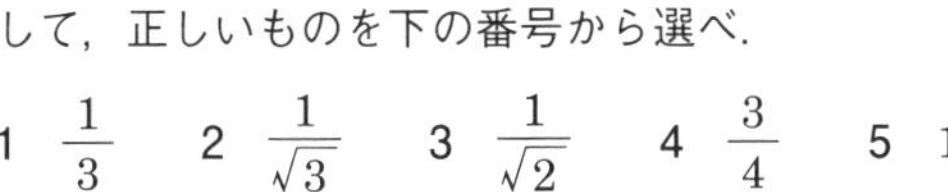

1 $\frac{1}{3}$　2 $\frac{1}{\sqrt{3}}$　3 $\frac{1}{\sqrt{2}}$　4 $\frac{3}{4}$　5 1

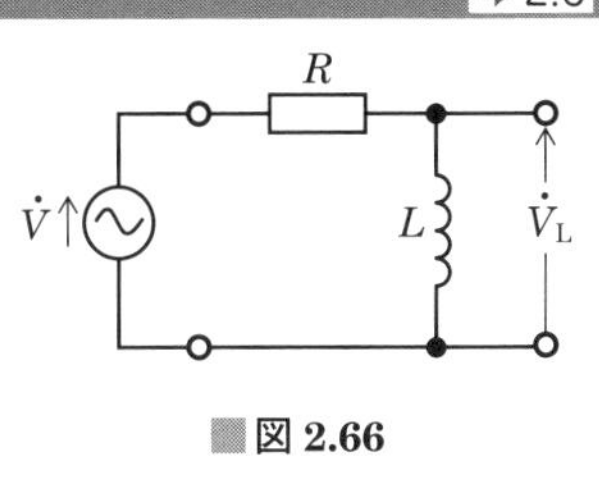

■図 2.66

解説 直列回路の電圧比は抵抗とリアクタンスの比で表されるので，次式が成り立ちます．

$$\frac{\dot{V}_L}{\dot{V}}=\frac{j\omega L}{R+j\omega L} \quad ①$$

問題の条件より，$\omega=R/L$ を式①に代入すると

$$\frac{\dot{V}_L}{\dot{V}}=\frac{jR}{R+jR}=\frac{j}{1+j1} \quad ②$$

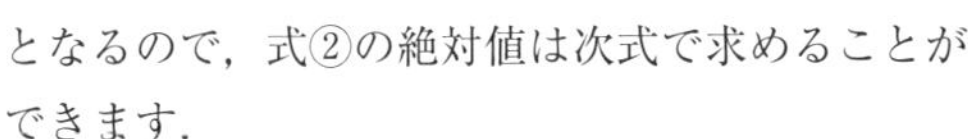

となるので，式②の絶対値は次式で求めることができます．

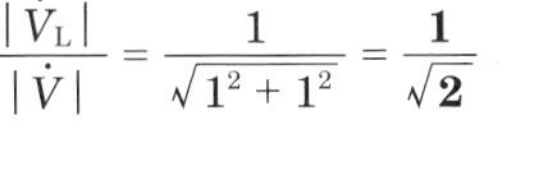

$$\frac{|\dot{V}_L|}{|\dot{V}|}=\frac{1}{\sqrt{1^2+1^2}}=\frac{\mathbf{1}}{\sqrt{\mathbf{2}}}$$

答え▶▶▶3

出題傾向 回路のリアクタンスが静電容量 C〔F〕の問題も出題されています．その場合は，$\omega=1/(RC)$ のとき $|\dot{V}_C|/|\dot{V}|=1/\sqrt{2}$ となります．

問題19 ★★★ ➡2.6.7

図 2.67 に示す抵抗 R〔Ω〕および静電容量 C〔F〕の並列回路において，角周波数 ω〔rad/s〕を零（0）から無限大（∞）まで変化させたとき，端子 ab 間のインピーダンス $\dot{Z}$〔Ω〕のベクトル軌跡として，最も近いものを下の番号から選べ．

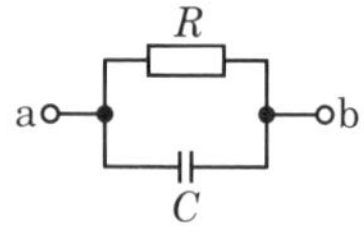

図 2.67

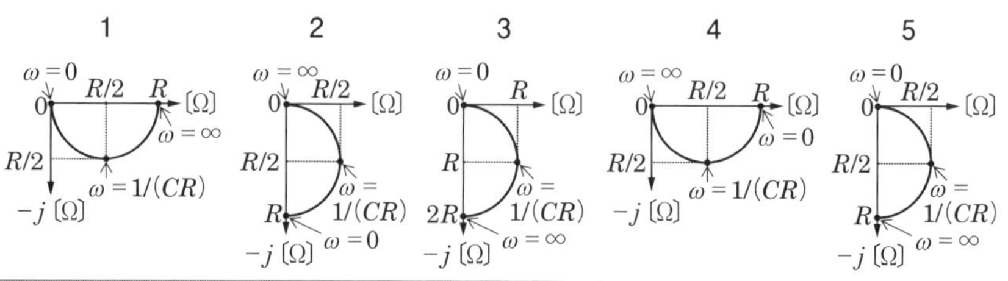

解説 並列回路のインピーダンス $\dot{Z}$〔Ω〕は次式で表されます．

$$\dot{Z} = \frac{R \times (-jX_C)}{R + (-jX_C)} \quad ①$$

抵抗の並列接続と同じ計算方法

$$= \frac{-jRX_C}{R - jX_C} \times \frac{R + jX_C}{R + jX_C}$$

$$= \frac{RX_C^2}{R^2 + X_C^2} - j\frac{R^2 X_C}{R^2 + X_C^2} \text{〔Ω〕} \quad ②$$

変形して円の方程式を求めることもできる

式②より，$\dot{Z}$ のとり得る値は実軸が＋，虚軸が－の第 4 象限となります．電源の角周波数 ω〔rad/s〕が∞のときは ωC の値が∞となるので，$X_C = 1/(\omega C) = 0$ となります．このとき $\dot{Z} = 0$ となります．

式②の分子と分母を $-jX_C$ で割ると

$$\dot{Z} = \frac{R}{\dfrac{R}{-jX_C} + 1} \text{〔Ω〕} \quad ③$$

となり，ω が 0 のときは $X_C = \infty$ となるので，式③に代入すると $\dot{Z} = R$〔Ω〕となります．

$\omega = 0$ と $\omega = \infty$ のときの $\dot{Z}$ の値がわかれば，答えが見つかる．

これらの値と一致するベクトル軌跡は選択肢の 4 です．

答え▶▶▶4

数学の公式

$$(a + b)(a - b) = a^2 + b^2$$

$$(R + jX)(R - jX) = R^2 - (jX)^2 = R^2 - j^2X^2 = R^2 + X^2$$

2.7 交流回路網

- アドミタンスはインピーダンスの逆数
- ブリッジ回路が平衡すると，中央に接続されたインピーダンスに電流が流れない
- F パラメータの各要素は，出力電圧または出力電流のどれかを 0 として求める

2.7.1 アドミタンス

インピーダンス $\dot{Z}$〔Ω〕の逆数を**アドミタンス** $\dot{Y}$（単位：ジーメンス〔S〕）といい，次式で表されます．

$$\dot{Y} = \frac{1}{\dot{Z}} = G + jB \text{〔S〕} \quad (2.71)$$

ここで，G は**コンダクタンス**，B は**サセプタンス**といい，電流を流しやすい量を表します．

図 2.68（a）の RL 直列回路のアドミタンスを求めると，$\dot{Z} = R + j\omega L$ より

$$\begin{aligned}\dot{Y} &= \frac{1}{\dot{Z}} = \frac{1}{R + j\omega L} \\ &= \frac{1}{(R + j\omega L)} \times \frac{(R - j\omega L)}{(R - j\omega L)} \\ &= \frac{R}{R^2 + (\omega L)^2} - \frac{j\omega L}{R^2 + (\omega L)^2} \text{〔S〕} \quad (2.72)\end{aligned}$$

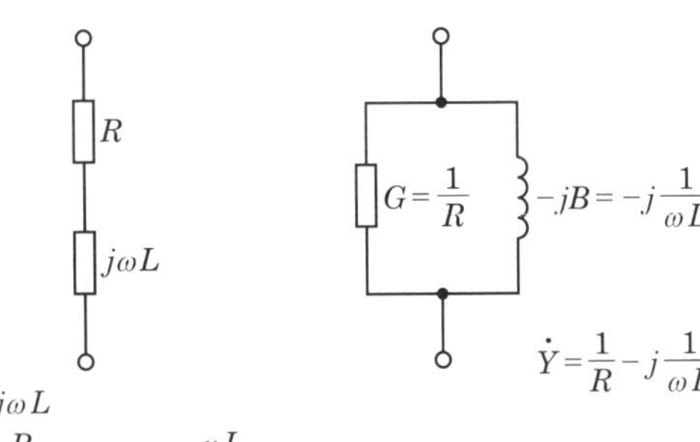

（a）RL 直列回路　（b）RL 並列回路

■図 2.68　RL 回路

となります．図 2.68（b）の RL 並列回路のアドミタンスは，それぞれの素子のアドミタンスの和で表されます．

$$\dot{Y} = \frac{1}{R} - j\frac{1}{\omega L} \text{〔S〕} \tag{2.73}$$

並列回路の合成アドミタンスはそれぞれの和で求めることができる．

2.7.2 交流ブリッジ回路

図 2.69 のような回路を**ブリッジ回路**といいます．

4 辺のインピーダンスが次式の関係にあるとき，$\dot{Z}_5$ には電流が流れなくなります．このとき，ブリッジは平衡したといいます．ブリッジが平衡すると，$\dot{I}_5 = 0$ より，$\dot{I}_1 = \dot{I}_3$，$\dot{I}_2 = \dot{I}_4$ となるので，4 辺の電圧比は

$$\frac{\dot{V}_1}{\dot{V}_3} = \frac{\dot{V}_2}{\dot{V}_4} \tag{2.74}$$

の関係となります．同様にインピーダンスの比も同じ関係になるので

$$\frac{\dot{Z}_1}{\dot{Z}_3} = \frac{\dot{Z}_2}{\dot{Z}_4} \tag{2.75}$$

または

$$\dot{Z}_1\dot{Z}_4 = \dot{Z}_2\dot{Z}_3 \tag{2.76}$$

で表されます．式（2.75）と式（2.76）の関係を**ブリッジの平衡条件**と呼びます．

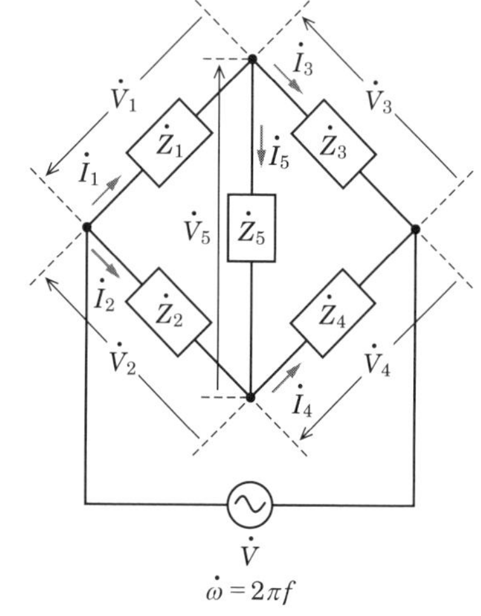

■図 2.69　交流ブリッジ回路

ブリッジの平衡がとれた状態の電圧比は簡単に求めることができるが，ブリッジの平衡がとれていない状態で電圧比を求めるのはかなり面倒．

2.7.3 4 端子回路網

入力の 2 端子と出力の 2 端子で構成された四つの端子を持つ回路網を **4 端子**

回路網といいます．入出力電圧と電流を変数とすると，回路の特性は四つの定数（パラメータ）で表されます．入出力電圧や電流の向きや 4 端子回路網を表す式の組合せによって，$\boldsymbol{F}$ パラメータ，$\boldsymbol{Y}$ パラメータ，$\boldsymbol{Z}$ パラメータ，h パラメータなどのパラメータで表されます．

図 2.70 に示す回路において，4 端子定数 $\dot{A}$，$\dot{B}$，$\dot{C}$，$\dot{D}$ を用いると，次式が成り立ちます．

$$\dot{V}_1 = \dot{A}\dot{V}_2 + \dot{B}\dot{I}_2 \qquad (2.77)$$

$$\dot{I}_1 = \dot{C}\dot{V}_2 + \dot{D}\dot{I}_2 \qquad (2.78)$$

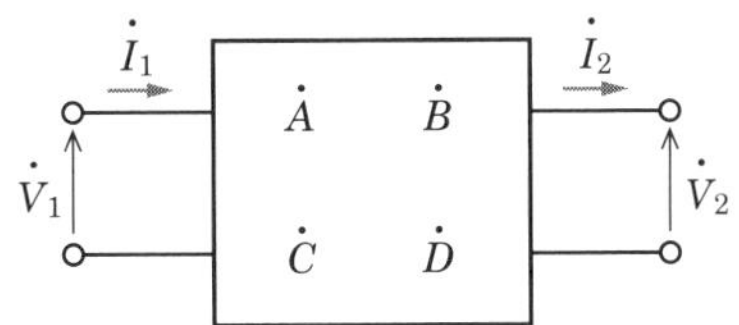

■図 2.70　4 端子回路網

ここで，各定数を **$\boldsymbol{F}$ パラメータ**または**基本パラメータ**といいます．

これらの式は行列（マトリクス）を用いると，次式で表されます．

$$\begin{bmatrix} \dot{V}_1 \\ \dot{I}_1 \end{bmatrix} = \begin{bmatrix} \dot{A} & \dot{B} \\ \dot{C} & \dot{D} \end{bmatrix} \begin{bmatrix} \dot{V}_2 \\ \dot{I}_2 \end{bmatrix} \qquad (2.79)$$

各定数 $\dot{A}$，$\dot{B}$，$\dot{C}$，$\dot{D}$ は，出力回路を短絡（$\dot{V}_2 = 0$）または開放（$\dot{I}_2 = 0$）したときの電圧および電流で求めることができ，次式で表されます．

$$\begin{aligned} \dot{A} &= \left(\frac{\dot{V}_1}{\dot{V}_2} \right)_{\dot{I}_2 = 0} \\ \dot{B} &= \left(\frac{\dot{V}_1}{\dot{I}_2} \right)_{\dot{V}_2 = 0} \\ \dot{C} &= \left(\frac{\dot{I}_1}{\dot{V}_2} \right)_{\dot{I}_2 = 0} \\ \dot{D} &= \left(\frac{\dot{I}_1}{\dot{I}_2} \right)_{\dot{V}_2 = 0} \end{aligned} \qquad (2.80)$$

図 2.71 の回路の F パラメータを F_1 とすると，各定数 $\dot{A}_1$，$\dot{B}_1$，$\dot{C}_1$，$\dot{D}_1$ は次式で表されます．

$$\begin{aligned} \dot{A}_1 &= \left(\frac{\dot{V}_1}{\dot{V}_2} \right)_{\dot{I}_2 = 0} = 1 \\ \dot{B}_1 &= \left(\frac{\dot{V}_1}{\dot{I}_2} \right)_{\dot{V}_2 = 0} = \dot{Z}_a \\ \dot{C}_1 &= \left(\frac{\dot{I}_1}{\dot{V}_2} \right)_{\dot{I}_2 = 0} = 0 \end{aligned} \qquad (2.81)$$

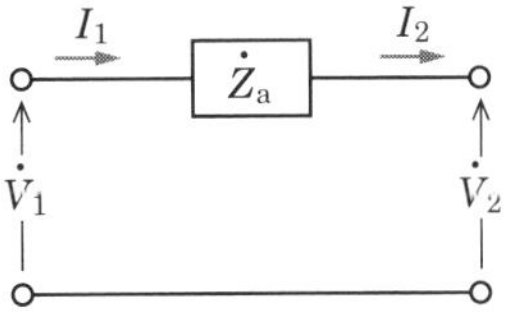

■図 2.71

$$\dot{D}_1 = \left(\frac{\dot{I}_1}{\dot{I}_2}\right)_{\dot{V}_2=0} = 1$$

図 2.72 の回路の F パラメータを F_2 とすると，各定数 $\dot{A}_2$，$\dot{B}_2$，$\dot{C}_2$，$\dot{D}_2$ は次式で表されます．

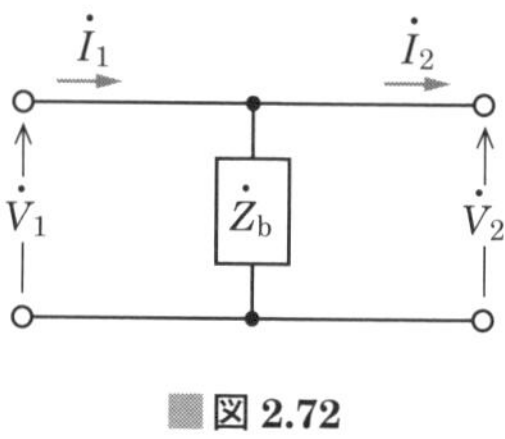

■図 2.72

$$\begin{aligned}
\dot{A}_2 &= \left(\frac{\dot{V}_1}{\dot{V}_2}\right)_{\dot{I}_2=0} = 1 \\
\dot{B}_2 &= \left(\frac{\dot{V}_1}{\dot{I}_2}\right)_{\dot{V}_2=0} = 0 \\
\dot{C}_2 &= \left(\frac{\dot{I}_1}{\dot{V}_2}\right)_{\dot{I}_2=0} = \frac{1}{\dot{Z}_b} \\
\dot{D}_2 &= \left(\frac{\dot{I}_1}{\dot{I}_2}\right)_{\dot{V}_2=0} = 1
\end{aligned} \tag{2.82}$$

2.7.4 F パラメータの縦続接続

図 2.73 に示す F_1 と F_2 を縦続接続した回路の F パラメータを F とすると，次式で表されます．

$$\begin{aligned}
[F] &= [F_1][F_2] \\
&= \begin{bmatrix} \dot{A}_1 & \dot{B}_1 \\ \dot{C}_1 & \dot{D}_1 \end{bmatrix} \begin{bmatrix} \dot{A}_2 & \dot{B}_2 \\ \dot{C}_2 & \dot{D}_2 \end{bmatrix} \\
&= \begin{bmatrix} \dot{A}_1\dot{A}_2 + \dot{B}_1\dot{C}_2 & \dot{A}_1\dot{B}_2 + \dot{B}_1\dot{D}_2 \\ \dot{C}_1\dot{A}_2 + \dot{D}_1\dot{C}_2 & \dot{C}_1\dot{B}_2 + \dot{D}_1\dot{D}_2 \end{bmatrix}
\end{aligned} \tag{2.83}$$

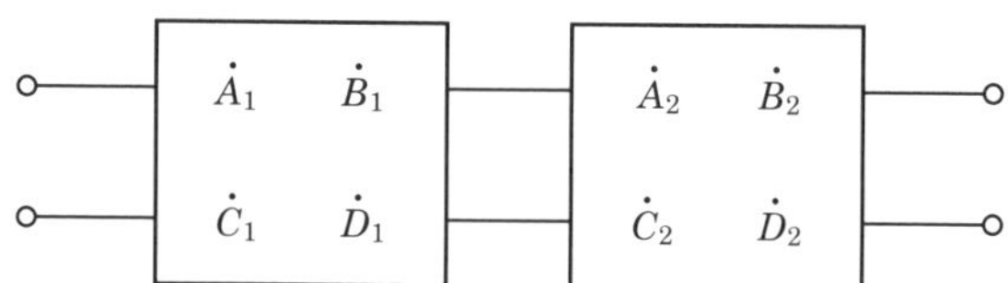

■図 2.73　4 端子回路網の縦続接続

図 2.71 と図 2.72 の回路 F_1 と F_2 を縦続接続した**図 2.74** の回路の F パラメータを F とすると，次式で表されます．

$$[F] = [F_1][F_2]$$

$$= \begin{bmatrix} 1 & \dot{Z}_a \\ 0 & 1 \end{bmatrix} \begin{bmatrix} 1 & 0 \\ \dfrac{1}{\dot{Z}_b} & 1 \end{bmatrix}$$

$$= \begin{bmatrix} 1 + \dfrac{\dot{Z}_a}{\dot{Z}_b} & \dot{Z}_a \\ \dfrac{1}{\dot{Z}_b} & 1 \end{bmatrix} \quad (2.84)$$

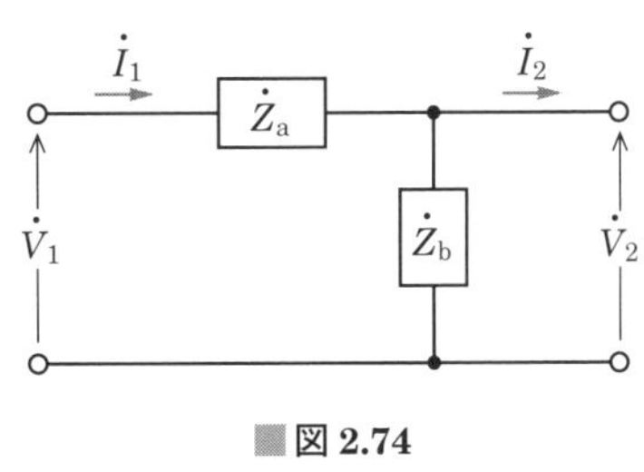

図 2.74

問題 20 ★ ➡ 2.7.1

図 2.75 に示す交流ブリッジ回路が平衡しているとき，交流電源の周波数 f の値として，正しいものを下の番号から選べ．ただし，抵抗 R は 2〔kΩ〕，静電容量 C は $1/(10\pi)$〔μF〕とする．

1　500〔Hz〕
2　1 000〔Hz〕
3　1 500〔Hz〕
4　2 000〔Hz〕
5　2 500〔Hz〕

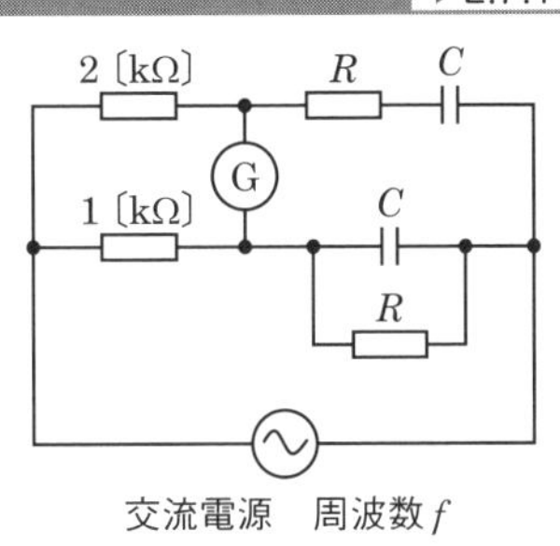

図 2.75

解説　図 2.69 の交流ブリッジ回路において，$\dot{Z}_1 = R_1 = 2$〔kΩ〕，$\dot{Z}_3 = R - j\dfrac{1}{\omega C}$，$\dot{Z}_2 = R_2 = 1$〔kΩ〕，$\dfrac{1}{\dot{Z}_4} = \dfrac{1}{R} + j\omega C$ とすると，ブリッジが平衡しているときは次式が成り立ちます．

$$\dot{Z}_1 \dot{Z}_4 = \dot{Z}_2 \dot{Z}_3$$

$$\frac{R_1}{\dfrac{1}{R} + j\omega C} = RR_2 - j\frac{R_2}{\omega C}$$

$$R_1 = \left(RR_2 - j\frac{R_2}{\omega C}\right)\left(\frac{1}{R} + j\omega C\right)$$

$$R_1 = R_2 + R_2 + j\omega CRR_2 - j\frac{R_2}{\omega CR} \quad ①$$

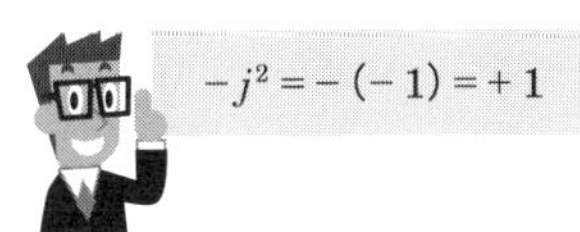

式①の虚数部より，次式が成り立ちます．

$$\omega CRR_2 - \frac{R_2}{\omega CR} = 0$$

$$\omega^2 = \frac{1}{(CR)^2} \quad よって \quad \omega = \frac{1}{CR}$$

周波数 f〔Hz〕を求めると，次式で表されます．

$$f = \frac{1}{2\pi} \times 10\pi \times 10^6 \times \frac{1}{2 \times 10^3} = \mathbf{2\,500}〔\mathbf{Hz}〕$$

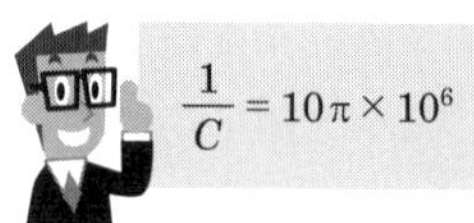

答え▶▶▶5

問題 21 ★★ ➡2.7.1

次の記述は，**図 2.76** に示す相互誘導結合された二つのコイル P および S による回路の端子 ab から見たインピーダンス $\dot{Z}$ を求める過程について述べたものである．[　　] 内に入れるべき字句の正しい組合せを下の番号から選べ．ただし，1 次側を流れる電流を $\dot{I}_1$〔A〕，2 次側を流れる電流を $\dot{I}_2$〔A〕とする．また，角周波数を ω〔rad/s〕とする．

(1) 回路の 1 次側では，交流電圧を $\dot{V}$〔V〕とすると，$\dot{V} = j\omega L_1 \dot{I}_1 -$ [A] $\times \dot{I}_2$ が成り立つ．

(2) 回路の 2 次側では，$0 = -j\omega M\dot{I}_1 +$ [B] $\times \dot{I}_2$〔V〕が成り立つ．

(3) (1) および (2) より $\dot{I}_2$ を消去して $\dot{Z} = \dot{V}/\dot{I}_1$ を求め $\dot{Z}$ の実数分（抵抗分）を R_e，虚数分（リアクタンス分）を X_e とすると，R_e および X_e はそれぞれ次式で表される．

$$R_e = \frac{\omega^2 M^2 R}{R^2 + \omega^2 L_2{}^2}〔\Omega〕,\quad X_e = \omega \times (\boxed{\ C\ })〔\Omega〕$$

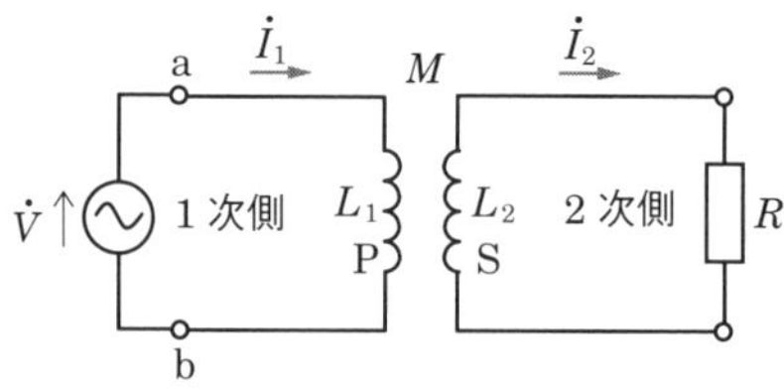

L_1：P の自己インダクタンス〔H〕
L_2：S の自己インダクタンス〔H〕
M：P，S 間の相互インダクタンス〔H〕
R：抵抗〔Ω〕

■図 2.76

	A	B	C
1	$j\omega M$	$(R+j\omega L_2)$	$L_1-\dfrac{\omega^2 ML_2{}^2}{R^2+\omega^2 L_2{}^2}$
2	$j\omega M$	$(R+j\omega M)$	$L_1-\dfrac{\omega^2 ML_2{}^2}{R^2+\omega^2 L_2{}^2}$
3	$j\omega M$	$(R+j\omega L_2)$	$L_1-\dfrac{\omega^2 M^2 L_2}{R^2+\omega^2 L_2{}^2}$
4	$j\omega L_2$	$(R+j\omega M)$	$L_1-\dfrac{\omega^2 ML_2{}^2}{R^2+\omega^2 L_2{}^2}$
5	$j\omega L_2$	$(R+j\omega L_2)$	$L_1-\dfrac{\omega^2 M^2 L_2}{R^2+\omega^2 L_2{}^2}$

解説 1次側の回路から次式が成り立ちます．

$$\dot{V}=j\omega L_1\dot{I}_1-\boldsymbol{j\omega M}\dot{I}_2\ \text{〔V〕} \quad ①$$

A の答え

2次側の回路から次式が成り立ちます．

$$0=-j\omega M\dot{I}_1+\boldsymbol{(R+j\omega L_2)}\dot{I}_2\ \text{〔V〕} \quad ②$$

B の答え

式②より，$\dot{I}_2=\dfrac{j\omega M}{R+j\omega L_2}\dot{I}_1$ となるので，これを式①に代入すると

$$\dot{V}=\left(j\omega L_1+\frac{\omega^2 M^2}{R+j\omega L_2}\right)\dot{I}_1\ \text{〔V〕} \quad ③$$

$a^2-b^2=(a+b)(a-b)$
$j^2=-1$

となります．式③より

$$\dot{Z}=\frac{\dot{V}}{\dot{I}_1}=j\omega L_1+\frac{\omega^2 M^2(R-j\omega L_2)}{(R+j\omega L_2)(R-j\omega L_2)}$$

C の答え

$$=\frac{\omega^2 M^2 R}{R^2+\omega^2 L_2{}^2}+j\omega\left(\boldsymbol{L_1-\frac{\omega^2 M^2 L_2}{R^2+\omega^2 L_2{}^2}}\right)\ \text{〔Ω〕} \quad ④$$

となります．式④の右辺実数項が R_e〔Ω〕，虚数項が X_e〔Ω〕を表します．

答え ▶▶▶ 3

下線の部分を穴埋めの字句とした問題も出題されています．

問題 22 ★★★ ➡2.7.3

図 2.77 に示すT形四端子回路網において，各定数（A，B，C，D）の値の組合せとして，正しいものを下の番号から選べ．ただし，各定数と電圧電流の関係式は，図に併記したとおりとする．

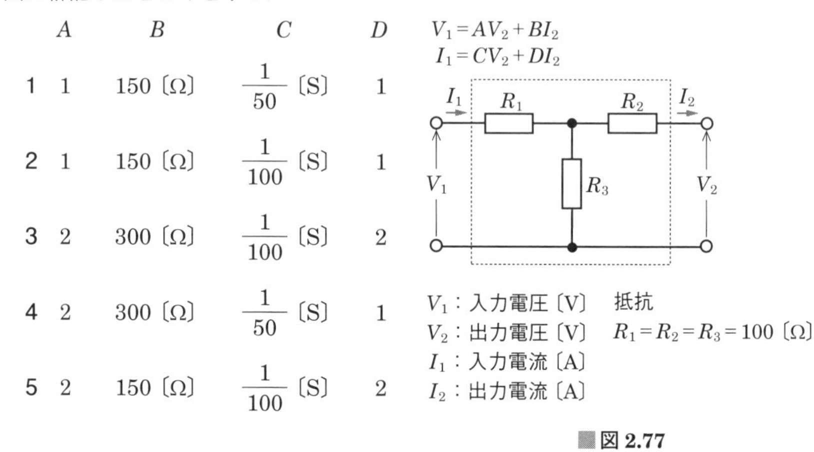

	A	B	C	D
1	1	150〔Ω〕	$\dfrac{1}{50}$〔S〕	1
2	1	150〔Ω〕	$\dfrac{1}{100}$〔S〕	1
3	2	300〔Ω〕	$\dfrac{1}{100}$〔S〕	2
4	2	300〔Ω〕	$\dfrac{1}{50}$〔S〕	1
5	2	150〔Ω〕	$\dfrac{1}{100}$〔S〕	2

■**図 2.77**

解説 出力端子を開放すると $I_2 = 0$ となるので，定数 A は次式で表されます．

$$A = \frac{V_1}{V_2} = \frac{V_1}{\dfrac{R_3}{R_1 + R_3} V_1} = \frac{R_1 + R_3}{R_3} = \frac{100 + 100}{100} = \mathbf{2}$$

$I_2 = 0$ のとき，R_2 の電圧降下がないので，V_2 は R_3 の電圧と等しい．

出力端子を開放すると，定数 C は次式で表されます．

$$C = \frac{I_1}{V_2} = \frac{I_1}{R_3 I_1} = \mathbf{\frac{1}{100}}\ \text{〔S〕}$$

出力端子を短絡すると $V_2 = 0$ となるので，I_1 は次式で表されます．

$$I_1 = \frac{V_1}{R_1 + \dfrac{R_2 R_3}{R_2 + R_3}} = \frac{V_1}{100 + \dfrac{100 \times 100}{100 + 100}} = \frac{1}{150} V_1\ \text{〔A〕} \quad ①$$

定数 B は式①を用いると，次式で表されます．

$$B = \frac{V_1}{I_2} = \frac{V_1}{\dfrac{R_3}{R_2 + R_3} I_1} = \frac{V_1}{\dfrac{100}{100 + 100} \times \dfrac{1}{150} V_1}$$

$$= \mathbf{300}\ \text{〔Ω〕}$$

並列抵抗を流れる電流は $\dfrac{\text{他の辺の抵抗}}{\text{抵抗の和}} \times I$

出力端子を短絡すると，定数 D は次式で表されます．

$$D = \frac{I_1}{I_2} = \frac{I_1}{\dfrac{R_3}{R_2 + R_3}\,I_1} = \frac{R_2 + R_3}{R_3} = \frac{100 + 100}{100} = \mathbf{2}$$

答え▶▶▶3

問題 23 ★★ ➡2.7.3

図 2.78 に示す四端子回路網において，各定数（$\dot{A}$，$\dot{B}$，$\dot{C}$，$\dot{D}$）の値の組合せとして，正しいものを下の番号から選べ．ただし，各定数と電圧電流の関係式は，図 2.78 に併記したとおりとする．

$\dot{V}_1 = \dot{A}\dot{V}_2 + \dot{B}\dot{I}_2$
$\dot{I}_1 = \dot{C}\dot{V}_2 + \dot{D}\dot{I}_2$

$\dot{V}_1$：入力電圧〔V〕
$\dot{V}_2$：出力電圧〔V〕
$\dot{I}_1$：入力電流〔A〕
$\dot{I}_2$：出力電流〔A〕

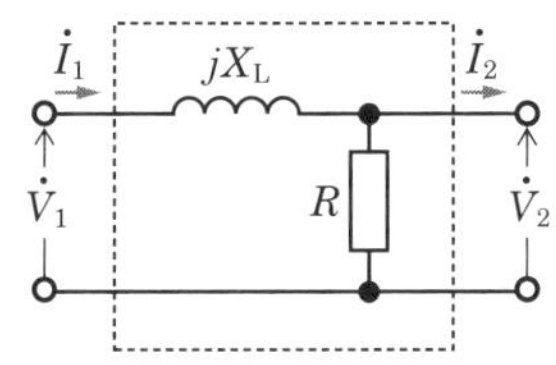

抵抗 $R = 30$〔Ω〕
誘導リアクタンス $X_L = 60$〔Ω〕

■図 2.78

	$\dot{A}$	$\dot{B}$	$\dot{C}$	$\dot{D}$
1	$2 + j1$	$j30$〔Ω〕	$\frac{1}{20}$〔S〕	1
2	$2 + j1$	$j60$〔Ω〕	$\frac{1}{30}$〔S〕	3
3	$1 + j2$	$j30$〔Ω〕	$\frac{1}{20}$〔S〕	1
4	$1 + j2$	$j60$〔Ω〕	$\frac{1}{30}$〔S〕	1
5	$1 + j2$	$j30$〔Ω〕	$\frac{1}{30}$〔S〕	3

解説 問題で与えられた式より

$$\dot{V}_1 = \dot{A}\dot{V}_2 + \dot{B}\dot{I}_2 \qquad ①$$

$$\dot{I}_1 = \dot{C}\dot{V}_2 + \dot{D}\dot{I}_2 \qquad ②$$

出力端子を開放すると，式①において $\dot{I}_2 = 0$ となるので，定数 $\dot{A}$ は次式で表されます．

$$\dot{A} = \frac{\dot{V}_1}{\dot{V}_2} = \frac{\dot{V}_1}{\dfrac{R}{R + jX_L}\dot{V}_1} = \frac{R + jX_L}{R} = \frac{30 + j60}{30} = \mathbf{1 + j2}$$

← $\dot{A}$ の答え

$\dot{V}_2$ は R と $R + jX_L$ の分圧比で表される．

出力端子を短絡すると，式①において $\dot{V}_2 = 0$，$\dot{I}_1 = \dot{I}_2$ となるので，定数 $\dot{B}$ は次式で表されます．

$$\dot{B} = \frac{\dot{V}_1}{\dot{I}_2} = \frac{jX_L\dot{I}_2}{\dot{I}_2} = jX_L = \mathbf{j60}\ [\Omega]$$

← $\dot{B}$ の答え

出力端子を開放すると，式②において，$\dot{I}_2 = 0$，抵抗を流れる電流は $\dot{I}_1$ となるので，定数 $\dot{C}$ は次式で表されます．

$$\dot{C} = \frac{\dot{I}_1}{\dot{V}_2} = \frac{\dot{I}_1}{R\dot{I}_1} = \frac{1}{R} = \mathbf{\frac{1}{30}}\ [\mathrm{S}]$$

← $\dot{C}$ の答え

出力端子を短絡すると，式②において，$\dot{V}_2 = 0$，抵抗は短絡されて電流が流れないので $\dot{I}_1 = \dot{I}_2$ となるので，定数 $\dot{D}$ は次式で表されます．

$$\dot{D} = \frac{\dot{I}_1}{\dot{I}_2} = \mathbf{1}$$

← $\dot{D}$ の答え

答え▶▶▶4

2.8 共振回路

要点
- 直列共振回路では共振時のリアクタンスが 0
- 並列共振回路では共振時のサセプタンスが 0
- 共振回路の Q と周波数帯幅 B は反比例する

2.8.1 直列共振回路

図 2.79 のような RLC 直列回路の合成インピーダンス $\dot{Z}$〔Ω〕は次式で表されます．

$$\dot{Z} = R + j\left(\omega L - \frac{1}{\omega C}\right) \text{〔Ω〕} \tag{2.85}$$

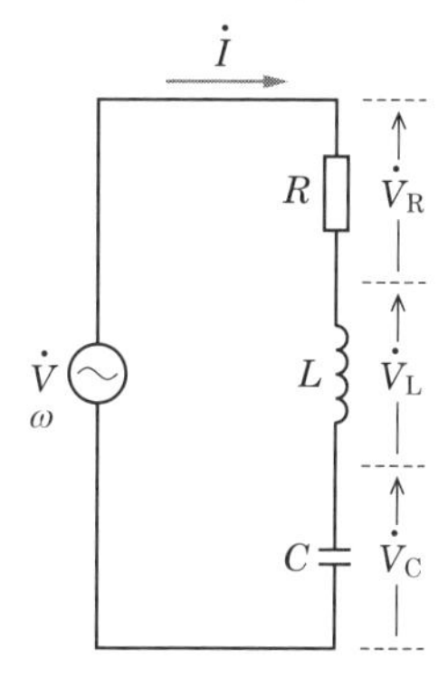

図 2.79 *RLC* 直列回路

ここで，$\dot{Z}$ の虚数部が 0 となったときを**共振**したといいます．このとき，共振角周波数を ω_r〔rad/s〕，共振周波数を f_r〔Hz〕として，式 (2.85) の虚数部を 0 とおくと，次式が成り立ちます．

$$\omega_r L - \frac{1}{\omega_r C} = 0 \tag{2.86}$$

$$\omega_r^2 = \frac{1}{LC} \tag{2.87}$$

$$\omega_r = \frac{1}{\sqrt{LC}} = 2\pi f_r \tag{2.88}$$

したがって

$$f_r = \frac{1}{2\pi\sqrt{LC}} \text{〔Hz〕} \tag{2.89}$$

となります．ここで直列共振したとき，回路のインピーダンスは最小となり，このときのインピーダンスを $\dot{Z}_r$〔Ω〕とすると，次式で表されます．

$$\dot{Z}_r = R \text{〔Ω〕} \tag{2.90}$$

また，回路を流れる電流の大きさ $|\dot{I}|$〔A〕は，**図 2.80** のように変化し，共振時に最大となります．このとき，共振時の電流 $\dot{I}_r$〔A〕は次式で表されます．

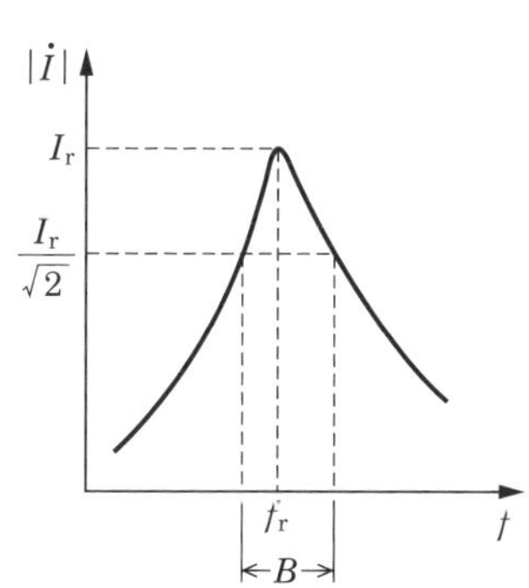

図 2.80 直列共振回路の周波数特性

$$\dot{I}_{\mathrm{r}} = \frac{\dot{V}}{R} \ \text{〔A〕} \qquad (2.91)$$

共振時の電流は電圧と同相となる．

共振時の R，L，C 端の電圧 $\dot{V}_{\mathrm{R}}$，$\dot{V}_{\mathrm{L}}$，$\dot{V}_{\mathrm{C}}$〔V〕は次式で表されます．

$$\dot{V}_{\mathrm{R}} = R\dot{I}_{\mathrm{r}} = \dot{V} \ \text{〔V〕} \qquad (2.92)$$

$$\dot{V}_{\mathrm{L}} = j\omega_{\mathrm{r}}L\dot{I}_{\mathrm{r}}$$

$$= j\frac{\omega_{\mathrm{r}}L}{R}\dot{V} = jQ\dot{V} \ \text{〔V〕} \qquad (2.93)$$

$+j$ は位相が $\pi/2$〔rad〕(90〔°〕) 進むことを表し，$-j$ は $\pi/2$〔rad〕遅れることを表す．$\dot{V}_{\mathrm{L}}$ と $\dot{V}_{\mathrm{C}}$ は逆位相（π〔rad〕）である．

$$\dot{V}_{\mathrm{C}} = -j\frac{1}{\omega_{\mathrm{r}}C}\dot{I}_{\mathrm{r}}$$

$$= -j\frac{1}{\omega_{\mathrm{r}}CR}\dot{V} = -jQ\dot{V} \ \text{〔V〕} \qquad (2.94)$$

ここで，Q はリアクタンス端の電圧が回路に加わる電圧の Q 倍になることを表し，**尖鋭度**あるいは**共振回路の Q** といいます．Q は次式で表されます．

$$Q = \frac{\omega_{\mathrm{r}}L}{R} = \frac{1}{\omega_{\mathrm{r}}CR} \qquad (2.95)$$

式 (2.95) より，Q^2 は次式で表されます．

$$Q^2 = \frac{\omega_{\mathrm{r}}L}{R} \times \frac{1}{\omega_{\mathrm{r}}CR} = \frac{L}{CR^2} \qquad (2.96)$$

よって

$$Q = \frac{1}{R}\sqrt{\frac{L}{C}} \qquad (2.97)$$

図 2.80 において，電流の大きさ $|\dot{I}|$ が $1/\sqrt{2}$ になったときの周波数の幅 B〔Hz〕を**周波数帯幅**といい，次式の関係があります．

$$Q = \frac{f_{\mathrm{r}}}{B} \qquad (2.98)$$

2.8.2 並列共振回路

図 2.81 のように，RLC 並列回路に電圧 $\dot{V}$〔V〕を加えたとき，R，L，C に流れる電流を $\dot{I}_{\mathrm{R}}$，$\dot{I}_{\mathrm{L}}$，$\dot{I}_{\mathrm{C}}$〔A〕とすると

$$\dot{I}_R = \frac{\dot{V}}{R} \text{〔A〕} \tag{2.99}$$

$$\dot{I}_L = \frac{\dot{V}}{j\omega L} \text{〔A〕} \tag{2.100}$$

$$\dot{I}_C = j\omega C\dot{V} \text{〔A〕} \tag{2.101}$$

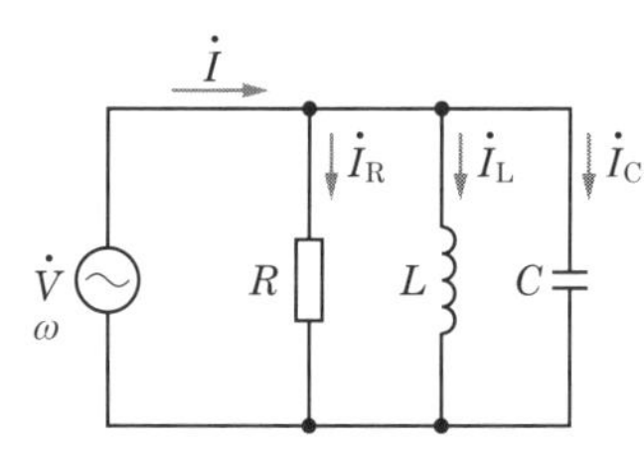

■図 2.81　並列共振回路

となります．回路を流れる全電流 $\dot{I}$〔A〕は

$$\dot{I} = \dot{I}_R + \dot{I}_L + \dot{I}_C = \left\{\frac{1}{R} + j\left(\omega C - \frac{1}{\omega L}\right)\right\}\dot{V} \text{〔A〕} \tag{2.102}$$

となり，ここで

$$\omega_r C = \frac{1}{\omega_r L} \tag{2.103}$$

の関係が成り立ったときを**共振**したといいます．また，共振周波数 f_r〔Hz〕は次式で表されます．

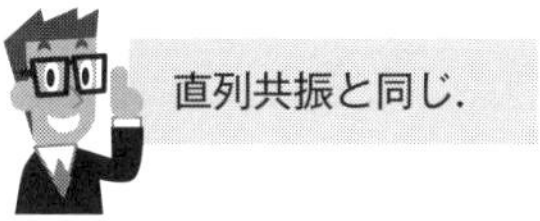

$$f_r = \frac{1}{2\pi\sqrt{LC}} \text{〔Hz〕} \tag{2.104}$$

直列共振と同じ．

LC 並列回路の共振時の電流は最小となり，インピーダンスは最大になります．

図 2.82 のような並列共振回路では，回路のアドミタンス $\dot{Y}$〔S〕は次式で表されます．

$$\dot{Y} = \frac{1}{R + j\omega L} + j\omega C = \frac{R}{R^2 + (\omega L)^2} + j\left(\omega C - \frac{\omega L}{R^2 + (\omega L)^2}\right) \text{〔S〕} \tag{2.105}$$

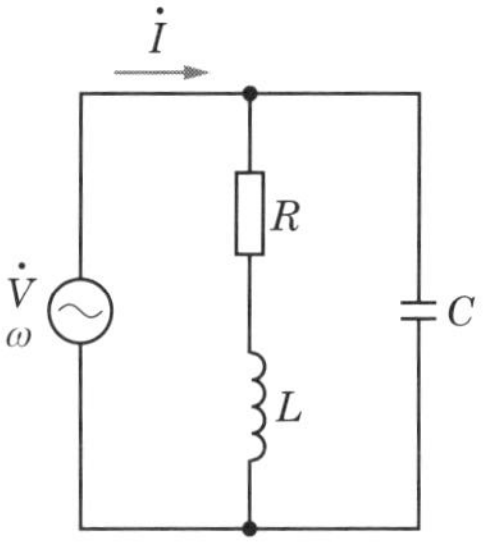

■図 2.82　並列共振回路

$\dot{Y}$ の虚数部が零となったときの共振角周波数を ω_r〔rad/s〕とすると，次式の関係が成り立ちます．

$$\omega_r C - \frac{\omega_r L}{R^2 + (\omega_r L)^2} = 0 \tag{2.106}$$

式 (2.106) から ω_r を求めると

$$\omega_r = \sqrt{\frac{1}{LC} - \frac{R^2}{L^2}} \text{〔rad/s〕} \tag{2.107}$$

となります．したがって

$$f_r = \frac{1}{2\pi}\sqrt{\frac{1}{LC} - \frac{R^2}{L^2}} \ \text{〔Hz〕} \quad (2.108)$$

となり，共振時のインピーダンス $\dot{Z}_r$〔Ω〕は次式で表されます．

$$\dot{Z}_r = \frac{R^2 + (\omega_r L)^2}{R} \ \text{〔Ω〕} \quad (2.109)$$

式 (2.106) より

$$R^2 + (\omega_r L)^2 = \frac{L}{C} \quad (2.110)$$

となり，式 (2.110) を式 (2.109) に代入すると

$$\dot{Z}_r = \frac{L}{CR} \ \text{〔Ω〕} \quad (2.111)$$

となります．

問題 24 ★★★ ➡2.8.1

次の記述は，**図 2.83** に示す直列共振回路について述べたものである．［　　］内に入れるべき字句の正しい組合せを下の番号から選べ．ただし，交流電圧 $\dot{V}$〔V〕の角周波数を ω〔rad/s〕，回路に流れる電流を $\dot{I}$〔A〕，回路の共振角周波数を ω_0〔rad/s〕とする．

(1) $\omega < \omega_0$ のとき，$|\dot{V}_L|$ は $|\dot{V}_C|$ よりも［ A ］．
(2) $\omega = \omega_0$ のとき，$\dot{V}$ と $\dot{V}_L$ の位相差は，［ B ］〔rad〕である．
(3) $\omega > \omega_0$ のとき，$\dot{I}$ は $\dot{V}$ よりも位相が［ C ］いる．

	A	B	C
1	小さい	$\frac{\pi}{2}$	遅れて
2	小さい	$\frac{\pi}{4}$	進んで
3	大きい	$\frac{\pi}{4}$	進んで
4	大きい	$\frac{\pi}{2}$	遅れて
5	大きい	$\frac{\pi}{2}$	進んで

R：抵抗〔Ω〕
C：静電容量〔F〕
L：自己インダクタンス〔H〕
$\dot{V}_C$：C の両端の電圧〔V〕
$\dot{V}_L$：L の両端の電圧〔V〕

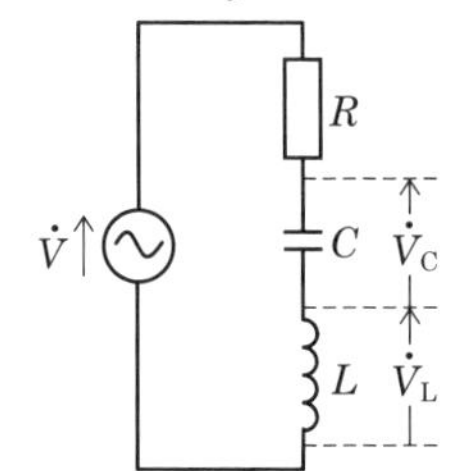

図 2.83

解説 回路のインピーダンス $\dot{Z}$, 電流 $\dot{I}$, 各部の電圧 $\dot{V}$ は，それぞれ次式で表されます.

$$\dot{Z} = R + j\left(\omega L - \frac{1}{\omega C}\right) \text{〔}\Omega\text{〕} \quad ①$$

$$\dot{I} = \frac{\dot{V}}{\dot{Z}} \text{〔A〕} \quad ②$$

$$\dot{V} = \dot{Z}\dot{I} = \dot{V}_R + \dot{V}_L + \dot{V}_C \text{〔V〕} \quad ③$$

(1) $\omega < \omega_0$ のとき，式①の $\omega L < (1/\omega C)$ なので，式③より $|\dot{V}_L|$ は $|\dot{V}_C|$ よりも**小さく**なります.

A の答え

(2) $\omega = \omega_0$ のとき，式①の虚数部 = 0 となるので，式②より $\dot{V}$ と $\dot{I}$ は同位相となります.

B の答え

$\dot{V}_L = j\omega L\dot{I}$ なので，$\dot{V}$ と $\dot{V}_L$ の位相差は，**π/2**〔rad〕です.

(3) $\omega > \omega_0$ のとき，式①は $\dot{Z} = R + jX$ となるので，$\dot{I} = a - jb$ となり，$\dot{I}$ は $\dot{V}$ より位相が**遅れて**います.

C の答え

答え ▶▶▶ 1

出題傾向 共振回路の問題は頻繁に出題されています．共振時は $\dot{V}$ と $\dot{I}$ は同位相となります.

問題 25 ★★★ ➡ 2.8.1

次の記述は，**図 2.84** に示す直列共振回路について述べたものである．このうち誤っているものを下の番号から選べ．ただし，共振角周波数を ω_0〔rad/s〕および共振電流を I_0〔A〕とする．また，回路の電流 $\dot{I}$〔A〕の大きさが，$I_0/\sqrt{2}$ となる二つの角周波数をそれぞれ ω_1 および ω_2〔rad/s〕($\omega_1 < \omega_2$) とし，回路の尖鋭度を Q とする.

1 Q は，$Q = \omega_0/(\omega_2 - \omega_1)$ で表される.
2 ω_0 のとき，端子 ab 間の電圧 $\dot{V}_L$ の大きさは，$|\dot{V}|/Q$〔V〕である.
3 ω_0 のとき，端子 ac 間の電圧 $\dot{V}_{LC}$ の大きさは，0〔V〕である.
4 回路の電流 $\dot{I}$ の位相は，ω_1 で $\dot{V}$ より進み，ω_2 で $\dot{V}$ より遅れる.
5 Q は，$Q = (\sqrt{L/C})/R$ で表される.

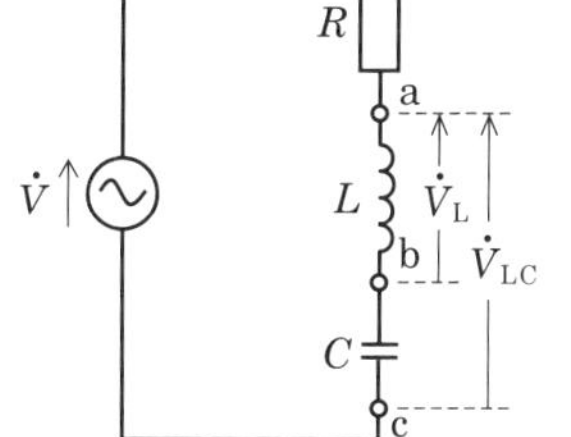

R：抵抗〔Ω〕
L：自己インダクタンス〔H〕
C：静電容量〔F〕
$\dot{V}$：交流電源電圧〔V〕

■図 2.84

解説 各選択肢は，次のようになります．

1　$I_0/\sqrt{2}$ になったときの周波数帯幅を B〔Hz〕とすると，Q は次式で表されます．

$$Q=\frac{f_0}{B}=\frac{\omega_0}{\omega_2-\omega_1}$$

2　$\dot{V}_L$ の大きさ $|\dot{V}_L|$ は次式で表されます．

$$|\dot{V}_L|=\omega_0 L I_0=\frac{\omega_0 L}{R}|\dot{V}|=Q\times|\dot{V}| \text{〔V〕}$$

問題の選択肢は誤っている

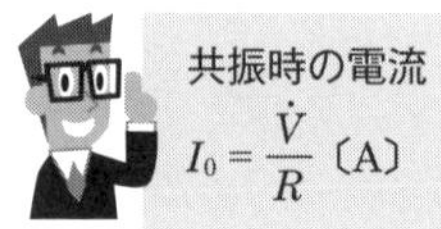

3　L と C の共振時のリアクタンス X_L と X_C〔Ω〕の大きさは等しいので，次式が成り立ちます．

$$\dot{V}_{LC}=\dot{V}_L+\dot{V}_C=jX_L\dot{I}-jX_C\dot{I}=0 \text{〔V〕}$$

4　回路のインピーダンス $\dot{Z}$〔Ω〕と電流 $\dot{I}$〔A〕は次式で表されます．

$$\dot{Z}=R+j\left(\omega L-\frac{1}{\omega C}\right) \text{〔Ω〕} \quad ①$$

$$\dot{I}=\frac{\dot{V}}{\dot{Z}} \text{〔A〕} \quad ②$$

$\omega_1<\omega_0$ のときは，式①は $\dot{Z}=R-jX$ となるので虚数部が－となり，式②の $\dot{I}=a+jb$ となるので，位相が $\dot{V}$ より進みます．

$\omega_2>\omega_0$ のときは $\dot{I}=a-jb$ となり，位相が $\dot{V}$ より遅れます．

5　$Q=\frac{\omega_0 L}{R}=\frac{1}{\omega_0 CR}$ より $Q^2=\frac{\omega_0 L}{R}\times\frac{1}{\omega_0 CR}=\frac{L}{CR^2}$

よって，$Q=\frac{1}{R}\sqrt{\frac{L}{C}}$ となります．

答え▶▶▶2

並列回路も出題されます．損失が小さいほど Q が大きいので，直列回路では直列抵抗 R が小さいほど Q が大きくなり，並列回路では並列抵抗 R が大きいほど Q が大きくなります．

問題 26 ★★ ➡2.8.1

図 2.85 に示す直列共振回路の尖鋭度 Q および半値幅 B の値の組合せとして，正しいものを下の番号から選べ．ただし，回路の共振周波数 f_r を 100〔kHz〕とする．

	Q	B
1	25π	$\dfrac{7}{\pi}$〔kHz〕
2	25π	$\dfrac{5}{\pi}$〔kHz〕
3	20π	$\dfrac{9}{\pi}$〔kHz〕
4	20π	$\dfrac{7}{\pi}$〔kHz〕
5	20π	$\dfrac{5}{\pi}$〔kHz〕

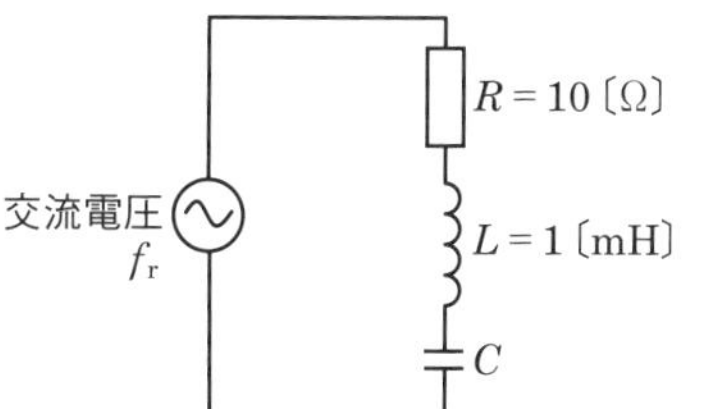

R：抵抗
L：自己インダクタンス
C：静電容量〔F〕

図 2.85

解説 共振回路の Q は次式で表されます．

$$Q = \frac{\omega_r L}{R} = \frac{2\pi f_r L}{R}$$

$$= \frac{2\pi \times 100 \times 10^3 \times 1 \times 10^{-3}}{10} = \mathbf{20\pi}$$ ◀……… Q の答え

半値幅 B〔Hz〕は次式で表されます．

$$B = \frac{f_r}{Q} = \frac{100 \times 10^3}{20\pi} = \frac{5 \times 10^3}{\pi}\text{〔Hz〕} = \boldsymbol{\frac{5}{\pi}}\textbf{〔kHz〕}$$ ◀……… B の答え

答え▶▶▶ 5

問題 27 ★★ ➡ 2.8.1

次の記述は，**図 2.86** に示す直列共振回路とその周波数特性について述べたものである．このうち誤っているものを下の番号から選べ．ただし，抵抗 R を 10〔Ω〕，静電容量 C を 0.001〔μF〕，自己インダクタンスを L〔H〕，交流電圧 $\dot{V}$ の大きさを 20〔V〕，共振周波数 f_0 を 100〔kHz〕とする．また，f_0 における回路の電流を I_0〔A〕，$I_0/\sqrt{2}$〔A〕になる周波数を f_1 および f_2〔Hz〕（$f_1 < f_2$）とする．

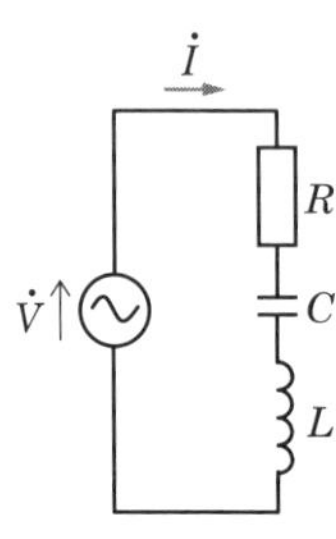

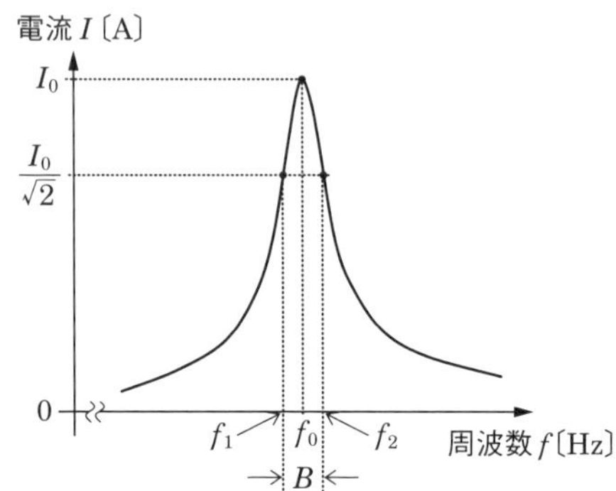

R：抵抗〔Ω〕
C：静電容量〔F〕
L：自己インダクタンス〔H〕

■図 2.86

1 回路の尖鋭度 Q は，$Q = 500/\pi$ である．

2 帯域幅 B は，$B = f_2 - f_1 = 200\pi$〔Hz〕である．

3 f_0 のときに R で消費される電力は，40〔W〕である．

4 f_1 のときに R で消費される電力は，30〔W〕である．

5 f_2 のときに回路に流れる電流 $\dot{I}$ の位相は，$\dot{V}$ よりも遅れる．

解説 各選択肢は次のようになります．

1 回路の Q は次式で表されます．

$$Q = \frac{1}{\omega_0 CR} = \frac{1}{2\pi f_0 CR}$$

$$= \frac{1}{2\pi \times 100 \times 10^3 \times 0.001 \times 10^{-6} \times 10}$$

$$= \frac{10^3}{2\pi} = \frac{500}{\pi}$$

2　帯域幅 B〔Hz〕は次式で表されます．

$$B = f_2 - f_1 = \frac{f_0}{Q} = \frac{\pi}{500} \times 100 \times 10^3 = 200\pi \text{〔Hz〕}$$

3　共振時はリアクタンスが 0〔Ω〕になるので，共振時の電流 I_0〔A〕は

$$I_0 = \frac{V}{R} = \frac{20}{10} = 2 \text{〔A〕}$$

となり，電力 P〔W〕は次式で表されます．

$$P = I_0{}^2 R = 2^2 \times 10 = 40 \text{〔W〕}$$

4　f_1 のときの電力 P_1〔W〕は次式で表されます．

$$P_1 = \left(\frac{1}{\sqrt{2}}\right)^2 R = \frac{2^2}{2} \times 10 = 20 \text{〔W〕}$$ ◀……… 問題の選択肢は誤っている

5　回路のインピーダンス $\dot{Z}$〔W〕と電流 $\dot{I}$〔A〕は次式で表されます．

$$\dot{Z} = R + j\left(\omega_2 L - \frac{1}{\omega_2 C}\right) \text{〔Ω〕} \quad ①$$

$$\dot{I} = \frac{\dot{V}}{\dot{Z}} \text{〔A〕} \quad ②$$

式①の虚数部は＋となるので，$\dot{I} = a - jb$ となり，$\dot{I}$ の位相は $\dot{V}$ よりも遅れます．

答え ▶▶▶ 4

共振回路の問題は頻繁に出題されています．Q の求め方には回路定数から求める方法と，共振特性曲線から求める方法があります．

2.9 交流の電力

● 皮相電力 $P_s = VI$〔VA〕，有効電力 $P_a = VI\cos\theta$〔W〕，無効電力 $P_q = VI\sin\theta$〔var〕，力率 $\cos\theta$

2.9.1 瞬時電力

図 2.87 のような，RL 直列回路の電圧と電流の瞬時値 v〔V〕，i〔A〕は，角周波数を ω（$= 2\pi f$），電圧と電流の位相差を θ とすると，次式で表されます．

$$i = I_m \sin\omega t \text{〔A〕} \tag{2.112}$$

$$v = V_m \sin(\omega t + \theta) \text{〔V〕} \tag{2.113}$$

ここで，$p = vi$〔W〕を回路に供給される**瞬時電力**といい，交流電圧と電流の最大値を V_m，I_m，実効値を V，I とすると，次式で表されます．

$$\begin{aligned} p &= vi \\ &= V_m \sin(\omega t + \theta) \times I_m \sin\omega t \\ &= 2VI\{\sin(\omega t + \theta) \times \sin\omega t\} \\ &= VI\{\cos\theta - \cos(2\omega t + \theta)\} \end{aligned} \tag{2.114}$$

三角関数の公式

$$\sin\alpha\,\sin\beta = \frac{1}{2}\{\cos(\alpha - \beta) - \cos(\alpha + \beta)\}$$

ただし，$V_m = \sqrt{2}\,V$，$I_m = \sqrt{2}\,I$

電圧の電流に対する位相角 θ〔rad〕は，回路の定数から次式によって求めることができます．

$$\theta = \tan^{-1}\frac{\omega L}{R} \tag{2.115}$$

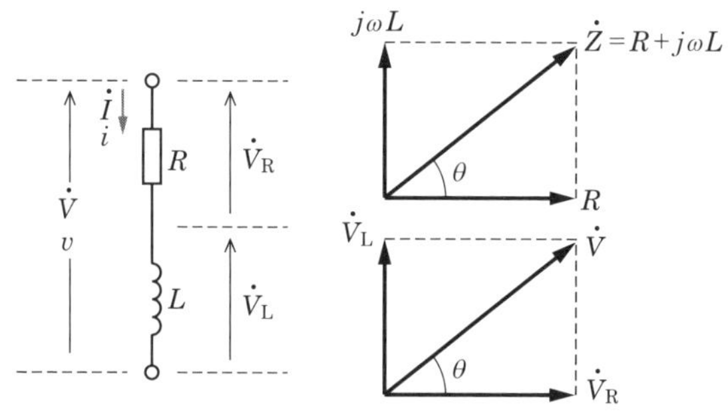

■図 2.87　*RL* 直列回路

2.9.2 インピーダンスの電力

インピーダンスで消費される電力は，瞬時電力 p を $0 \sim T$（周期）の区間で積分して，その平均値より求めることができます．

式（2.114）より，平均電力 P_a〔W〕は次のようになります．

$$P_a = \frac{1}{T} VI \cos\theta \int_0^T dt - \frac{1}{T} VI \int_0^T \cos(2\omega t + \theta)\, dt$$
$$= VI \cos\theta \text{〔W〕} \tag{2.116}$$

$\cos\theta$ は t の関数ではないので，1 を $0 \sim T$ の区間で積分すると T

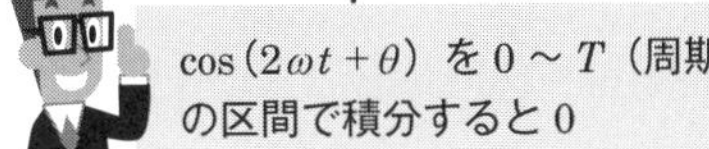

インピーダンスのベクトル図より

$$\cos\theta = \frac{R}{Z} \tag{2.117}$$

となり，$V = IZ$ なので，式（2.116）は次式となります．

$$P_a = I^2 R \text{〔W〕} \tag{2.118}$$

P_a は抵抗で消費される電力を表します．

関連知識　リアクタンスの電力

コイルまたはコンデンサ回路に流れる電流と電圧の位相差 θ は，$\theta = \pi/2$ または $\theta = -\pi/2$ となります．式（2.116）の $\cos\theta = 0$ となるので電力は消費しません．

平均電力 P_a は，インピーダンスで消費される電力を表し，**有効電力**ともいいます．インピーダンス回路の電圧 V，電流 I より見かけの電力 P_s（単位：ボルトアンペア〔VA〕）を求めると，次式で表されます．

$$P_s = VI \text{〔VA〕} \tag{2.119}$$

ここで，P_s は**皮相電力**といい，また，皮相電力 P_s，有効電力 P_a より，**図 2.88** のようにインピーダンスのベクトル図と同様な図を描くことができます．図において，P_q はリアクタンスに蓄えられる電力を表し，**無効電力**（単位：バール〔var〕）と呼び，次式で表されます．

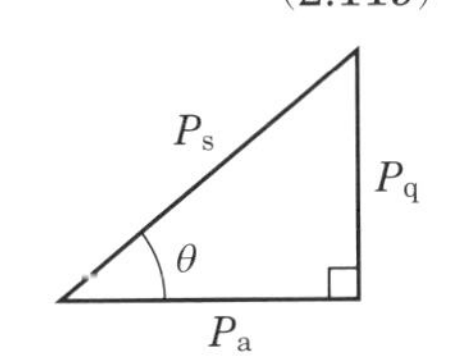

図 2.88　インピーダンスの電力

$$P_q = VI\sin\theta = I^2\omega L \text{〔var〕} \qquad (2.120)$$

$\cos\theta$ は**力率**と呼ばれ，次式で表されます．

$$\cos\theta = \frac{P_a}{P_s} = \frac{R}{Z} \qquad (2.121)$$

問題 28 ★ ➡2.9.1

図 2.89 に示す回路において，電圧および電流の瞬時値 v および i がそれぞれ次式で表されるとき，v と i の間の位相差 θ および回路の消費電力（有効電力）P の値の組合せとして，正しいものを下の番号から選べ．ただし，角速度を ω〔rad/s〕，時間を t〔s〕とする．

$$v = 100\cos\left(\omega t - \frac{\pi}{6}\right)\text{〔V〕},\quad i = 10\sin\left(\omega t + \frac{\pi}{6}\right)\text{〔A〕}$$

	θ	P
1	$\frac{\pi}{6}$〔rad〕	$125\sqrt{3}$〔W〕
2	$\frac{\pi}{6}$〔rad〕	$250\sqrt{3}$〔W〕
3	$\frac{\pi}{6}$〔rad〕	$500\sqrt{3}$〔W〕
4	$\frac{\pi}{3}$〔rad〕	$125\sqrt{3}$〔W〕
5	$\frac{\pi}{3}$〔rad〕	$250\sqrt{3}$〔W〕

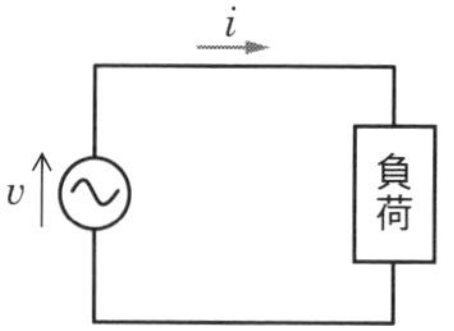

図 2.89

解説 電圧の瞬時値 v〔V〕は cos 関数で表されているので，sin にすると次式で表されます．

$$v = 100\cos\left(\omega t - \frac{\pi}{6}\right) = 100\sin\left(\omega t - \frac{\pi}{6} + \frac{\pi}{2}\right) = 100\sin\left(\omega t + \frac{2\pi}{6}\right)\text{〔V〕}$$

電圧 v〔V〕と電流 i〔A〕の位相差 θ〔rad〕は次式で表されます．

$$\theta = \frac{2\pi}{6} - \frac{\pi}{6} = \boldsymbol{\frac{\pi}{6}}\ \textbf{〔rad〕}$$ ◀………… θ の答え

$$\cos\theta = \sin\left(\theta + \frac{\pi}{2}\right)$$

よって，力率 $\cos\theta = \cos(\pi/6)$ となり，電圧と電流の最大値 $V_m = 100$〔V〕，$I_m = 10$〔A〕より，実効値は $V = 100/\sqrt{2}$〔V〕，$I = 10/\sqrt{2}$〔A〕なので，有効電力 P〔W〕は次式で表されます．

$$P = VI\cos\theta = \frac{100}{\sqrt{2}} \times \frac{10}{\sqrt{2}} \times \cos\frac{\pi}{6} = \frac{1\,000}{2} \times \frac{\sqrt{3}}{2} = \mathbf{250\sqrt{3}}\ \text{〔W〕}$$ ◀…… P の答え

答え ▶▶▶ 2

問題 29 ★★ ➡ 2.9.2

図 2.90 に示すように，交流電源 $\dot{V} = 100$〔V〕に誘導性負荷 $\dot{Z}$〔Ω〕および抵抗負荷 R〔Ω〕を接続したとき，回路全体の皮相電力および力率の値の組合せとして，正しいものを下の番号から選べ．ただし，$\dot{Z}$ および R の有効電力および力率は**表 2.2** の値とする．

	皮相電力	力率
1	$600\sqrt{2}$〔VA〕	$\frac{2}{\sqrt{2}}$
2	$600\sqrt{5}$〔VA〕	$\frac{1}{\sqrt{5}}$
3	$600\sqrt{5}$〔VA〕	$\frac{2}{\sqrt{5}}$
4	$1\,200\sqrt{2}$〔VA〕	$\frac{2}{\sqrt{5}}$
5	$1\,200\sqrt{2}$〔VA〕	$\frac{1}{\sqrt{2}}$

■ **表 2.2**

負荷	有効電力	力率
$\dot{Z}$	800〔W〕	0.8
R	400〔W〕	1.0

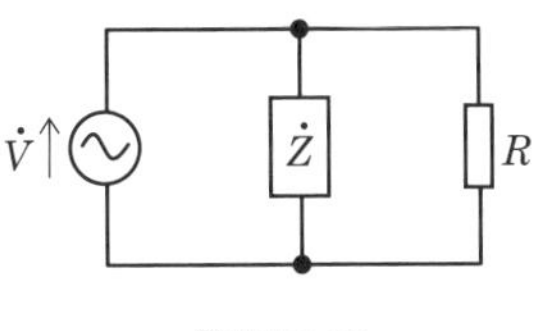

■ **図 2.90**

解説 交流電源電圧の大きさを $V = 100$〔V〕，インピーダンス $\dot{Z}$〔Ω〕，抵抗 R〔Ω〕の負荷を流れる電流の大きさを I_1，I_2〔A〕，力率 $\cos\theta_1 = 0.8$，$\cos\theta_2 = 1.0$ のとき，有効電力 $P_1 = 800$〔W〕，$P_2 = 400$〔W〕なので，$P = VI\cos\theta$ より，次式で表されます．

$$I_1 = \frac{P_1}{V\cos\theta_1} = \frac{800}{100 \times 0.8} = 10\ \text{〔A〕}$$

$$I_2 = \frac{P_2}{V\cos\theta_2} = \frac{400}{100 \times 1} = 4\ \text{〔A〕}$$

$\dot{Z}$，R を流れる電流の実数部成分 I_{e1}，I_{e2} は次式で表されます．

$$I_{e1} = I_1\cos\theta_1 = 10 \times 0.8 = 8\ \text{〔A〕}$$

$$I_{e2} = 4\ \text{〔A〕}$$

$\dot{Z}$，R を流れる電流の虚数部成分 I_{q1}，I_{q2} は次式で表されます．

$$I_{q1} = I_1\sin\theta_1 = I_1\sqrt{1 - \cos^2\theta_1} = 10\sqrt{1 - 0.8^2} = 6\ \text{〔A〕}$$

$$I_{q2} = 0\ \text{〔A〕}$$

$\sin^2\theta + \cos^2\theta = 1$
$\sin\theta = \sqrt{1 - \cos^2\theta}$

$\dot{Z}$，R の回路全体を流れる電流の実数部と虚数部成分より，回路全体の皮相電力 P_s〔VA〕は次式で表されます．

$$P_s = V\sqrt{(I_{e1}+I_{e2})^2+(I_{q1}+I_{q2})^2}$$
$$= 100\sqrt{(8+4)^2+6^2} = 100\sqrt{(2\times 6)^2+6^2}$$
$$= 100\sqrt{6^2\times(4+1)} = \mathbf{600\sqrt{5}}\ \text{〔VA〕}$$ ◀…… 皮相電力の答え

力率 $\cos\theta$ は次式で表されます．

$$\cos\theta = \frac{I_{e1}+I_{e2}}{\sqrt{(I_{e1}+I_{e2})^2+(I_{q1}+I_{q2})^2}} = \frac{12}{6\sqrt{5}} = \frac{\mathbf{2}}{\sqrt{\mathbf{5}}}$$ ◀…… 力率の答え

答え▶▶▶3

出題傾向 抵抗がインピーダンスとなった回路も出題されています．

問題 30 ★★★ ➡2.9

次の記述は，**図 2.91** に示す交流回路の電流と電力について述べたものである．［　］内に入れるべき字句を下の番号から選べ．ただし，負荷 A および B の特性は，**表 2.3** に示すものとする．また，交流電源 $\dot{V}$ は，$\dot{V}=100$〔V〕とする．

(1) 交流電源 $\dot{V}$ から流れる電流 $\dot{I}$ の大きさは，［ア］〔A〕である．
(2) $\dot{I}$ は $\dot{V}$ より位相が，［イ］いる．
(3) 回路の有効電力は，［ウ］〔W〕である．
(4) 回路の力率は，［エ］である．
(5) 回路の皮相電力は，［オ］〔VA〕である．

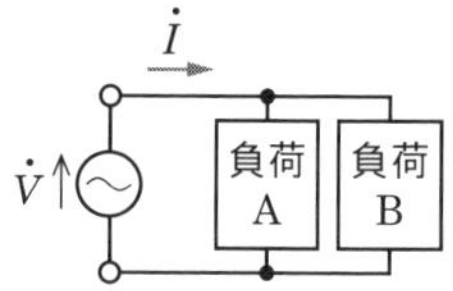

■図 2.91

■表 2.3

負　荷	A	B
性　質	容量性	誘導性
有効電力	600〔W〕	400〔W〕
力　率	0.6	0.8

1 $5\sqrt{3}$　2 遅れて　3 1 000　4 $\dfrac{2}{\sqrt{5}}$　5 $500\sqrt{5}$

6 $5\sqrt{5}$　7 進んで　8 2 000　9 $\dfrac{1}{\sqrt{2}}$　10 $600\sqrt{3}$

解説 負荷 A および B の有効電力 P_{aA}，P_{aB}〔W〕，力率 $\cos\theta_A$，$\cos\theta_B$ より，皮相電力 P_{sA}，P_{sB}〔VA〕，無効電力 P_{qA}，P_{qB}〔var〕を求めると，次式で表されます．

$$P_{sA} = \frac{P_{aA}}{\cos\theta_A} = \frac{600}{0.6} = 1\,000\ \text{〔VA〕} \quad ①$$

$$P_{sB} = \frac{P_{aB}}{\cos\theta_B} = \frac{400}{0.8} = 500\ 〔\mathrm{VA}〕 \quad ②$$

$$P_{qA} = P_{sA}\sin\theta_A = P_{sA}\sqrt{1-\cos^2\theta_A}$$

$$= 1\,000 \times \sqrt{1-0.6^2} = 800\ 〔\mathrm{var}〕 \quad ③$$

$$P_{qB} = P_{sB}\sin\theta_B = P_{sB}\sqrt{1-\cos^2\theta_B}$$

$$= 500 \times \sqrt{1-0.8^2} = 300\ 〔\mathrm{var}〕 \quad ④$$

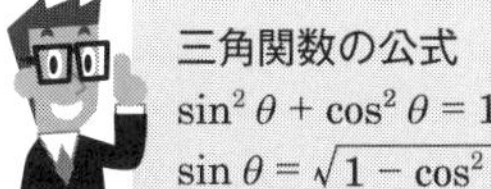

直角三角形の 3 辺の組合せの 6：8：10 を覚えておくと三角関数の計算をしなくても求めることができる.

回路の有効電力 P_a〔W〕は次式で表されます.

$$P_a = P_{aA} + P_{aB} = 600 + 400 = \mathbf{1\,000}\ 〔\mathrm{W}〕$$ ← ウ の答え

有効電力に比例する抵抗成分を流れる電流は同相なので有効電力の和を求めればよい.

抵抗成分を流れる電流 I_a〔A〕は次式で表されます.

$$I_a = \frac{P_a}{V} = \frac{1\,000}{100} = 10\ 〔\mathrm{A}〕$$

負荷 A の容量性リアクタンス成分を流れる電流 I_{qA}〔A〕，負荷 B の誘導性リアクタンス成分を流れる電流 I_{qB}〔A〕，リアクタンス成分を流れる電流 I_q〔A〕は次式で表されます.

$$I_{qA} = \frac{P_{qA}}{V} = \frac{800}{100} = 8\ 〔\mathrm{A}〕$$

$$I_{qB} = \frac{P_{qB}}{V} = \frac{300}{100} = 3\ 〔\mathrm{A}〕$$

$$I_q = I_{qA} - I_{qB} = 8 - 3 = 5\ 〔\mathrm{A}〕$$

イ の答え ↓

$I_{qA} > I_{qB}$ なので回路は容量性となり，$\dot{I}$ は $\dot{V}$ よりも位相が**進んで**います.

回路を流れる電流 $\dot{I}$ の大きさ I〔A〕は次式で表されます.

$$I = \sqrt{I_a^2 + I_q^2} = \sqrt{10^2 + 5^2} = \sqrt{(2\times5)^2 + 5^2} = \sqrt{5^2 \times (4+1)} = \mathbf{5\sqrt{5}}\ 〔\mathrm{A}〕$$ ← ア の答え

皮相電力 P_s〔VA〕は次式で表されます.

$$P_s = VI = 100 \times 5\sqrt{5} = \mathbf{500\sqrt{5}}\ 〔\mathrm{VA}〕$$ ← オ の答え

力率 $\cos\theta$ は次式で表されます.

$$\cos\theta = \frac{I_a}{I} = \frac{10}{5\sqrt{5}} = \frac{\mathbf{2}}{\sqrt{\mathbf{5}}}$$ ◀……… エ の答え

図を用いると覚えやすい.

これらの関係を図で表すと，**図 2.92** のようになります．

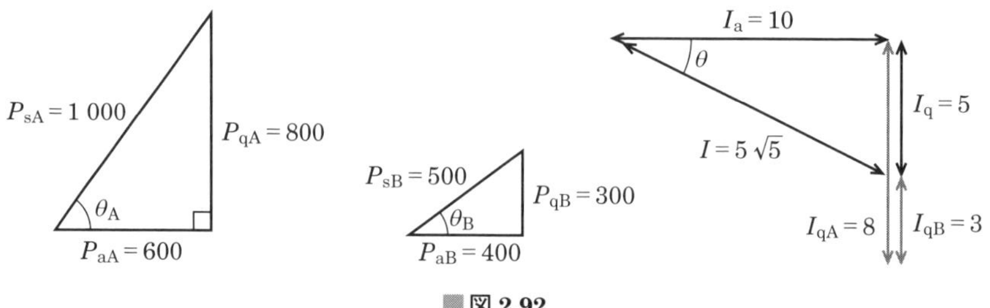

■図 2.92

答え▶▶▶ア－6，イ－7，ウ－3，エ－4，オ－5

出題傾向 問題の穴あきアイウエオの順番に解答を求めるとは限らないので注意しましょう．

問題 31 ★ ➡2.9.1

図 2.93 に示す回路において，スイッチ SW が断（OFF）のとき，回路に流れる電流 $\dot{I}$ の大きさが 2〔A〕で力率は 0.6 であった．次に SW を接（ON）にすると回路の力率が 0.8 になった．このときの静電容量 C の値として，正しいものを下の番号から選べ．ただし，交流電圧の角周波数 ω を 7×10^2〔rad/s〕とする．

1　1〔μF〕
2　8〔μF〕
3　10〔μF〕
4　15〔μF〕
5　20〔μF〕

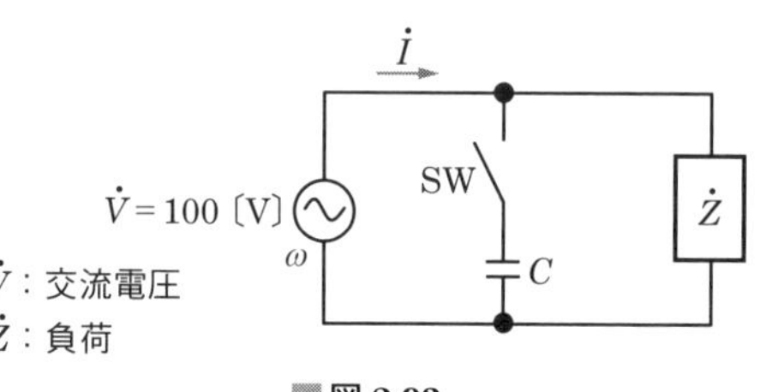

■図 2.93

解説 SW が断（OFF）のとき，回路に流れる電流の大きさを I〔A〕とすると，力率 $\cos\theta_1 = 0.6$ なので，電流の実数部成分 I_{e1} および虚数部成分 I_{q1}〔A〕は次式で表されます．

$$I_{e1} = I\cos\theta_1 = 2 \times 0.6 = 1.2\text{〔A〕} \quad ①$$

$$I_{q1} = I\sin\theta_1 = 2 \times \sqrt{1 - 0.6^2} = 2 \times 0.8 = 1.6\text{〔A〕} \quad ②$$

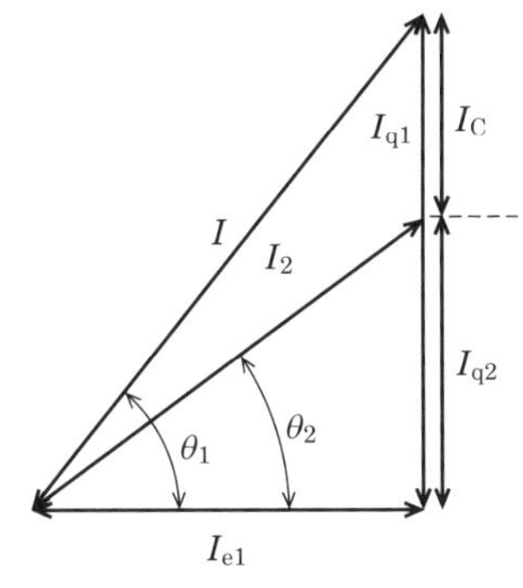

■図 2.94

SW を接（ON）にすると，**図 2.94** のように電流の虚数分成分 I_{q2} はコンデンサに I_C の電流が流れるので減少しますが，実数部成分 I_{e2} は変化しませんので，$I_{e2} = I_{e1}$ となります．回路に流れる電流の大きさを I_2〔A〕とすると，力率 $\cos\theta_2$ は

$$\cos\theta_2 = \frac{I_{e2}}{I_2} = \frac{I_{e1}}{I_2} \qquad ③$$

直角三角形の比
3：4：5
を覚えておくと計算が楽.

ここで

$$I_2 = \sqrt{{I_{q2}}^2 + {I_{e1}}^2} = \sqrt{(I_{q1} - I_C)^2 + {I_{e1}}^2}$$
$$= \sqrt{(1.6 - I_C)^2 + 1.2^2} \qquad ④$$

なので，式③に式①と式④を代入すると

$$0.8 = \frac{1.2}{\sqrt{(1.6 - I_C)^2 + 1.2^2}}$$

$$(1.6 - I_C)^2 + 1.2^2 = \frac{1.2^2}{0.8^2}$$

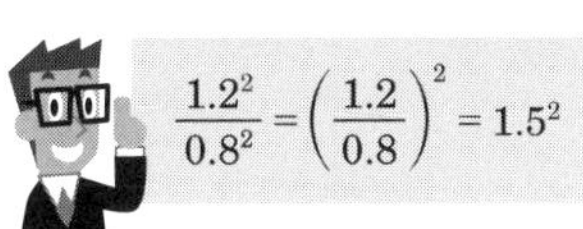

$$(1.6 - I_C)^2 = 1.5^2 - 1.2^2 = 0.81 = 0.9^2$$

したがって

$$I_C = 0.7\ 〔\mathrm{A}〕$$

となるので，コンデンサのリアクタンスを $X_C = 1/(\omega C)$ とすると，次式が成り立ちます．

$$I_C = \frac{V}{X_C} = \omega CV$$

よって

$$C = \frac{I_C}{\omega V} = \frac{0.7}{7 \times 10^2 \times 100} = \frac{0.7}{7} \times 10^{-4} = 0.1 \times 10^{-4}\ 〔\mathrm{F}〕 = \mathbf{10\ 〔\mu F〕}$$

となります．

答え ▶▶▶ 3

2.10 過渡現象

● コイルやコンデンサなどの回路の電圧や電流は，それらが加わった瞬間から時間 t の経過とともに $e^{-t/T}$ の式で表される値で過渡的に変化する

2.10.1 *RL* 直列回路

図 2.95（a）に示す回路において，時刻 $t=0$ でスイッチ SW を閉じたとき，抵抗とコイルの端子電圧の瞬時値 v_{R}，v_{L}〔V〕は次式で表されます．

$$E = v_{\mathrm{R}} + v_{\mathrm{L}}$$

$$= Ri + L\frac{di}{dt} \qquad (2.122)$$

微分方程式を解くのは大変なので，結果式 e^{-at} を覚えればよい．

微分方程式の解を求めると，次式で表されます．

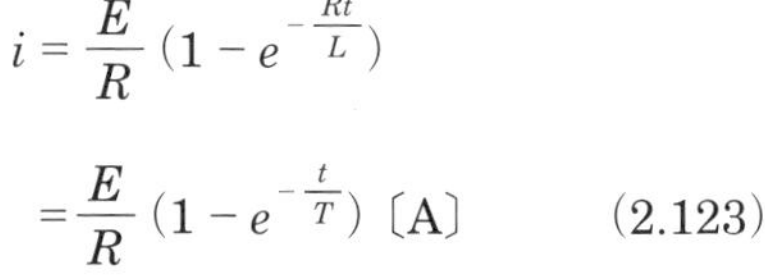

$$i = \frac{E}{R}\left(1 - e^{-\frac{Rt}{L}}\right)$$

$$= \frac{E}{R}\left(1 - e^{-\frac{t}{T}}\right)〔\mathrm{A}〕 \qquad (2.123)$$

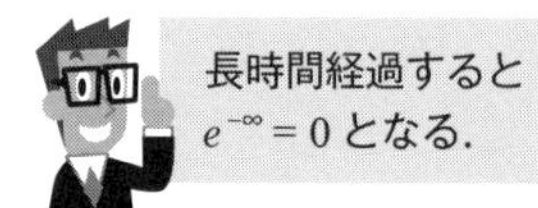

ただし，e は自然対数の底 $e \fallingdotseq 2.718\cdots$

T は時定数（$T = L/R$〔s〕）

時間の経過によって変化する電流は，図 2.95（b）のように表されます．

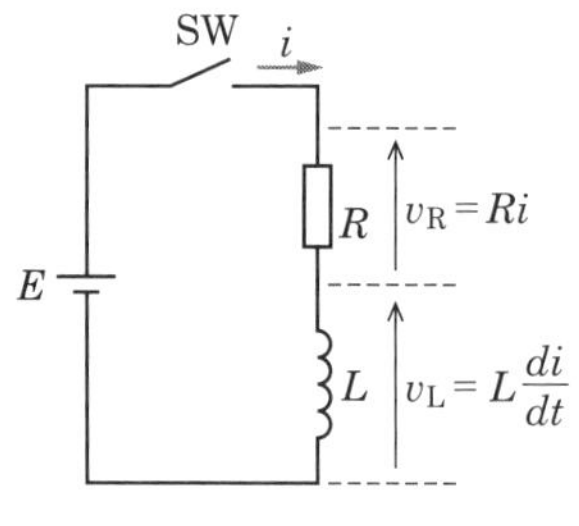

（a）回路図

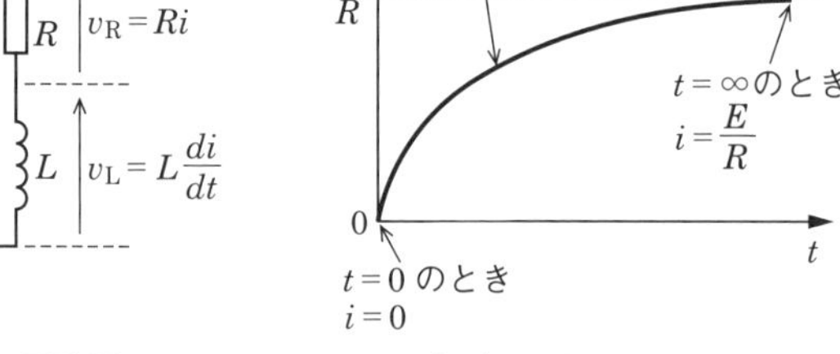

（b）電流の時間変化

■図 2.95　*RL* 直列回路

関連知識　微分方程式の解

式（2.123）の解が正しいかどうか，式（2.120）に代入して確かめてみると

$$E = R \times \frac{E}{R}(1 - e^{-\frac{Rt}{L}}) + L\frac{E}{R} \times \frac{d}{dt}(1 - e^{-\frac{Rt}{L}})$$

$$= E(1 - e^{-\frac{Rt}{L}}) + L\frac{E}{R} \times \frac{R}{L}e^{-\frac{Rt}{L}}$$

$$= E$$

となり，微分方程式の解が正しいことがわかります．

数学の公式

$$\frac{d}{dt}1 = 0 \qquad \frac{d}{dt}e^{at} = ae^{at}$$

2.10.2 *RC* 直列回路

図 2.96（a）に示す回路において，時刻 $t = 0$ でスイッチ SW を閉じたとき，抵抗とコンデンサの端子電圧の瞬時値 v_R，v_C〔V〕は次式で表されます．

$$E = v_R + v_C$$

$$= Ri + \frac{1}{C}\int idt \tag{2.124}$$

または，電荷の瞬時値を q とすると

$$E = R\frac{dq}{dt} + \frac{1}{C}q \tag{2.125}$$

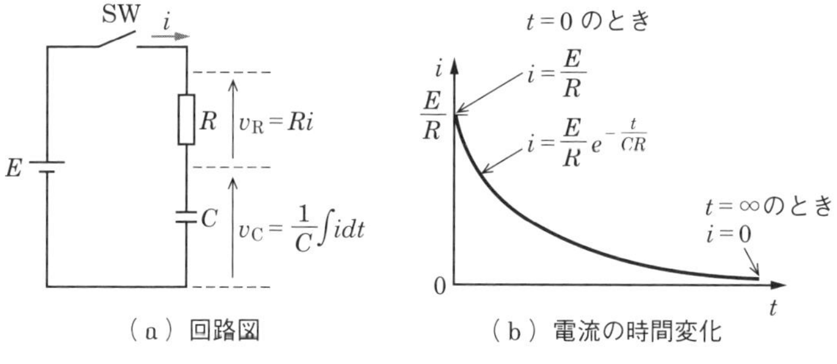

■図 2.96　*RC* 直列回路

と表されます．微分方程式の解を求めると，次式で表されます．

$$q = CE\left(1 - e^{-\frac{t}{CR}}\right) \qquad (2.126)$$

$$i = \frac{dq}{dt} = \frac{E}{R}e^{-\frac{t}{CR}}$$

$$= \frac{E}{R}e^{-\frac{t}{T}} \text{〔A〕} \qquad (2.127)$$

RC 回路でも式の形は e^{-at} となる．

ただし，T は時定数（$T = CR$〔s〕）

時間の経過によって変化する電流は，図 2.96 (b) のように表されます．

関連知識　コイルとコンデンサの端子電圧

コイルに流れる電流の瞬時値を i とすると，コイルの端子電圧 v_{L} はファラデーの法則より，次式で表されます．

$$v_{\mathrm{L}} = L\frac{di}{dt} \text{〔V〕} \qquad (2.128)$$

コンデンサの端子電圧 v_{C} は，電荷の瞬時値を q とすると，次式で表されます．

$$v_{\mathrm{C}} = \frac{1}{C}q = \frac{1}{C}\int idt \text{〔V〕} \qquad (2.129)$$

問題 32 ★★★ ➡ 2.10

次の記述は，**図 2.97** に示す回路の過渡現象について述べたものである．\[　　\]内に入れるべき字句を下の番号から選べ．ただし，初期状態で C の電荷は零とし，時間 t はスイッチ SW を接（ON）にした時を $t=0$〔s〕とする．また，自然対数の底を e とする．

(1) t〔s〕後に C に流れる電流 i_C は，$i_C=\dfrac{V}{R}\times$ \[ア\]〔A〕である．

(2) t〔s〕後に L に流れる電流 i_L は，$i_L=\dfrac{V}{R}\times$ \[イ\]〔A〕である．

(3) したがって，t〔s〕後に V から流れる電流 i は，次式で表される．

$$i=\frac{V}{R}\times \text{[ウ]}\ \text{〔A〕}$$

(4) t が十分に経過し定常状態になったとき，C の両端の電圧 v_C は \[エ\]〔V〕である．

(5) また，$R=\sqrt{\dfrac{L}{C}}$ のとき，i は，\[オ\]〔A〕である．

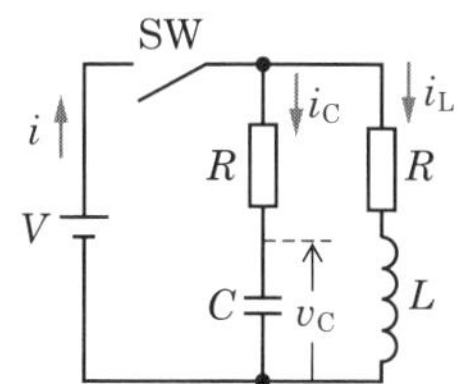

R：抵抗〔Ω〕
C：静電容量〔F〕
L：自己インダクタンス〔H〕
V：直流電圧〔V〕

図 2.97

1 $e^{-\frac{R}{L}t}$　　2 $(1-e^{-\frac{R}{L}t})$　　3 $(1+e^{-\frac{t}{RC}}-e^{-\frac{R}{L}t})$

4 $2V$　　5 $\dfrac{V}{2R}$　　6 $e^{-\frac{t}{RC}}$

7 $(1-e^{-\frac{t}{RC}})$　　8 $(1-e^{-\frac{t}{RC}}+e^{-\frac{R}{L}t})$　　9 V　　10 $\dfrac{V}{R}$

解説 i_C と i_L は次式で表されます．これらの変化を**図 2.98** に示します．

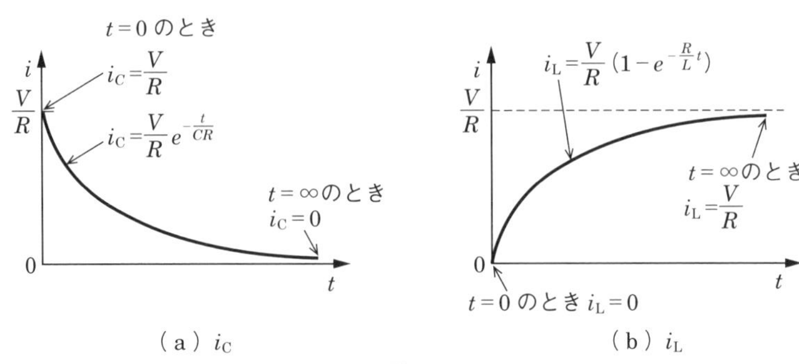

■**図 2.98**

$$i_C=\frac{V}{R}\boldsymbol{e^{-\frac{t}{RC}}}\text{〔A〕} \quad ①$$

ア の答え

$$i_L=\frac{V}{R}\boldsymbol{(1-e^{-\frac{R}{L}t})}\text{〔A〕} \quad ②$$

イ の答え

e^{-at} か $(1-e^{-at})$ の式となる．$t=0$，$t=\infty$の値からどちらの式になるかわかる．

式①と式②より i を求めると

$$i=i_C+i_L=\frac{V}{R}\boldsymbol{(1+e^{-\frac{t}{RC}}-e^{-\frac{R}{L}t})}\text{〔A〕} \quad ③$$

ウ の答え

$t=\infty$のとき $i_C=0$ なので，C と直列接続された R の端子電圧は $v_R=0$ となり

$$v_C=V-v_R=V-0=\boldsymbol{V}\text{〔V〕}$$

となります．

エ の答え

$R=\sqrt{L/C}$ より

$$\frac{1}{CR}=\frac{1}{C}\sqrt{\frac{C}{L}}=\frac{1}{\sqrt{CL}}$$

$$\frac{R}{L}=\frac{1}{L}\sqrt{\frac{L}{C}}=\frac{1}{\sqrt{CL}}$$

オ の答え

よって，式③は，$i=\frac{V}{R}(1+e^{-\frac{t}{\sqrt{CL}}}-e^{-\frac{t}{\sqrt{CL}}})=\boldsymbol{\frac{V}{R}}$〔A〕

答え▶▶▶ア－6，イ－2，ウ－3，エ－9，オ－10

3章

半導体・電子管

この章から 5問 出題

【合格へのワンポイントアドバイス】

半導体・電子管の分野は半導体に関する電気現象（効果），半導体の名称や特徴についての説明問題が多く出題されています．広範囲の内容が出題されていますが，既出問題が繰り返して出題されるので，いままでに出題された内容を整理して学習するとよいでしょう．

3.1 半　導　体

● 電子とホールの電荷量は同じ
● 導電率 σ = 電荷 q × 電子密度 n × 移動度 μ

3.1.1 真性半導体

電気素子として用いられている半導体には，シリコン（Si）やゲルマニウム（Ge）などの単元素半導体（真性半導体）と，ガリウムヒ素（GaAs）やガリウムリン（GaP）などの 2 種類の元素を混ぜた化合物半導体があります．

4 価のシリコンやゲルマニウムは，原子の最も外に四つの電子を持ち共有結合しています．温度が上昇すると，**図 3.1** のエネルギーバンド図において，荷電子帯の電子はエネルギーギャップを超えて伝導帯に移動します．電子の抜けたホール（正孔）が発生するので，電気伝導は電子およびホールによって行われます．

電子とホールのことを**キャリア**といいます．フェルミ準位は電子の存在確率の平均値を表し，図 3.1（a）の真性半導体では禁止帯の中央のレベルです．

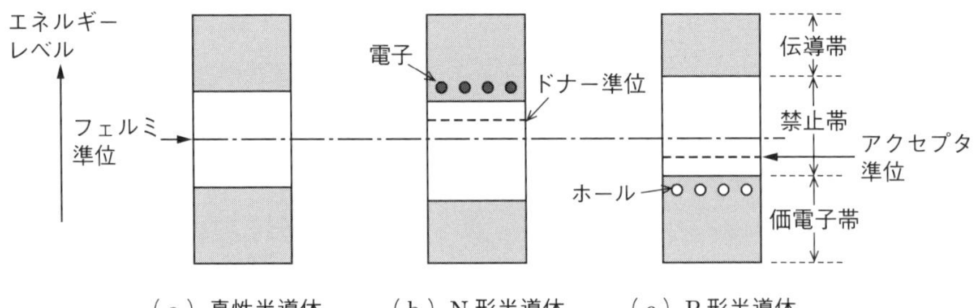

■図 3.1　エネルギーバンド図

3.1.2 不純物半導体

4 価の真性半導体に 5 価のリン（P）などをごく少量混入したものを **N 形半導体**，3 価のホウ素などを混入したものを **P 形半導体**といいます．N 形半導体では電子が余分にあり，P 形半導体ではホールが余分にあるので真性半導体よりも少ないエネルギーで電気伝導が行われます．余分にあるキャリアを**多数キャリア**，少ないキャリアを**少数キャリア**といいます．エネルギーバンドは図 3.1（b），（c）のようになります．フェルミ準位は，電子の占有確率が 1/2 となるエネルギー準位です．N 形半導体は伝導帯の近くにドナー準位があり，ドナーから伝導帯に電子が放出されるので，フェルミ準位は伝導帯に近い位置となります．P 形半導体では価電子帯からアクセプタ準位へ電子が放出されて，価電子帯のホールを形成している状態なので，フェルミ準位はアクセプタ準位の近くで価電子帯に近づく位置となります．

3.1.3 PN 接合半導体

P 形半導体と N 形半導体を接合すると，接合部では自由電子とホールが拡散によって中和して，接合部にはキャリアの少ない空乏層ができます．エネルギーバンドは**図 3.2** のようになります．P 形に＋, N 形に－の順方向電圧を加えると，それぞれの半導体間のエネルギーギャップは下がり，接合部の電位差も下がるので，電流が流れます．逆方向電圧では，電位差が大きくなるので電流を流しません．このことにより，片方向に電流を流す整流作用を持ちます．

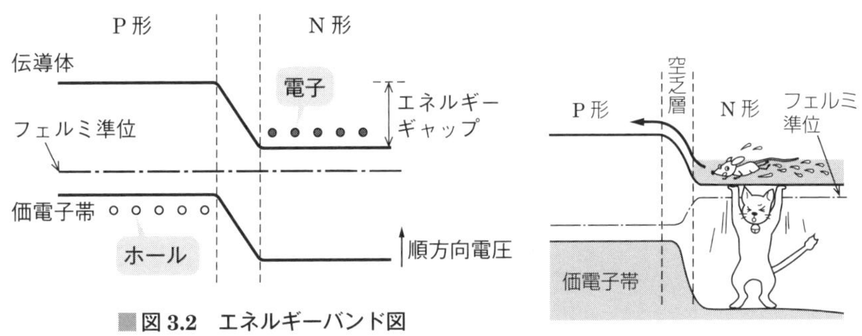

図 3.2　エネルギーバンド図

3.1.4 移動度

半導体の電気伝導は，自由電子とホールによって行われます．これらのキャリアの移動には，濃度勾配による拡散と外部電界によるドリフトがあります．

キャリアを自由電子として，長さ l〔m〕の区間を時間 t〔s〕で移動する自由電子の移動速度 v_n〔m/s〕は次式で表されます．

$$v_n = \frac{l}{t} \text{〔m/s〕} \tag{3.1}$$

半導体に加わる電圧を V〔V〕とすると，半導体内の電界 E〔V/m〕は次式で表されます．

$$E = \frac{V}{l} \text{〔V/m〕} \quad (3.2)$$

また，移動速度を v_n〔m/s〕，電界を E〔V/m〕とすると，これらは比例するので，比例定数として自由電子の移動度を μ_n（ミュー）〔$m^2/(V\cdot s)$〕とすると，式 (3.2) を使って次式が成り立ちます．

$$v_n = \mu_n E = \frac{\mu_n V}{l} \text{〔m/s〕} \quad (3.3)$$

自由電子の電荷を e〔C〕，電子密度を n_n〔個/m^3〕とすると，半導体内の電流密度 J_n〔A/m^2〕は次式で表されます．

$$J_n = en_n v_n = en_n \mu_n E \text{〔A/m}^2\text{〕} \quad (3.4)$$

電流 I〔A〕は単位時間〔s〕当たりに電荷〔C〕が移動した電気量を表す．

自由電子による導電率を σ_n（シグマ）〔S/m〕とすると，次式が成り立ちます．

$$J_n = \sigma_n E \text{〔A/m}^2\text{〕} \quad (3.5)$$

ここで，導電率 σ_n は次式で表されます．

$$\sigma_n = en_n \mu_n \text{〔S/m〕} \quad (3.6)$$

半導体の自由電子およびホールの移動度をそれぞれ μ_n，μ_p，密度を n_n，n_p，電子の電荷を e〔C〕とすると，導電率 σ は次式で表されます．

$$\sigma = e(n_n \mu_n + n_p \mu_p) \text{〔S/m〕} \quad (3.7)$$

また，真性半導体では，$n_n = n_p$ となります．

関連知識　半導体関係の元素（元素番号と記号）

3 価：ホウ素（5B），アルミニウム（13Al），ガリウム（31Ga），インジウム（49In），タリウム（81Tl）
4 価：シリコン（14Si），ゲルマニウム（32Ge），スズ（50Sn），鉛（82Pb）
5 価：リン（15P），ヒ素（33As），アンチモン（51Sb），ビスマス（83Bi）

問題 1 ★★★ ➡3.1.4

図 3.3 に示すように，断面積が S〔m²〕，長さが l〔m〕，電子密度が σ〔個/m³〕，電子の移動度が μ_n〔m²/(V・s)〕の N 形半導体に，V〔V〕の直流電圧を加えたときに流れる電流 I〔A〕を表す式として，正しいものを下の番号から選べ．ただし，電流は電子によってのみ流れるものとし，電子の電荷の大きさを q〔C〕とする．

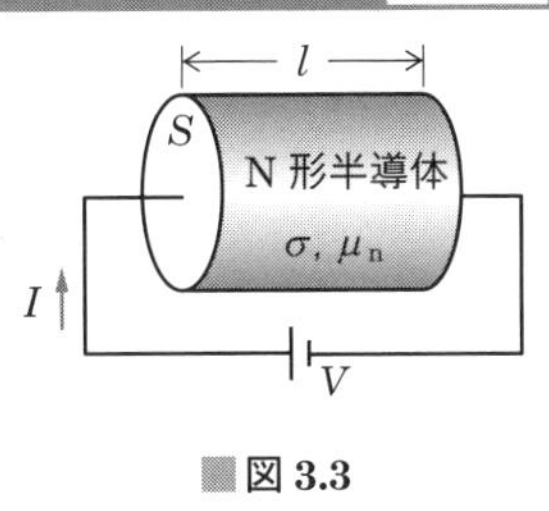

■図 3.3

1　$I=\dfrac{S\mu_n V}{\sigma q l}$　　2　$I=\dfrac{S\sigma q V}{\mu_n l}$　　3　$I=\dfrac{S\sigma q V^2}{\mu_n l}$

4　$I=\dfrac{S\mu_n \sigma q V^2}{l}$　　5　$I=\dfrac{S\mu_n \sigma q V}{l}$

解説　半導体の体積 $X=Sl$〔m³〕の半導体内に存在する自由電子の数 N〔個〕は，電子密度が σ なので，次式で表されます．

$$N=X\sigma=Sl\sigma$$

半導体内に存在する電荷の量 Q〔C〕は次式で表されます．

$$Q=Nq=Sl\sigma q \text{〔C〕} \quad ①$$

長さ l〔m〕を時間 t〔s〕で移動する自由電子の移動速度 v_n〔m/s〕は次式で表されます．

$$v_n=\frac{l}{t} \text{〔m/s〕} \quad ②$$

半導体内の電界 E〔V/m〕は，電圧 V〔V〕より，次式で表されます．

$$E=\frac{V}{l} \text{〔V/m〕} \quad ③$$

電子の移動度 μ_n〔m²/(V・s)〕と式③より，速度 v_n は次式で表されます．

$$v_n=\mu_n E=\frac{\mu_n V}{l} \text{〔m/s〕} \quad ④$$

電流 I〔A〕は，単位時間〔s〕当たりに電荷〔C〕が移動した電気量を表す．

式①，式②，式③より，電流 I〔A〕を求めると，次式で表されます．

$$I=\frac{Q}{t}=\frac{Sl\sigma q}{t}=S\sigma v_n q=\boldsymbol{\frac{S\mu_n \sigma q V}{l}} \text{〔A〕}$$

答え ▶▶▶ 5

問題 2 ★ ➡3.1.4

図 3.4 に示すN形半導体の両端に8〔V〕の直流電圧を加えたときに流れる電流 I の値として最も近いものを下の番号から選べ．ただし，電流 I は自由電子の移動によってのみ生ずるものとする．また，自由電子の定数およびN形半導体の形状は表に示す値とする．

1　16.0〔mA〕
2　25.6〔mA〕
3　38.4〔mA〕
4　51.2〔mA〕
5　64.0〔mA〕

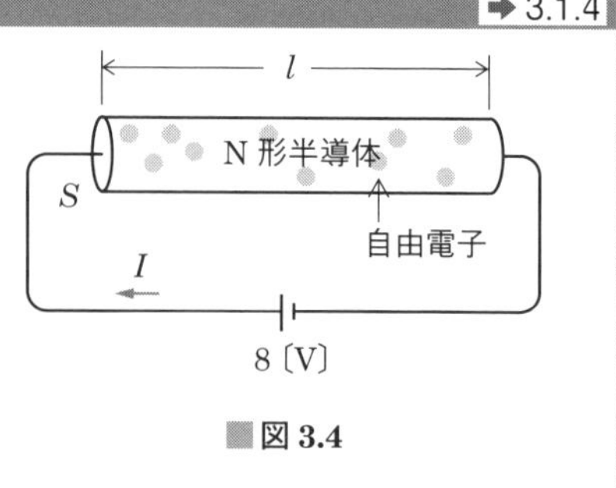

図 3.4

表 3.1

自由電子の定数	密度 $\sigma = 1 \times 10^{21}$〔個/m^3〕 電荷 $e = -1.6 \times 10^{-19}$〔C〕 移動度 $\mu = 0.2$〔m^2/(V･s)〕
N形半導体の形状	断面積 $S = 2 \times 10^{-6}$〔m^2〕 長さ $l = 2 \times 10^{-2}$〔m〕

解説 半導体の体積 $X = Sl$〔m^3〕の半導体内部に存在する電荷の量 Q〔C〕は次式で表されます．

$$Q = X\sigma q = Sl\sigma q \text{〔C〕} \quad ①$$

半導体に加えた電圧を V〔V〕とすると，半導体内の電界 E〔V/m〕は $E = V/l$ なので，自由電子の移動度 μ〔m^2/(V･s)〕より自由電子の速度を求めると，次式で表されます．

$$v = \mu E = \frac{\mu V}{l} \text{〔m/s〕} \quad ②$$

長さ l〔m〕の半導体を自由電子が移動するときの時間 t〔s〕は $t = l/v$ なので，電流 I〔A〕は式①と式②より，次式で表されます．

$$I = \frac{Q}{t} = \frac{Sl\sigma q}{t} = S\sigma vq = \frac{S\mu\sigma qV}{l}$$

$$= \frac{2 \times 10^{-6} \times 0.2 \times 1 \times 10^{21} \times 1.6 \times 10^{-19} \times 8}{2 \times 10^{-2}}$$

$$= 0.2 \times 1.6 \times 8 \times 10^{-6+21-19-(-2)}$$

$$= 2.56 \times 10^{-2} \text{〔A〕} = \mathbf{25.6\text{〔mA〕}}$$

答え▶▶▶2

3.2 ダイオード

- ダイオードの順方向電流はスレッショルド電圧を超えると流れる
- ダイオードの順方向抵抗は特性曲線の傾きから求める
- マイクロ波で発振素子として用いられるダイオードは，トンネルダイオード，ガンダイオード，アバランシダイオード，インパットダイオード

3.2.1 PN 接合ダイオード

PN 接合ダイオードは，順方向に電流を流し，逆方向には電流を流さない特性があります．

シリコン接合ダイオードの順方向の電圧-電流特性を**図 3.5** に示します．順方向電圧 V_F が 0.5〔V〕程度から順方向電流 I_F が流れ始め，このときの電圧 V_S〔V〕を**スレッショルド電圧**といいます．順方向特性曲線において，順方向電圧 ΔV_F の変化と順方向電流 ΔI_F の変化の比を**順方向抵抗** r_F〔Ω〕と呼び，次式で表されます．

$$r_F = \frac{\Delta V_F}{\Delta I_F}\ 〔\Omega〕 \tag{3.8}$$

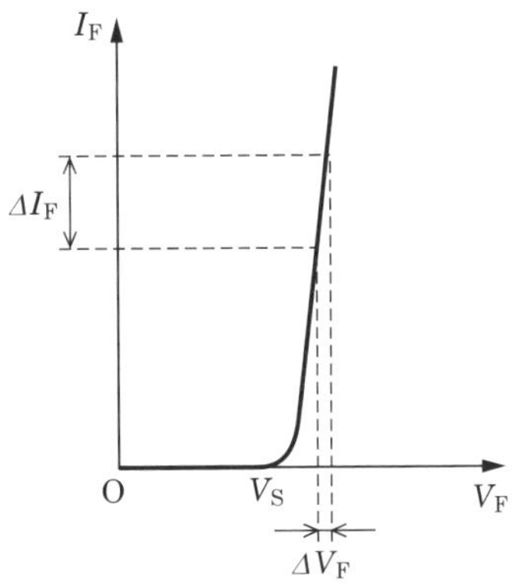

■図 3.5　電圧-電流特性

3.2.2 ダイオードの種類

整流用の接合ダイオード以外のダイオードを次に示します．

(1) ツェナーダイオード

逆方向電圧を次第に上げていくと，ある電圧で急に大電流が流れるようになり，それ以上に逆方向電圧が上がらない定電圧特性を持ちます．定電圧電源回路などに用いられています．

(2) フォトダイオード

PN 接合に逆方向電圧を加え，PN 接合部付近に光を照射すると，共有結合をしている電子が光エネルギーを受け取って，自由電子とホールの対が発生することによってそれらがキャリアとなり電流が増加します．これを**光起電力効果**といいます．流れる電流は光量が大きくなると増加しますが，加える電圧にはあまり関係しません．フォトダイオードは，逆方向電圧を加えて用いるので光の照射がない場合は抵抗値が大きく，極性を考慮する必要があります．

(3) フォトトランジスタ

ベースの半導体に光を当てると光が空乏層に吸収されます．このとき，共有結合をしている電子が光エネルギーを受け取って，自由電子とホールの対が発生することによってそれらがキャリアとなり，ベース電流が増加します（光起電力効果）．ベース電流は電流増幅率倍されてコレクタ電流となるので，トランジスタに接続した負荷抵抗による電圧降下を取り出せば，大きな出力電圧を得ることができます．

(4) CdSセル

CdSセルは，光エネルギーによって，物質の電気伝導度が変化する現象（**光導電効果**）を利用した素子で，**図3.6**の構造図に示すように，ジグザグに曲がって対向した電極間に多結晶CdSを塗布した構造をしています．電流容量が大きく，波長特性もかなり広いですが，応答時間が遅い特徴があります．CdSセルは半導体ですが，ダイオードではないので極性はありません．光を照射すると抵抗値が減少します．

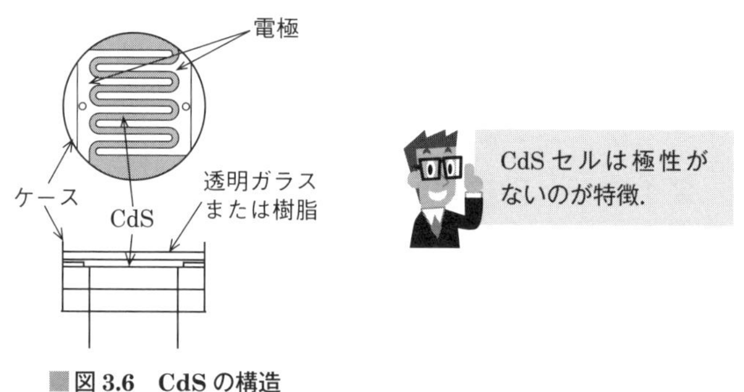

■図3.6　CdSの構造

(5) 発光ダイオード

PN接合素子に順方向のバイアス電流を流したとき，接合部から光を発するエネルギー変換素子です．

(6) レーザダイオード

PN 接合素子に順方向電圧を加えると，伝導帯と価電子帯の間の遷移による電子とホールが再結合するときに発光する現象を利用した素子で，発光ダイオードの一種です．

(7) バラクタダイオード（可変容量ダイオード）(varactor：variable reactance diode)

空乏層の特性を利用した可変リアクタンス素子です．可変静電容量として用いられる場合は，バリキャップダイオードともいいます．加える電圧によって，静電容量を変化させることができ，マイクロ波の周波数逓倍にも用いられます．

PN 接合部付近において，P 形部分にあるホールは拡散によって N 形部分に移動し，N 形部分にある電子は同様にして P 形部分に移動します．電子やホールが移動した結果として，N 形部分は P 形部分に対して正の電位を持つことになり，これを障壁電位 V_D といいます．

n を真性半導体のキャリア密度，N_A を P 形半導体のアクセプタ密度，N_D を N 形半導体のドナー密度，q を電子の電荷，k をボルツマン定数，T を絶対温度とすると，障壁電位 V_D は次式で表されます．

$$V_D = \frac{kT}{q}\log_e\left(\frac{N_A N_D}{n^2}\right) \qquad (3.9)$$

PN 接合部の状態を**図 3.7** に示します．接合部の付近では正負の電荷密度が対向して，正負に帯電した電気二重層を構成するので，等価的なコンデンサとして動作します．

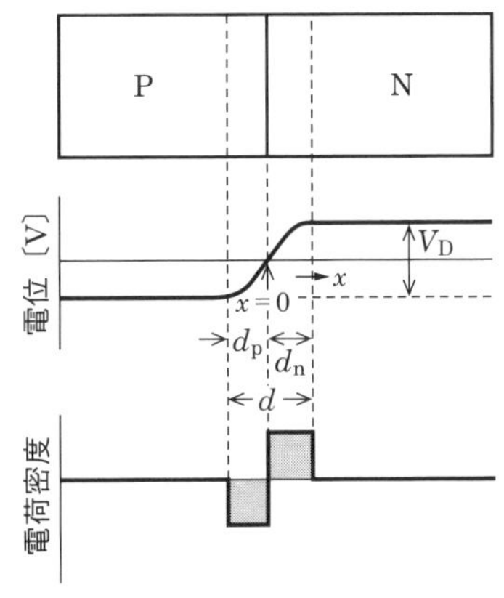

■図 3.7　バラクタダイオードの接合部

空乏層の厚さ d は，P 形部分の厚さ d_p と N 形部分の厚さ d_n の和で表されます．PN 接合に逆方向電圧 V を加えると，d は次式で表されます．

$$d = \left\{\frac{2\varepsilon}{q}\left(\frac{1}{N_A}+\frac{1}{N_D}\right)(V_D + V)\right\}^{\frac{1}{2}} \qquad (3.10)$$

ただし，ε は半導体の誘電率

ダイオードに加える逆方向電圧を増加させると空乏層の厚さが厚くなり，静電容量は減少します．

関連知識　平行平板コンデンサの静電容量

平行平板電極の面積を S〔m²〕，極板の間隔を d〔m〕，誘電率を ε とすると，コンデンサの静電容量 C〔F〕は次式で表されます．

$$C = \varepsilon \frac{S}{d} \text{〔F〕} \tag{3.11}$$

静電容量 C は極板の間隔 d に反比例します．

(8) マグネットダイオード（磁気ダイオード）

素子内部に注入されたキャリアの再結合速度を磁界によって変化させ電流を制御する素子です．

(9) インパットダイオード（IMPATT：impact avalanche transit time diode）

PN 接合に逆方向電圧を加え，電子のなだれ現象と電子走行時間効果によって得られる負性抵抗特性を利用して，マイクロ波の発振回路に用いられます．ガンダイオードより発振出力が大きいですが，雑音も大きい特性があります．

(10) アバランシダイオード

PN 接合に逆方向電圧を加えると，電子のなだれ現象が発生して電流が急増する特性を利用したダイオードのことで，インパットダイオードなどを総称していいます．

(11) トンネルダイオード（エサキダイオード）

PN 接合ダイオードの不純物濃度を高くしたダイオードです．順方向電圧を加えると負性抵抗特性を持ちます．負性抵抗特性を利用して，マイクロ波の増幅または発振回路に用いられます．

負性抵抗特性とは，電圧を増加させると電流が減少する特性で，増幅作用がある．

(12) ガンダイオード

PN 接合を持たない構造で，ガリウムヒ素（GaAs）などの金属化合物結晶に強い直流電界を加えたときに生じる電子遷移効果による負性抵抗特性を持ちます．マイクロ波の発振，変調，復調用に用いられます．

(13) ショットキーダイオード

エサキ（江崎），ショットキーは人名.

半導体に金属を蒸着した構造の接触部に生じる**ショットキー障壁**を利用して整流作用を持ちます．マイクロ波の発振・変調・復調用に用いられます．

3.2.3 半導体素子

(1) サーミスタ

温度により抵抗値が大きく変化し，負の温度特性を持ちます．

サーミスタ（thermistor：thermal resistor：温度抵抗素子）はダイオードには分類されませんが，半導体素子の一種です．マンガン，ニッケル，コバルト，鉄などの酸化物の混合体を焼き固めた半導体素子で，温度の変化に対して電気抵抗が大きく変化する素子です．温度の測定や温度制御回路，トランジスタ回路の温度補償用などに用いられます．

(2) バリスタ

バリスタ（varistor：variable resistor：非直線性抵抗素子）は，端子間の電圧が低い場合は電気抵抗が高く，ある程度以上に電圧が高くなると急激に電気抵抗が低くなる性質を持つ素子です．リレーやスイッチなどの火花消去回路や過電圧保護回路などに用いられます．

(3) ホール素子

図 3.8 に示すように，平面状の金属や半導体に面に垂直な方向に電流を流し，電流と垂直な方向に磁界を加えると，電流と磁界の両方に垂直な方向に起電力が発生します．これを**ホール効果**と呼び，これを応用したホール素子は，磁界のセンサなどに用いられます．また，起電力の向きは，金属や半導体の種類によって異なります．

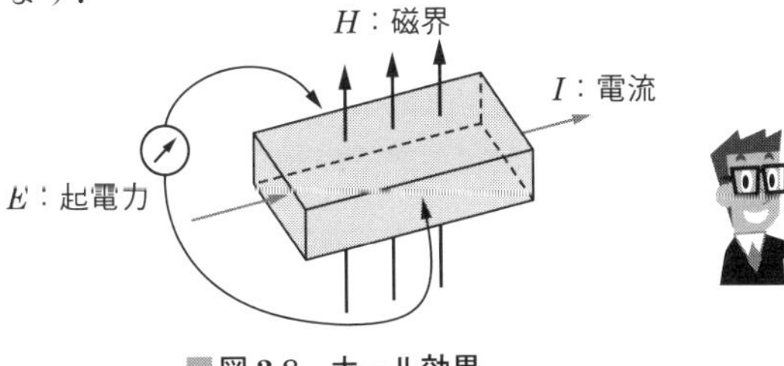

■図 3.8　ホール効果

ホール（Hall）は人名.

出題傾向 ダイオードの種類とその特徴を解答する問題が頻繁に出題されています．
ダイオードの種類が多いので，それらの違いや共通点に注意して学習してください．

問題 3 ★★★ ➡3.2.1

次の記述は，ダイオードの特性について述べたものである．[　　]内に入れるべき字句の正しい組合せを下の番号から選べ．なお，同じ記号の[　　]内には，同じ字句が入るものとする．

(1) **図3.9** に示すように，ダイオードDに加わる電圧 V_D と流れる電流 I_D の順方向特性を **図3.10** に示す折れ線で近似すると，Dの等価回路は，**図3.11** の [A] で表すことができる．

(2) **図3.10** の特性から，**図3.11** の [A] の R_D は，

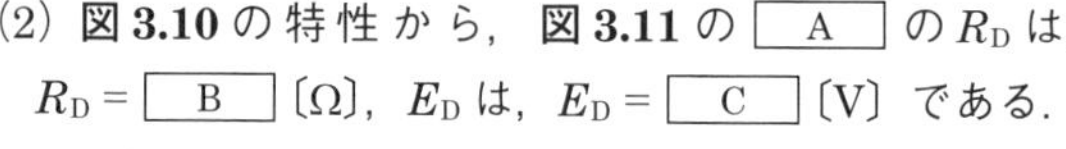

R_D = [B]〔Ω〕，E_D は，E_D = [C]〔V〕である．

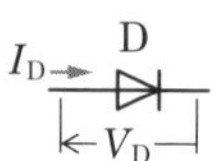

V_D：Dの両端の電圧
I_D：Dに流れる電流

図3.9

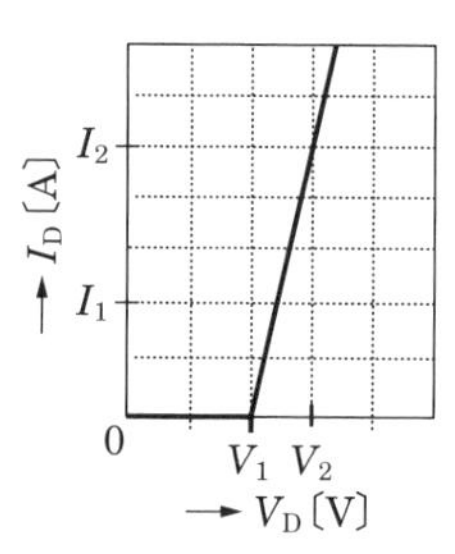

図3.10

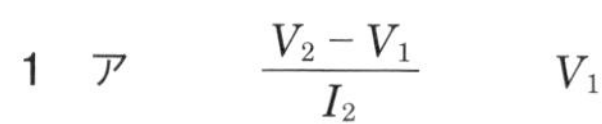

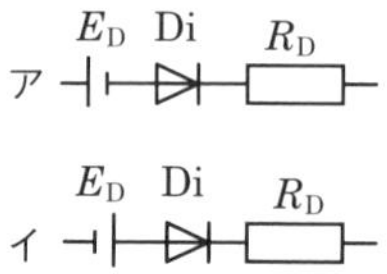

	A	B	C
1	ア	$\dfrac{V_2-V_1}{I_2}$	V_1
2	ア	$\dfrac{V_2}{I_2-I_1}$	V_1
3	ア	$\dfrac{V_2}{I_2-I_1}$	V_2-V_1
4	イ	$\dfrac{V_2-V_1}{I_2}$	V_1
5	イ	$\dfrac{V_2}{I_2-I_1}$	V_2-V_1

ア　E_D　Di　R_D

イ　E_D　Di　R_D

Di：理想ダイオード
R_D：抵抗
E_D：直流電源

図3.11

解説 ダイオードには，等価回路で表される逆方向の電圧 $E_D = \boldsymbol{V_1}$〔V〕より，大きな電圧が加わらないと電流が流れません．

（[C] の答え）

図3.10の特性曲線において，電圧が V_1 から V_2〔V〕に変化すると，電流は0から I_2〔A〕に変化するので，順方向抵抗 R_D〔Ω〕は次式で表されます．

$$R_D = \frac{\boldsymbol{V_2 - V_1}}{\boldsymbol{I_2}}\ 〔\Omega〕$$

（[B] の答え）

答え▶▶▶ 1

問題 4 ★★★ ➡3.2.1

図 3.12 に示すダイオードDと抵抗 R を用いた回路に流れる電流 I_D およびDの両端の電圧 V_D の値の組合せとして，最も近いものを下の番号から選べ．ただし，ダイオードDの順方向特性は，**図 3.13** に示す折れ線で近似するものとする．

	I_D	V_D
1	0.2〔A〕	0.7〔V〕
2	0.2〔A〕	0.9〔V〕
3	0.3〔A〕	0.7〔V〕
4	0.4〔A〕	0.8〔V〕
5	0.4〔A〕	0.9〔V〕

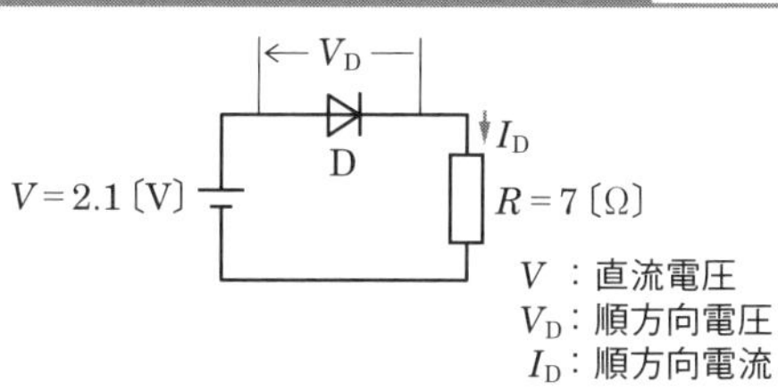

図 3.12

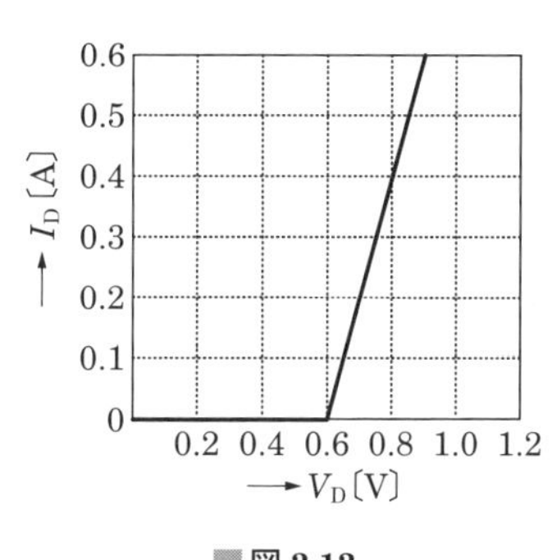

図 3.13

解説 ダイオードの特性曲線の変化は直線なので，図 3.13 より電流 I_D を表す式は

$$I_D = (V_D - 0.6) \times \frac{0.4}{0.8 - 0.6} = 2V_D - 1.2 \text{〔A〕} \quad ①$$

となるので，閉回路より次式が成り立ちます．

$$V_D + R\,I_D = V$$

$$V_D + 7I_D = 2.1 \quad \text{よって} \quad V_D = 2.1 - 7I_D \text{〔V〕となります．} \quad ②$$

式②を式①に代入すると，I_D は次式で表されます．

$$I_D = 2 \times (2.1 - 7I_D) - 1.2$$

$$15I_D = 4.2 - 1.2 \quad \text{よって} \quad I_D = \mathbf{0.2}\text{〔A〕となります．} \quad ③$$

（I_D の答え）

式③を式②に代入すると，V_D は次式で表されます．

$$V_D = 2.1 - 7 \times 0.2 = \mathbf{0.7}\text{〔V〕}$$

（V_D の答え）

答え ▶▶▶ 1

関連知識　ダイオードの動作点

V_D の横軸が電源電圧の 2.1〔V〕 までであれば，$V_D = 0$〔V〕としたときの電流 $V/R = 0.3$〔A〕と 2.1〔V〕を結ぶ負荷線を引くとダイオードの特性曲線との交点がダイオードの動作点を表します．

問題 5 ★★★ ➡ 3.2.1

次の記述は，理想的なダイオードDおよび2〔kΩ〕の抵抗 R を組み合わせた回路の電圧電流特性について述べたものである．［　　］内に入れるべき字句の正しい組合せを下の番号から選べ．ただし，回路に加える直流電圧および電流をそれぞれ V および I とする．

(1) **図 3.14** に示す回路の V-I 特性のグラフは，［ A ］である．
(2) **図 3.15** に示す回路の V-I 特性のグラフは，［ B ］である．
(3) **図 3.16** に示す回路の V-I 特性のグラフは，［ C ］である．

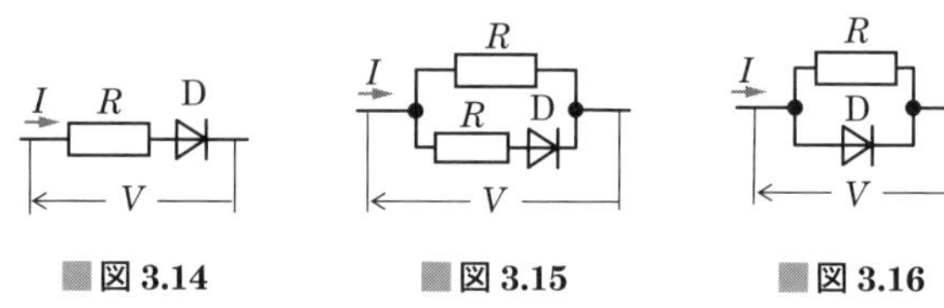

■図 3.14　■図 3.15　■図 3.16

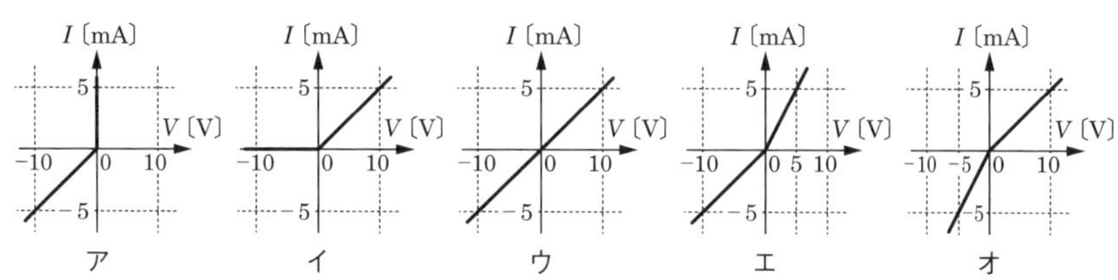

	A	B	C
1	ア	オ	イ
2	イ	ア	オ
3	ウ	エ	イ
4	イ	エ	ア
5	エ	ア	ウ

解説 (1) 順方向電流 I〔A〕は抵抗 $R = 2 \times 10^3$〔Ω〕によって制限されるので

$$I = \frac{V}{R} = \frac{V}{2 \times 10^3} = V \times \frac{1}{2} \times 10^{-3}\ \text{〔A〕}$$

で表される関係となり，順方向電圧 V〔V〕に比例して増加します．また，逆方向電流は流れないので，**イ**のグラフとなります．

…… A の答え

(2) 順方向抵抗は2本の抵抗 R の並列接続なので $R/2$ となります．よって，順方向電流 I の直線の傾きが2倍となり，V に比例して増加します．逆方向電流は1本の抵抗 R によって制限され，逆方向電圧 $-V$ に比例して $-$ の向きに増加するので，**エ**のグラフとなります．

…… B の答え

(3) 順方向抵抗が0なので，電流 I〔A〕の傾きが∞となり，順方向特性は電流軸上の直線となります．逆方向電流は抵抗 R によって制限され，逆方向電圧 $-V$ に比例して $-$ の向きに増加するので，**ア**のグラフとなります．

…… C の答え

答え ▶▶▶ 4

問題 6 ★★★ ➡ 3.2.1

次に示す，理想的なダイオードD，ツェナー電圧2〔V〕の定電圧ダイオード D_Z および1〔kΩ〕の抵抗 R を組み合わせた回路の電圧電流特性として，最も近いものを下の番号から選べ．ただし，端子ab間に加える電圧を V，流れる電流を I とする．

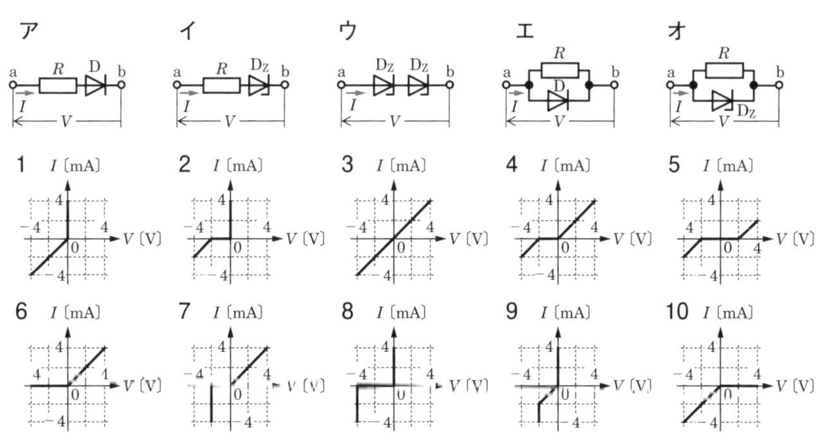

解説 理想ダイオードの順方向特性は順方向抵抗が0〔Ω〕なので，電流軸方向に電流が流れます．定電圧ダイオードも順方向特性は同じになります．理想ダイオードの逆方向特性は電流が流れません．定電圧ダイオードの逆方向特性はツェナー電圧の2〔V〕から電流が流れ始めます．定電圧ダイオードを2個直列接続すると，電流が流れ始める電圧は2倍になります．

答え▶▶▶ア－6，イ－4，ウ－8，エ－1，オ－9

問題 7 ★★ ➡3.2.2

次の記述は，フォトダイオードについて述べたものである．［　　］内に入れるべき字句の正しい組合せを下の番号から選べ．

(1) 光電変換には，［ A ］を利用している．

(2) 一般に，［ B ］電圧を加えて使用し，受光面に当てる光の強さが強くなると電流の大きさの値は［ C ］なる．

	A	B	C
1	光起電力効果	順方向	小さく
2	光起電力効果	逆方向	大きく
3	光起電力効果	順方向	大きく
4	光導電効果	順方向	小さく
5	光導電効果	逆方向	大きく

答え▶▶▶2

問題 8 ★★★ ➡3.2.2

次の記述は，可変容量ダイオードD_Cについて述べたものである．［　　］内に入れるべき字句の正しい組合せを下の番号から選べ．

(1) 可変容量ダイオードは，PN接合を持つダイオードであり，［ A ］ダイオードとも呼ばれている．

(2) **図3.17**に示すように，D_Cに加える［ B ］電圧の大きさV〔V〕を大きくしていくと，PN接合の空乏層が厚くなる．

(3) 空乏層が厚くなると，D_Cの電極間の静電容量C_d〔F〕は［ C ］なる．

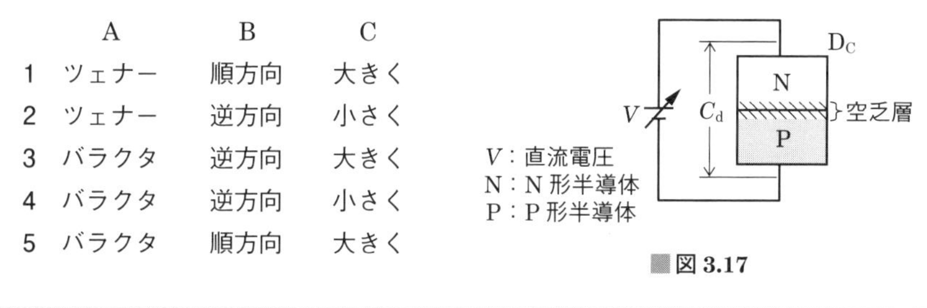

	A	B	C
1	ツェナー	順方向	大きく
2	ツェナー	逆方向	小さく
3	バラクタ	逆方向	大きく
4	バラクタ	逆方向	小さく
5	バラクタ	順方向	大きく

■図 3.17

解説 平行平板電極の面積を S〔m^2〕，極板の間隔（空乏層の厚さ）を d〔m〕，誘電率を ε とすると，コンデンサの静電容量 C_d〔F〕は次式で表されます．

$$C_d = \varepsilon \frac{S}{d} \text{〔F〕}$$

空乏層の厚さ d が厚くなると，C_d は**小さく**なります．

↑ [C] の答え

答え▶▶▶4

出題傾向 下線の部分を穴埋めの字句とした問題も出題されています．

問題 9 ★★★ ➡3.2.2 ➡3.2.3

次の記述は，各種半導体素子について述べたものである．[　　] 内に入れるべき字句を下の番号から選べ．

(1) トンネルダイオードは，[ア] 電圧電流特性で，負性抵抗特性が現れる素子である．

(2) フォトダイオードは，[イ] を電気エネルギーに変換する素子である．

(3) サイリスタは，[ウ] の安定状態を持つスイッチング素子である．

(4) サーミスタは，温度によって [エ] が変化する素子である．

(5) バリスタは，[オ] によって電気抵抗が変化する素子である．

1 電圧	2 静電容量	3 二つ	4 光エネルギー
5 順方向の	6 自己インダクタンス	7 電気抵抗	8 四つ
9 長さ	10 逆方向の		

解説 バリスタ（varistor）は非直線性抵抗素子（variable resistor），サーミスタ（thermistor）は温度抵抗素子（thermal resistor）の略称です．

答え▶▶▶ア－5，イ－4，ウ－3，エ－7，オ－1

問題 10 ★ ➡3.2.3

次の記述は，**図 3.18** に示すＰ形半導体で作られた直方体のホール素子Ｓの動作原理について述べたものである．[　　]内に入れるべき字句の正しい組合せを下の番号から選べ．ただし，電流はホール（正孔）によってのみ流れるものとする．

(1) Ｓ内のホールは，[A]力を受けるため密度に偏りが生ずる．このため z 方向にホール起電力 E_H が生ずる．

(2) E_H の極性は，図 3.18 の端子 a が[B]，端子 b がその逆の極性となる．

(3) E_H の大きさは，Ｓの y 方向の長さを t〔m〕，ホール係数を R_H とすると，E_H ＝[C]〔V〕で表される．

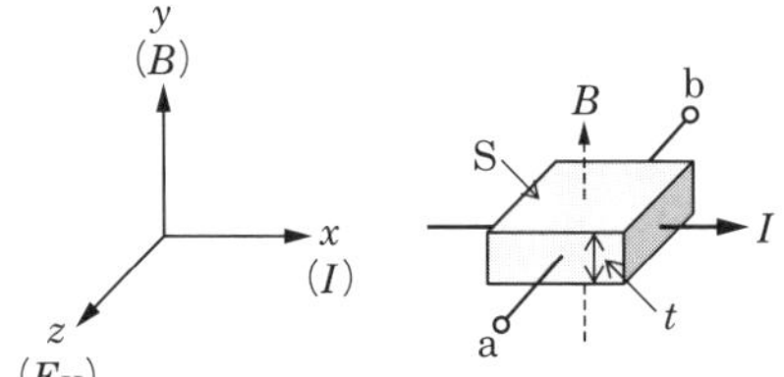

x：直流電流 I〔A〕の方向
y：磁束密度 B〔T〕の方向
z：起電力 E_H〔V〕の方向
x，y，z は互いに直角

■図 3.18

	A	B	C
1	静電	負（－）	$\frac{R_H I}{Bt}$
2	静電	正（＋）	$\frac{R_H IB}{t}$
3	ローレンツ	正（＋）	$\frac{R_H I}{Bt}$
4	ローレンツ	正（＋）	$\frac{R_H IB}{t}$
5	ローレンツ	負（－）	$\frac{R_H I}{Bt}$

解説 ローレンツ力（電磁力）によって正孔に力が加わるので，ホール密度に偏りが生じます．電流が流れる方向と正孔が移動する方向は同じなので，フレミングの左手の法則によって，正孔に力が加わって端子 a 方向に正孔が移動します．よって，端子 a が正（＋）の極性となります．起電力は電磁力と同様に電流 I と磁束密度 B に比例し，素子の厚み t に反比例します．

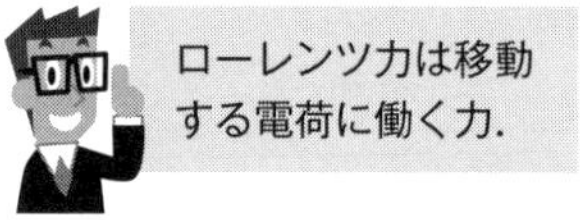

ローレンツ力は移動する電荷に働く力．

答え▶▶▶ 4

3.3 トランジスタ

- h パラメータおよび y パラメータの各要素は，入出力の電圧または電流のどれかを 0 として求める
- 遮断周波数とトランジション周波数でトランジスタの高周波特性を表す

3.3.1 接合形トランジスタ

N 形半導体に薄い P 形半導体を挟んで接合した構造の半導体素子を **NPN トランジスタ**といい，P 形半導体に薄い N 形半導体を挟んで接合した素子を **PNP トランジスタ**といいます．一般にエミッタとベース間に順方向の電圧を加え，コレクタとベース間に逆方向の電圧を加えて使用します．ベース電流が変化すると，コレクタ電流が大きく変化する電流増幅作用があります．

3.3.2 電流増幅率

トランジスタは**図 3.19** に示す向きに電流が流れ，エミッタ電流 I_E，ベース電流 I_B，コレクタ電流 I_C の間には，次式の関係があります．

$$I_E = I_B + I_C \tag{3.12}$$

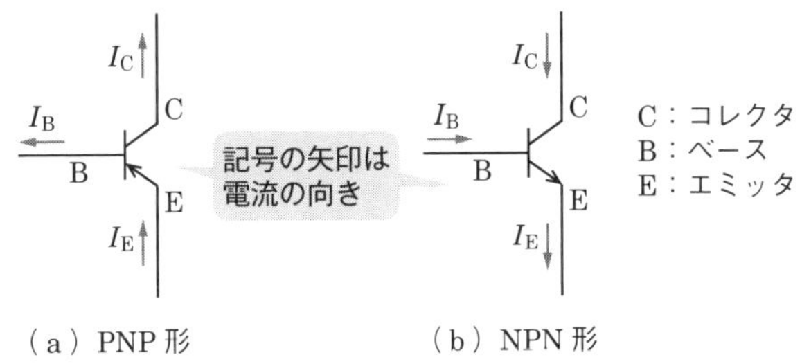

（a）PNP 形　（b）NPN 形

■図 3.19　トランジスタ

ベースを共通電極として（ベース接地），エミッタ電流 I_E を微小量 ΔI_E 変化させたとき，コレクタ電流が ΔI_C 変化したとすると，電流増幅率 α は次式で表されます．

$$\alpha = \frac{\Delta I_C}{\Delta I_E} \tag{3.13}$$

α は 0.99 くらいの値を持つ．

エミッタを共通電極として（エミッタ接地），ベース電流を ΔI_B 変化させたときのコレクタ電流の変化を ΔI_C とすると，電流増幅率 β は次式で表されます．

$$\beta = \frac{\Delta I_C}{\Delta I_B} \tag{3.14}$$

β は 100 くらいの値を持つ．

また，α と β には次式の関係があります．

$$\beta = \frac{\Delta I_C}{\Delta I_B} = \frac{\dfrac{\Delta I_C}{\Delta I_E}}{\dfrac{\Delta I_E - \Delta I_C}{\Delta I_E}} = \frac{\alpha}{1-\alpha} \tag{3.15}$$

3.3.3 h パラメータ

入出力回路を構成するときに共通する電極を**接地**といいます．トランジスタのエミッタ接地増幅回路を次式の関係で表した定数を ***h* パラメータ**といいます．

$$v_1 = h_{ie} i_1 + h_{re} v_2 \tag{3.16}$$

$$i_2 = h_{fe} i_1 + h_{oe} v_2 \tag{3.17}$$

h パラメータ（hybrid parameter）によるエミッタ接地トランジスタの等価回路を**図 3.20** に示します．

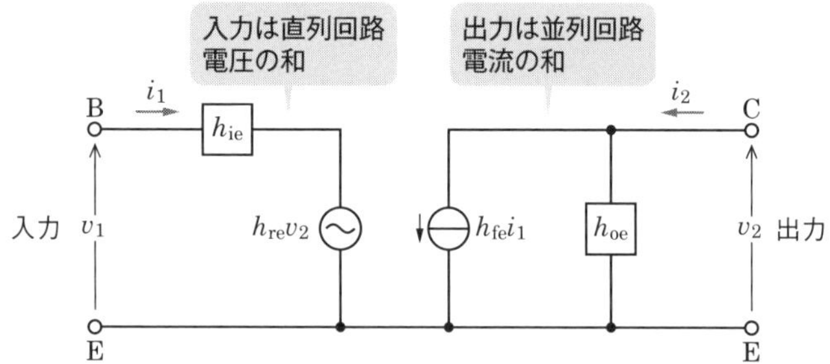

■図 3.20　*h* パラメータによるエミッタ接地トランジスタの等価回路

入力端子を開放すると $i_1 = 0$ となるので，式（3.16）より入力端開放電圧帰還率 h_{re} は次式で表されます．

$$h_{re} = \frac{v_1}{v_2} \tag{3.18}$$

式（3.17）より，入力端開放出力アドミタンス h_{oe}〔S〕は次式で表されます．

$$h_{oe} = \frac{i_2}{v_2} \text{〔S〕} \tag{3.19}$$

出力端子を短絡すると $v_2 = 0$ となるので，式（3.16）より出力端短絡入力インピーダンス h_{ie}〔Ω〕は次式で表されます．

$$h_{ie} = \frac{v_1}{i_1} \text{〔Ω〕} \tag{3.20}$$

式（3.17）より，出力端短絡電流増幅率 h_{fe} は次式で表されます．

$$h_{fe} = \frac{i_2}{i_1} \tag{3.21}$$

各記号の添え字のうち
e は emitter（エミッタ）
i は input（入力）
r は reverse（逆方向）
f は forward（順方向）
o は output（出力）
を表す．

関連知識 ダーリントン接続

二つのトランジスタ Tr_1 と Tr_2 を**図 3.21**（a）のように接続する方法をダーリントン接続といいます．

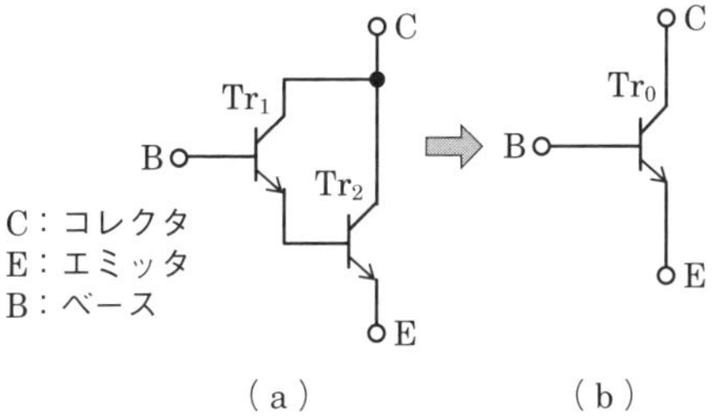

C
Tr_1
B
Tr_2
C：コレクタ
E：エミッタ
B：ベース
E
（a）

C
Tr_0
B
E
（b）

図 3.21

図 3.21（b）のような一つのトランジスタの等価回路で表したとき，それぞれの電流増幅率を h_{fe1}，h_{fe2} とすると，等価回路のトランジスタ Tr_0 の電流増幅率 h_{fe0} は

$$h_{fe0} \fallingdotseq h_{fe1} h_{fe2} \tag{3.22}$$

で表され，h_{fe} の大きなトランジスタとすることができます．

3.3.4 高周波特性

トランジスタ増幅回路は，トランジスタの電極間容量やリード線の高周波損失抵抗などの影響で，使用周波数が高くなると増幅度が低下します．トランジスタの電流増幅率をβとすると，βの値が低周波のときの値β_0に対して$1/\sqrt{2}$となる周波数を**遮断周波数**といい，f_β〔Hz〕で表します．周波数f〔Hz〕のときのβおよびその大きさ$|\beta|$は次式で表されます．

$$\beta = \frac{\beta_0}{1 + j\dfrac{f}{f_\beta}} \tag{3.23}$$

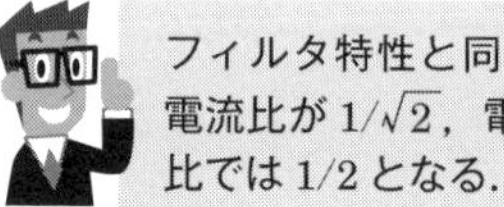

$$|\beta| = \frac{\beta_0}{\sqrt{1 + \left(\dfrac{f}{f_\beta}\right)^2}} \tag{3.24}$$

また，βの大きさが1になる周波数を**トランジション周波数**f_T〔Hz〕といい，**図3.22**のように表されます．

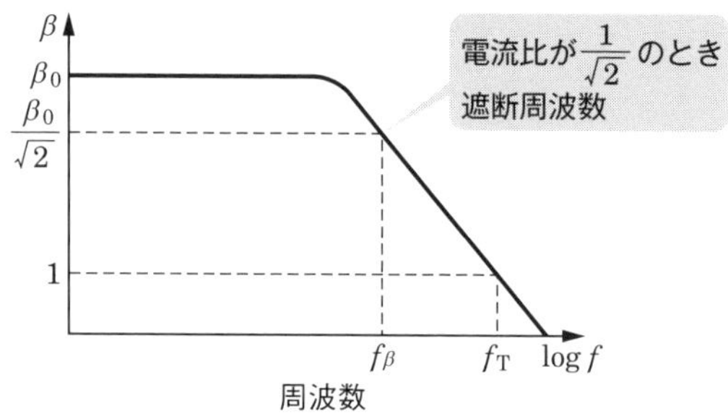

■図3.22　高周波特性

問題 11 ★ ➡3.3.3

図 3.23 に示す特性の等しいトランジスタ Tr_1 および Tr_2 をダーリントン接続した回路を，**図 3.24** に示すように一つの等価なトランジスタ Tr_0 とみなしたとき，Tr_0 のベース-エミッタ間から見た入力インピーダンス Z_i〔Ω〕を表す式として，正しいものを下の番号から選べ．ただし，Tr_1 および Tr_2 の h 定数の入力インピーダンスを h_{ie}〔Ω〕，電流増幅率を h_{fe} とする．また，電圧帰還率 h_{re} および出力アドミタンス h_{oe} の影響は無視するものとする．

1 $Z_i = 2h_{ie}$
2 $Z_i = (2 + h_{fe}{}^2)\,h_{ie}$
3 $Z_i = (2 + h_{fe})\,h_{ie}$
4 $Z_i = (2h_{ie} + h_{fe})\,h_{fe}$
5 $Z_i = (1 + h_{ie})^2\,h_{fe}$

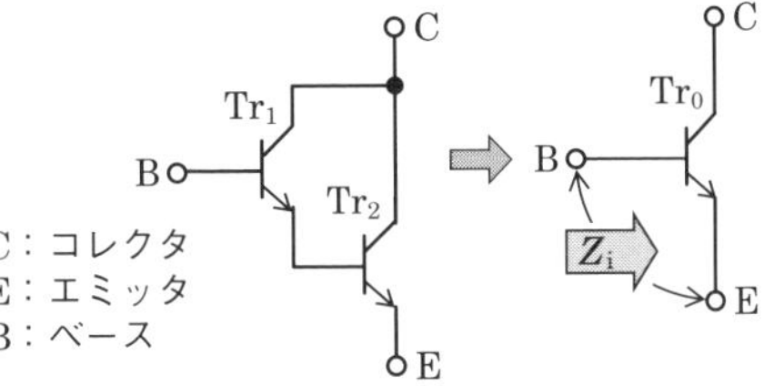

■図 3.23　■図 3.24

解説 等価回路は図 **3.25** のようになり，入力電圧 V_i は次式で表されます．

$$V_i = h_{ie} I_{b1} + h_{ie} I_{b2} = h_{ie} I_{b1} + h_{ie}\,(I_{b1} + h_{fe} I_{b1})\ \text{〔V〕} \quad ①$$

式①より，入力インピーダンス Z_i〔Ω〕は次式で表されます．

$$Z_i = \frac{V_i}{I_{b1}} = h_{ie} + h_{ie} + h_{ie} h_{fe} = \boldsymbol{(2 + h_{fe})\,h_{ie}}\ \text{〔Ω〕}$$

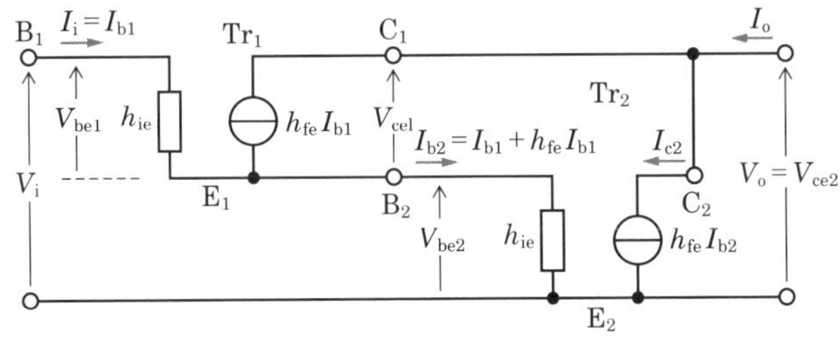

■図 3.25

答え ▶▶▶ 3

出題傾向 Tr_1 と Tr_2 の h 定数が異なる問題も出題されています．

問題 12 ★★ ➡ 3.3.3

図 3.26 に示すように，二つのトランジスタ Tr_1 および Tr_2 で構成した回路の電流増幅率 $A_i = I_o/I_i$ および入力抵抗 $R_i = V_i/I_i$ の値の組合せとして，最も近いものを下の番号から選べ．ただし，Tr_1 および Tr_2 の h 定数は**表 3.2** の値とし，h_{re} および h_{oe}〔S〕は無視するものとする．

表 3.2

h 定数の名称	記号	Tr_1	Tr_2
入力インピーダンス	h_{ie}	3〔kΩ〕	2〔kΩ〕
電流増幅率	h_{fe}	120	50

	A_i	R_i
1	4 150	245〔kΩ〕
2	4 150	285〔kΩ〕
3	6 170	245〔kΩ〕
4	6 170	285〔kΩ〕
5	8 350	460〔kΩ〕

C ：コレクタ
E ：エミッタ
B ：ベース
V_i：入力電圧〔V〕
I_i：入力電流〔A〕
I_o：出力電流〔A〕

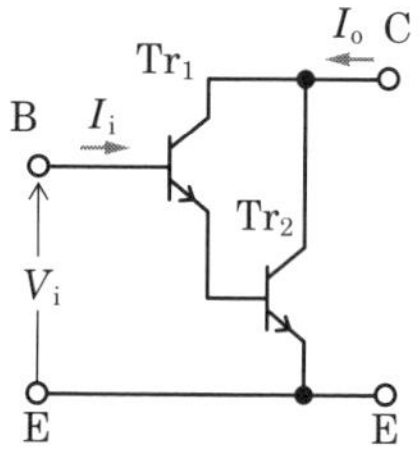

図 3.26

解説 等価回路は**図 3.27** のようになり，入力電圧 V_i は次式で表されます．

$$V_i = h_{ie1} I_{b1} + h_{ie2} I_{b2} = h_{ie1} I_{b1} + h_{ie2} (I_{b1} + h_{fe1} I_{b1}) \quad ①$$

出力電流 I_o は次式で表されます．

$$I_o = h_{fe1} I_{b1} + h_{fe2} I_{b2} = h_{fe1} I_{b1} + h_{fe2} (I_{b1} + h_{fe1} I_{b1}) \quad ②$$

式①より，電流増幅率 A_i は次式で表されます．

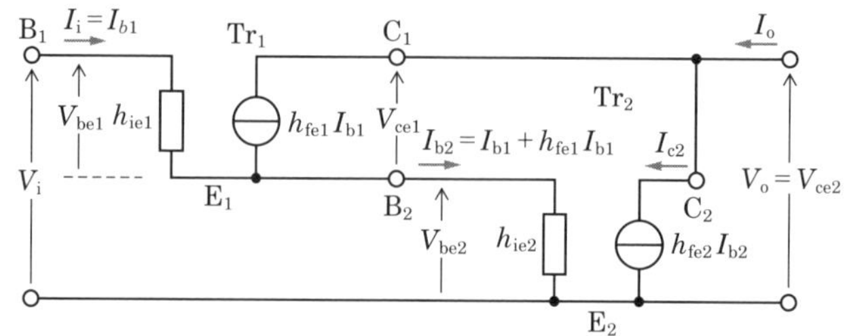

図 3.27

$$A_i = \frac{I_o}{I_{b1}} = h_{fe1} + h_{fe2} + h_{fe1} h_{fe2}$$

$$= 120 + 50 + 120 \times 50 = \mathbf{6\,170}$$ ◀……… A_i の答え

式①より，入力抵抗 R_i〔kΩ〕は次式で表されます．

$$R_i = \frac{V_i}{I_{b1}} = h_{ie1} + h_{ie2} + h_{fe1} h_{ie2} = 3 + 2 + 120 \times 2$$

$$= \mathbf{245}\ \text{〔kΩ〕}$$ ◀……… R_i の答え

〔kΩ〕のまま計算してもよい．

答え▶▶▶3

3章

問題 13 ★★ ➡3.3.3

低周波領域におけるエミッタ接地電流増幅率 h_{fe0} が 200 で，トランジション周波数 f_T が 80〔MHz〕のトランジスタのエミッタ接地電流増幅率 h_{fe} の遮断周波数 f_C の値として，最も近いものを下の番号から選べ．ただし，高周波領域の周波数 f〔Hz〕における h_{fe} は，$h_{fe} = h_{fe0}/\{1 + j(f/f_C)\}$ で表せるものとする．また，f_C は $h_{fe} = h_{fe0}/\sqrt{2}$ になる周波数であり，f_T は $h_{fe} = 1$ になる周波数である．

1　0.2〔MHz〕　2　0.4〔MHz〕　3　0.8〔MHz〕

4　1.6〔MHz〕　5　3.2〔MHz〕

解説 題意の式より，h_{fe} の大きさを求めると次式で表されます．

$$h_{fe} = \frac{h_{fe0}}{\sqrt{1 + \left(\dfrac{f}{f_C}\right)^2}} \quad ①$$

トランジション周波数 f_T〔MHz〕のときに h_{fe} の大きさが 1 となるので，式①に $f = f_T$，$h_{fe} = 1$ を代入して遮断周波数 f_C〔MHz〕を求めると，次式で表されます．

$$1 = \frac{h_{fe0}}{\sqrt{1 + \left(\dfrac{f_T}{f_C}\right)^2}} \quad ②$$

$$1 + \left(\frac{f_T}{f_C}\right)^2 = h_{fe0}^{\ 2}$$

$$f_C = \frac{f_T}{\sqrt{h_{fe0}^{\ 2} - 1}} = \frac{80}{\sqrt{200^2 - 1}} \fallingdotseq \frac{80}{200} = \mathbf{0.4\ 〔MHz〕}$$

答え▶▶▶2

3.4 FET，サイリスタの特性

要点
- MOS 形 FET には，デプレッション（Depletion：減少）形とエンハンスメント（Enhancement：増大）形があり，種類とチャネルは記号で表される

3.4.1 FET

FET（電界効果トランジスタ）は電流が流れるチャネル構造の半導体にチャネルを電界で制御するための電極を接合した構造のトランジスタです．チャネルの種類によって，N チャネル接合形 FET，P チャネル接合形 FET があります．構造図，記号，V_{GS} - I_D 特性を**図 3.28** に示します．接合形 FET はゲートとチャネルが PN 接合構造です．ゲートに負の電圧を加えると，空乏層によって N 形半導体のチャネルが狭められドレイン電流が減少します．

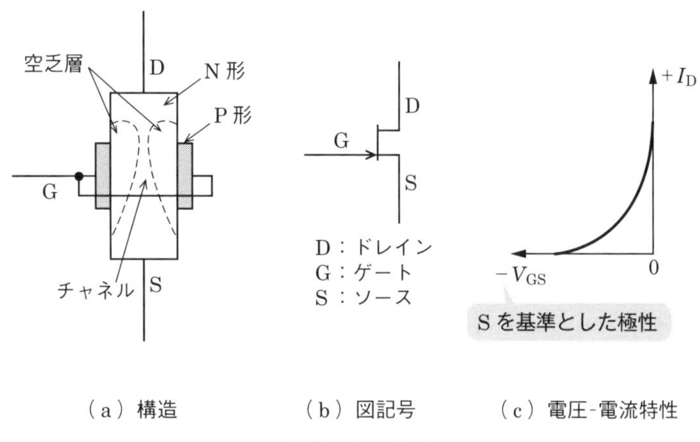

■図 3.28　FET

図 3.29 のように，チャネル構造の半導体（Si）に酸化膜（SiO_2）を挟んで制御電極を取り付けた構造の電界効果トランジスタを **MOS 形 FET** といいます．MOS 形 FET は，ゲートが絶縁膜によって絶縁されているので，接合形 FET と比較して，入力インピーダンスは大きい，静電気によってゲートが絶縁破壊し

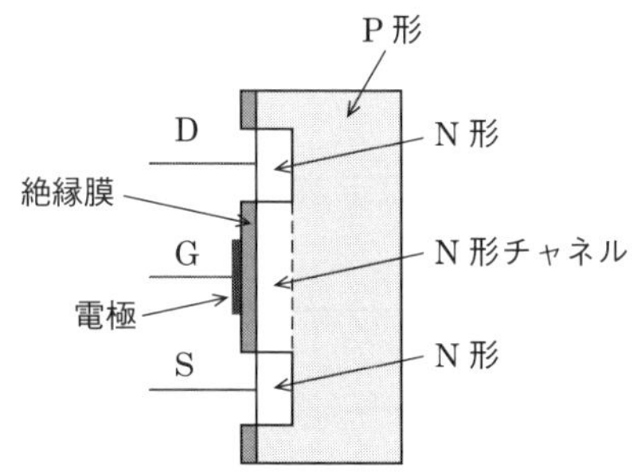

■図 3.29　MOS 形 FET の構造

やすい，ゲート電流はほとんど流れないという特徴があります．

図 3.30 に MOS 形 FET の図記号と V_{GS} - I_D 特性を示します．図 3.30（a）の N チャネルデプレッション形 FET では，ドレイン D に正（+），ソース S に負（−）の極性の電圧を加えます．

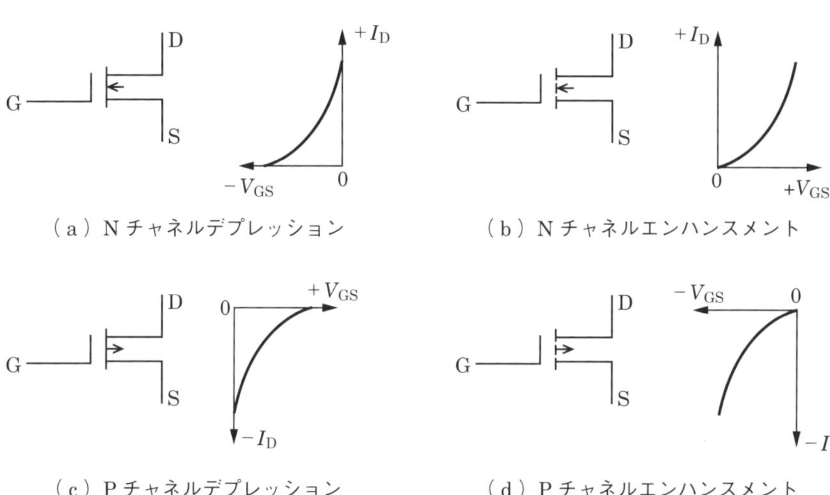

図 3.30　MOS 形 FET の図記号と電圧-電流特性

あらかじめドレイン-ソース間に電流が流れるチャネルが形成されているものを**デプレッション形**といい，ゲート電圧を加えることによってドレイン-ソース間に反転層が生じてチャネルを形成するものを**エンハンスメント形**といいます．デプレッション形は，バイアス電圧を加えなくてもチャネルを形成しているのでドレイン電流が流れますが，エンハンスメント形はバイアス電圧を加えなければチャネルを形成しないので電流が流れません．

デプレッション（Depletion：減少）形は，バイアス電圧を大きくするとドレイン電流が減少し，エンハンスメント（Enhancement：増大）形はバイアス電圧を大きくすると電流が増加します．また，同じ形のチャネルの場合，バイアス電圧の極性はデプレッション形とエンハンスメント形では逆向きとなります．

FET はトランジスタと比較して，次の特徴がある．
① キャリアが電子かホールの1種類のユニポーラ形
② 入力インピーダンスが極めて大きい
③ 利得が小さい

3.4.2 サイリスタ

電源の制御用素子として用いられている半導体素子にサイリスタがあります．3端子サイリスタ（SCR），ゲートターンオフサイリスタ（GTO サイリスタ），3端子双方向サイリスタ（TRIAC），2極双方向サイリスタ（SSS）の種類があります．

図 3.31 に P ゲート逆阻止3端子サイリスタを示します．

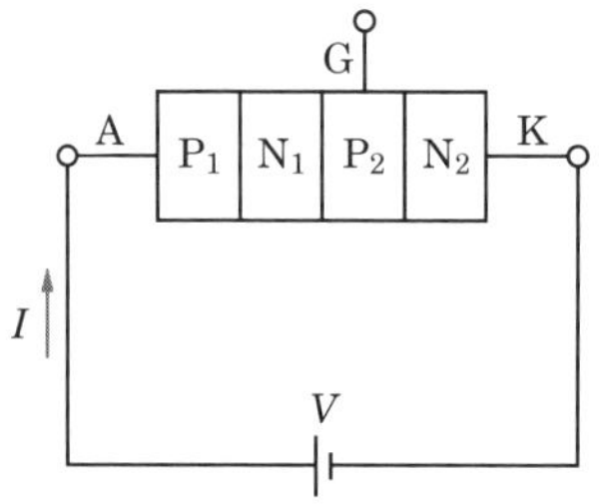

■図 3.31 P ゲート逆阻止3端子サイリスタ

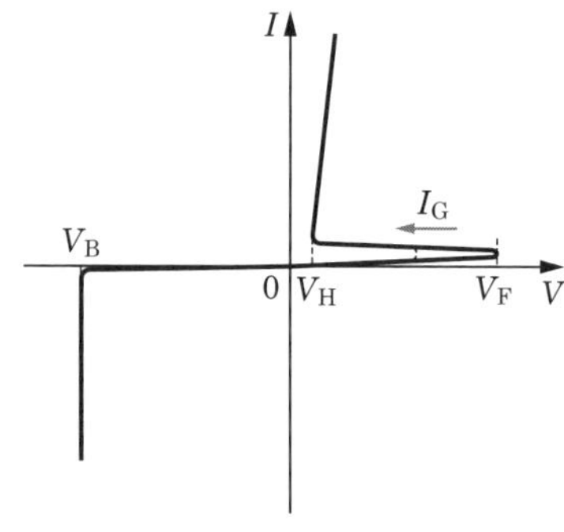

■図 3.32 電圧-電流特性

ゲート-カソード間において，ゲートに正の順方向電圧を加えてゲート電流が流れると，サイリスタは導通状態となります．アノード-カソード間電圧 V を増加させると，**図 3.32** のような特性となります．V_F を越えると，N_1 と P_2 間の空乏層ではアバランシ（なだれ）が生じ，急激に電流が流れ始めて導通状態（ターンオン）となります．この状態は，サイリスタに加える電圧 V を V_H 以下に下げなければ継続します．このとき，V_F をブレークオーバ電圧，V_H を保持電圧，逆方向電流が流れ始める電圧 V_B をブレークダウン電圧といいます．

V_F まで電圧を上げなくても，P_2 - N_2 間にゲート G から電流 I_G を流すことでターンオンにできます．このとき，I_G を大きくすると V_F は低下します．

導通状態になると，ゲート入力がなくなっても導通状態が続く．

問題 14 ★★★ ➡ 3.4.1

次の記述は，**図 3.33** に示す図記号の電界効果トランジスタ（FET）について述べたものである．このうち誤っているものを下の番号から選べ．ただし，電極のドレイン，ゲートおよびソースをそれぞれ D，G および S とする．

N：N 形半導体
P：P 形半導体

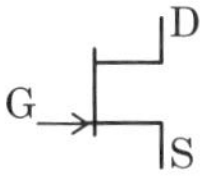

■ **図 3.33** 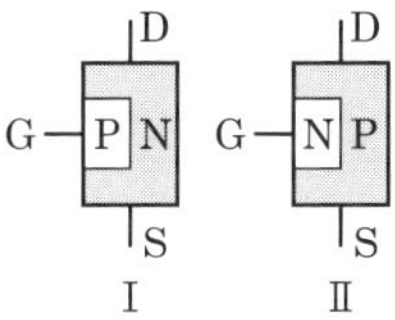　　■ **図 3.34**

1　接合形の FET である．
2　チャネルは N 形である．
3　内部の原理的な構造は，**図 3.34** のⅡである．
4　一般に，GS 間に加える電圧の極性は，G が負（－），S が正（＋）である．
5　一般に，DS 間に加える電圧の極性は，D が正（＋），S が負（－）である．

解説　誤っている選択肢は，次のようになります．

3　内部の原理的な構造は，図 3.34 のⅠである．

FET の矢印は電流が流れる向きを表し，G が P 形，チャネルが N 形．

答え ▶▶▶ 3

問題 15 ★★★ ➡ 3.4.1

次の記述は，**図 3.35** に示す図記号の電界効果トランジスタ（FET）について述べたものである．誤っているものを下の番号から選べ．

D：ドレイン
G：ゲート
S：ソース

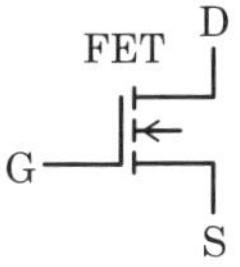

■ **図 3.35**

1　構造は MOS 形である．
2　チャネルは，N チャネルである．
3　特性はデプレション形である．
4　一般に DS 間には，D が正（＋），S に負（－）の電圧を加えて用いる．
5　DS 間に規定の電圧を加えて GS 間の電圧を 0〔V〕としたとき，D に電流が流れない．

解説　誤っている選択肢は次のようになります．

3　特性は**エンハンスメント形**である．

答え ▶▶▶ 3

問題 16 ★★★ ➡3.4.1

次の記述は，**図 3.36** に示す図記号の電界効果トランジスタ（FET）について述べたものである．[　　]内に入れるべき字句の正しい組合せを下の番号から選べ．

(1) 図記号は，[A]チャネル絶縁ゲート形 FET で，エンハンスメント形である．

(2) 原理的な構造は，**図 3.37** の[B]である．

(3) 一般に，D-S 間に加える電圧の極性は，D が正（＋），S が負（－）である．

(4) (3) の場合，G-S 間電圧を，G が正（＋），S を負（－）として大きさを増加させると，D に流れる電流は[C]する．

	A	B	C
1	P	Ⅰ	減少
2	P	Ⅱ	増加
3	N	Ⅱ	増加
4	N	Ⅰ	増加
5	N	Ⅱ	減少

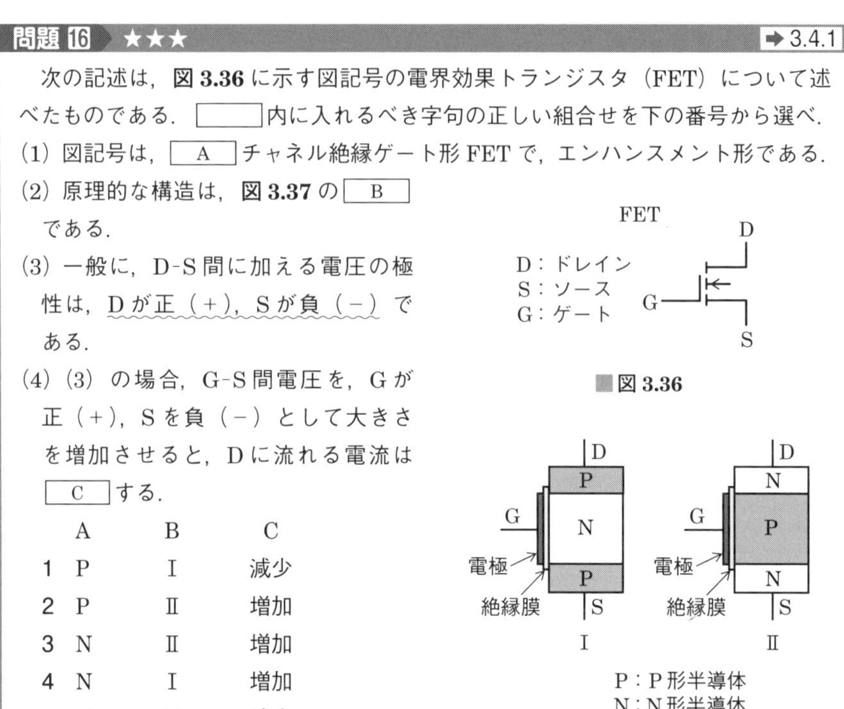

■図 3.36

■図 3.37

解説 MOSFET には，デプレッション（Depletion：減少）形とエンハンスメント（Enhancement：増大）形があります．エンハンスメント形はゲート電圧を加えないと電流が流れません．図 3.36 の FET の DS 間に D が正（＋），S が負（－）の電圧を加えて，S に負（－），G に正（＋）の電圧を加えると，図 3.37 の構造図Ⅱで表される P 形半導体内に N 形のチャネルが形成されて電流が流れ始めます．G に加えた正（＋）の電圧を増加させると D に流れる電流は**増加**します．

↑ [C] の答え

答え ▶▶▶ 3

出題傾向 下線の部分を穴埋めの字句とした問題も出題されています．

問題 17 ★★★ ➡3.4.1

次の図は，電界効果トランジスタ（FET）の図記号と伝達特性の概略図の組合せを示したものである．このうち誤っているものを下の番号から選べ．ただし，伝達特性は，ゲート（G）-ソース（S）間電圧 V_{GS}〔V〕とドレイン（D）電流 I_D〔A〕間の特性である．また，V_{GS} および I_D は図の矢印で示した方向を正（+）とする．

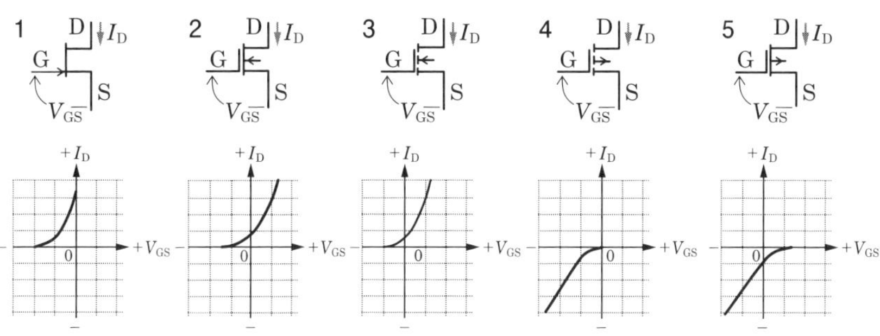

解説 矢印の向きが内側を向いている FET が N チャネル，外側を向いている FET が P チャネルです．N チャネルは I_D が +，P チャネルは I_D が − の向きに流れます．また，エンハンスメント形とデプレッション形はバイアス電圧の向きが異なります．

選択肢 3 は N チャネル，エンハンスメント形 MOSFET です．正しい伝達特性を**図 3.38** に示します．

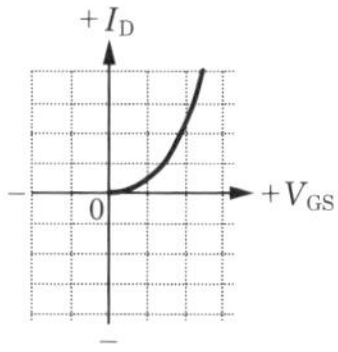

図 3.38

答え▶▶▶3

問題 18 ★ ➡3.4.2

次の記述は，**図 3.39** に示す図記号のサイリスタについて述べたものである．［　　］内に入れるべき字句の正しい組合せを下の番号から選べ．ただし，電極のアノード，ゲートおよびカソードをそれぞれ A，G および K とする．

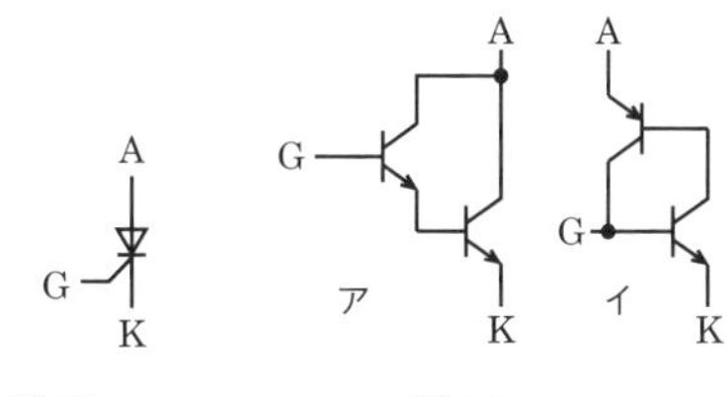

図 3.39　　**図 3.40**

(1) 名称は，［ A ］逆阻止 3 端子サイリスタである．

(2) 等価回路をトランジスタで表すと，**図 3.40** の［ B ］である．

(3) **図 3.41** に示す回路に **図 3.42** に示す G-K 間電圧 v_{GK}〔V〕を加えてサイリスタを ON させたとき抵抗 R には，ほぼ t_1〔s〕から [C]〔s〕の時間だけ電流が流れる．

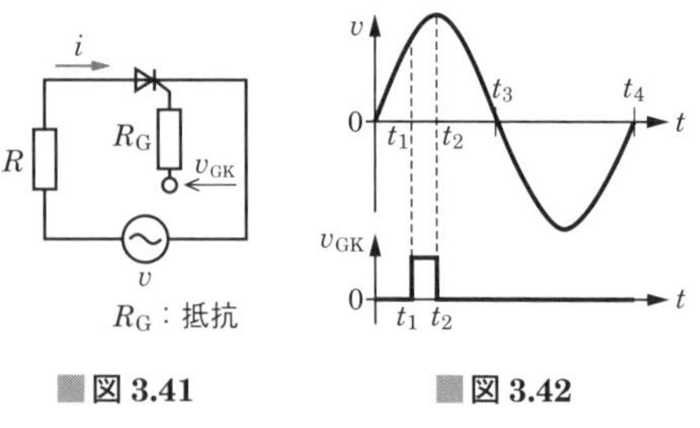

■図 3.41　■図 3.42

	A	B	C
1	N ゲート	ア	t_2
2	N ゲート	イ	t_3
3	P ゲート	ア	t_2
4	P ゲート	ア	t_3
5	P ゲート	イ	t_3

解説 問題で与えられた回路は，ゲート-カソード間のゲート電極 G に正の電圧を加えて，ゲートに順方向の電流を流すと動作します．ゲートは P 形，カソードは N 形半導体で構成されているので，**P ゲート**逆阻止 3 端子サイリスタです．

[A]の答え

サイリスタは PNPN 構造を持っているので，**図 3.43** のようにトランジスタの等価回路で表すことができます．図 3.40 の**イ**の回路となります．図 3.40 の**ア**はダーリントン接続です．

[B]の答え

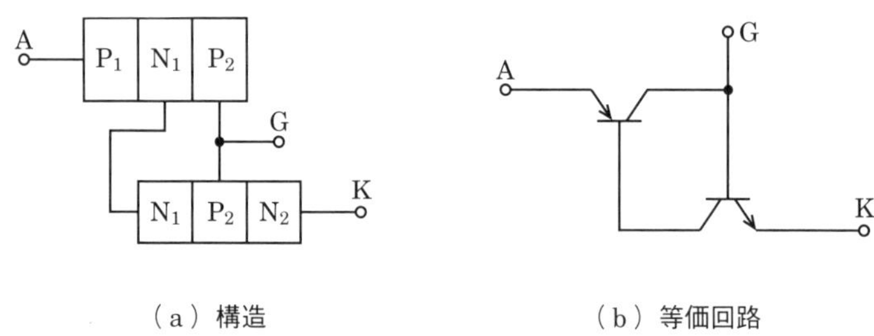

（a）構造　（b）等価回路

■図 3.43　P ゲート逆阻止 3 端子サイリスタ

図 3.42 のように G - K 間にトリガ電圧 v_{GK} を加えると，アノードから急激に電流 i が流れ始めて導通状態（ターンオン）となります．次にアノード-カソード間電圧 v_{GK} が保持電圧以下になるまで電流は流れ続けるので，図 3.42 の t_1 から $\boldsymbol{t_3}$ の間に電流 i が流れます．

[C]の答え

答え▶▶▶ 5

問題 19 ★★★ ➡3.4.2

次の記述は，Pゲート逆阻止3端子サイリスタについて述べたものである．このうち正しいものを1，誤っているものを2として解答せよ．ただし，電極のアノード，カソードおよびゲートをそれぞれA，KおよびGとする．

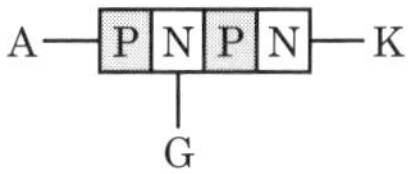

ア このサイリスタの基本構造（電極を含む）は，**図3.44**に示すようなP，N，P，Nの4層からなる．

イ **図3.45**は，Pゲート逆阻止3端子サイリスタの図記号である．

ウ ゲート電流でアノード電流を制御する半導体スイッチング素子である．

エ 導通（ON）状態と非導通（OFF）状態の二つの安定状態を持つ．

オ 導通（ON）状態から非導通（OFF）にするには，ゲート電流を遮断すればよい．

A P N P N K
G
P：P形半導体
N：N形半導体

図3.44

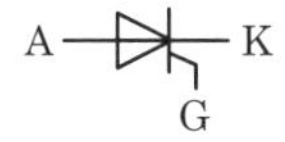

図3.45

解説 誤っている選択肢は次のようになります．

ア このサイリスタの基本構造（電極を含む）は，**図3.46**に示すようなP，N，P，Nの4層からなる．

オ 導通（ON）状態から非導通（OFF）にするには，**アノード-カソード間電圧を保持電圧以下に下げればよい．**

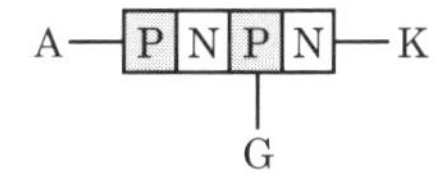

図3.46

答え▶▶▶ア－2，イ－1，ウ－1，エ－1，オ－2

3.5 トランジスタの特性

- トランジスタの熱抵抗 R_{th}〔℃/W〕は，消費電力 P〔W〕当たりの温度上昇 ΔT〔℃〕を表し，$R_{th} = \Delta T/P$ で表される
- トランジスタで発生する雑音には，フリッカ雑音（$1/f$ 雑音），散弾雑音，分配雑音，白色雑音などがある

3.5.1 トランジスタの熱特性

トランジスタのコレクタ-エミッタ間電圧 V_{CE}〔V〕とコレクタ電流 I_C〔A〕の特性曲線を**図 3.47** に示します．コレクタ損失 P_C〔W〕は

$$P_C = V_{CE} I_C \text{〔W〕} \tag{3.25}$$

で表されるので，最大コレクタ損失 P_{Cmax}〔W〕は図 3.47 の曲線で表すことができ，トランジスタを使用するときは，図の網かけの範囲内で動作させなければなりません．

V_0，I_0 は，それぞれ動作点のコレクタ電圧，電流を表し，R_L は負荷抵抗，直線 AB は負荷線を表します．

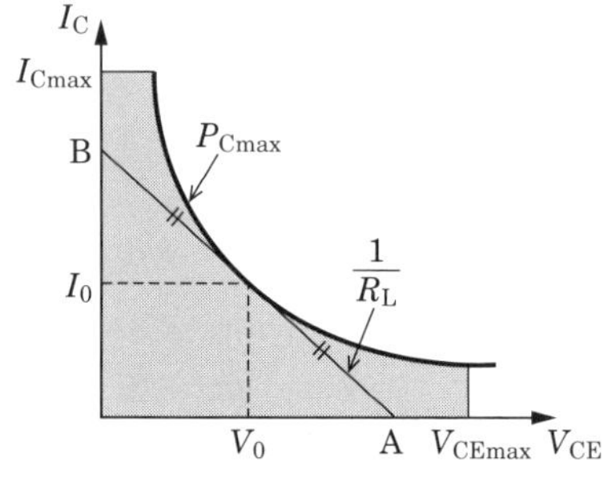

■図 3.47 トランジスタの電圧-電流特性

電力用トランジスタの消費電力が P〔W〕，接合部の温度上昇が ΔT〔℃〕であるとき，接合部から周囲までの熱抵抗 R_{th}〔℃/W〕は次式で表されます．

$$R_{th} = \frac{\Delta T}{P} \text{〔℃/W〕} \tag{3.26}$$

熱抵抗は消費電力当たりの温度上昇を表します．

トランジスタに放熱板を取り付けると，コレクタの接合部温度を低下させ，熱抵抗を小さくすることができます．

トランジスタの接合部の最大温度を T_{jmax}〔℃〕，周囲温度を T〔℃〕とすると，最大コレクタ損失 P_{Cmax}〔W〕は次式で表されます．

$$P_{Cmax} = \frac{T_{jmax} - T}{R_{th}} \text{〔W〕} \tag{3.27}$$

3.5.2 雑　音

ダイオードやトランジスタで発生する雑音には，次のものがあります．

① **フリッカ雑音**：低域で発生し周波数 f に反比例する．**1/f 雑音**ともよばれる．

② **散弾（ショット）雑音**：電子とホールの再結合によって発生する．周波数に関係しない．

③ **分配雑音**：エミッタからのキャリアがベースとコレクタに分配するときに発生する．周波数の 2 乗に比例して発生する．

④ **白色雑音**：トランジスタに電流が流れるときに発生する散弾雑音やベース抵抗が主な発生源となる熱雑音．周波数に関係しない．

雑音の周波数特性を**図 3.48** に示します．低域では，周波数が低くなるほど雑音電力が大きくなり，周波数 f に反比例する 1/f 雑音のフリッカ雑音が大きくなります．中域では，広い周波数帯域にわたり一様に分布する白色雑音が支配的になります．高域では，周波数が高くなるほど雑音電力が大きくなる分配雑音の影響が大きくなります．

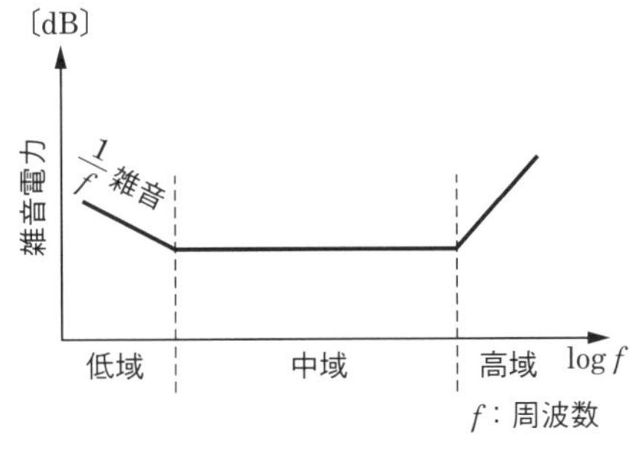

■図 3.48　雑音の周波数特性

熱雑音は，物質中における自由電子が熱によって不規則に運動するために生じるもので，温度が高くなるほど雑音電圧は大きくなる．

問題 20 ★ ➡3.5.1

次の記述は，トランジスタの最大コレクタ損失 P_{Cmax} について述べたものである．［　　］内に入れるべき字句の正しい組合せを下の番号から選べ．

(1) 動作時に［ A ］において連続的に消費する電力の最大許容値をいう．

(2) 周囲温度が高くなると，［ B ］なる．

(3) $P_{Cmax}=10$〔W〕，コレクタ電流の最大定格 $I_{Cmax}=2$〔A〕のトランジスタでは，コレクタ-エミッタ間の電圧 V_{CE} を 20〔V〕で連続使用するとき，流すことができる最大のコレクタ電流 I_C は，［ C ］〔mA〕である．ただし，V_{CE} は最大定格以下の電圧である．

	A	B	C
1	コレクタ接合	大きく	500
2	コレクタ接合	大きく	250
3	コレクタ接合	小さく	500
4	エミッタ接合	小さく	250
5	エミッタ接合	大きく	500

解説 最大コレクタ電流 I_C〔A〕は次式で表されます．

$$I_C=\frac{P_{Cmax}}{V_{CE}}=\frac{10}{20}=0.5\ \text{〔A〕}=500\times10^{-3}\ \text{〔A〕}=\mathbf{500}\ \text{〔mA〕}$$ ◀……［ C ］の答え

答え▶▶▶3

問題 21 ★★ ➡3.5.2

次の記述は，ダイオードまたはトランジスタから発生する雑音について述べたものである．［　　］内に入れるべき字句の正しい組合せを下の番号から選べ．

(1) 周波数特性の高域で観測され，エミッタ電流がベース電流とコレクタ電流に分配される比率のゆらぎによって生ずる雑音は，［ A ］である．

(2) 周波数特性の中域で観測され，電界を加えて電流を流すとき，キャリアの数やドリフト速度のゆらぎによって生ずる雑音は，［ B ］である．

(3) 周波数特性の低域で観測され，周波数 f に反比例する特性があることから $1/f$ 雑音ともいわれる雑音は，［ C ］である．

	A	B	C
1	フリッカ雑音	分配雑音	ホワイト雑音
2	フリッカ雑音	散弾雑音	熱雑音
3	散弾雑音	フリッカ雑音	熱雑音
4	分配雑音	散弾雑音	フリッカ雑音
5	分配雑音	フリッカ雑音	ホワイト雑音

3章

解説 **分配雑音**は周波数の2乗に比例して発生します．**散弾雑音**は周波数に関係しませんが，低域や高域は他の雑音が大きいので中域で観測されます．**フリッカ雑音**は低域で発生し，周波数に反比例します．

（分配雑音 → A の答え，散弾雑音 → B の答え，フリッカ雑音 → C の答え）

答え▶▶▶4

問題 22 ★ ➡ 3.5.2

次の記述は，ダイオードまたはトランジスタから発生する雑音について述べたものである．このうち誤っているものを下の番号から選べ．

1 熱雑音は，半導体の自由電子の不規則な熱運動によって生ずる．

2 散弾（ショット）雑音は，電界を加えて電流が流れているとき，キャリアの数やドリフト速度のゆらぎによって生ずる．

3 分配雑音は，エミッタ電流がベース電流とコレクタ電流に分配される比率のゆらぎによって生ずる．

4 フリッカ雑音は，低周波領域で観測される雑音であり，周波数 f に反比例する特性があることから $1/f$ 雑音ともいう．

5 白色（ホワイト）雑音は，特定の周波数で発生する雑音である．

解説 誤っている選択肢は次のようになります．

5 白色（ホワイト）雑音は，**広い周波数帯域内で一様に分布する雑音であり，主として熱雑音および散弾（ショット）雑音からなる．**

白色は周波数特性が広いという意味．

答え▶▶▶5

 電　子　管

要点

- 進行波管は，マイクロ波の速度を遅らせるら旋を持ち，広帯域
- クライストロンは，ドリフト空間と空洞共振器を持ち，狭帯域
- マグネトロンは，磁石と空洞共振器を持ち，発振用

3.6.1 進行波管（TWT）

図 3.49 のように，電子銃，入力結合回路，ら旋状導体（ヘリックス），出力結合回路，コレクタ，電子流収束用磁石（収束コイル）を持った構造です．

電子管の原理は，真空状態の管内にあるカソード電極を加熱すると電子が放出されて電流が流れる．

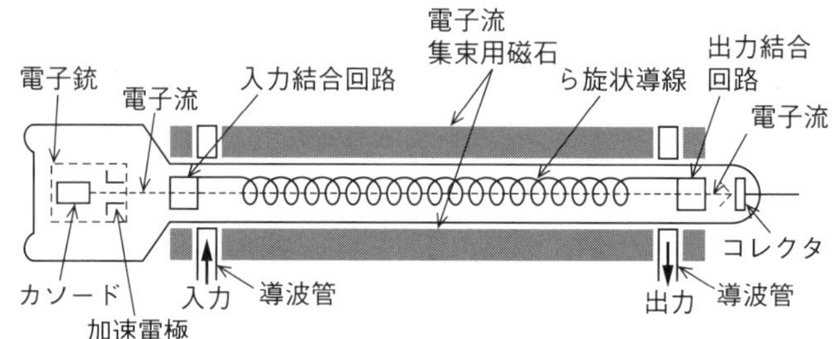

直線で進行するよりも経路が長い，ら旋を伝搬するマイクロ波は，光速 c よりも速度が遅くなる．

■図 3.49　進行波管

導波管から入力されたマイクロ波電界は，結合回路で結合された金属導線のら旋（遅波回路）上を進行すると同時に，ら旋の内部に軸方向の進行波電界を作ります．ら旋の内部では，マイクロ波によって半波長ごとに向きの異なる電界が発生しているので，その中を通る電子流は，マイクロ波の半波長ごとに速度の加速される部分と減速される部分が生じて電子流には粗密が生じます．減速電界中の電子流を減速するエネルギーは電界に与えられ，逆に加速電界中では電界のエネルギーが電子に与えられます．全体としては，電子は減速電界中に多く集まるので，電子のエネルギーが電界に与えられることになります．

ら旋内の電子流の速度 v_e を電界の速度 v_p より少し速くすると，v_e と v_p の速度差により，マイクロ波は，ら旋を進むにつれて増幅されます．

進行波管は，マイクロ波で雑音の少ない広帯域の増幅ができるので，大容量多重通信や衛星通信の増幅回路などに用いられます．

3.6.2 クライストロン（速度変調管）

直進形クライストロンは，電子銃，入力空洞共振器，ドリフト空間，出力空洞共振器を持った構造です．電子銃から放出された電子は，入力空洞の入力電界によって速度変調を受け，ドリフト空間を通過する間に密度変調となって出力されます．このとき，増幅が行われます．

反射形クライストロンは，**図 3.50** のようなカソード，空洞共振器，反射電極（リペラ）を持った構造です．反射電極で反射した電子流が密度変調され，空洞共振器の共振周波数で発振します．

同調回路（共振空洞などの共振回路）があると帯域は狭くなる.

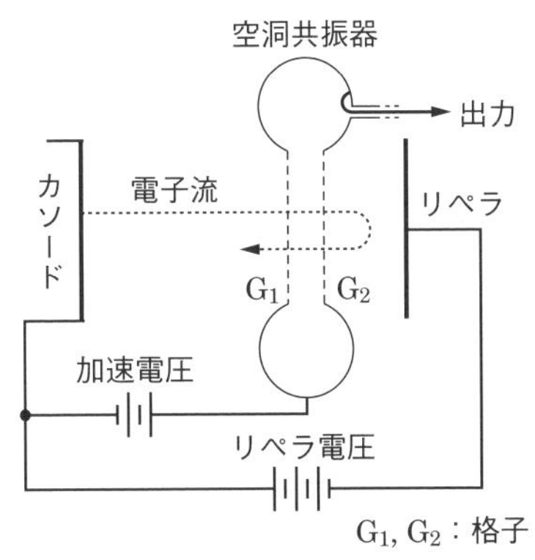

図 3.50　反射形クライストロン

3.6.3 マグネトロン

マグネトロンの断面を**図 3.51** に示します．中心に円柱形の陰極，作用空間を挟んで，陰極を取り囲む形状の陽極を持ちます．陽極は，いくつかの空洞共振器で構成されます．

マグネは magnet（磁石）の意味.

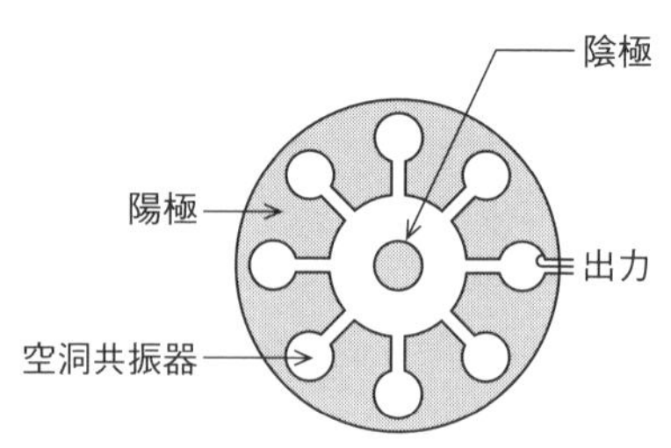

■図 3.51　マグネトロン

外部から円柱の軸方向に磁界を加えると，陰極から放出された電子は磁界によって作用空間内を回転します．電子が空洞共振器を通過するときに空洞にエネルギーを与えて発振します．発振周波数は空洞共振器の共振周波数で決まります．

マグネトロンは，ほかの電子管や半導体素子と比べて大きな発振出力が得られるので，レーダや電子レンジなどに用いられます．

関連知識　電界による電子の加速

電子の電荷を $e \fallingdotseq 8.85 \times 10^{-19}$〔C〕，質量を $m \fallingdotseq 9.11 \times 10^{-31}$〔kg〕，加速される真空中の空間の電位を V〔V〕とすると，電位（電界）によって与えられた電子の速度 v〔m/s〕は運動エネルギーと電気エネルギーを等しいとすると求めることができるので，次式で表されます．

$$v = \sqrt{\frac{2eV}{m}} \text{〔m/s〕} \tag{3.28}$$

ただし，相対性原理によって v が光速に近づくと式（3.27）は成り立たなくなります．v は真空中の電波の速度（光速）を超えることはありません．

問題 23 ★ ➡ 3.6.1

次の記述は，**図 3.52** に示す原理的な構造の進行波管（TWT）について述べたものである．[　　　]内に入れるべき字句を下の番号から選べ．ただし，**図 3.53** は，ら旋の部分のみを示したものである．

(1) 電子銃からの電子流は，コイルで[　ア　]され，マイクロ波の通路であるら旋の中心を貫き，コレクタに達する．

(2) 導波管 W_1 から入力されたマイクロ波は，ら旋上を進行すると同時に，ら旋の[　イ　]に軸方向の進行波電界を作る．

(3) ら旋の直径が D〔m〕，ピッチが P〔m〕のとき，マイクロ波のら旋の軸方向の位相速度 v_p は，光速 c〔m/s〕の約 ウ 倍になる．

(4) 電子の速度 v_e を v_p より少し速くすると，マイクロ波の大きさは，v_e と v_p の速度差により，ら旋を進むにつれて エ される．

(5) 進行波管は，空洞共振器などの同調回路がないので， オ 信号の増幅が可能である．

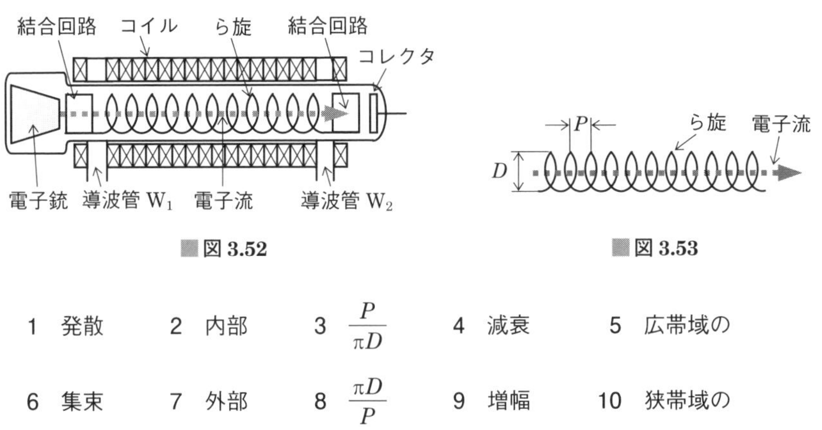

■図 3.52 ■図 3.53

1 発散	2 内部	3 $\dfrac{P}{\pi D}$	4 減衰	5 広帯域の
6 集束	7 外部	8 $\dfrac{\pi D}{P}$	9 増幅	10 狭帯域の

解説 進行波管の軸を取り囲むように巻いたコイルは，直流電流を流すと電子流と同じ方向に磁界を生じます．広がる方向の電子流に対しては，中心方向の力が働くので，電子流を**集束**させることができます．◀……… ア の答え

ら旋の直径を D とすると，ら旋の円周は $l=\pi D$ で表されます．進行方向にピッチ P だけ移動するときに，ら旋上の電界は l の経路を通るので，真空中の電波の速度を c とすると，ら旋上の電界の速度 v_p は次式で表されます．

$$v_p = c \times \frac{\boldsymbol{P}}{\boldsymbol{\pi D}}$$ ◀……… ウ の答え

答え▶▶▶ア－6，イ－2，ウ－3，エ－9，オ－5

出題傾向 マイクロ波の電子管は，マグネトロン，進行波管，クライストロンが出題されています．また，下線の部分を穴埋めの字句とした問題も出題されています．

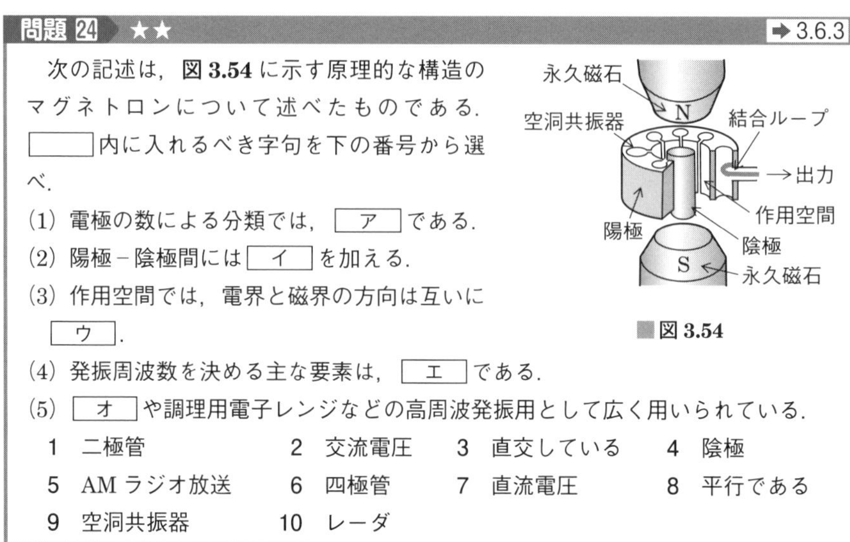

問題 24 ★★ ➡3.6.3

次の記述は，**図 3.54** に示す原理的な構造のマグネトロンについて述べたものである．□内に入れるべき字句を下の番号から選べ．

(1) 電極の数による分類では，［ア］である．

(2) 陽極－陰極間には［イ］を加える．

(3) 作用空間では，電界と磁界の方向は互いに［ウ］．

(4) 発振周波数を決める主な要素は，［エ］である．

(5) ［オ］や調理用電子レンジなどの高周波発振用として広く用いられている．

■図 3.54

1 二極管	2 交流電圧	3 直交している	4 陰極
5 AM ラジオ放送	6 四極管	7 直流電圧	8 平行である
9 空洞共振器	10 レーダ		

解説 外部から円柱の軸方向に磁界が加えられているので，陰極から放出された電子は電界によって陽極方向に進みますが，磁界による直交する力を受けて作用空間内を回転します．作用空間内の電子が空洞共振器を通過するときに空洞にエネルギーを与えて，**空洞共振器**の形状で決まる発振周波数で発振します．

↑……［エ］の答え

答え▶▶▶ア－1，イ－7，ウ－3，エ－9，オ－10

問題 25 ★★★ ➡3.2.2 ➡3.6.1 ➡3.6.3

次の記述は，マイクロ波帯やミリ波帯の回路に用いられる電子管および半導体素子について述べたものである．このうち正しいものを 1，誤っているものを 2 として解答せよ．

ア　トンネルダイオードは，PN 接合に順方向電圧を加えたときの負性抵抗特性を利用し発振する．

イ　マグネトロンは，電界の作用と磁界の作用を利用して発振する二極真空管である．

ウ　進行波管は，界磁コイル内に置かれた空洞共振器の作用を利用し，雑音の少ない狭帯域の増幅が可能である．

エ　インパットダイオードは，PN 接合のなだれ現象とキャリアの走行時間効果による負性抵抗特性を利用し発振する．

オ　バラクタダイオードは，PN 接合に順方向電圧を加えたときの PN 接合の静電容量を利用し，周波数逓倍などに用いられる．

解説　誤っている選択肢は次のようになります．

ウ　進行波管は，界磁コイル内に置かれた**ら旋遅延回路**の作用を利用し，雑音の少ない**広帯域**の増幅が可能である．

オ　バラクタダイオードは，PN 接合に**逆方向**電圧を加えたときの PN 接合の静電容量を利用し，周波数逓倍などに用いられる．

マイクロ波は 3～30〔GHz〕の周波数帯．
ミリ波は 30～300〔GHz〕の周波数帯．

答え▶▶▶ア－1，イ－1，ウ－2，エ－1，オ－2

3 章

問題 26 ★★★ ➡3.2.2 ➡3.6.1

次の記述は，マイクロ波やミリ波帯の回路に用いられる電子管および半導体素子について述べたものである．［　　］内に入れるべき字句の正しい組合せを下の番号から選べ．

(1) インパッドダイオードは，PN 接合のなだれ現象とキャリアの［ A ］により発振する．

(2) トンネルダイオードは，PN 接合に［ B ］を加えたときの負性抵抗特性を利用し発振する．

(3) 進行波管は，界磁コイル内に置かれた［ C ］の作用を利用し，広帯域の増幅作用が可能である．

	A	B	C
1	走行時間効果	逆方向電圧	空洞共振器
2	トムソン効果	逆方向電圧	ら旋遅延回路
3	走行時間効果	順方向電圧	空洞共振器
4	トムソン効果	順方向電圧	空洞共振器
5	走行時間効果	順方向電圧	ら旋遅延回路

答え▶▶▶5

4章

電子回路

この章から 5問 出題

【合格へのワンポイントアドバイス】

電子回路の分野で出題される増幅回路は，用いられる素子によって動作原理が異なるので，違いを確認しながら学習してください．デジタル回路も頻繁に出題されますが，真理値表や計算式による方法などのいくつかの解き方で解答を見つけることができるので，わかりやすい方法で解いてください．なお，この分野はB形式の問題では正誤式問題がよく出題されます．

4.1 トランジスタ増幅回路

- トランジスタで交流電流を増幅するためには，バイアス回路が必要
- トランジスタの出力電力は，交流波形の実効値から求める

4.1.1 接地方式

トランジスタを増幅回路に用いるときにどの電極を入力と出力で共通にするかによって，**エミッタ接地**，**ベース接地**，**コレクタ接地**の3種類の増幅回路があります．各回路を**図 4.1** に示します．

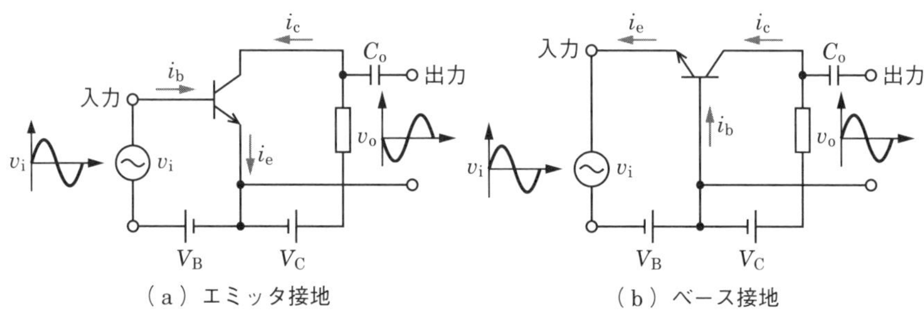

（a）エミッタ接地　　（b）ベース接地

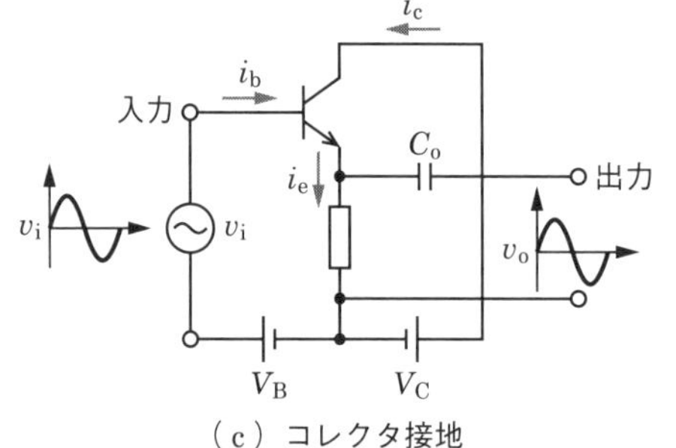

（c）コレクタ接地

v_i ：入力電圧
v_o ：出力電圧
i_b ：ベース電流
i_e ：エミッタ電流
i_c ：コレクタ電流
V_B ：ベース直流電圧
V_C ：コレクタ直流電圧
C_o ：出力の結合コンデンサ

図 4.1　トランジスタの接地方式

各接地方式は次の特徴があります．

① **エミッタ接地**

電流増幅率が大きい．電力利得が大きい．入力電圧と出力電圧は逆位相．

② **ベース接地**

入力インピーダンスが低い．出力インピーダンスが高い．出力から入力の帰還が少ない．入力電圧と出力電圧は同位相．

③ コレクタ接地

電圧増幅度が小さい（ほぼ1）．入力インピーダンスが高い．出力インピーダンスが低い．入力電圧と出力電圧は同位相．**エミッタホロワ回路**とも呼ぶ．

直流電圧源自体のインピーダンスは0〔Ω〕なので，直流電圧源を短絡しているものとすれば，図4.1（c）はコレクタが接地された増幅回路となる．

4.1.2 バイアス回路

トランジスタは一方の向きにしか電流が流れないので，正負に変化する交流信号の増幅回路として使用するためには，入力信号に適当な直流電圧を加えて，入力電流よりも大きな直流入力電流を流さなければなりません．この電流の値を**動作点**といい，電流を流すための回路を**バイアス回路**といいます．

エミッタ接地増幅回路では，ベース側とコレクタ側に電源が必要となりますが，**図4.2**のように，入力と出力に独立した電源を用いる2電源方式と一つの電源でコレクタおよびベースにバイアス電圧を加える1電源方式があります．

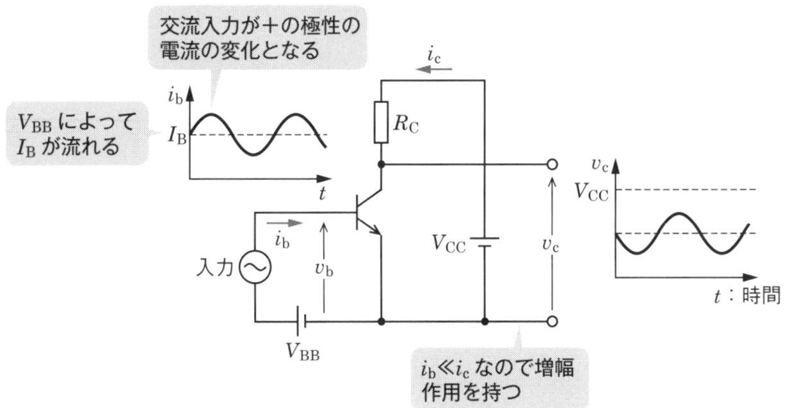

■図4.2　バイアス回路

出力に結合コンデンサを用いると，交流電圧を出力することができる．

1電源方式のバイアス回路を**図4.3**に示します．図4.3（a）は固定バイアス回路，図4.3（b）は自己バイアス回路，図4.3（c）は電流帰還バイアス回路です．

部品定数や周囲温度の変動によって，コレクタ電流が変動しにくい特性を安定度で表します．安定度が高いのは図4.3（c）の電流帰還バイアス回路，次に自己バイアス回路，固定バイアス回路の順番です．

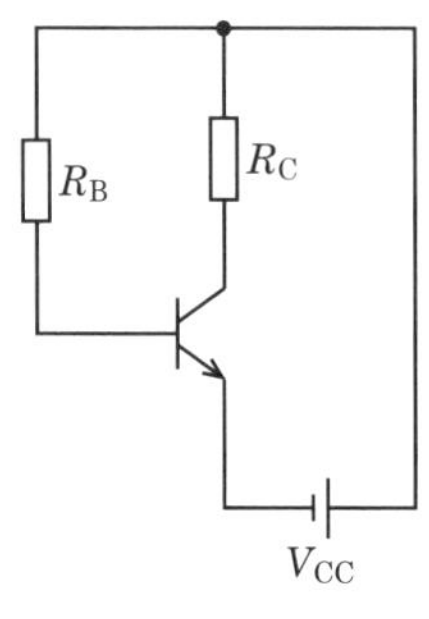

（a）固定バイアス回路

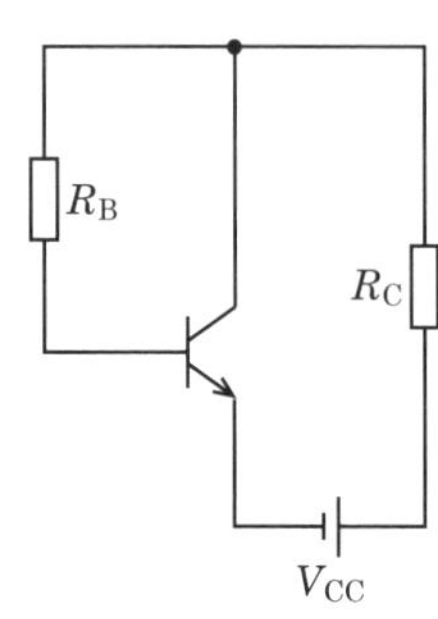

（b）自己バイアス回路

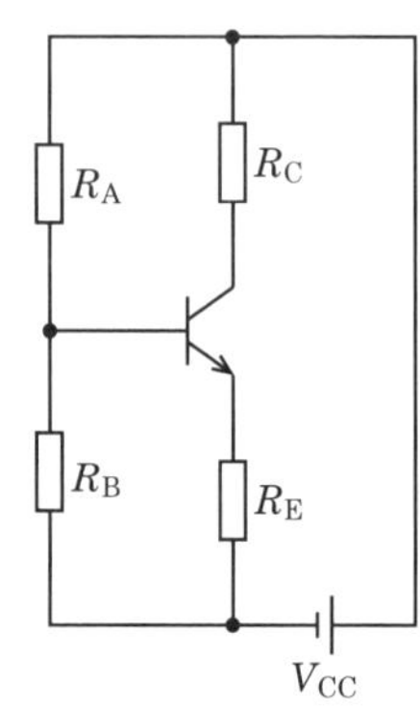

（c）電流帰還バイアス回路

図4.3　1電源方式のバイアス回路

4.1.3 電力増幅回路

(1) 変成器（トランス）結合

図4.4に示す変成器において，1次側と2次側の電圧比は巻数比に比例し，電流比は巻数比に反比例するので，次式が成り立ちます．

$$\frac{N_1}{N_2} = \frac{V_1}{V_2} = \frac{I_2}{I_1} \tag{4.1}$$

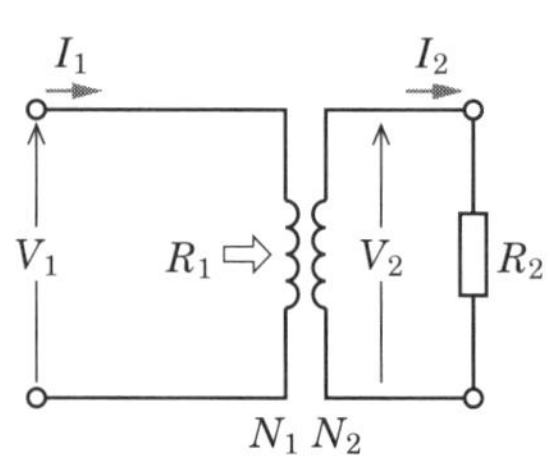

図4.4　変成器

2次側に負荷抵抗R_2〔Ω〕を接続すると

$$R_2 = \frac{V_2}{I_2} \text{〔Ω〕} \tag{4.2}$$

ここで，式（4.1）の関係を代入すると

$$R_2 = \frac{V_2}{I_2} = \frac{\dfrac{N_2}{N_1}V_1}{\dfrac{N_1}{N_2}I_1} = \left(\frac{N_2}{N_1}\right)^2 \frac{V_1}{I_1} \tag{4.3}$$

ここで，1次側から2次側を見た抵抗 R_1〔Ω〕は $R_1 = V_1/I_1$ なので，式 (4.3) は

$$R_2 = \left(\frac{N_2}{N_1}\right)^2 R_1 \quad よって \quad R_1 = \left(\frac{N_1}{N_2}\right)^2 R_2〔\Omega〕$$

(2) 変成器結合電力増幅回路

図 4.5 に変成器結合の A 級電力増幅回路を示します．

図 4.5 の回路において，トランスの1次側と2次側の巻数を N_1, N_2 とすると，負荷抵抗 R_L〔Ω〕を変成器 T の1次側に変換した抵抗値 R_{LT}〔Ω〕は次式で表されます．

$$R_{LT} = \left(\frac{N_1}{N_2}\right)^2 R_L〔\Omega〕 \tag{4.4}$$

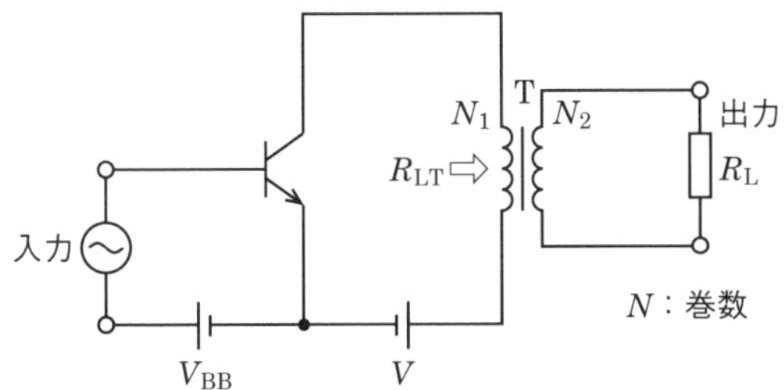

図 4.5　変成器結合の A 級電力増幅回路

出力回路の交流負荷線は**図 4.6** のようになります．図 4.6 において，動作点は電源電圧 V〔V〕の位置となり，最大振幅電圧は電源電圧 V に等しくなります．正弦波電圧および電流の実効値を V_e〔V〕, I_e〔A〕とすると，最大出力電力 P_m〔W〕は次式で表されます．

$$
\begin{aligned}
P_m &= V_e I_e \\
&= \frac{V_m}{\sqrt{2}} \times \frac{I_m}{\sqrt{2}} \\
&= \frac{V}{\sqrt{2}} \times \frac{V}{\sqrt{2}\,R_{LT}} \\
&= \frac{V^2}{2R_L}\left(\frac{N_2}{N_1}\right)^2 \text{〔W〕} \qquad (4.5)
\end{aligned}
$$

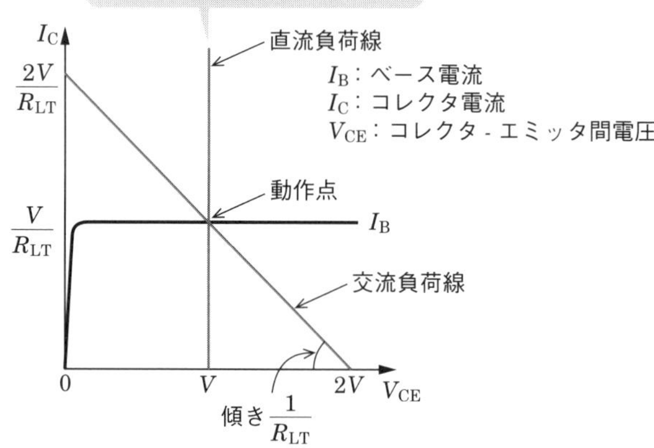

■図 4.6　トランジスタ出力回路の電圧電流特性

関連知識　実効値と平均値

最大値が V_m〔V〕の正弦波の実効値を V_e〔V〕，平均値を V_a〔V〕とすると，次式で表されます．

$$V_e = \frac{V_m}{\sqrt{2}} \fallingdotseq 0.71\,V_m \text{〔V〕} \qquad (4.6)$$

$$V_a = \frac{2\,V_m}{\pi} \fallingdotseq 0.64\,V_m \text{〔V〕} \qquad (4.7)$$

問題 1 ★★★ ➡3.3 ➡4.1

図 4.7 に示すトランジスタ（Tr）のバイアス回路において，コレクタ電流 I_C を 3〔mA〕にするためのベース抵抗 R_B の値として，最も近いものを下の番号から選べ．ただし，Tr のエミッタ接地直流電流増幅率 h_{FE} を 300，回路のベース-エミッタ間電圧 V_{BE} を 0.7〔V〕とする．

1　530〔kΩ〕
2　590〔kΩ〕
3　680〔kΩ〕
4　730〔kΩ〕
5　790〔kΩ〕

C ：コレクタ
B ：ベース
E ：エミッタ
R_C：抵抗
V ：直流電源電圧

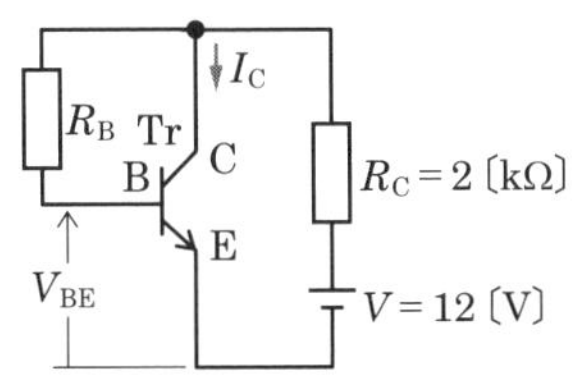

■図 4.7

解説 I_C と h_{FE} より，ベース電流 I_B〔A〕は次式で表されます．

トランジスタが動作する電圧の範囲では，I_B が変化しても，$V_{BE} = 0.7$〔V〕はほぼ一定の値をとる．

$$I_B = \frac{I_C}{h_{FE}} = \frac{3 \times 10^{-3}}{300}$$

$$= 0.01 \times 10^{-3} \text{〔A〕}$$

コレクタ抵抗を R_C〔Ω〕，電源電圧を V〔V〕とすると，コレクタ-エミッタ間電圧 V_{CE}〔V〕は次式で表されます．

$$V_{CE} = V - R_C\,(I_C + I_B)$$

← I_B を無視して求めてもよい

$$= 12 - 2 \times 10^3 \times (3 \times 10^{-3} + 0.01 \times 10^{-3})$$

$$= 12 - 2 \times 3.01 = 5.98 \text{〔V〕}$$

バイアス抵抗 R_B〔Ω〕の電圧降下を V_R〔V〕とすると，R_B は次式で表されます．

$$R_B = \frac{V_R}{I_B} = \frac{V_{CE} - V_{BE}}{I_B}$$

$$= \frac{5.98 - 0.7}{0.01 \times 10^{-3}} = 528 \times 10^3 \text{〔Ω〕} \fallingdotseq \mathbf{530\text{〔kΩ〕}}$$

答え ▶▶▶ 1

出題傾向 R_B と I_B を求める問題も出題されています．

問題 2 ★★ ➡3.3 ➡4.1

図 4.8 に示すトランジスタ（Tr）増幅回路の電圧増幅度 $A = V_o/V_i$ の大きさの値として，最も近いものを下の番号から選べ．ただし，h 定数のうち入力インピーダンス h_{ie} を 3〔kΩ〕，電流増幅率 h_{fe} を 200 とする．また，入力電圧 V_i〔V〕の信号源の内部抵抗を零とし，静電容量 C_1，C_2，h 定数の h_{re}，h_{oe} および抵抗 R_1 の影響は無視するものとする．

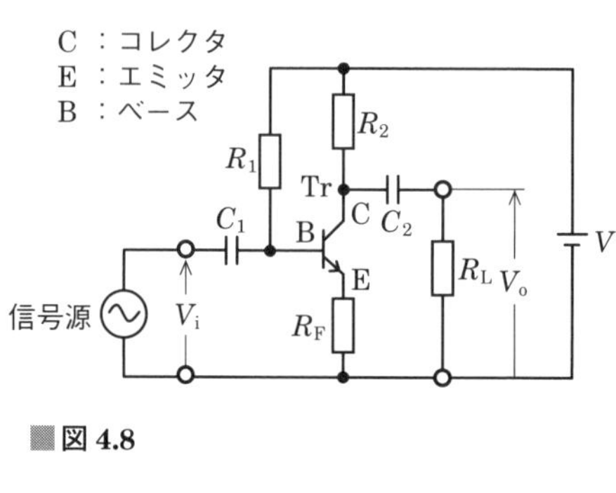

■図 4.8

1　96　　2　68　　3　34　　4　17　　5　9

解説 エミッタ電流 I_E とコレクタ電流 I_C が $I_E \fallingdotseq I_C$ とすると，入力電圧 V_i〔V〕は次式で表されます．

$$V_i = h_{ie} I_B + R_F I_C \fallingdotseq h_{ie} I_B + R_F h_{fe} I_B$$
$$= (h_{ie} + R_F h_{fe}) I_B \text{〔V〕} \quad ①$$

出力インピーダンス Z_o〔kΩ〕は，C_2 のリアクタンスを無視すると，コレクタ抵抗 R_2〔Ω〕と負荷抵抗 R_L〔Ω〕の並列接続となるので，次式で表されます．

R_F は負帰還回路の抵抗．

$$Z_o = \frac{R_2 R_L}{R_2 + R_L} = \frac{4 \times 4}{4 + 4} = 2 \text{〔kΩ〕}$$

出力電圧 V_o〔V〕は次式で表されます．

$$V_o = Z_o I_C = Z_o h_{fe} I_B \text{〔V〕} \quad ②$$

電圧増幅度 A は，式①と式②より，次式で表されます．

$$A = \frac{V_o}{V_i} = \frac{Z_0 h_{fe} I_B}{(h_{ie} + R_F h_{fe}) I_B} = \frac{Z_o h_{fe}}{h_{ie} + R_F h_{fe}}$$

$$= \frac{2 \times 10^3 \times 200}{3 \times 10^3 + 100 \times 200} = \frac{400}{23} \fallingdotseq 17.39 \fallingdotseq \mathbf{17}$$

答え ▶▶▶ 4

問題 3 ★★ ➡3.3 ➡4.1

次の記述は，**図 4.9** に示すトランジスタ（Tr）を用いたエミッタホロワ回路の電圧増幅度 A_V を求める過程について述べたものである．□内に入れるべき字句の正しい組合せを下の番号から選べ．ただし，Tr の等価回路を**図 4.10** とし，Tr の h 定数のうち入力インピーダンスを h_{ie}〔Ω〕，電流増幅率を h_{fe} とする．また，入力電圧 V_i〔V〕の信号源の内部抵抗を零とし，静電容量 C_1，C_2〔F〕，抵抗 R_1〔Ω〕および h 定数の h_{re}，h_{oe} の影響は無視するものとする．なお，同じ記号の□内には，同じ字句が入るものとする．

(1) 図 4.9 の回路の等価回路は**図 4.11** になる．電圧増幅度 A_V は，入力電圧を V_i，出力電圧を V_o とすると，次式で表される．

$$A_V = \frac{V_o}{V_i} \quad \cdots\cdots【1】$$

(2) V_i は，次式で表される．

$$V_i = \boxed{\text{A}}\ 〔V〕 \quad \cdots\cdots【2】$$

(3) V_o は，次式で表される．

$$V_o = \boxed{\text{B}} \times I_b\ 〔V〕 \quad \cdots\cdots【3】$$

(4) したがって，A_V は式【1】，【2】，【3】より，次式で表される．

$$A_V = \frac{\boxed{\text{B}}}{\boxed{\text{C}}} \quad \cdots\cdots【4】$$

(5) 一般的には $h_{ie} \ll (1 + h_{fe}) R_E$ で使用するので，式【4】は，

$A_V \fallingdotseq 1$

となる．

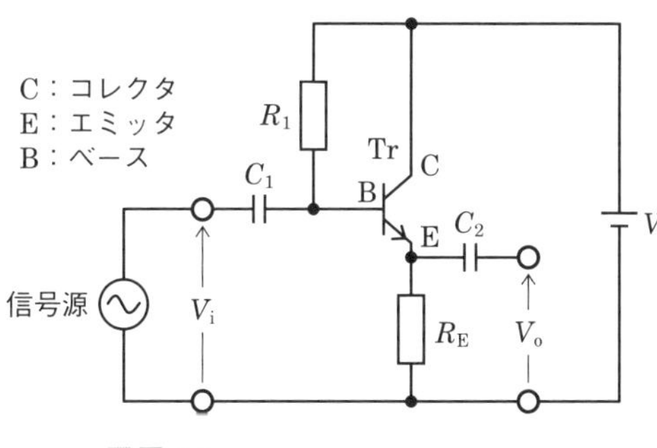

■図 4.9

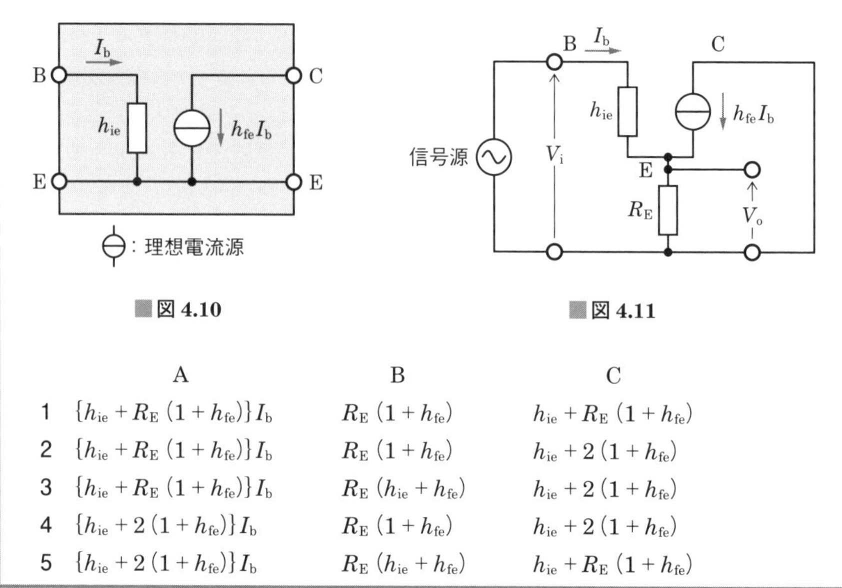

■図 4.10

■図 4.11

	A	B	C
1	$\{h_{ie}+R_E(1+h_{fe})\}I_b$	$R_E(1+h_{fe})$	$h_{ie}+R_E(1+h_{fe})$
2	$\{h_{ie}+R_E(1+h_{fe})\}I_b$	$R_E(1+h_{fe})$	$h_{ie}+2(1+h_{fe})$
3	$\{h_{ie}+R_E(1+h_{fe})\}I_b$	$R_E(h_{ie}+h_{fe})$	$h_{ie}+2(1+h_{fe})$
4	$\{h_{ie}+2(1+h_{fe})\}I_b$	$R_E(1+h_{fe})$	$h_{ie}+2(1+h_{fe})$
5	$\{h_{ie}+2(1+h_{fe})\}I_b$	$R_E(h_{ie}+h_{fe})$	$h_{ie}+R_E(1+h_{fe})$

解説 図 4.11 の等価回路より，入力電圧 V_i〔V〕は次式で表されます．

$$V_i = h_{ie}I_b + R_E(I_b + h_{fe}I_b)$$

$$= \boldsymbol{\{h_{ie}+R_E(1+h_{fe})\}I_b}\text{〔V〕} \quad \text{①}$$

← A の答え

出力電圧 V_o〔V〕は次式で表されます．

B の答え →

$$V_o = R_E(I_b + h_{fe}I_b) = \boldsymbol{R_E(1+h_{fe})}I_b \quad \text{②}$$

電圧増幅度 A_V は，式①と式②より，次式で表されます．

$$A_V = \frac{V_o}{V_i} = \frac{R_E(1+h_{fe})I_b}{\{h_{ie}+R_E(1+h_{fe})\}I_b}$$

$$= \frac{R_E(1+h_{fe})}{\boldsymbol{h_{ie}+R_E(1+h_{fe})}}$$

← C の答え

$h_{ie} \ll (1+h_{fe})R_E$ の条件では，$A_V \fallingdotseq 1$ となります．

▶▶▶ 1

問題 4 ★★ ➡3.3 ➡4.1

次の記述は，**図 4.12** に示すトランジスタ（Tr）増幅回路について述べたものである．［　　］内に入れるべき最も近い値の組合せを下の番号から選べ．ただし，Tr の h 定数のうち入力インピーダンス h_{ie} を 3〔kΩ〕，電流増幅率 h_{fe} を 100 とする．また，入力電圧 V_i〔V〕の信号源の内部抵抗を零とし，静電容量 C_1，C_2〔F〕および抵抗 R_1〔Ω〕の影響は無視するものとする．

(1) 端子 ab から見た入力インピーダンスは，約［ A ］〔kΩ〕である．

(2) 端子 cd から見た出力インピーダンスは，約［ B ］〔Ω〕である．

(3) 電圧増幅度 V_o/V_i は，約［ C ］である．

	A	B	C
1	200	20	1
2	200	30	1
3	300	20	1
4	300	20	2
5	300	30	2

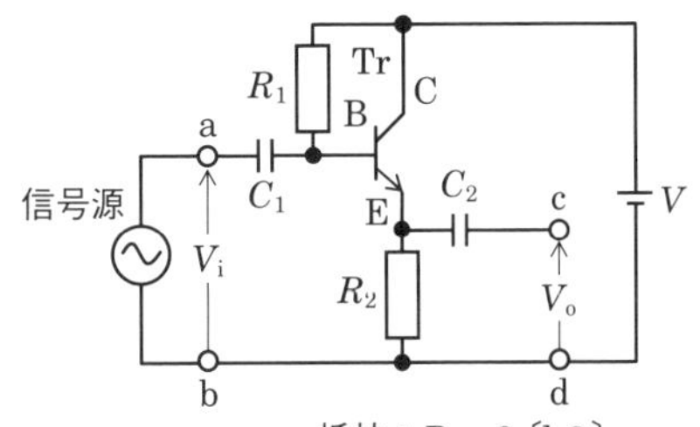

抵抗：$R_2 = 2$〔kΩ〕
C：コレクタ　V_i：入力電圧〔V〕
E：エミッタ　V_o：出力電圧〔V〕
B：ベース　V：直流電源電圧〔V〕

図 4.12

解説 R_2 に流れる電流は，ベース電流 I_B〔A〕とコレクタ電流 $I_C = h_{fe} I_B$〔A〕の和となるので，入力電圧 V_i〔V〕は次式で表されます．

$$V_i = h_{ie} I_B + R_2 (I_B + h_{fe} I_B) = h_{ie} I_B + R_2 (1 + h_{fe}) I_B \text{〔V〕} \quad ①$$

式①より，インピーダンス Z_i〔Ω〕は次式で表されます．

$$Z_i = \frac{V_i}{I_B} = h_{ie} + R_2 (1 + h_{fe}) \text{〔Ω〕}$$

$h_{fe} \gg 1$，$h_{ie} \ll R_2 (1 + h_{fe})$ なので　　［ B ］の答え

$$Z_i \doteqdot R_2 h_{fe} = 2 \times 10^3 \times 100 = 200 \times 10^3 \text{〔Ω〕} = \mathbf{200} \text{〔kΩ〕}$$

となります．出力を短絡したときに流れる電流 i_o〔A〕は次式で表されます．

$$i_o \doteqdot (1 + h_{fe}) \times \frac{V_i}{h_{ie}} \text{〔A〕} \quad ②$$

式①より

$$I_B = \frac{V_i}{h_{ie} + R_2(1 + h_{fe})}\text{〔A〕} \quad ③$$

となるので，出力を開放したときの電圧 V_o〔V〕は次式で表されます．

$$V_o \fallingdotseq (1 + h_{fe}) I_B R_2\text{〔V〕} \quad ④$$

出力インピーダンス Z_o〔Ω〕は，式④の V_o と式②の i_o に式③を用いると

$$Z_o = \frac{V_o}{i_o} = \frac{(1 + h_{fe}) I_B R_2}{(1 + h_{fe}) \times \frac{V_i}{h_{ie}}} = \frac{I_B R_2 h_{ie}}{V_i}$$

$$= \frac{V_i}{h_{ie} + R_2(1 + h_{fe})} \times \frac{R_2 h_{ie}}{V_i}$$

$$\fallingdotseq \frac{R_2 h_{ie}}{R_2(1 + h_{fe})} \fallingdotseq \frac{h_{ie}}{h_{fe}} = \frac{3 \times 10^3}{100} = \mathbf{30}\text{〔Ω〕}$$

式の誘導が難しいので $Z_o \fallingdotseq \frac{h_{ie}}{h_{fe}}$ を覚えた方がよい．

B の答え

となるので，式①より $V_i \fallingdotseq R_2(1 + h_{fe}) I_B$，式④より $V_o \fallingdotseq (1 + h_{fe}) I_B R_2$ なので，$V_o/V_i \fallingdotseq \mathbf{1}$ となります．

C の答え

答え▶▶▶2

問題 5 ★ → 4.1

図 4.13 に示すトランジスタ（Tr）増幅回路の入力インピーダンス Z_i および出力インピーダンス Z_o の値の組合せとして，最も近いものを下の番号から選べ．ただし，Tr の h 定数のうち h_{ie} および h_{fe} を**表 4.1** の値とする．また，入力電圧 V_i〔V〕の信号源の内部抵抗を零とし，静電容量 C_1，C_2，h 定数の h_{re}，h_{oe} および抵抗 R_1 の影響は無視するものとする．

■表 4.1

名　称	記号	値
入力インピーダンス	h_{ie}	5〔kΩ〕
電流増幅率	h_{fe}	250

C：コレクタ　　V_i：入力電圧〔V〕
E：エミッタ　　V_o：出力電圧〔V〕
B：ベース　　V：直流電源〔V〕

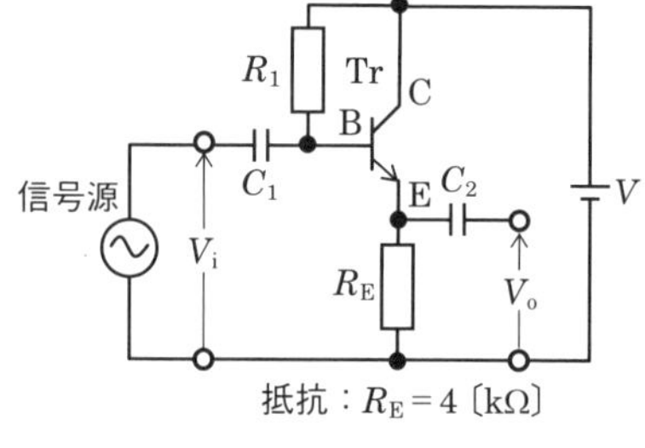

■図 4.13

	Z_i	Z_o
1	1 000〔kΩ〕	20〔Ω〕
2	800〔kΩ〕	20〔Ω〕
3	600〔kΩ〕	30〔Ω〕
4	400〔kΩ〕	30〔Ω〕
5	200〔kΩ〕	40〔Ω〕

解説 入力電流を i_i〔A〕とすると，入力電圧 V_i〔V〕は次式で表されます．

$$V_i = h_{ie} i_i + V_o = h_{ie} i_i + (i_i + h_{fe} i_i) R_E \text{〔V〕}$$

入力インピーダンス Z_i〔Ω〕は次式で表されます．

Z_i の答え

$$Z_i = \frac{V_i}{i_i} = h_{ie} + (1 + h_{fe}) R_E \fallingdotseq h_{fe} R_E = 250 \times 4 \times 10^3 \text{〔Ω〕} = \mathbf{1\,000\text{〔kΩ〕}}$$

出力インピーダンス Z_o〔Ω〕は次式で表されます．

$$Z_o \fallingdotseq \frac{h_{ie}}{h_{fe}} = \frac{5 \times 10^3}{250} = \mathbf{20\text{〔Ω〕}}$$

Z_o の答え

答え▶▶▶ 1

問題 6 ★ ➡4.1

次の記述は，**図 4.14** に示す変成器 T を用いた A 級トランジスタ（Tr）電力増幅回路の動作について述べたものである．[　　]内に入れるべき字句を下の番号から選べ．ただし，**図 4.15** は，横軸をコレクタ-エミッタ間電圧 V_{CE}〔V〕，縦軸をコレクタ電流 I_C〔A〕として，交流負荷線 XY およびバイアス（動作）点 P を示したものである．また，T の一次側の巻数および二次側の巻数をそれぞれ，N_1 および N_2 とする．さらに，入力は正弦波交流電圧で回路は理想的な A 級動作とし，静電容量 C〔F〕，バイアス回路および T の損失は無視するものとする．

(1) T の一次側の端子 ab から負荷側を見た交流負荷抵抗 R_{AC} は，負荷抵抗を R_L〔Ω〕とすると，R_{AC} = [ア] × R_L〔Ω〕である．
(2) 交流負荷線 XY の傾きは，[イ]〔S〕である．
(3) 点 X は，[ウ]〔V〕である．
(4) 点 Y は，[エ]〔A〕である．
(5) P は XY の中点であるから，負荷抵抗 R_L〔Ω〕で得られる最大出力電力 P_{om} は，P_{om} = [オ]〔W〕である．

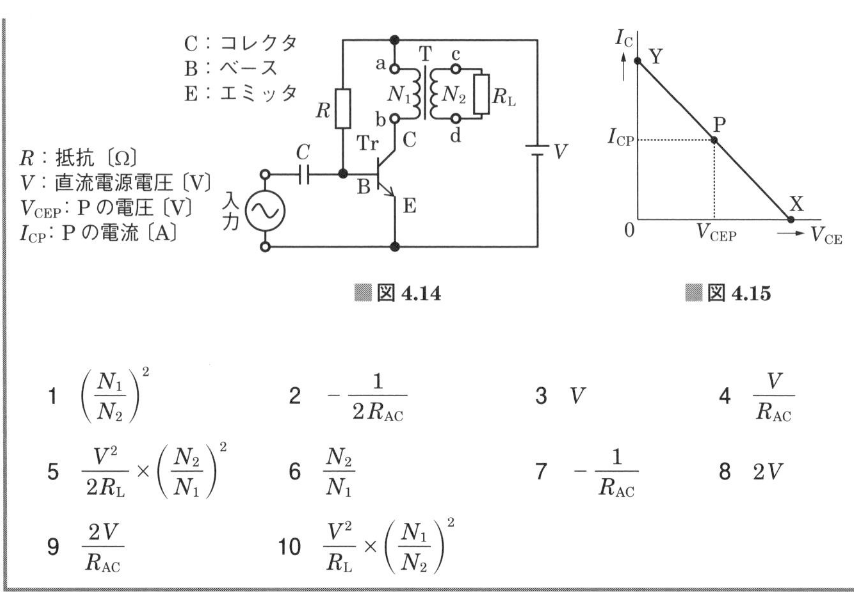

図 4.14　　図 4.15

1 $\left(\dfrac{N_1}{N_2}\right)^2$　2 $-\dfrac{1}{2R_{AC}}$　3 V　4 $\dfrac{V}{R_{AC}}$

5 $\dfrac{V^2}{2R_L}\times\left(\dfrac{N_2}{N_1}\right)^2$　6 $\dfrac{N_2}{N_1}$　7 $-\dfrac{1}{R_{AC}}$　8 $2V$

9 $\dfrac{2V}{R_{AC}}$　10 $\dfrac{V^2}{R_L}\times\left(\dfrac{N_1}{N_2}\right)^2$

解説　図 4.14 の回路において，端子 ab から見た交流負荷抵抗 R_{AC} は巻数比（N_1/N_2）の 2 乗に比例するので，次式で表されます．

$$R_{AC}=\left(\boldsymbol{\frac{N_1}{N_2}}\right)^2 R_L\ 〔\Omega〕$$

［ア］の答え

出力正弦波電圧の最大値 V_m は電源電圧 V〔V〕に等しいので，電圧の実効値を V_e とすると，最大出力電力 P_{om}〔W〕は次式で表されます．

$$P_{om}=\frac{(V_e)^2}{R_{AC}}=\left(\frac{V}{\sqrt{2}}\right)^2\times\frac{1}{R_L}\left(\frac{N_2}{N_1}\right)^2=\boldsymbol{\frac{V^2}{2R_L}\left(\frac{N_2}{N_1}\right)^2}\ 〔\mathrm{W}〕$$

［オ］の答え

答え▶▶▶ア－1，イ－7，ウ－8，エ－9，オ－5

問題 7 ★★ ➡3.3 ➡4.1

図 4.16 に示す理想的な B 級動作をするコンプリメンタリ SEPP 回路において，トランジスタ Tr_1 のコレクタ電流の最大値 I_{Cm1} および負荷抵抗 R_L〔Ω〕で消費される最大電力 P_{om} の値の組合せとして，最も近いものを下の番号から選べ．ただし，二つのトランジスタ Tr_1 および Tr_2 の特性は相補的（コンプリメンタリ）で，入力は単一正弦波とする．

	I_{Cm1}	P_{om}
1	2〔A〕	12〔W〕
2	2〔A〕	16〔W〕
3	2〔A〕	18〔W〕
4	3〔A〕	16〔W〕
5	3〔A〕	18〔W〕

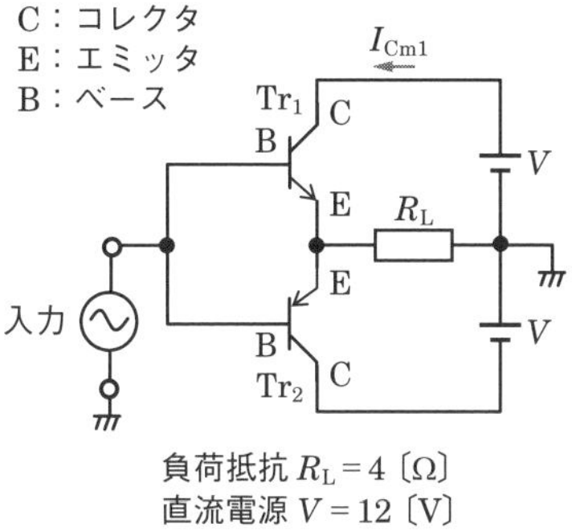

図 4.16

解説 コンプリメンタリ SEPP 回路は，特性のそろった PNP 形と NPN 形の二つのトランジスタを用いて，入力正弦波の正の半周期と負の半周期では互いに異なるトランジスタを動作させて，入力波形の全周期を増幅することができる電力増幅回路です．入力波形が単一正弦波なので，正弦波出力波形の最大値 V_{Cm} が電源電圧 V と同じ値まで変化するときに最大出力が得られます．

Tr_1 を流れる出力電流の最大値 I_{Cm1}〔A〕は，$V_{Cm} = V$ より，次式で表されます．

$$I_{Cm1} = \frac{V_{Cm}}{R_L} = \frac{V}{R_L} = \frac{12}{4} = \mathbf{3}\ \textbf{〔A〕}$$ ◀ I_{Cm1} の答え

各トランジスタの電圧と電流の最大値は同じ値となるので，それらを V_{Cm}〔V〕，I_{Cm}〔A〕，出力電圧および電流の実効値を V_e〔V〕，I_e〔A〕とすると，負荷抵抗で消費される最大電力 P_{mo}〔W〕は次式で表されます．

$$P_{mo} = V_e I_e = \frac{V_{Cm}}{\sqrt{2}} \times \frac{I_{Cm}}{\sqrt{2}}$$

$$= \frac{V}{\sqrt{2}} \times \frac{V}{\sqrt{2}R_L} = \frac{V^2}{2R_L} = \frac{12^2}{2 \times 4} = \mathbf{18}\ \textbf{〔W〕}$$ ◀ P_{mo} の答え

答え ▶▶▶ 5

4.2 FET 増幅回路

- FETの出力回路は，相互コンダクタンス g_m を用いた電流源，あるいは増幅率 μ を用いた電圧源で表される
- ミラー効果はゲート‐ドレイン間の静電容量が，等価的に（1＋増幅度）倍の入力静電容量となる

4.2.1 ソース接地増幅回路

FET（電界効果トランジスタ）は，P形あるいはN形半導体のチャネルに流れる電流をゲート電極の電界で制御する構造の素子です．入力インピーダンスがきわめて大きいので，トランジスタのように入力電流を考えないで，回路の動作を解析することができます．

図 4.17（a）にNチャネル接合形FETを用いたソース接地増幅回路を，図4.17（b）にその等価回路を示します．ゲート電圧を v_G〔V〕，相互コンダクタンスを g_m〔S〕とすると，ドレイン電流 i_D〔A〕は次式で表されます．

$$i_D = g_m v_G \text{〔A〕} \tag{4.8}$$

電圧増幅度 A_v は，ドレイン電圧を v_D〔V〕とすると，次式で表されます．

$$A_v = \frac{v_D}{v_G} = \frac{i_D R_P}{v_G} = g_m R_P \tag{4.9}$$

ただし，$R_P = \dfrac{r_D R_L}{(r_D + R_L)}$〔Ω〕

r_D：ドレイン抵抗

R_L：負荷抵抗

R_P は r_D と R_L の並列合成抵抗．

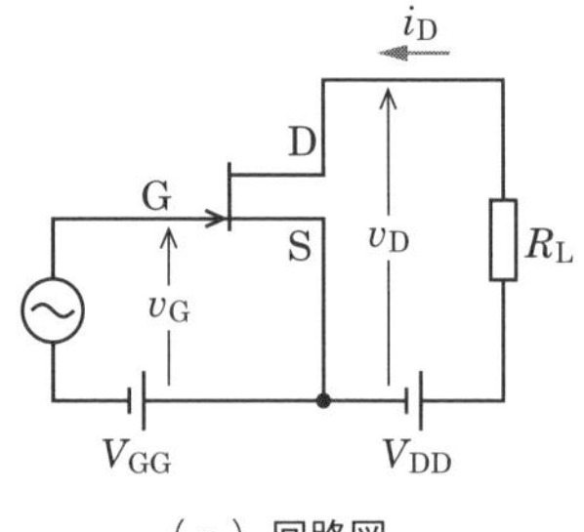

（a）回路図

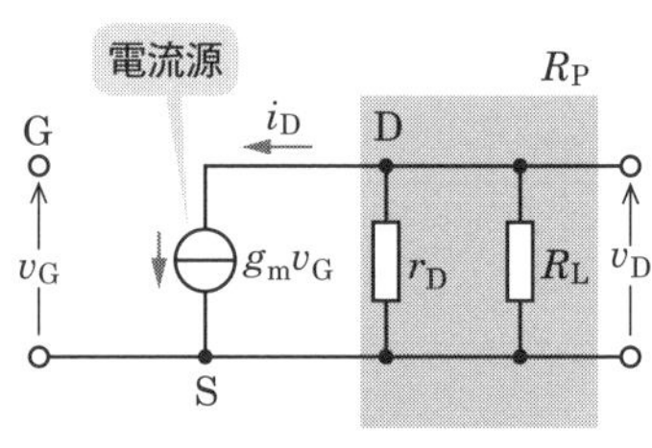

（b）等価回路

■図 4.17　nチャネル接合形 FET を用いたソース接地増幅回路

出力側の電流源 $i_D = g_m v_G$ を電圧源 v_D〔V〕に置き換えると，次式で表されます．

$$v_D = i_D r_D = g_m v_G r_D = \mu v_G \text{〔V〕} \tag{4.10}$$

ここで，$\mu = v_D/v_G$ は電圧増幅度を表します．

出力側の等価回路は，**図 4.18** のような電圧源 μv_G とドレイン抵抗 r_D の直列接続として置き換えることができます．

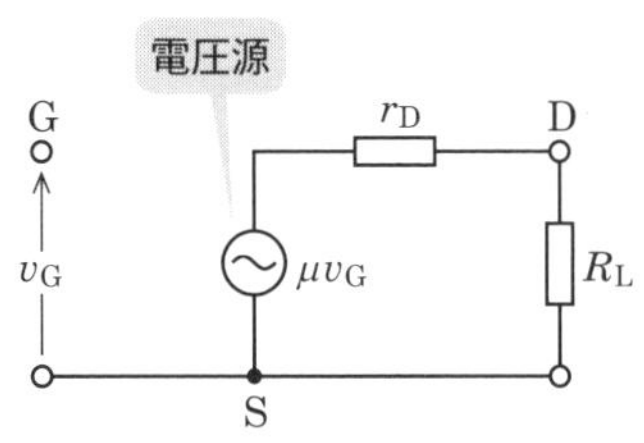

図 4.18　電圧源で表した等価回路

4.2.2 ドレイン接地増幅回路

図 4.19（a）に N チャネル接合形 FET を用いたドレイン接地増幅回路を，図 4.19（b）にその等価回路を示します．

電圧増幅度 A_v は次式で表されます．

$$A_v = \frac{g_m R_S}{1 + g_m R_S} \tag{4.11}$$

出力インピーダンス Z_o〔Ω〕は次式で表されます．

$$Z_o = \frac{R_S}{1 + g_m R_S} \text{〔Ω〕} \tag{4.12}$$

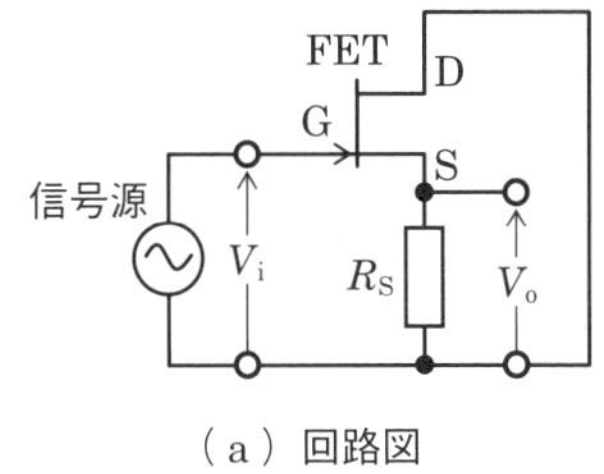

（a）回路図

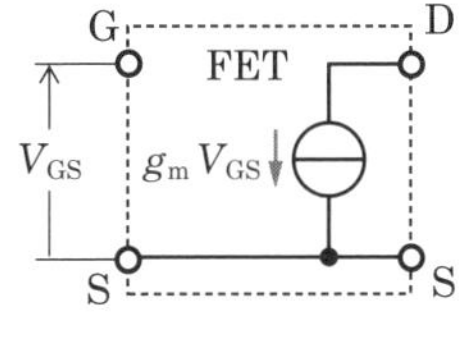

（b）等価回路

図 4.19　ドレイン接地増幅回路

4.2.3 ミラー効果

FET などの増幅素子の持つ入出力間の漂遊静電容量によって，増幅素子の入力と出力が**図 4.20** のように，静電容量で結合されていると，見かけ上の入力インピーダンスが低下することを**ミラー効果**といいます．

出力が抵抗負荷の場合の入力静電容量は，式 (4.13) で表されます．素子の電圧増幅度を A_V とすると，ドレイン-ゲート間静電容量 C_{DG}〔F〕が $(1+A_V)$ 倍に増加して加わります．

$$C_{in} = C_{DG}(1+A_V) + C_{GS}\ 〔F〕 \tag{4.13}$$

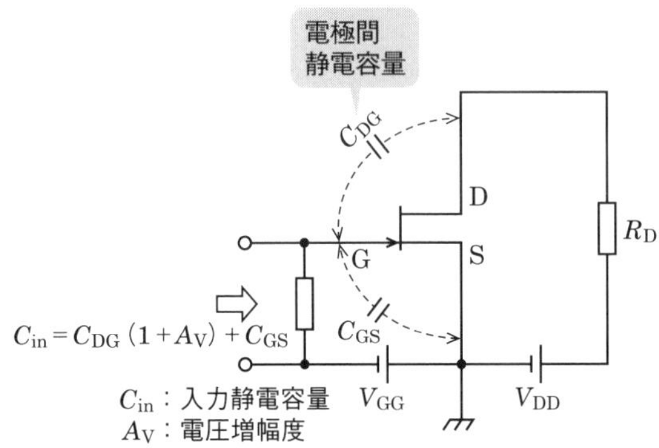

■図 4.20　ミラー効果

問題 8 ★★★　➡4.2.2

次の記述は，**図 4.21** に示す電界効果トランジスタ（FET）を用いたドレイン接地増幅回路の出力インピーダンス（端子 cd から見たインピーダンス）Z_o〔Ω〕を求める過程について述べたものである．　　　内に入れるべき字句の正しい組合せを下の番号から選べ．ただし，FET の等価回路を**図 4.22** とし，また，Z_o は抵抗 R_S〔Ω〕を含むものとする．

(1) 回路を等価回路を用いて書くと，**図 4.23** になる．出力インピーダンス Z_o〔Ω〕は，図 4.23 の出力端子 cd を短絡したとき cd に流れる電流を I_{so}〔A〕とし，出力端子 cd を開放したときに現れる電圧を V_{oo}〔V〕とすると，次式で表される．

$$Z_o = \frac{V_{oo}}{I_{so}}\ 〔Ω〕 \cdots\cdots 【1】$$

(2) I_{so} は，次式で表される．

$$I_{so} = \boxed{\ A\ }\ 〔A〕 \cdots\cdots 【2】$$

(3) V_{oo} は，次式で表される．

$$V_{oo} = \boxed{\ B\ } \times V_i\ 〔V〕 \cdots\cdots 【3】$$

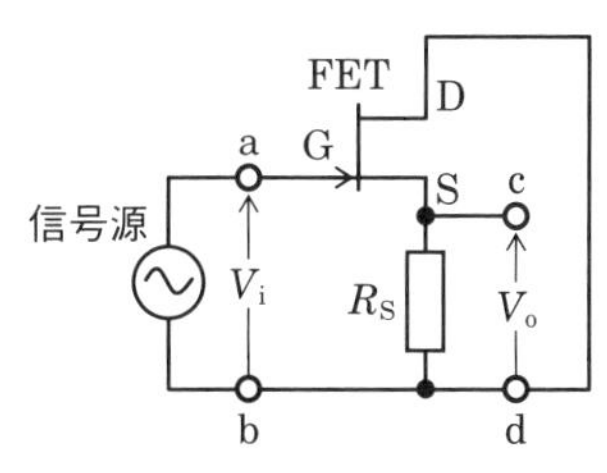

■図 4.21

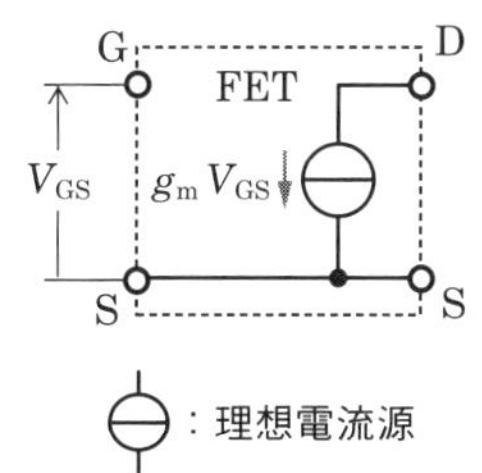

■図 4.22

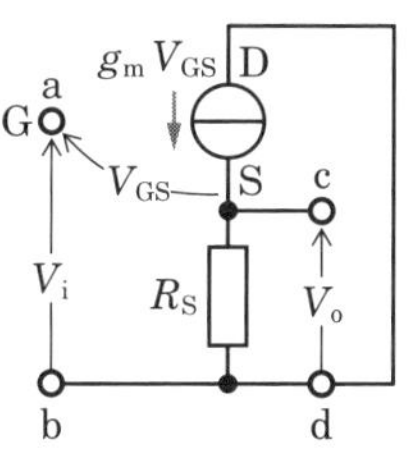

■図 4.23

D ：ドレイン　　V_i：入力電圧〔V〕
G ：ゲート　　　V_o：出力電圧〔V〕
S ：ソース　　　V_{GS}：GS 間電圧〔V〕
　　　　　　　　g_m：相互コンダクタンス〔S〕

（4）したがって，Z_o は式【1】,【2】,【3】より，次式で表される．

Z_o = ［ C ］〔Ω〕

	A	B	C
1	$(1+g_m)V_i$	$\dfrac{g_m R_S}{1+g_m R_S}$	$\dfrac{R_S}{1+g_m R_S}$
2	$(1+g_m)V_i$	$\dfrac{g_m}{1+g_m R_S}$	$\dfrac{1}{1+g_m R_S}$
3	$g_m V_i$	$\dfrac{g_m R_S}{1+g_m R_S}$	$\dfrac{R_S}{1+g_m R_S}$
4	$g_m V_i$	$\dfrac{g_m}{1+g_m R_S}$	$\dfrac{R_S}{1+g_m R_S}$
5	$g_m V_i$	$\dfrac{g_m R_S}{1-g_m R_S}$	$\dfrac{1}{1+g_m R_S}$

解説　cd 間を短絡すると $V_{GS}=V_i$ となるので，図 4.22 より，I_{so}〔A〕は次式で表されます．

$$I_{so}=g_m V_{GS}=\boldsymbol{g_m V_i}\ \text{〔A〕} \quad ①$$

◀… ［ A ］の答え

cd 間を開放したときの電圧 V_{oo}〔V〕は R_S の電圧降下なので

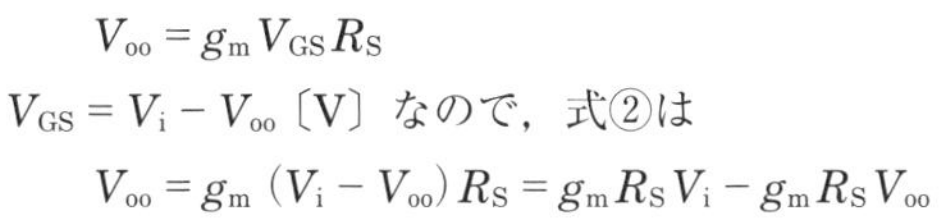

$$V_{oo}=g_m V_{GS} R_S \quad ②$$

$V_{GS}=V_i-V_{oo}$〔V〕なので，式②は

$$V_{oo}=g_m(V_i-V_{oo})R_S=g_m R_S V_i-g_m R_S V_{oo}$$

V_{oo} を求めると

$$V_{oo} = \frac{g_m R_S}{1 + g_m R_S} V_i \text{〔V〕}$$ ← B の答え　③

式③÷式①より

$$Z_o = \frac{V_{oo}}{I_{so}} = \frac{R_S}{1 + g_m R_S} \text{〔Ω〕}$$ ← C の答え

答え▶▶▶3

問題 9 ★★★　➡4.2.2

図 4.24 に示す電界効果トランジスタ（FET）を用いたドレイン接地増幅回路の原理図において，電圧増幅度 A_V および出力インピーダンス（端子 cd から見たインピーダンス）Z_o〔Ω〕を表す式の組合せとして，正しいものを下の番号から選べ．ただし，FET の等価回路を**図 4.25** とし，また，Z_o は抵抗 R_S〔Ω〕を含むものとする．

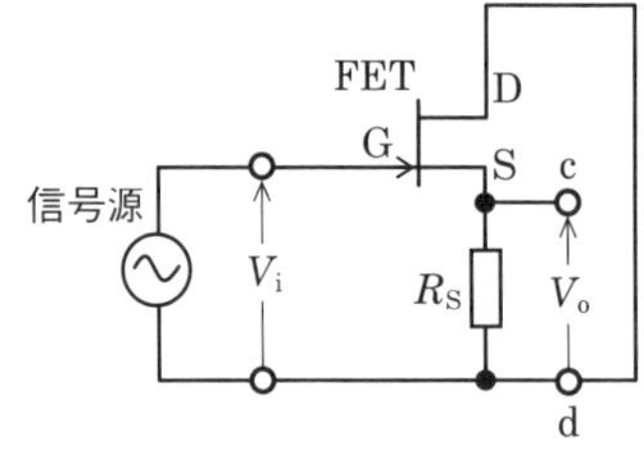

■図 4.24

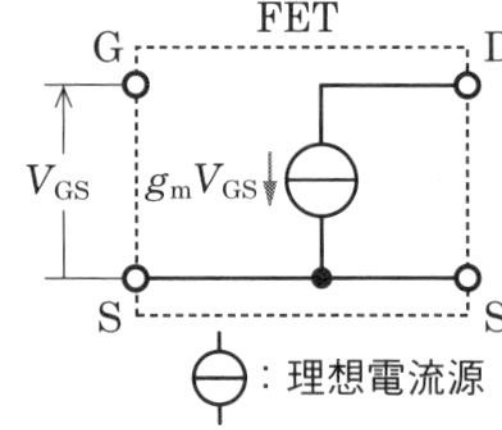

D　：ドレイン
G　：ゲート
S　：ソース
V_i　：入力電圧〔V〕
V_o　：出力電圧〔V〕
V_{GS}：GS 間電圧〔V〕
g_m　：相互コンダクタンス〔S〕

■図 4.25

1　$A_V = \dfrac{g_m R_S}{1 + g_m R_S}$　　$Z_o = \dfrac{R_S}{2 + g_m}$

2　$A_V = \dfrac{g_m R_S}{1 + g_m R_S}$　　$Z_o = \dfrac{R_S}{1 + g_m R_S}$

3　$A_V = \dfrac{g_m R_S}{1 + g_m R_S}$　　$Z_o = \dfrac{1 + g_m R_S}{g_m}$

4　$A_V = g_m R_S$　　$Z_o = \dfrac{R_S}{2 + g_m}$

5　$A_V = g_m R_S$　　$Z_o = \dfrac{R_S}{1 + g_m R_S}$

解説 ゲート・ソース間電圧を V_{GS}〔V〕とすると，ドレイン電流 $i_D = g_m V_{GS}$〔A〕より，出力電圧 V_o〔V〕を求めると，次式で表されます．

$$V_o = i_D R_S = g_m V_{GS} R_S \text{〔V〕} \quad ①$$

入力電圧 $V_i = V_{GS} + V_o$〔V〕なので，電圧増幅度 A_V は次式で表されます．

$$A_V = \frac{V_o}{V_i} = \frac{V_o}{V_{GS} + V_o} = \frac{g_m V_{GS} R_S}{V_{GS} + g_m V_{GS} R_S} = \frac{\boldsymbol{g_m R_S}}{\boldsymbol{1 + g_m R_S}} \quad ②$$

← A_V の答え

出力インピーダンス Z_o〔Ω〕は，出力を開放したときの電圧 $V_{oo} = A_V V_i$〔V〕と出力を短絡したとき（$V_o = 0$）の電流 $i_s = g_m V_{GS} = g_m V_i$〔A〕より

$$Z_o = \frac{V_{oo}}{i_s} = \frac{A_V V_i}{g_m V_{GS}} = \frac{A_V V_i}{g_m V_i} = \frac{A_V}{g_m} \text{〔Ω〕} \quad ③$$

出力を短絡すると $V_{GS} = V_i$ となる．

となるので，式③に式②を代入すると，次式で表されます．

$$Z_o = \frac{\boldsymbol{R_S}}{\boldsymbol{1 + g_m R_S}} \text{〔Ω〕}$$

← Z_o の答え

答え▶▶▶2

問題 10 ★★ ➡4.2.1 ➡4.2.3

次の記述は，**図 4.26** に示す電界効果トランジスタ（FET）増幅回路において，D-G 間静電容量 C_{DG}〔F〕の高い周波数における影響について述べたものである．[　　] 内に入れるべき字句を下の番号から選べ．なお，同じ記号の [　　] 内には，同じ字句が入るものとする．また，**図 4.27** は，高い周波数では静電容量 C_S，C_1 および C_2 のリアクタンスが十分小さくなるものとして表した等価回路である．

(1) 図 4.27 に示す回路で，C_{DG} に流れる電流 $\dot{I}_G$ は，次式で表される．

$$\dot{I}_G = \frac{\boxed{\text{ア}}}{\{1/(j\omega C_{DG})\}} \text{〔A〕} \quad \text{【1】}$$

(2) 式【1】を整理すると，次式が得られる．

$$\dot{I}_G = j\omega C_{DG} \left(\boxed{\text{イ}} \right) \dot{V}_i \text{〔A〕} \quad \text{【2】}$$

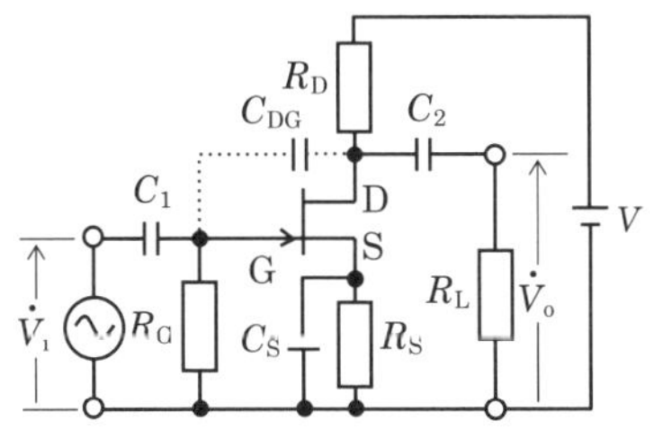

R_G，R_D，R_S，R_L：抵抗〔Ω〕
g_m：相互コンダクタンス〔S〕
$\dot{V}_i$：入力電圧〔V〕
$\dot{V}_o$：出力電圧〔V〕
V：直流電源電圧〔V〕
D：ドレイン
S：ソース
G：ゲート

■図 4.26

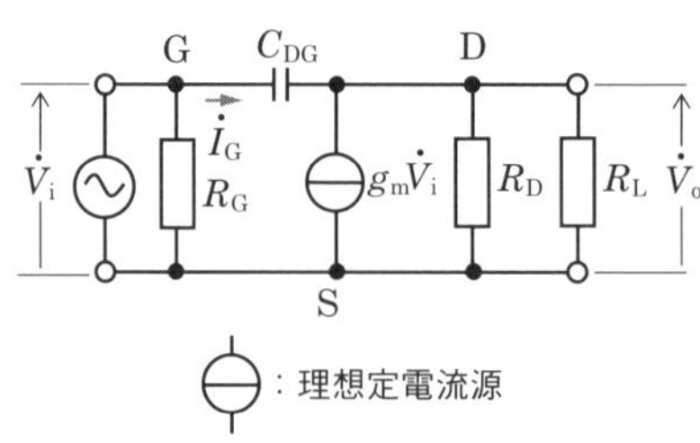

■図 4.27

(3) 回路の電圧増幅度を A_V とすると，$\dot{V}_o/\dot{V}_i = -A_V$ であるから，式【2】を A_V を使って表すと次式が得られる．

$\dot{I}_G = j\omega C_{DG}$ (ウ) $\dot{V}_i$〔A〕 ……………………………………………… 【3】

(4) 式【3】の C_{DG} (ウ) を C_i〔F〕とすれば，C_i は等価的に エ 間に接続された静電容量となる．

(5) このように C_{DG} が C_i となって表れる効果を オ 効果という．

1 $1 + 1/A_V$	2 $\dot{V}_i - \dot{V}_o$	3 $1 + A_V$	4 $1 - \dot{V}_o/\dot{V}_i$	5 G-S
6 D-S	7 ミラー	8 $\dot{V}_i$	9 シュミット	10 $1 - \dot{V}_i/\dot{V}_o$

解説 図 4.27 の等価回路において，C_{DG} に加わる電圧は（$\dot{V}_i - \dot{V}_o$）なので，C_{DG} のリアクタンスを $-jX_C = 1/(j\omega C_{DG})$ とすると，C_{DG} を流れる電流 $\dot{I}_G$ は次式で表されます．

$$\dot{I}_G = \frac{\dot{V}_i - \dot{V}_o}{-jX_C} = \frac{\boldsymbol{\dot{V}_i - \dot{V}_o}}{1/(j\omega C_{DG})} \text{〔A〕} \quad ①$$

ア の答え

イ の答え

式①より，次のようになります．

$$\dot{I}_G = j\omega C_{DG}(\dot{V}_i - \dot{V}_o) = j\omega C_{DG}\left(\boldsymbol{1 - \frac{\dot{V}_o}{\dot{V}_i}}\right)\dot{V}_i$$

$$= j\omega C_{DG}(\boldsymbol{1 + A_V})\dot{V}_i$$

$$= j\omega C_i \dot{V}_i \text{〔A〕} \quad ②$$

ウ の答え

$\dot{V}_o/\dot{V}_i = -A_V$ を代入するため，$\dot{V}_i$ でくくる

式②において，C_i は等価的に入力のゲート-ソース間（**G-S**）に接続された静電容量となります．

エ の答え

C_{DG} の静電容量が，等価的に（$1 + A_V$）倍となり入力静電容量となって表れる効果を**ミラー**効果といいます．

オ の答え

答え▶▶▶アー2，イー4，ウー3，エー5，オー7

4.3 帰還増幅回路

● OP アンプの増幅度は，入力と出力端子に接続された抵抗値から求める

4.3.1 OP アンプ

OP アンプ（OPerational amplifier：演算増幅器）はアナログ電子計算機用に開発された直流増幅器ですが，直流から高周波までの各種増幅回路に用いられています．**図 4.28** に差動入力形 OP アンプの図記号を示します．OP アンプは，開ループ利得が∞，入力インピーダンスが∞〔Ω〕，出力インピーダンスが 0〔Ω〕の増幅回路として取り扱うことができます．

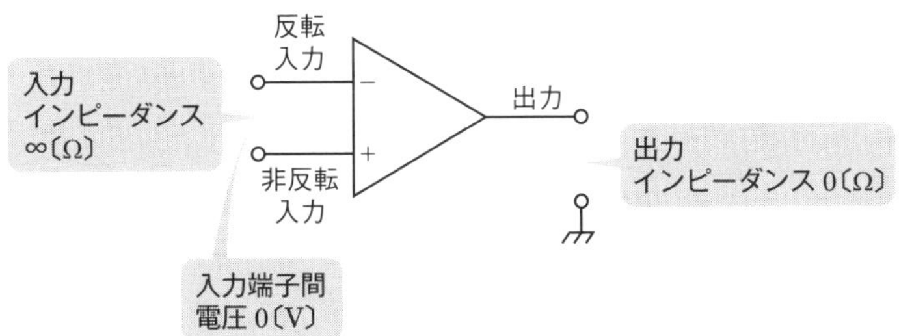

■図 4.28　差動入力形 OP アンプの図記号

図 4.29 に示す反転形増幅回路において，OP アンプは増幅度が無限大の増幅回路として取り扱うことができます．また，入力端子間の電圧を 0〔V〕とおくことができるので，次式が成り立ちます．

$$V_1 = R_s I_1 \tag{4.14}$$

$$V_2 = -R_f I_1 \tag{4.15}$$

式（4.14）と式（4.15）の比から反転形 OP アンプ増幅回路の閉ループ利得（電圧増幅度）A_V を求めると，次式で表されます．

$$A_V = \frac{V_o}{V_i} = \frac{V_2}{V_1} = -\frac{R_f}{R_s} \tag{4.16}$$

図 4.30 の非反転形増幅回路において，反転入力端子（−）の電圧 V_1〔V〕は

$$V_1 = \frac{R_s}{R_s + R_f} V_o \text{〔V〕} \tag{4.17}$$

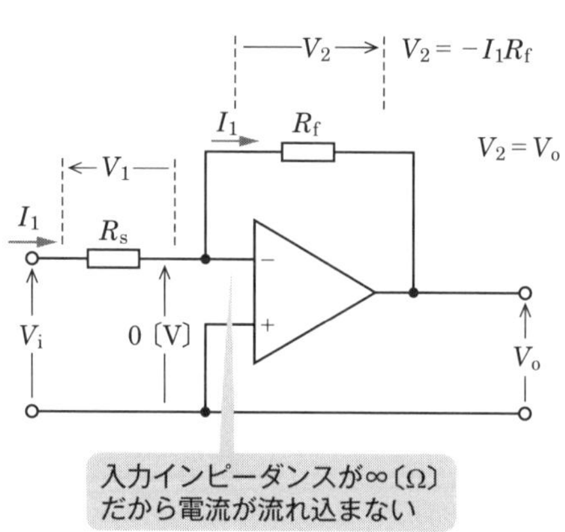

■図 4.29　反転形増幅回路

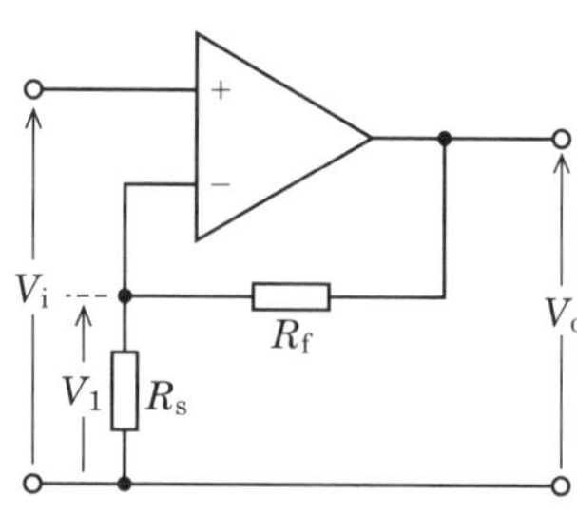

■図 4.30　非反転形増幅回路

入力端子間の電圧は $V_i - V_1$〔V〕なので，増幅器単体の開ループ利得（増幅度）を A_0 とすると，出力電圧 V_o〔V〕は

$$V_o = A_0 (V_i - V_1)\text{〔V〕} \tag{4.18}$$

式（4.18）に式（4.17）を代入すると

$$V_o = A_0 \left(V_i - \frac{R_s}{R_s + R_f} V_o \right) \text{〔V〕} \tag{4.19}$$

式（4.19）を展開して整理すると

$$V_i = \frac{V_0}{A_0} + \frac{R_s}{R_s + R_f} V_o \text{〔V〕} \tag{4.20}$$

理想的な演算増幅器の開ループ利得 $A_0 = \infty$ なので，式（4.20）は

$$V_i \fallingdotseq \frac{R_s}{R_s + R_f} V_o \text{〔V〕} \tag{4.21}$$

よって，閉ループ利得 A_V は

$$A_V = \frac{V_o}{V_i} = \frac{R_s + R_f}{R_s} = 1 + \frac{R_f}{R_s} \tag{4.22}$$

4.3.2 負帰還増幅回路

増幅回路の出力の一部を入力に戻すことを**帰還**といい，帰還した信号が入力と逆位相の場合を**負帰還**といいます．

負帰還増幅回路は
- 増幅度は低下する．
- ひずみが減少する．
- 動作を安定にさせることができる．

図 4.31 の電圧直列帰還増幅回路において，増幅回路の利得を A，帰還回路の帰還率を β とすると，次式が成り立ちます．

$$A = \frac{v_o}{v_a} \tag{4.23}$$

$$\beta = \frac{v_b}{v_o} \tag{4.24}$$

式 (4.23) と式 (4.24) より

$$v_b = A\beta v_a \tag{4.25}$$

となり，入力電圧 v_a は次式で表されます．

$$v_a = v_i + v_b \tag{4.26}$$

式 (4.26) に式 (4.25) を代入して整理すると，次のようになります．

$$v_a = v_i + A\beta v_a \quad よって \quad v_a = \frac{v_i}{1 - A\beta} \tag{4.27}$$

負帰還増幅回路全体の利得 A_f は次式で表されます．

$$A_f = \frac{v_o}{v_i} = \frac{v_o}{v_a} \times \frac{v_a}{v_i} = \frac{A}{1 - A\beta} \tag{4.28}$$

帰還する電圧の符号が－のとき

$$A_f = \frac{A}{1 + A\beta}$$

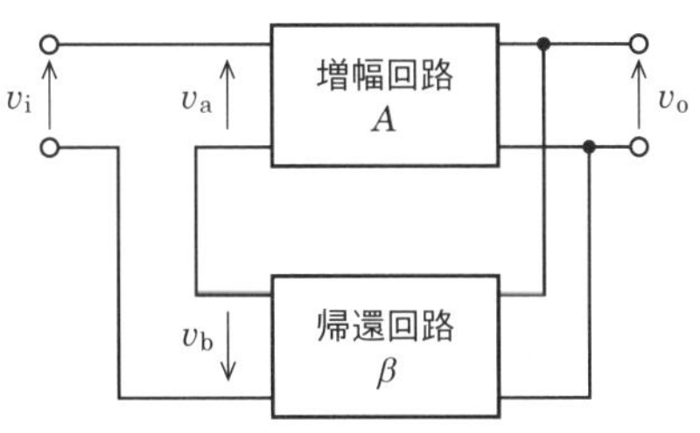

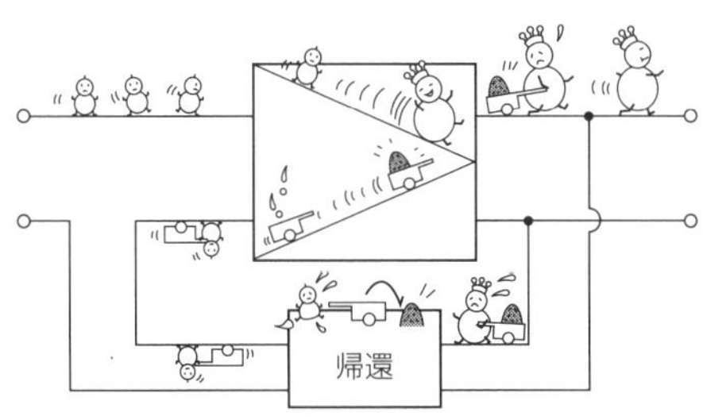

図 4.31　電圧直列帰還増幅回路

関連知識 デシベル（dB）

出力電力を P_2〔W〕，入力電力を P_1〔W〕とすると，電力増幅度 G_P〔dB〕は次式で表されます．

$$G_P = 10\log_{10}\frac{P_2}{P_1}\ \text{〔dB〕}$$

出力電圧を v_2〔V〕，入力電圧を v_1〔V〕とすれば，電圧増幅度 G_V〔dB〕は次式で与えられます．

$$G_V = 20\log_{10}\frac{v_2}{v_1}\ \text{〔dB〕}$$

増幅度は，一般に桁が大きくなってしまうので，入出力比の対数をとって求めたデシベルを用いる．

一般に，電圧の 1〔V〕を基準にした値を dBV，電力の 1〔mW〕を基準にした値を dBm で表します．

数学の公式

指数関数 $x = 10^y$ の逆関数を常用対数といい，次式で表されます．

$$y = \log_{10} x$$

〈公式〉

$$\log_{10}(ab) = \log_{10}a + \log_{10}b$$

$$\log_{10}\frac{a}{b} = \log_{10}a - \log_{10}b$$

$$\log_{10}a^b = b\log_{10}a$$

〈国家試験の問題で，よく用いられる値〉

$\log_{10}2 \fallingdotseq 0.301$
ふたり でみかん を ひとつ

$\log_{10}3 \fallingdotseq 0.4771$
ロボットォ さん は 死 な な い

$$\log_{10}4 = \log_{10}(2\times 2) = \log_{10}2 + \log_{10}2 \fallingdotseq 0.6$$

$$\log_{10}10 = 1$$

$$\log_{10}1\,000 = \log_{10}10^3 = 3$$

問題 11 ★★★ ➡ 4.3

図 4.32 (a)，図 4.32 (b) および図 4.32 (c) に示す理想的な演算増幅器 (A_{OP}) を用いた回路の出力電圧 V_o〔V〕の大きさの値の組合せとして，正しいものを下の番号から選べ．ただし，抵抗 $R_1 = 1$〔kΩ〕，$R_2 = 9$〔kΩ〕，入力電圧 V_i を 0.2〔V〕とする．

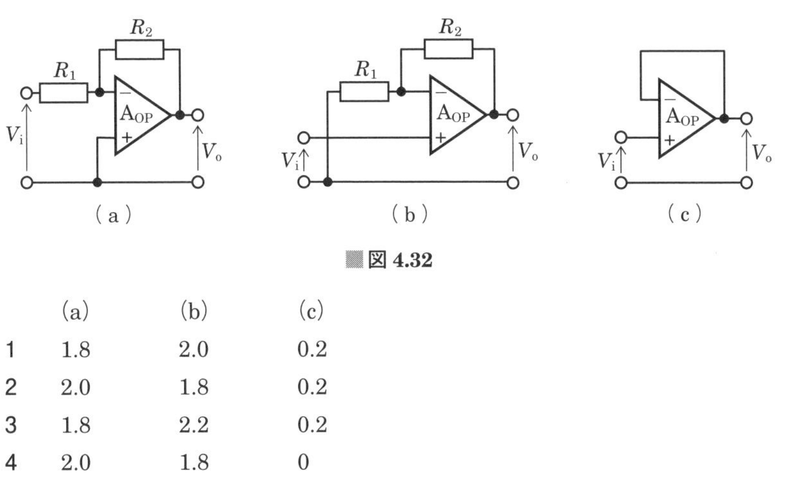

図 4.32

	(a)	(b)	(c)
1	1.8	2.0	0.2
2	2.0	1.8	0.2
3	1.8	2.2	0.2
4	2.0	1.8	0
5	1.8	2.0	0

解説 図 4.32 (a) は反転増幅回路です．電圧増幅度の大きさ A_v は次式で表されます．

$$A_V = \frac{R_2}{R_1} = \frac{9 \times 10^3}{1 \times 10^3} = 9$$

よって，出力電圧 V_o〔V〕は

$$V_o = A_v V_i = 9 \times 0.2 = \mathbf{1.8}\ \text{〔V〕}$$

図 4.32 (b) は非反転形増幅回路です．電圧増幅度の大きさ A_v は次式で表されます．

$$A_V = 1 + \frac{R_2}{R_1} = 1 + \frac{9 \times 10^3}{1 \times 10^3} = 10 \qquad ①$$

よって，出力電圧 V_o〔V〕は次式で表されます．

$$V_o = A_v V_i = 10 \times 0.2 = \mathbf{2.0}\ \text{〔V〕}$$

図 4.32 (c) は式①において，$R_1 = \infty$，$R_2 = 0$ とすると，$A_v = 1$ となるので

$$V_o = A_v V_i = \mathbf{0.2}\ \text{〔V〕}$$

となります．

答え▶▶▶ 1

問題 12 ★★ ➡4.3

次の記述は，**図 4.33** に示す理想的な演算増幅器（A_{OP}）を用いた回路の動作について述べたものである．［　　］内に入れるべき字句の正しい組合せを下の番号から選べ．

(1) A_{OP} の負（−）入力および正（+）入力端子の電圧をそれぞれ V_N〔V〕および V_P〔V〕とすると，次式が成り立つ．

$V_N = V_P = ($ [A] $) \times V_2$〔V〕 ………………………… **【1】**

(2) 入力端子 a から流れる電流 I_1 は，図 4.33 に示す電流 I_F に等しいので，次式で表される．

$I_1 =$ [B] $= (V_N - V_o)/R_F$〔A〕 ………………………… **【2】**

(3) 式【1】および式【2】より V_o を求めると，次式が得られる．

$V_o = -$ [C] 〔V〕

	A	B	C
1	$\frac{R}{R+R_F}$	$\frac{V_1 - V_N}{R_F}$	$\frac{R(V_1+V_2)}{R_F}$
2	$\frac{R_F}{R+R_F}$	$\frac{V_1 - V_N}{R}$	$\frac{R_F(V_1-V_2)}{R}$
3	$\frac{R_F}{R+R_F}$	$\frac{V_1 - V_N}{R_F}$	$\frac{R(V_1+V_2)}{R_F}$
4	$\frac{R_F}{R+R_F}$	$\frac{V_1 - V_N}{R_F}$	$\frac{R_F(V_1-V_2)}{R}$
5	$\frac{R}{R+R_F}$	$\frac{V_1 - V_N}{R}$	$\frac{R_F(V_1-V_2)}{R}$

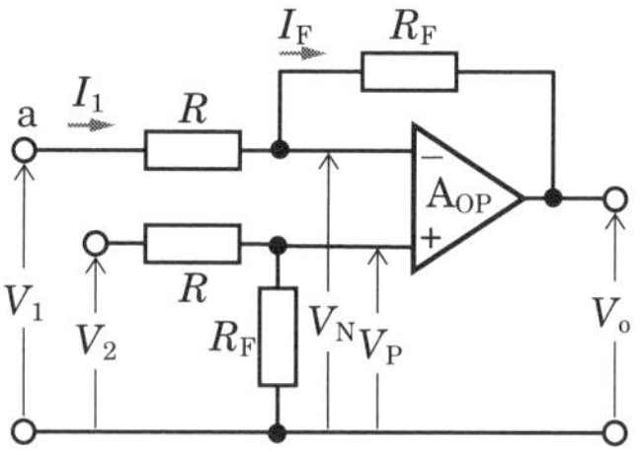

R，R_F：抵抗〔Ω〕
V_1，V_2：入力電圧〔V〕
V_o：出力電圧〔V〕

■**図 4.33**

解説 理想的な演算増幅器の入力端子は仮想短絡状態なので，正入力端子に接続された抵抗の比から電圧を求めると，次式で表されます．

$$V_N = V_P = \frac{\boldsymbol{R_F}}{\boldsymbol{R+R_F}} \times V_2 \text{〔V〕} \quad ①$$

[A] の答え

理想的な演算増幅器の入力インピーダンスは無限大なので，I_1〔A〕を求めると，次式で表されます．

$$I_1 = I_F = \frac{\boldsymbol{V_1 - V_N}}{\boldsymbol{R}} = \frac{V_N - V_o}{R_F} \text{〔A〕} \quad ②$$

[B] の答え

式②の第3辺と第4辺より

$$\frac{V_o}{R_F}=-\frac{V_1}{R}+V_N\times\left(\frac{1}{R}+\frac{1}{R_F}\right)=-\frac{V_1}{R}+V_N\times\frac{R+R_F}{RR_F} \qquad ③$$

となるので，式③に式①を代入して V_o〔V〕を求めると，次式で表されます．

$$V_o=-\frac{R_FV_1}{R}+V_N\times\frac{R+R_F}{R}$$

$$=-\frac{R_FV_1}{R}+\frac{R_FV_2}{R+R_F}\times\frac{R+R_F}{R}$$

$$=-\frac{\boldsymbol{R_F(V_1-V_2)}}{\boldsymbol{R}}\text{〔V〕}$$

問題【3】の式に－符号があるので，注意して式を求める．

C の答え

答え▶▶▶2

出題傾向　下線の部分を穴埋めの字句とした問題も出題されています．

問題 13 ★★ ➡4.3

次の記述は，理想的な演算増幅器（A_{OP}）を用いた負帰還増幅回路について述べたものである．このうち正しいものを1，誤っているものを2として解答せよ．

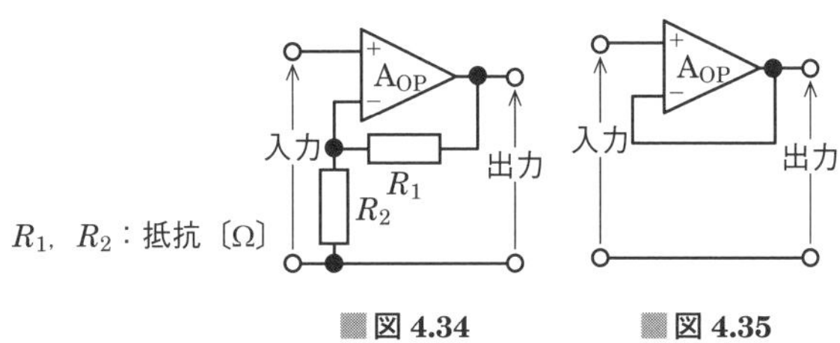

■図 4.34　■図 4.35

ア　帰還率が β のとき，負帰還増幅回路の電圧増幅度は，$1/\beta$ である．

イ　**図 4.34** の回路の帰還率は，$1+R_1/R_2$ である．

ウ　図 4.34 の回路の電圧増幅度は，$R_2/(R_1+R_2)$ である．

エ　**図 4.35** の回路の帰還率は，1 である．

オ　図 4.35 の回路は，ボルテージホロワともいわれる．

解説 演算増幅器単体の増幅度を A_0，帰還回路の帰還率を β とすると，負帰還増幅回路の増幅度 A_V は次式で表されます．

演算増幅器を用いた負帰還増幅回路の帰還率は，負帰還増幅回路の増幅度の逆数とほぼ等しい．

$$A_V = \frac{A_0}{1 + A_0\beta} \quad ①$$

理想演算増幅器単体の増幅度 $A_0 = \infty$ なので，$A_0\beta \gg 1$ となるので，式①は次式で表されます．

$$A_V \fallingdotseq \frac{A_0}{A_0\beta} = \frac{1}{\beta} \quad ②$$

よって，選択肢**ア**は正しい記述です．

図 4.34 の非反転形増幅回路の各部の電圧は**図 4.36** で表されます．

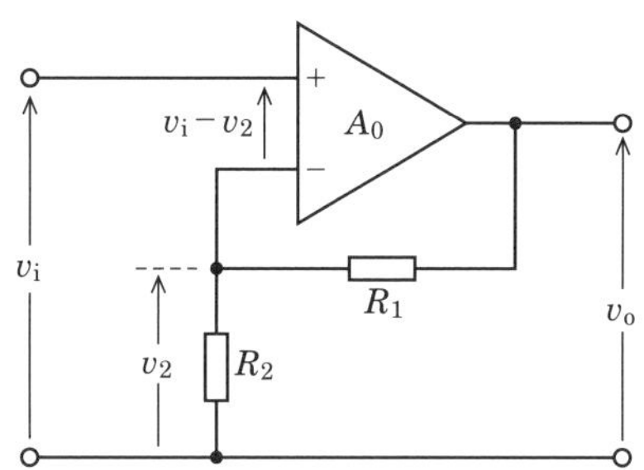

図 4.36 非反転形増幅回路の各部の電圧

図 4.36 の反転入力端子（−）の電圧 v_2 は次式で表すことができます．

$$v_2 \fallingdotseq \frac{R_2}{R_1 + R_2} v_o \quad ③$$

出力電圧 v_o は，非反転入力端子（+）の電圧 v_i と反転入力端子（−）に加わる電圧 v_2 の差を増幅度 A_0 倍したものなので，次式で表されます．

$$v_o = A_0 (v_i - v_2) \quad ④$$

式④に式③を代入すると

$$v_o = A_0 \left(v_i - \frac{R_2}{R_1 + R_2} v_o \right) \quad ⑤$$

となり，式⑤を展開して整理すると

理想的な演算増幅器の増幅度 $A_0 = \infty$ なので，$v_o/A_0 = 0$.

$$v_i = \frac{v_0}{A_0} + \frac{R_2}{R_1 + R_2} v_o \fallingdotseq \frac{R_2}{R_1 + R_2} v_o \quad ⑥$$

となります．$v_i = \beta v_o$ より，β は次式で表されます．

$$\beta = \frac{R_2}{R_1 + R_2} \qquad ⑦$$

よって，選択肢**イ**の回路の帰還率は $\boldsymbol{R_2/(R_1+R_2)}$ となります．

図 4.34 は非反転増幅回路なので，選択肢**ウ**の回路の電圧増幅度は $\boldsymbol{1+R_1/R_2}$ となります．

図 4.35 の回路では，図 4.34 の回路の帰還抵抗の値を $R_1 = 0$，$R_2 = \infty$ としたものと同じなので，式⑦にこれらの値を代入すると，次式が得られます．

$$\beta = \frac{R_2}{R_1 + R_2} = \frac{1}{\dfrac{R_1}{R_2} + 1} = \frac{1}{\dfrac{0}{\infty} + 1} \fallingdotseq 1$$

よって，選択肢**エ**は正しい記述です．

答え▶▶▶ア－1，イ－2，ウ－2，エ－1，オ－1

関連知識　ボルテージホロワ回路

図 4.35 の回路はボルテージホロワ回路といいます．電圧増幅度は 1 なので電圧増幅回路としては用いられませんが，演算増幅器は高入力インピーダンス，低出力インピーダンス特性を持っているので，インピーダンス変換回路として用いられています．

問題 14　★★　➡ 4.3

図 4.37 に示す回路と**図 4.38** に示す回路の伝達関数（$\dot{V}_o/\dot{V}_i$）が等しくなる条件を表す式として，正しいものを下の番号から選べ．ただし，角周波数を ω〔rad/s〕とし，演算増幅器 A_{OP} は理想的な特性を持つものとする．

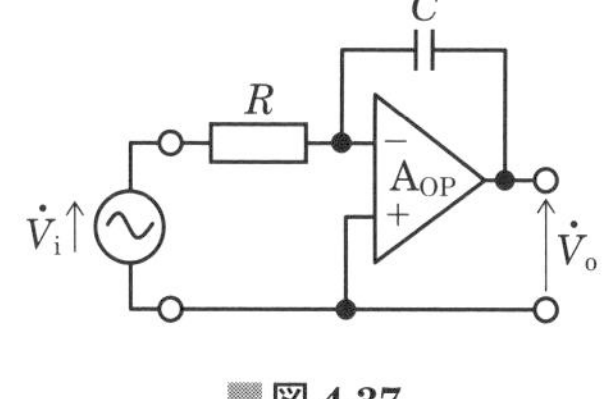

図 4.37

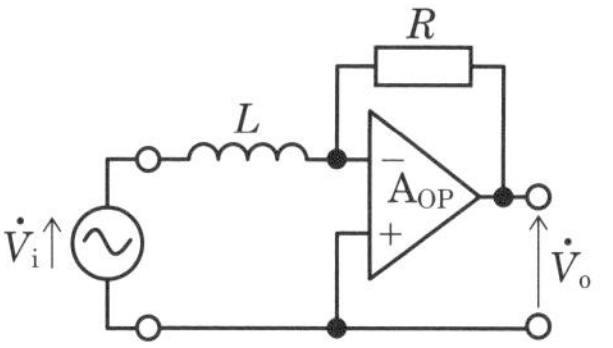

図 4.38

R ：抵抗〔Ω〕
C ：静電容量〔F〕
L ：自己インダクタンス〔H〕
$\dot{V}_i$ ：入力電圧〔V〕
$\dot{V}_o$ ：出力電圧〔V〕

1　$C = \dfrac{L^2}{R}$　　2　$C = \dfrac{R}{L^2}$　　3　$C = \dfrac{L}{R^2}$　　4　$L = \dfrac{C}{R^2}$　　5　$L = \dfrac{R}{C^2}$

4 章

解説 入力が－端子の反転増幅回路なので，図 4.37 の電圧増幅度 $\dot{A}_1$ は次式で表されます．

$$\dot{A}_1 = \frac{\dot{V}_o}{\dot{V}_i} = -\frac{\frac{1}{j\omega C}}{R} = -\frac{1}{j\omega CR} \quad ①$$

図 4.38 の電圧増幅度 $\dot{A}_2$ は次式で表されます．

$$\dot{A}_2 = \frac{\dot{V}_o}{\dot{V}_i} = -\frac{R}{j\omega L} \quad ②$$

伝達関数が等しい条件より，式①＝式②とすると

$$\frac{1}{CR} = \frac{R}{L} \quad ③$$

となるので，選択肢の式に変形すると，$\boldsymbol{C = \frac{L}{R^2}}$ となります．

> 反転増幅回路の入力回路のインピーダンスを $\dot{Z}_1$，帰還回路のインピーダンスを $\dot{Z}_2$ とすると増幅度 $\dot{A}$ は
> $$\dot{A} = -\frac{\dot{Z}_2}{\dot{Z}_1}$$

答え▶▶▶3

出題傾向 数値を代入して計算する問題も出題されています．

問題 15 ★★ ➡4.3

図 4.39 に示すような低域での電圧利得が 60〔dB〕で高域遮断周波数が 2.0〔kHz〕の増幅器 Amp に，**図 4.40** に示すように帰還回路 B を設け，増幅器 Amp に負帰還をかけて電圧利得が 34〔dB〕の負帰還増幅器にしたとき，負帰還増幅器の高域遮断周波数の値として，最も近いものを下の番号から選べ．ただし，高域周波数 f〔Hz〕における増幅器の電圧増幅度 $\dot{A}$ は，高域遮断周波数を f_H〔Hz〕，低域での電圧増幅度の大きさを A_0 としたとき，$\dot{A} = A_0/(1 + jf/f_H)$ で表されるものとする．また，常用対数は表の値とする．

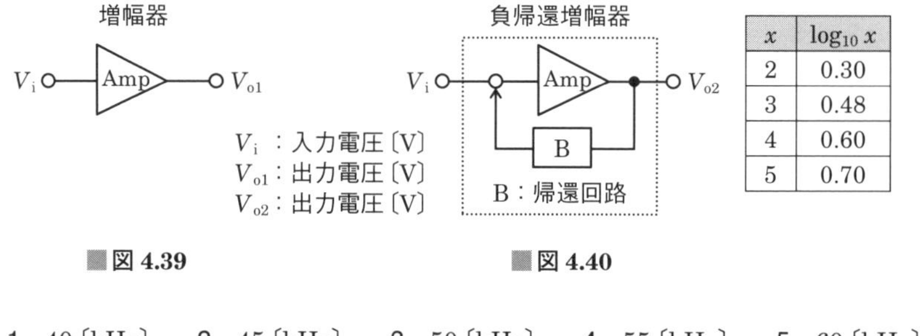

x	$\log_{10} x$
2	0.30
3	0.48
4	0.60
5	0.70

■図 4.39　　■図 4.40

1　40〔kHz〕　2　45〔kHz〕　3　50〔kHz〕　4　55〔kHz〕　5　60〔kHz〕

解説 負帰還をかけていないときの電圧利得をA，負帰還回路の帰還率をβとすると，負帰還増幅回路の電圧利得A_βは次式で表されます．

$$A_\beta = \frac{A}{1+\beta A} \qquad ①$$

電圧利得 60〔dB〕の真数をAとすると

$20 \log_{10} A = 60$〔dB〕 より $A = 10^3$

となります．34〔dB〕の真数をA_βとすると

$20 \log_{10} A_\beta = 34 = 40 - 6$ より $\log_{10} A_\beta = 2 - 0.3$ となるので

$A_\beta = 10^2 \div 2 = 50$ となります．

これらの値より，式①は

$$50 = \frac{10^3}{1+10^3\beta} \quad \text{より} \quad \beta = \frac{20-1}{10^3} = 19 \times 10^{-3} \quad \text{となります．}$$

高域周波数における負帰還増幅回路の電圧増幅度$\dot{A}_f$は，問題で与えられた式と式①より

$$\dot{A}_f = \frac{\dfrac{A_0}{1+j\dfrac{f}{f_H}}}{1+\beta\times\dfrac{A_0}{1+j\dfrac{f}{f_H}}} = \frac{A_0}{1+j\dfrac{f}{f_H}+\beta A_0} = \frac{\dfrac{A_0}{1+\beta A_0}}{1+j\dfrac{f}{f_H(1+\beta A_0)}} \qquad ②$$

となります．式②の分子は負帰還をかけたときの低域の電圧増幅度を表します．増幅度が 3〔dB〕低下（$1/\sqrt{2}$）するのは分母の虚数項が 1 となるときなので，$A_0 = 10^3$とすると，周波数fは

$f = f_H(1+\beta A_0)$

$= 2\times10^3\times(1+19\times10^{-3}\times10^3) = 40\times10^3$〔Hz〕$=$ **40〔kHz〕**

答え▶▶▶ 1

4.4 発振回路

- リアクタンス発振回路のリアクタンスは，入力と出力の符号が同じで，入出力を結合する回路は符号が異なる
- 増幅度 A と帰還率 β より，発振条件は $A\beta = 1$

4.4.1 リアクタンス発振回路

電気振動を継続的に発生する回路を**発振回路**といいます．

図 4.41 のように，トランジスタ増幅回路とリアクタンス回路によって発振回路を構成することができます．図の回路の発振条件は次式で表されます．

$$\frac{h_{fe}X_2}{X_1} \geqq 1 \qquad (4.29)$$

$$X_1 + X_2 = -X_3 \qquad (4.30)$$

ただし，h_{fe}：トランジスタの電流増幅率

式 (4.29) と式 (4.30) より，X_1 と X_2 は同符号で，X_3 は X_1，X_2 と異符号であることが条件です．たとえば，X_1 と X_2 が誘導性ならば，X_3 は容量性のときに発振します．

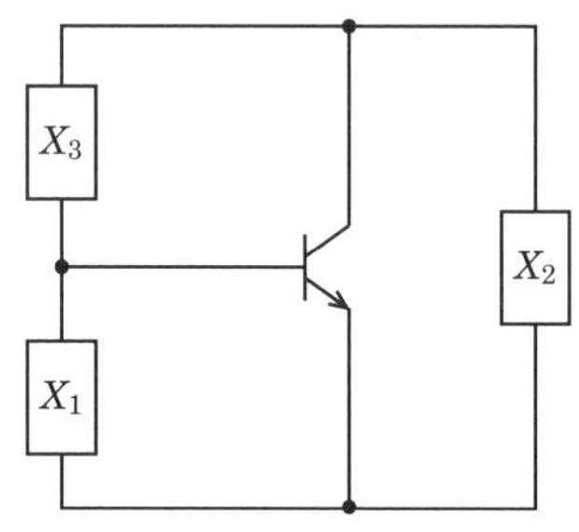

図 4.41　リアクタンス発振回路

誘導性のリアクタンスはコイル，容量性のリアクタンスはコンデンサ．

回路が発振状態にあるとき，増幅度を A，帰還回路の帰還率を β とすると，$A\beta = 1$ の条件が成り立ちます．

4.4.2 *LC* 発振回路

帰還回路を L および C のリアクタンスで構成した発振回路を ***LC* 発振回路**といい，高周波の発振に用いられます．

(1) ハートレー発振回路

図 4.42 に原理的なハートレー発振回路を示します．発振周波数 f〔Hz〕は次式で表されます．

$$f = \frac{1}{2\pi\sqrt{LC}} \text{〔Hz〕} \qquad (4.31)$$

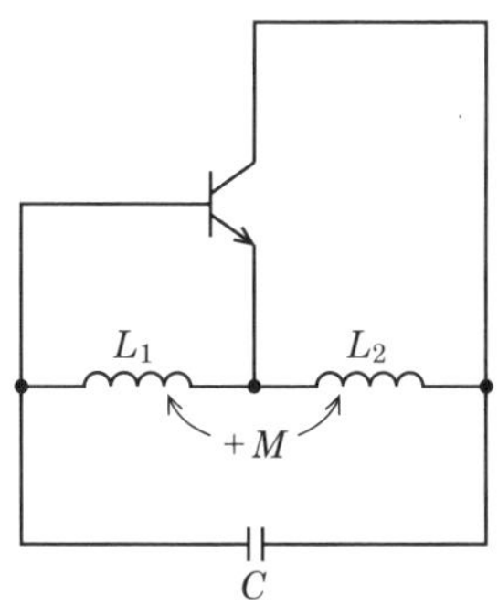

■図 4.42　ハートレー発振回路

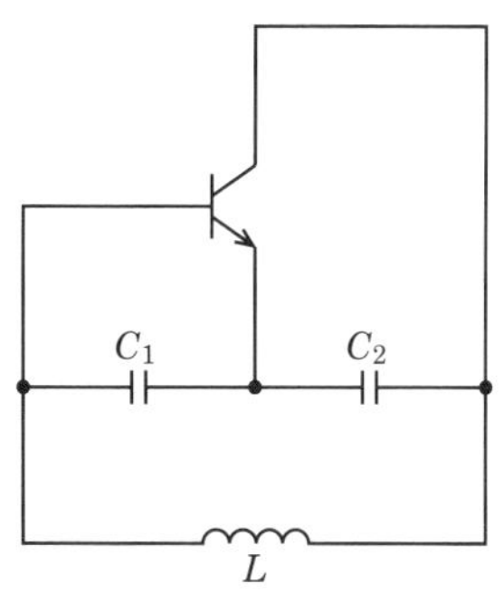

■図 4.43　コルピッツ発振回路

ただし，$L = L_1 + L_2 + 2M$〔H〕

(2) コルピッツ発振回路

図 4.43 に原理的なコルピッツ発振回路を示します．発振周波数 f〔Hz〕は次式で表されます．

$$f = \frac{1}{2\pi\sqrt{LC}} \text{〔Hz〕} \tag{4.32}$$

ただし，$C = \dfrac{C_1C_2}{C_1 + C_2}$〔F〕

コンデンサの直列接続.

4.4.3 *CR* 発振回路

帰還回路を C および R で構成した発振回路を ***CR* 発振回路**といい，低周波の発振に用いられます．

(1) ウィーンブリッジ発振回路

図 4.44 にウィーンブリッジ発振回路を示します．増幅器の増幅度を A とすると，発振条件および発振周波数 f〔Hz〕は次式で表されます．

$$A = 3 \tag{4.33}$$

$$f = \frac{1}{2\pi CR} \text{〔Hz〕} \tag{4.34}$$

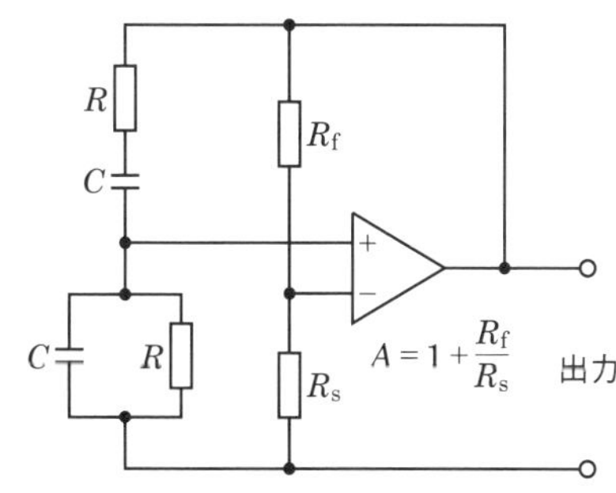

■図 4.44　ウィーンブリッジ発振回路

発振の起動には，$A>3$ の条件が必要なので，実用回路では，帰還回路にサーミスタや FET などを用いて起動時と安定時の増幅度を変化させています．

(2) ターマン発振回路

図 4.45 にターマン発振回路を示します．増幅回路の増幅度が A，インピーダンスが∞，出力インピーダンスが 0 の電圧増幅形回路が発振するための増幅度 A と発振周波数 f〔Hz〕は次式のようになります．

$$A=1+\frac{R_1}{R_2}+\frac{C_2}{C_1} \tag{4.35}$$

$$f=\frac{1}{2\pi\sqrt{C_1C_2R_1R_2}} \tag{4.36}$$

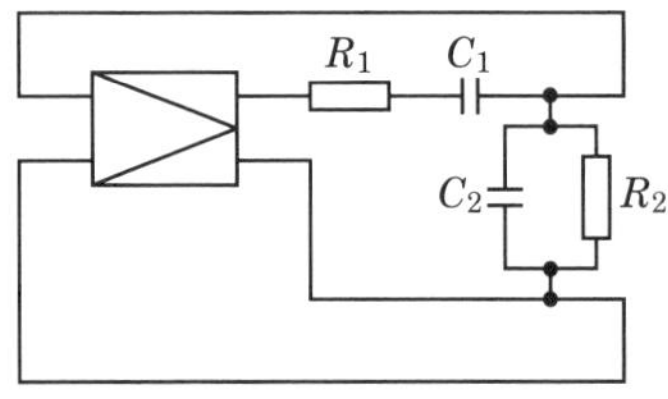

■図 4.45　ターマン発振回路

ウィーンブリッジ発振回路はインピーダンス回路と抵抗回路が交流ブリッジ回路を構成しているのでブリッジと呼ばれるが，動作原理はほぼ同じ．

$R_1=R_2=R$，$C_1=C_2=C$ とすると，増幅度 A と発信周波数 f〔Hz〕は次式のようになります．

$$A=3 \tag{4.37}$$

$$f=\frac{1}{2\pi CR} \tag{4.38}$$

(3) 移相形発振回路

図 4.46 に示す移相形発振回路の移相回路には，1 組の RC 回路の接続の仕方によって微分形と積分形があります．移相回路で 180〔°〕の移相変化を与えるには，RC 回路を 3 段接続する必要があります．

増幅度は 29 倍以上必要で，発振周波数は $f=\dfrac{1}{2\pi\sqrt{6}\,CR}$〔Hz〕(微分形)，$f=\dfrac{\sqrt{6}}{2\pi CR}$〔Hz〕(積分形) となります．

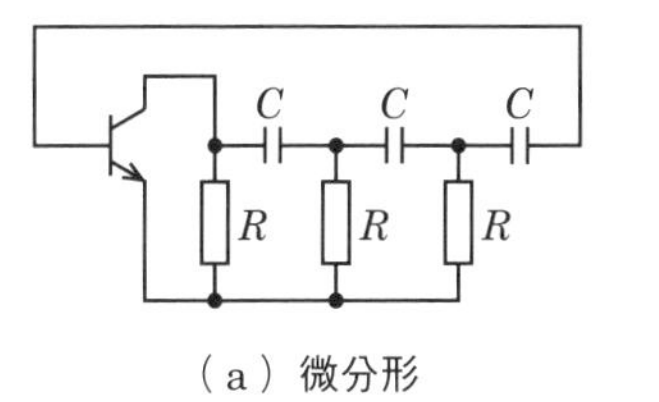

(a) 微分形

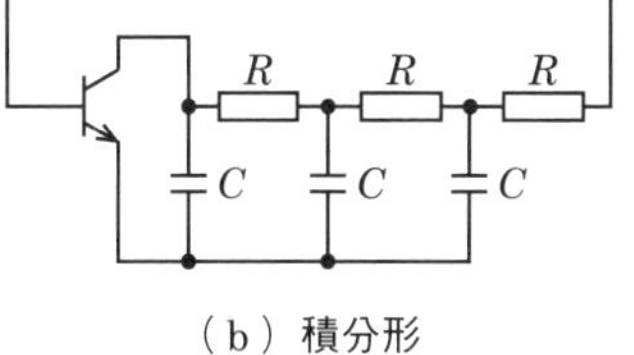

(b) 積分形

■図 4.46 移相形発振回路

問題 16 ★★★ ➡4.4.1

次の図は，トランジスタ（Tr）を用いた発振回路の原理的構成例を示したものである．このうち発振が可能なものを 1，不可能なものを 2 として解答せよ．

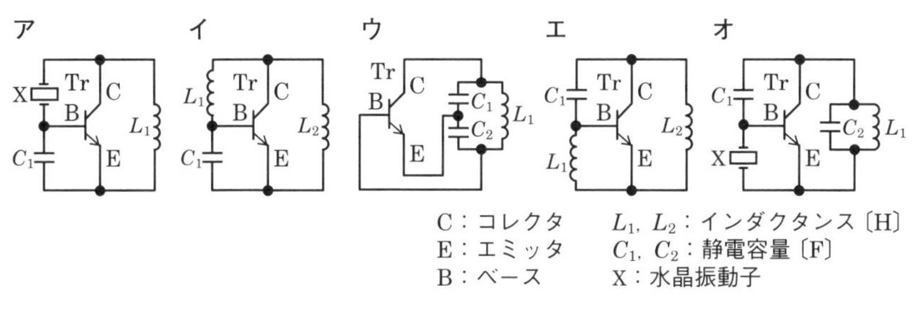

C：コレクタ　　L_1，L_2：インダクタンス〔H〕
E：エミッタ　　C_1，C_2：静電容量〔F〕
B：ベース　　　X：水晶振動子

解説 図 4.47 にリアクタンス発振回路を示します．トランジスタの電流増幅率を h_{fe} とすると，発振条件は次式で表されます．

$$\frac{h_{fe} X_2}{X_1} \geqq 1 \quad ①$$

$$X_1 + X_2 = -X_3 \quad ②$$

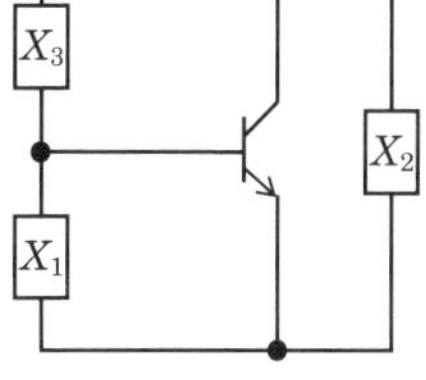

■図 4.47

式①と式②より，X_1 と X_2 は同符号で，X_3 は X_1，X_2 と異符号であるときに発振します．

ア　水晶振動子が誘導性リアクタンスの周波数の範囲で発振するので，式①と式②の条件を満足しないので発振しません．

イ　式①と式②の条件を満足しないので発振しません．

ウ　式①と式②の条件を満足するので発振します．

エ　式①と式②の条件を満足するので発振します．

オ　水晶振動子が誘導性リアクタンスで，L_1 と C_2 の共振回路が誘導性となる周波数で発振します．

答え▶▶▶アー 2，イー 2，ウー 1，エー 1，オー 1

問題 17 ★　➡4.4.3

図 4.48 に示す理想的な演算増幅器（$\mathrm{A_{OP}}$）を用いたブリッジ形 CR 発振回路の発振周波数 f_o〔Hz〕を表す式および発振状態のときの電圧帰還率 β（$\dot{V}_f/\dot{V}_o$）の値の組合せとして，正しいものを下の番号から選べ．

1　$f_o=\dfrac{1}{2\pi\sqrt{CR}}$　　$\beta=\dfrac{1}{2}$

2　$f_o=\dfrac{1}{\sqrt{2}\,\pi CR}$　　$\beta=\dfrac{1}{3}$

3　$f_o=\dfrac{1}{\pi CR}$　　$\beta=\dfrac{1}{3}$

4　$f_o=\dfrac{1}{2\pi CR}$　　$\beta=\dfrac{1}{2}$

5　$f_o=\dfrac{1}{2\pi CR}$　　$\beta=\dfrac{1}{3}$

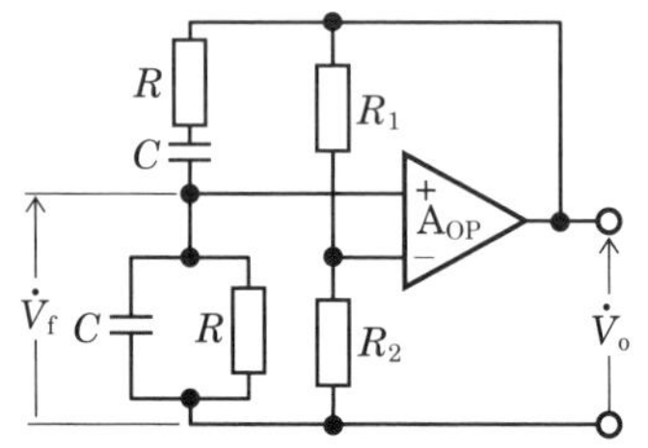

R，R_1，R_2：抵抗〔Ω〕
C：静電容量〔F〕
$\dot{V}_o$：出力電圧〔V〕
$\dot{V}_f$：帰還電圧〔V〕

図 4.48

解説　図 4.48 の帰還回路において，RC 並列回路の合成インピーダンスを $\dot{Z}_p$ とすると，次式で表されます．

$$\dot{Z}_p=\frac{\dfrac{R}{j\omega C}}{\dfrac{1}{j\omega C}+R}=\frac{R}{1+j\omega CR}$$

分数を簡単にしておけば，後の計算が楽になる．

RC 直列回路の合成インピーダンスを $\dot{Z}_s$ とすると，電圧帰還率 β は次式で表されます．

$$\beta = \frac{\dot{V}_f}{\dot{V}_o} = \frac{\dot{Z}_p}{\dot{Z}_s + \dot{Z}_p}$$

$$= \frac{\dfrac{R}{1 + j\omega CR}}{R + \dfrac{1}{j\omega C} + \dfrac{R}{1 + j\omega CR}}$$

$$= \frac{R}{R(1 + j\omega CR) + \dfrac{1 + j\omega CR}{j\omega C} + R}$$

$$= \frac{j\omega CR}{j\omega CR(1 + j\omega CR) + 1 + j\omega CR + j\omega CR}$$

$$= \frac{j\omega CR}{j3\omega CR - \omega^2 C^2 R^2 + 1} \quad ①$$

β は帰還回路の入力と出力のインピーダンスの比で表される.

発振条件 $A\beta = 1$ に式①を代入すると，次式が成り立ちます.

$$A\beta = \frac{j\omega CRA}{j3\omega CR - \omega^2 C^2 R^2 + 1} = 1$$

$$A\omega CR = 3\omega CR + j(\omega^2 C^2 R^2 - 1) \quad ②$$

式②の実数部より，$A\omega CR = 3\omega CR$ なので

$$A = 3 \quad ③$$

となり，発振条件より $A\beta = 1$ なので，式③より

$$\beta = \mathbf{\frac{1}{3}}$$ ←…… β の答え

となります．式②の虚数部より $\omega_0{}^2 C^2 R^2 - 1 = 0$ とすると，次のようになります.

$$\omega_o = \frac{1}{CR}$$

よって発振周波数 f_o は，次式で表されます.

$$f_o = \frac{\omega_o}{2\pi} = \mathbf{\frac{1}{2\pi CR}}$$ ←…… f_o の答え

答え▶▶▶5

問題 18 ★★★ ➡ 4.4.3

次の記述は，**図 4.49** に示すターマン発振回路の発振条件について述べたものである．［　　］内に入れるべき字句を下の番号から選べ．ただし，増幅回路は，入力抵抗および出力抵抗を無限大および 0（零）とし，入出力間に位相差はないものとする．また，角周波数を ω〔rad/s〕とする．

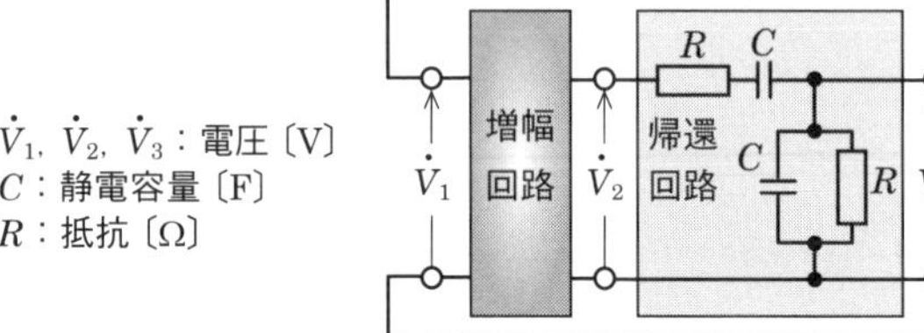

■図 4.49

(1) 帰還回路の帰還率 $\beta = \dot{V}_3/\dot{V}_2$ は，C と R の直列インピーダンスおよび並列インピーダンスをそれぞれ $\dot{Z}_S$〔Ω〕および $\dot{Z}_P$〔Ω〕とすると，次式で表される．

$\beta =$［ア］…………【1】

(2) 式【1】に C と R を代入して整理すると，次式が得られる．

$\beta =$［イ］…………【2】

(3) 発振状態においては，β は実数である．したがって発振周波数 f は，次式で表される．

$f =$［ウ］〔Hz〕…………【3】

(4) また，発振状態においては，増幅回路の増幅度 $A_V = \dot{V}_2/\dot{V}_1$ は，［エ］である．

(5) この回路は，主に［オ］の発振に適している．

1 $\dfrac{\dot{Z}_S}{\dot{Z}_S + \dot{Z}_P}$　　2 $\dfrac{1}{6 - j\{\omega CR - 1/(\omega CR)\}}$　　3 $\dfrac{1}{2\pi CR}$　　4 1

5 低周波

6 $\dfrac{\dot{Z}_P}{\dot{Z}_S + \dot{Z}_P}$　　7 $\dfrac{1}{3 + j\{\omega CR - 1/(\omega CR)\}}$　　8 $\dfrac{1}{\sqrt{2}\,CR}$　　9 3

10 高周波（数百〔MHz〕以上）

解説 C と R の並列回路のインピーダンス $\dot{Z}_P$〔Ω〕は次式で表されます．

$$\dot{Z}_P = \frac{R \times \dfrac{1}{j\omega C}}{R + \dfrac{1}{j\omega C}} = \frac{R}{1 + j\omega CR} \text{〔Ω〕} \quad ①$$

帰還率 β を求めると，次式で表されます．

$$\beta = \frac{\dot{\boldsymbol{Z}}_{\mathbf{P}}}{\dot{\boldsymbol{Z}}_{\mathbf{S}} + \dot{\boldsymbol{Z}}_{\mathbf{P}}} = \frac{\dfrac{R}{1+j\omega CR}}{R + \dfrac{1}{j\omega C} + \dfrac{R}{1+j\omega CR}} = \frac{1}{\left(R + \dfrac{1}{j\omega C}\right) \times \left(\dfrac{1+j\omega CR}{R}\right) + 1}$$

↑ ア の答え

$$= \frac{1}{1 + j\omega CR + \dfrac{1}{j\omega CR} + 1 + 1} = \frac{\mathbf{1}}{\mathbf{3} + \boldsymbol{j}\left(\boldsymbol{\omega CR} - \dfrac{\mathbf{1}}{\boldsymbol{\omega CR}}\right)} \quad ②$$

↑ イ の答え

虚数部＝0 より，発振周波数 f〔Hz〕を求めると，次式で表されます．

$$\omega CR = \frac{1}{\omega CR} \quad \text{より} \quad \omega = 2\pi f = \frac{1}{CR} \quad \text{よって} \quad f = \frac{\mathbf{1}}{\mathbf{2\pi} \boldsymbol{CR}} \text{〔Hz〕} \quad \text{となります．}$$

↑ ウ の答え

式②の分子の虚数部＝0 のときは，$\beta = 1/3$ となるので，$A_V \beta = 1$ の発振条件より，増幅度 $A_V =$ **3** となります．

↑ エ の答え

答え▶▶▶ア－6，イ－7，ウ－3，エ－9，オ－5

問題 19 ★★ ➡ 4.4.3

図 4.50 に示す移相形 RC 発振回路の発振周波数 f_o〔Hz〕を表す式，および発振状態のときの増幅回路の入力電圧 $\dot{V}_i$〔V〕と出力電圧 $\dot{V}_o$〔V〕の位相差の値の組合せとして，正しいものを下の番号から選べ．ただし，回路は発振状態にあるものとする．

	f_o	位相差
1	$f_o = \dfrac{1}{2\pi\sqrt{6}\,RC}$	$\dfrac{\pi}{2}$〔rad〕
2	$f_o = \dfrac{1}{2\pi\sqrt{6}\,RC}$	π〔rad〕
3	$f_o = \dfrac{1}{2\pi\sqrt{6RC}}$	π〔rad〕
4	$f_o = \dfrac{\sqrt{2}}{\pi 6RC}$	$\dfrac{\pi}{2}$〔rad〕
5	$f_o = \dfrac{1}{\pi 6RC}$	π〔rad〕

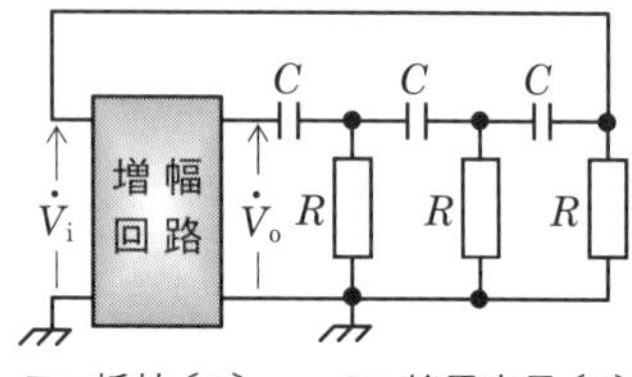

R：抵抗〔Ω〕　C：静電容量〔F〕

■図 4.50

解説 増幅回路にはトランジスタや FET が用いられますが，増幅回路の入出力の位相は逆位相なので，RC 帰還回路の位相差が逆位相（**π〔rad〕**）のときに正帰還となり発振します．

答え▶▶▶ 2

問題 20 ★★★ ➡ 4.4.3

次の記述は，**図 4.51** に示す原理的な移相形 RC 発振回路の動作について述べたものである．このうち正しいものを 1，誤っているものを 2 として解答せよ．ただし，回路は発振状態にあるものとし，増幅回路の入力電圧および出力電圧をそれぞれ $\dot{V}_i$〔V〕および $\dot{V}_o$〔V〕とする．

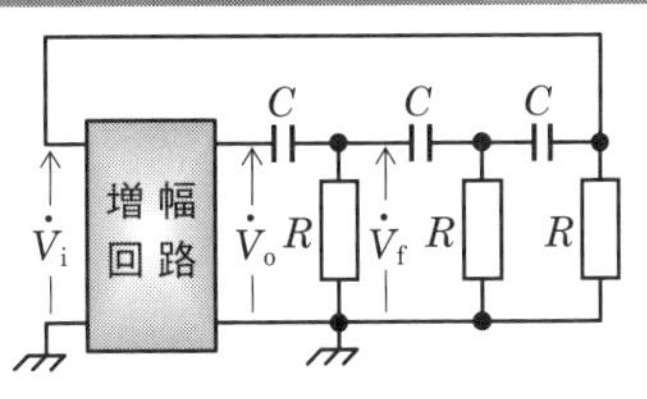

R：抵抗〔Ω〕
C：静電容量〔F〕

■図 4.51

ア　発振周波数 f は，$f = 1/(\pi RC)$〔Hz〕である．

イ　この回路は，一般的に低周波の正弦波交流の発振に用いられる．

ウ　$\dot{V}_i$ と $\dot{V}_o$ の位相差は，π〔rad〕である．

エ　$\dot{V}_o$ と図に示す電圧 $\dot{V}_f$ の位相を比べると，$\dot{V}_o$ に対して $\dot{V}_f$ は遅れている．

オ　増幅回路の増幅度の大きさ $|\dot{V}_o/\dot{V}_i|$ は，1 以下である．

解説 誤っている選択肢は次のようになります．

ア　発振周波数 f は，$f = \mathbf{1/(2\pi\sqrt{6}\,RC)}$〔Hz〕である．

エ　$\dot{V}_o$ と図に示す電圧 $\dot{V}_f$ の位相を比べると，$\dot{V}_o$ に対して $\dot{V}_f$ は**進んで**いる．

オ　増幅回路の増幅度の大きさ $|\dot{V}_o/\dot{V}_i|$ は，**29 以上**である．

答え▶▶▶ア－2，イ－1，ウ－1，エ－2，オ－2

4.5 パルス回路・整流回路

● ダイオードとコンデンサを用いたパルス回路や整流回路では，コンデンサの充電電圧は入力電圧の最大値と等しい

4.5.1 パルス回路

(1) クリップ回路

図 4.52 のように入力波形を一定のレベルで切り取り，出力する回路を**クリップ回路**といいます．波形の上部または下部を切り取る回路は**リミッタ回路**，波形の中間の部分のみを取り出す回路を**スライス回路**といいます．

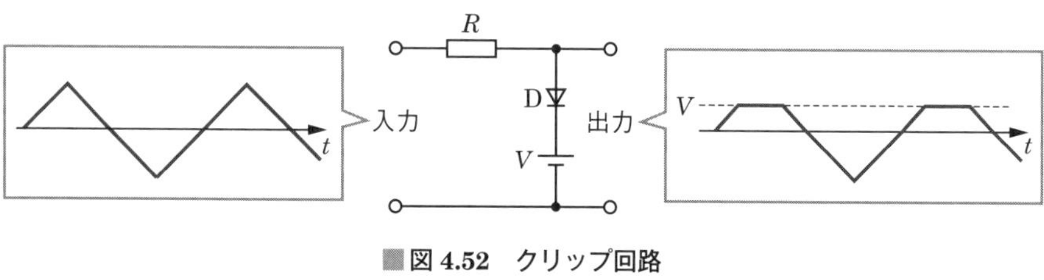

■図 4.52　クリップ回路

(2) クランプ回路

図 4.53 に示すように，波形の形を変えずに直流分を加えた回路を**クランプ回路**といいます．

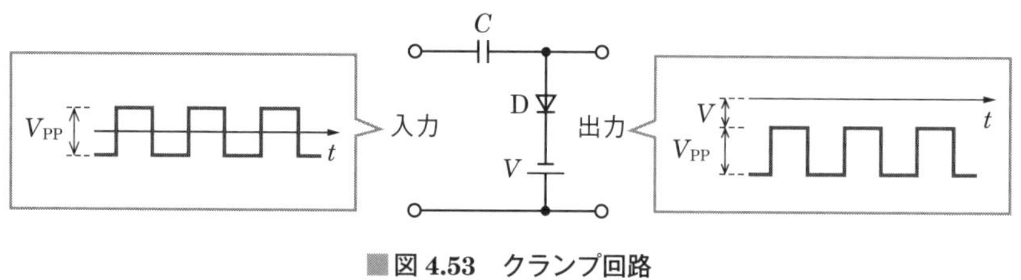

■図 4.53　クランプ回路

4.5.2 電源回路

(1) 半波整流回路

正弦波交流電源の半周期のみ電圧が出力される回路です．**図 4.54** に整流電源回路と半波整流回路の出力電圧波形を示します．図中の T〔s〕は交流電源の周期を表します．ダイオードの整流回路とコンデンサあるいはコイルとコンデンサ

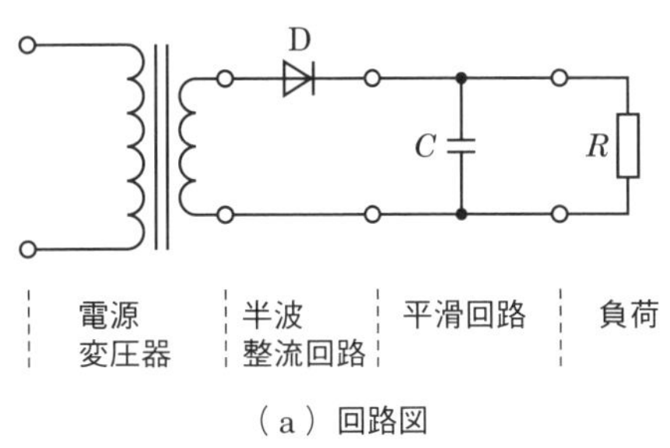

（a）回路図

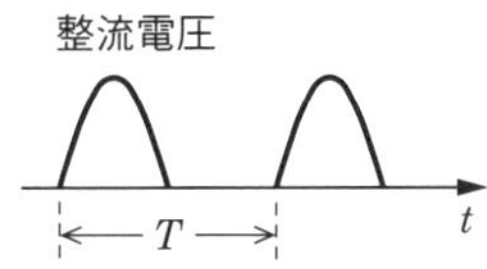

（b）半波整流回路の出力電圧波形

■図 4.54　整流電源回路

で構成された平滑回路に負荷を接続すると，出力電圧には整流波形の周期で変動するリプル分が含まれます．

(2) 全波整流回路とブリッジ整流回路

図 4.55 に全波整流回路，**図 4.56** にブリッジ整流回路を示します．交流電源の極性が逆になると，逆方向に接続されたダイオードによって整流されるので，交流電源の全周期にわたって電圧が出力される整流回路です．

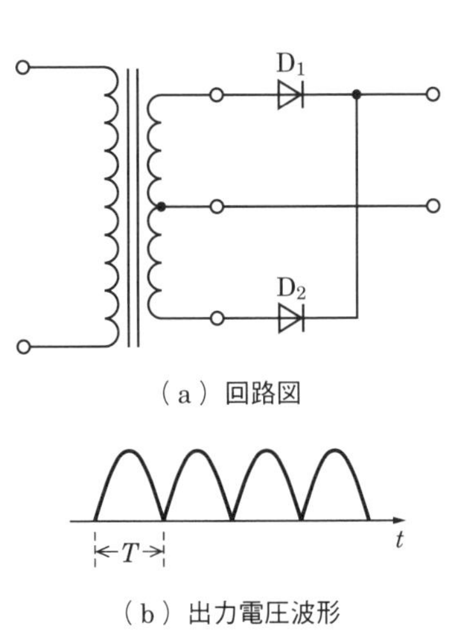

（a）回路図

（b）出力電圧波形

■図 4.55　全波整流回路

入力電圧が正の半周期

①

②

負の半周期

D_1 D_2 D_3 D_4

（a）回路図

① ② ① ②

T

t

（b）出力電圧波形

■図 4.56　ブリッジ整流回路

(3) リプル

整流された脈流電圧を平滑回路によって，**図 4.57** のように直流に近い電圧とします．そのとき，表れる交流成分を**リプル**といいます．半波整流回路のリプルの周波数は電源の周波数と一致しますが，全波整流回路ではリプルの周期が電源の周期の 1/2 となるので，リプルの周波数は電源の周波数の 2 倍となります．

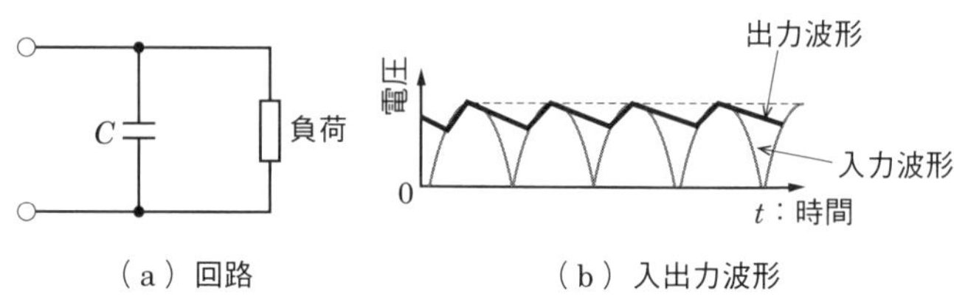

図 4.57　コンデンサ入力形平滑回路

問題 21 ★★　➡4.5.1

図 4.58 に示すような，静電容量 C〔F〕と理想ダイオード D の回路の入力電圧 v_i〔V〕として，**図 4.59** に示す電圧を加えた．このとき，C の両端電圧 v_C〔V〕および出力電圧 v_o〔V〕の波形の組合せとして，正しいものを下の番号から選べ．ただし，回路は定常状態にあるものとする．また，**図 4.60** の v は，v_C または v_o を表す．

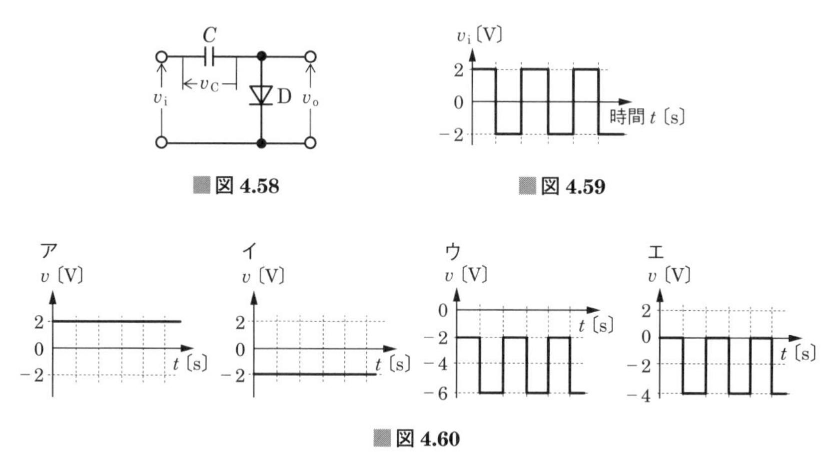

図 4.60

	v_C	v_o
1	ア	ウ
2	ア	イ
3	ア	エ
4	イ	ウ
5	イ	ア

解説 **図 4.61** に示すように，入力電圧 v_i が正の半周期において，C は入力電圧の最大値 +2〔V〕に充電されます．負荷に電流が流れないので，入力が負の半周期において，C の電圧 v_C は +2〔V〕の電圧が保持されます．v_C は図 4.60 の**ア**となります．

出力電圧は，v_i に直流電圧 v_C が逆向きの極性で加わります．よって，出力電圧 v_o は次式で表されます．

$$v_o = v_i - v_C = v_i - 2\text{〔V〕}$$

v_o は入力電圧が 2〔V〕下がった波形となるので，図 4.60 の**エ**となります．

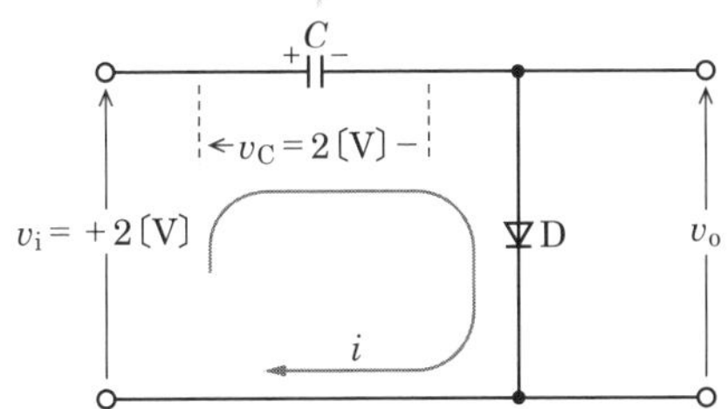

■**図 4.61**　クランプ回路の各部の電圧

クランプ回路は，直流分（2〔V〕）が加わった波形が出力される．電圧の向きに注意する．

答え▶▶▶ 3

問題 22 ★ ➡ 4.5.1

図 4.62 に示す静電容量 C および抵抗 R の回路の入力端子 ab に**図 4.63** に示すパルス電圧 v_i を加えたとき，出力端子 cd に**図 4.64** に示す波形の電圧 v_o が得られた．このとき，図 4.64 に示す電圧 v_{o1} および v_{o2} の最も近い値の組合せとして，正しいものを下の番号から選べ．ただし，v_i を加える前は，C の電荷は零とする．また自然対数の底を e とし，$e = 2.7$，$e^{-1} = 0.37$，$e^{-2} = 0.14$，$e^{-3} = 0.05$ とする．

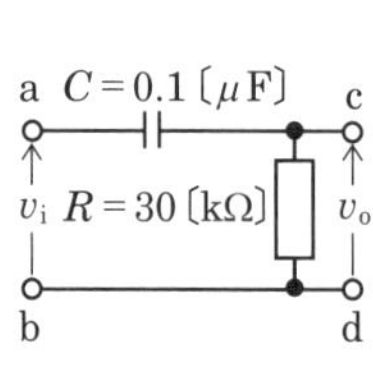

■図 4.62

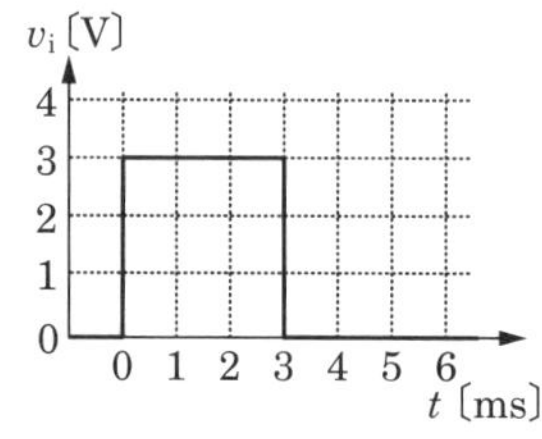

■図 4.63

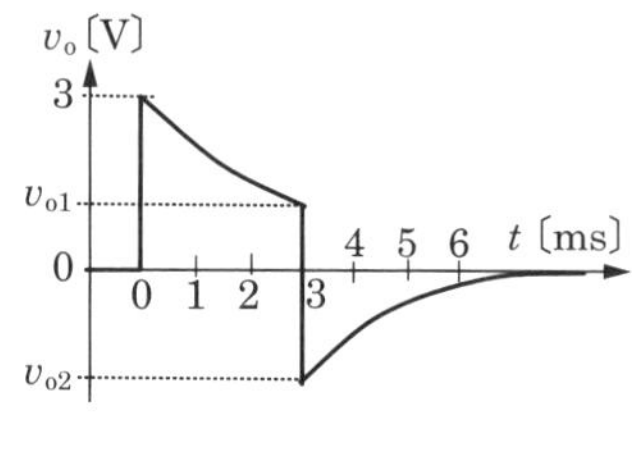

■図 4.64

	v_{o1}	v_{o2}
1	1.58〔V〕	−1.47〔V〕
2	1.42〔V〕	−1.58〔V〕
3	1.35〔V〕	−1.65〔V〕
4	1.24〔V〕	−1.76〔V〕
5	1.11〔V〕	−1.89〔V〕

解説 CR 回路の時定数 T〔s〕は次式で表されます．

$$T = CR = 0.1 \times 10^{-6} \times 30 \times 10^{3} = 3 \times 10^{-3} \text{〔s〕}$$

時刻 $t = 0$〔ms〕のとき入力 $v_i = V = 3$〔V〕の電圧が加わると，コンデンサに充電電流が流れて R に電圧が発生するので，出力電圧 v_o〔V〕は次式で表されます．

$$v_o = Ve^{-t/T} \text{〔V〕}$$

時刻 $t = 3$〔ms〕のとき $t/T = 1$ なので，そのときの電圧 v_{o1} は

$$v_{o1} = Ve^{-1} = 3 \times 0.37 = \mathbf{1.11} \text{〔V〕}$$ ← v_{o1} の答え

このとき，コンデンサの電圧 v_{c1}〔V〕は，端子 a の向きを + として，$v_{c1} = 3 - 1.11 = 1.89$〔V〕に充電されているので，同時刻に入力電圧が $v_i = 0$〔V〕に変化した瞬間の電圧 v_{o2} は

$$v_{o2} = -v_{c1} = \mathbf{-1.89} \text{〔V〕}$$ ← v_{o2} の答え

となります．

答え▶▶▶ 5

問題 23 ★ ➡ 4.5.2

次の記述は，**図 4.65** に示す理想的なダイオードDによる半波整流回路の抵抗 R〔Ω〕で消費される電力 P について述べたものである．□内に入れるべき字句の正しい組合せを下の番号から選べ．ただし，交流電源の電圧 v を，$v = V_m \sin \omega t$〔V〕とし，内部抵抗は無視するものとする．

(1) R に流れる電流は，半波整流波形の電流となるので，P は次式で表される．

$$P = \boxed{\text{A}} \times \int_0^{\pi} \frac{{V_m}^2}{R} \sin^2 \omega t d(\omega t) \text{〔W〕} \cdots\cdots 【1】$$

(2) 式【1】を計算すると P は，$P = \boxed{\text{B}}$〔W〕で表される．

	A	B
1	$\frac{1}{2\pi}$	$\frac{{V_m}^2}{2R}$
2	$\frac{1}{2\pi}$	$\frac{{V_m}^2}{4R}$
3	$\frac{1}{2\pi}$	$\frac{{V_m}^2}{8R}$
4	$\frac{1}{\pi}$	$\frac{{V_m}^2}{4R}$
5	$\frac{1}{\pi}$	$\frac{{V_m}^2}{8R}$

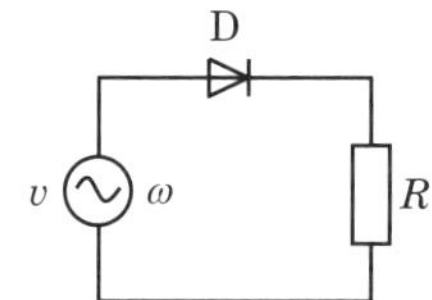

ω：交流電源の角周波数〔rad/s〕
t：時間〔s〕

■ **図 4.65**

解説 半波整流回路の出力電圧は，$\omega t = 0 \sim \pi$ の区間の半周期で $v = V_m \sin \omega t$〔V〕，$\omega t = \pi \sim 2\pi$ の区間の半周期は出力されないので $v = 0$〔V〕となります．瞬時値電圧 v を 2 乗して抵抗 R〔Ω〕で割った値を 1 周期で平均すると電力を求めることができるので，電力 P〔W〕は次式で表されます．

$$P = \frac{1}{2\pi} \int_0^{2\pi} \frac{v^2}{R} d(\omega t)$$

$$= \frac{1}{2\pi} \left(\int_0^{\pi} \frac{{V_m}^2}{R} \sin^2 \omega t d(\omega t) + \int_{\pi}^{2\pi} 0 d(\omega t) \right)$$

$$= \boldsymbol{\frac{1}{2\pi}} \int_0^{\pi} \frac{{V_m}^2}{R} \sin^2 \omega t d(\omega t) \quad ①$$

↑ A の答え

$\omega t = x$ と置いて，式①の積分の計算をすると次式のようになります．

$$\int_0^\pi \sin^2 x dx = \int_0^\pi \frac{1}{2}(1-\cos 2x)\,dx$$
$$= \left[\frac{x}{2}\right]_0^\pi - \left[-\frac{\sin 2x}{2}\right]_0^\pi$$
$$= \left(\frac{\pi}{2}-0\right)+\left(\frac{\sin 2\pi}{2}-\frac{\sin 0}{2}\right)=\frac{\pi}{2} \qquad ②$$

式②を式①に代入すると

$$P=\frac{1}{2\pi}\times\frac{V_m{}^2}{R}\times\frac{\pi}{2}=\frac{\boldsymbol{V_m{}^2}}{\boldsymbol{4R}}$$

となります. B の答え

答え▶▶▶2

数学の公式

$$\sin^2\theta=\frac{1}{2}(1-\cos 2\theta)$$
$$\int 1dx = x$$ （積分定数は省略）
$$\int \cos nxdx = -\frac{\sin nx}{n}$$

問題 24 ★★★ ➡4.5.2

次の記述は，**図 4.66** に示す整流回路の各部の電圧について述べたものである．[　　]内に入れるべき字句の正しい組合せを下の番号から選べ．ただし，交流電源は実効値が V〔V〕の正弦波交流とし，ダイオード D_1，D_2 は理想的な特性を持つものとする．

(1) 静電容量 C_1〔F〕のコンデンサの両端の電圧 V_{C1} は，直流の[A]〔V〕である．
(2) D_1 の両端の電圧 v_{D1} は，**図 4.67** の[B]のように変化する電圧である．
(3) 静電容量 C_2〔F〕のコンデンサの両端の電圧 V_{C2} は，直流の[C]〔V〕である．

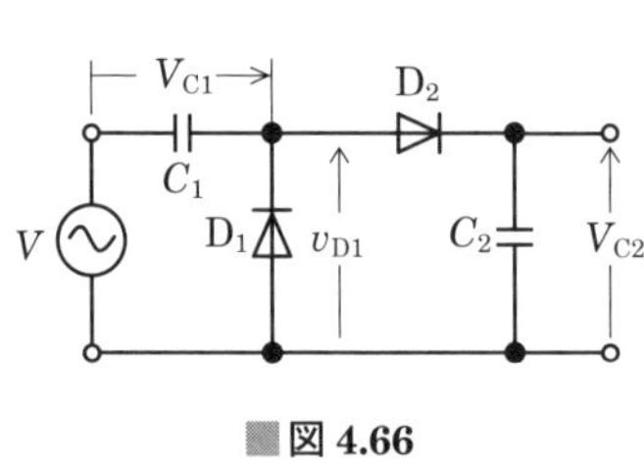

■図 4.66

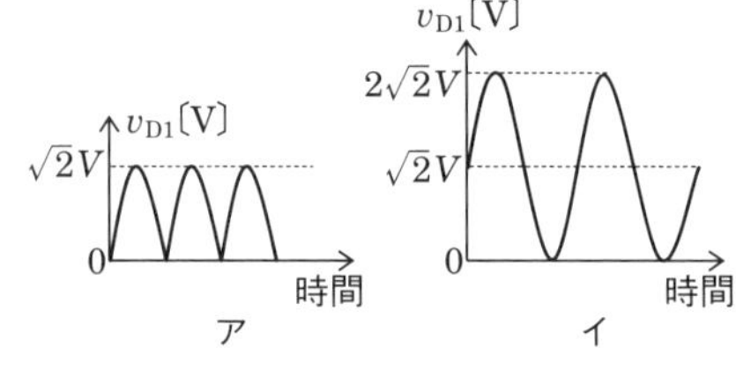

■図 4.67

	A	B	C
1	$\sqrt{2}\,V$	ア	$2\sqrt{2}\,V$
2	$\sqrt{2}\,V$	イ	$2\sqrt{2}\,V$
3	$\sqrt{2}\,V$	イ	$2V$
4	$2V$	イ	$2V$
5	$2V$	ア	$2\sqrt{2}\,V$

解説 **図 4.68** の①に示すように，入力交流電圧の負の半周期では，ダイオード D_1 が導通して，コンデンサ C_1 には①の方向に電流が流れるので，C_1 は交流電圧の最大値 V_m〔V〕に充電されます．交流電圧 v_i の実効値を V〔V〕とすると，C_1 の端子電圧 V_{C1}〔V〕は次式で表されます．

$$V_{C1} = V_m = \sqrt{\mathbf{2}}\,\boldsymbol{V}\ \text{〔V〕}$$

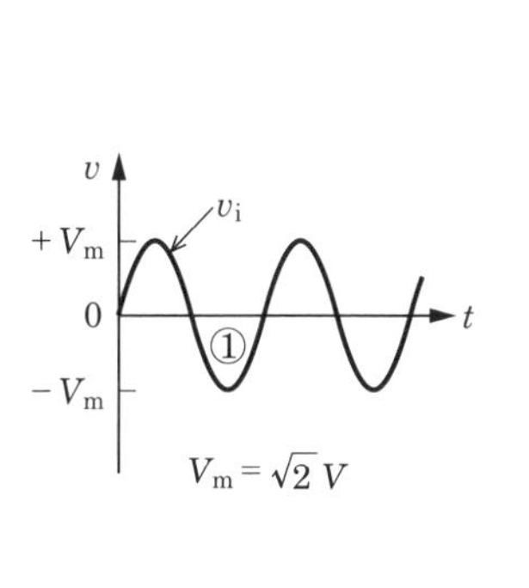

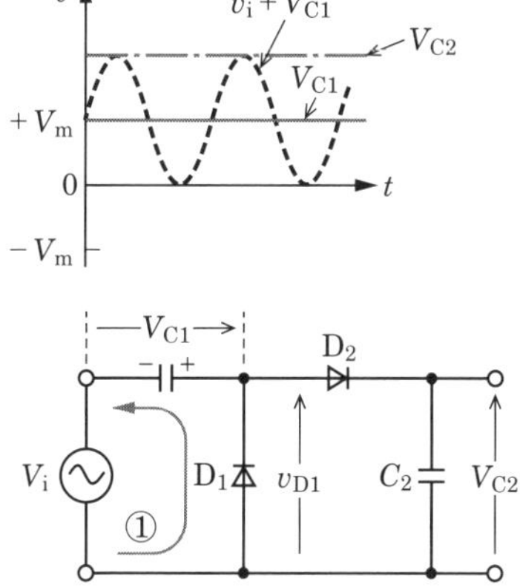

V：実効値

図 4.68　整流回路の動作

D_1 の両端の電圧 v_{D1} は入力交流電圧 v_i に直流電圧 V_{C1} が加わるので，次式で表されます．

$$v_{D1} = v_i + V_{C1} = v_i + \sqrt{2}\,V\ \text{〔V〕}$$

v_{D1} は入力電圧が $\sqrt{2}\,V$〔V〕上がった波形となるので，図 4.67 の**イ**となります．

B の答え

正弦波交流電圧の最大値は実効値の $\sqrt{2}$ 倍．

C_2 は v_{D1} の最大値で充電されるので，$V_{C2} = \mathbf{2\sqrt{2}\,V}$〔V〕の直流電圧が加わります．

C の答え

半波倍電圧整流回路は，入力交流電圧の最大値の2倍の電圧が出力される．

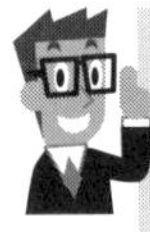

答え▶▶▶2

問題 25 ★★★ ➡4.5.2

図 4.69 に示す整流回路において，静電容量 C_1 の電圧 V_{C1} および C_2 の電圧 V_{C2} の最も近い値の組合せとして，正しいものを下の番号から選べ．ただし，電源電圧 V は，実効値 100〔V〕の正弦波交流電圧とし，ダイオード D_1，D_2 は理想的な特性を持つものとする．

	V_{C1}	V_{C2}
1	100〔V〕	200〔V〕
2	100〔V〕	141〔V〕
3	141〔V〕	282〔V〕
4	141〔V〕	242〔V〕
5	141〔V〕	200〔V〕

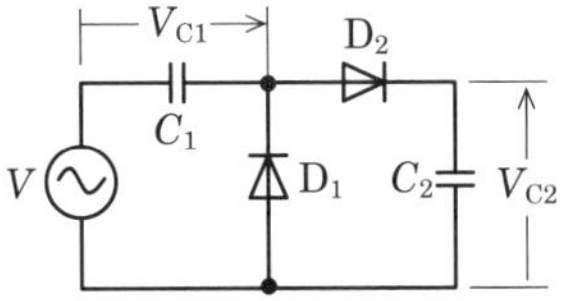

C_1，C_2：静電容量〔F〕

図 4.69

解説 入力交流電圧の負の半周期では，ダイオード D_1 が導通して，コンデンサ C_1 は交流電圧の最大値 V_m〔V〕に充電されます．負荷に電流が流れないので，その電圧が保持されるため V_{C1}〔V〕は次式で表されます．

V_{C1} の答え

$$V_{C1} = V_m = 100\sqrt{2} \doteqdot 100 \times 1.414 \doteqdot \mathbf{141〔V〕}$$

D_1 には，入力交流電圧 v_i と直流電圧 $V_{C1} = 100\sqrt{2}$ が加わるので，D_1 の両端の電圧 v_1 は次式で表されます．

$$v_1 = v_i + V_{C1} = v_i + 100\sqrt{2}〔V〕$$

正弦波交流電圧の最大値は実効値の$\sqrt{2}$倍

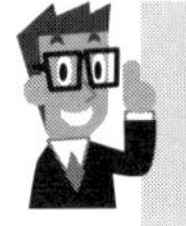

V_{C2} は v_1 の脈流電圧が整流されて C_2 が v_1 の最大値に充電されるので，$100\sqrt{2} + 100\sqrt{2} = 200\sqrt{2} \doteqdot \mathbf{282〔V〕}$ となります．

V_{C2} の答え

答え▶▶▶3

出題傾向 ダイオード D_1 の端子電圧を答える問題も出題されています．また，入力電圧の実効値を V〔V〕として，記号式を答える問題も出題されています．

4.6 デジタル回路

- 基本論理回路を組み合わせた回路は，基本論理回路の真理値表をもとに真理値表を作って解く
- D - A 変換回路は，デジタル信号をアナログ電圧に変換する

4.6.1 基本論理回路

論理回路は電圧の高（“1”）低（“0”）で表される電子回路で，NOT，AND，OR，EX - OR の基本論理回路があります．それらを組み合わせて，複雑な動作をする論理回路を構成します．次に基本論理回路の論理式，図記号，真理値表を示します．

真理値表は，回路の動作を表す．入力が二つ（$n=2$）のときは，$2^n=2^2=4$ 通りの組合せがある．

(1) NOT（否定）

$$X=\overline{A} \tag{4.39}$$

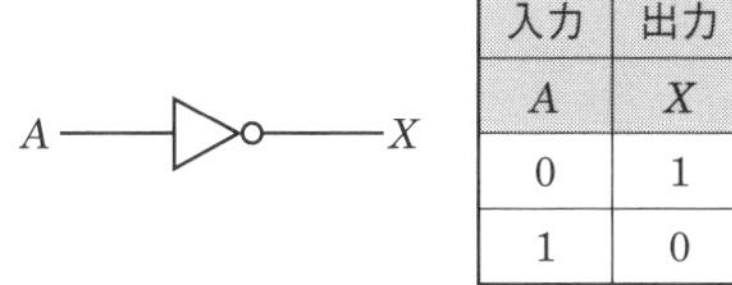

入力	出力
A	*X*
0	1
1	0

（a）図記号　（b）真理値表

■図 4.70　NOT 回路

(2) AND（論理積）

$$X=A\cdot B \tag{4.40}$$

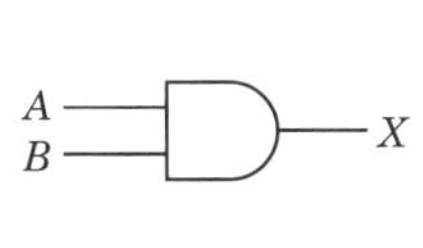

入力		出力
A	*B*	*X*
0	0	0
0	1	0
1	0	0
1	1	1

（a）図記号　（b）真理値表

■図 4.71　AND 回路

(3) OR（論理和）

$$X = A + B \tag{4.41}$$

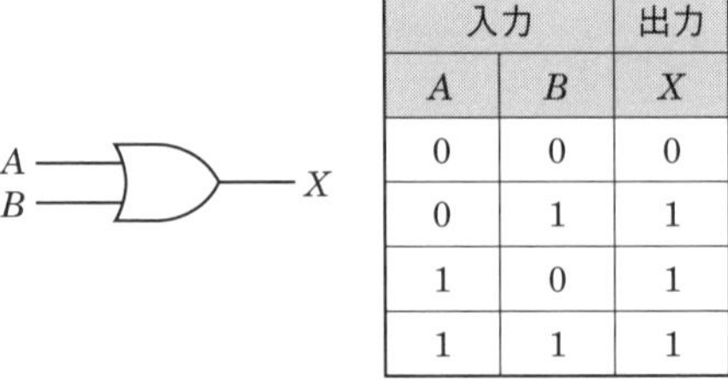

入力		出力
A	*B*	*X*
0	0	0
0	1	1
1	0	1
1	1	1

（a）回路図　　（b）真理値表

図 4.72　OR 回路

(4) EX (Exclusive) - OR（排他的論理和）

$$X = A \oplus B = \overline{A} \cdot B + A \cdot \overline{B} \tag{4.42}$$

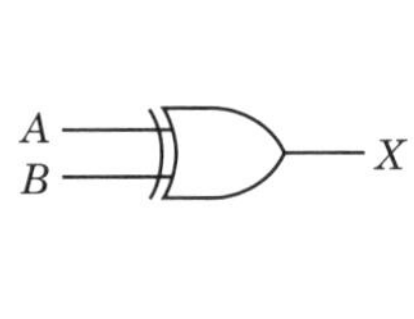

入力		出力
A	*B*	*X*
0	0	0
0	1	1
1	0	1
1	1	0

（a）回路図　　（b）真理値表

図 4.73　EX - OR 回路

4.6.2 正論理，負論理

電圧が高い状態（H）を“1”に，低い状態（L）を“0”に対応させる方法を**正論理**，H を“0”に L を“1”に対応させる方法を**負論理**といいます．**図 4.74**（a）に示す AND と NOT で構成された NAND 回路を負論理で表すと，どちらかの入力が“0”のときに出力が“1”となるので，図 4.74（b）のように負論理の OR 回路として表すことができます．

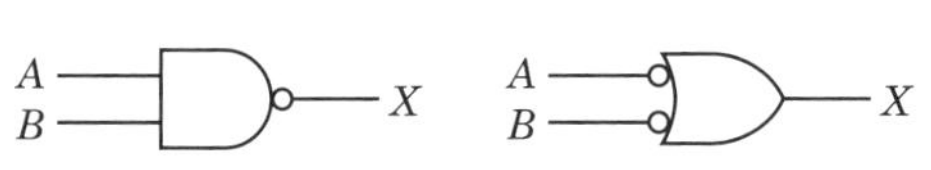

入力		出力
A	B	X
0	0	1
0	1	1
1	0	1
1	1	0

（a）正論理　（b）負論理　（c）真理値表

■図 4.74　NAND 回路

4.6.3 ブール代数の公式

論理回路の動作は“0”または“1”の 2 進数を用いて，その解析にはブール代数が用いられます．次に，ブール代数の公式を示します．

$$
\left.
\begin{aligned}
&A + A = A\\
&A + 1 = 1\\
&A + 0 = A\\
&A \cdot A = A\\
&A \cdot 1 = A\\
&A \cdot 0 = 0\\
&A + \overline{A} = 1\\
&A \cdot \overline{A} = 0\\
&\overline{\overline{A}} = A\\
&A + (B \cdot C) = (A + B) \cdot (A + C)\\
&A \cdot (B + C) = (A \cdot B) + (A \cdot C)
\end{aligned}
\right\}
\tag{4.43}
$$

ド・モルガンの定理

$$
\left.
\begin{aligned}
&\overline{A + B} = \overline{A} \cdot \overline{B}\\
&\overline{A \cdot B} = \overline{A} + \overline{B}
\end{aligned}
\right\}
\tag{4.44}
$$

4.6.4 D－A 変換回路

デジタル符号で表されたデジタル信号をアナログ電圧に戻すためには，D－A

変換回路が用いられます．試験問題では，デジタル信号の代わりにスイッチにより設定された電圧を変換する回路が出題されます．入力電圧を V〔V〕とすると，n 番目のスイッチを接（ON）にすることにより，$V/2^n$〔V〕の出力電圧を得ることができます．

図 4.75 の回路において，四つのスイッチ SW がすべて b 側のときは，$V_0=0$〔V〕となります．SW を a 側にすることにより，SW_3 は $V/2$〔V〕，SW_2 は $V/4$〔V〕，SW_1 は $V/8$〔V〕，SW_0 は $V/16$〔V〕の電圧が出力電圧 V〔V〕となります．

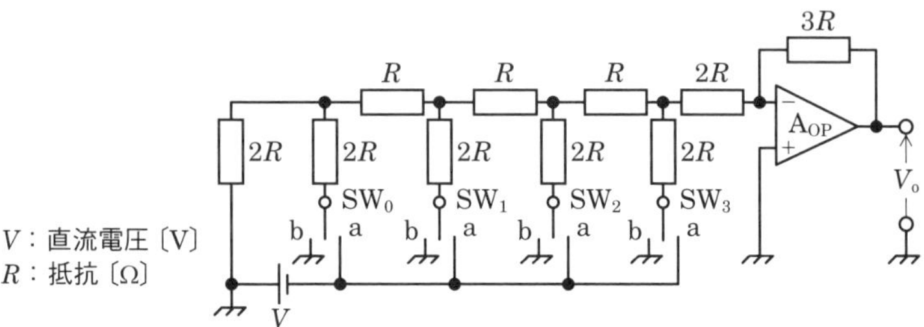

■図 4.75　ラダー形 D-A 変換回路

問題 26 ★★★ ➡4.6.1

次に示す真理値表と異なる動作をする論理回路を下の番号から選べ．ただし，正論理とし，A および B をそれぞれ入力，S および C をそれぞれ出力とする．

入力		出力	
A	B	S	C
0	0	0	0
0	1	1	0
1	0	1	0
1	1	0	1

真理値表

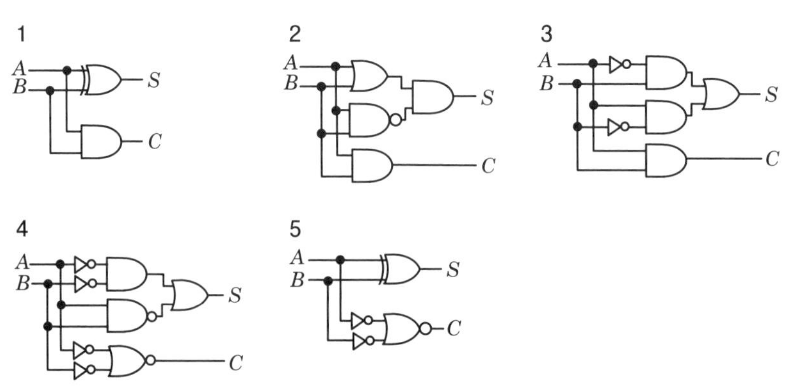

解説 選択肢 1 と 5 の出力が S の回路は，EX-OR 回路なので，A，B どちらかが「1」のとき出力が「1」となります．選択肢 2 と 3 の出力が S の回路は同様な動作をします．選択肢 4 と 5 の出力が C の回路は AND 回路と同様な動作をします．選択肢 4 の真理値表は次のようになります．

■表 4.2

入力		NOT 出力		各素子の出力		出力	
A	B	$\overline{A}$	$\overline{B}$	A と B の NAND	$\overline{A}$ と $\overline{B}$ の AND	S	C
0	0	1	1	1	1	1	0
0	1	1	0	1	0	1	0
1	0	0	1	1	0	1	0
1	1	0	0	0	0	0	1

NAND は AND の出力に NOT，NOR は OR の出力に NOT を付けた回路．

答え ▶▶▶ 4

問題 27 ★★ ➡ 4.6.1 ➡ 4.6.3

図 4.76 に示す論理回路の入出力関係を示す論理式として，正しいものを下の番号から選べ．ただし，正論理とし，A，B および C を入力，X を出力とする．

1 $X=(A+B)\cdot(B+\overline{C})$

2 $X=(A+B)\cdot(B+C)$

3 $X=A\cdot B+B\cdot C$

4 $X=A\cdot B+\overline{B}\cdot C$

5 $X=\overline{A}\cdot\overline{B}+B\cdot C$

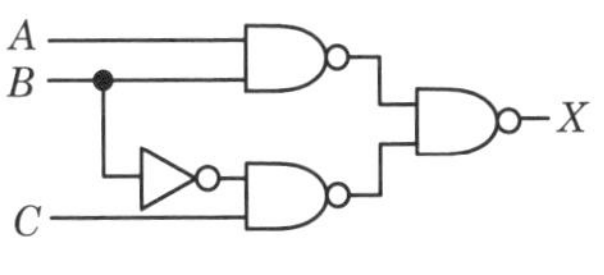

■図 4.76

解説 図 4.76 の回路より論理式を作ると，次式で表されます．

$$X=\overline{(\overline{A\cdot B})\cdot(\overline{\overline{B}\cdot C})}$$

ド・モルガンの定理より

$$=(\overline{\overline{A\cdot B}})+(\overline{\overline{\overline{B}\cdot C}})=\boldsymbol{A\cdot B+\overline{B}\cdot C}$$

ド・モルガンの定理

$\overline{A\cdot B}=\overline{A}+\overline{B}$

$\overline{A+B}=\overline{A}\cdot\overline{B}$

答え ▶▶▶ 4

問題 28 ★★ ➡4.6.1 ➡4.6.3

図 4.77 に示す論理回路の入出力関係を示す論理式として，正しいものを下の番号から選べ．ただし，正論理とし，入力を A，B および C とし，出力を X とする．

1 $X=(A+B)\cdot(A+\overline{C})$
2 $X=A\cdot B+A\cdot C$
3 $X=A\cdot(\overline{B}+C)$
4 $X=\overline{A}\cdot(B+\overline{C})$
5 $X=A\cdot(\overline{B}+\overline{C})$

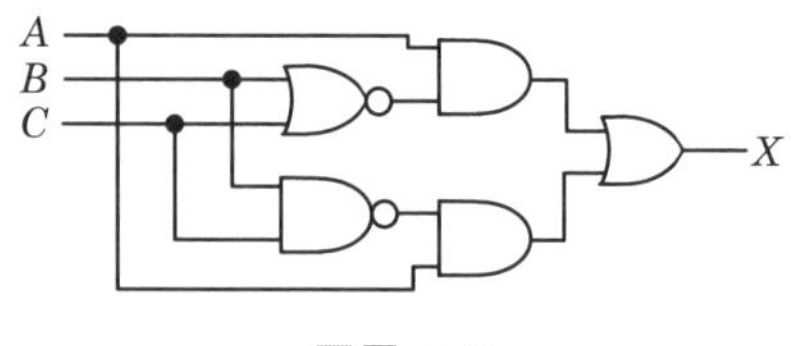

図 4.77

解説 図 4.77 の回路より論理式を作ると，次式で表されます．

$$
\begin{aligned}
X&=A\cdot(\overline{B+C})+A\cdot(\overline{B\cdot C})\\
&=A\cdot(\overline{B}\cdot\overline{C})+A\cdot(\overline{B}+\overline{C})\\
&=A\cdot\overline{B}\cdot\overline{C}+A\cdot\overline{B}+A\cdot\overline{C}\\
&=A\cdot\overline{B}\cdot(\overline{C}+1)+A\cdot\overline{C}\\
&=A\cdot\overline{B}+A\cdot\overline{C}\\
&=\boldsymbol{A\cdot(\overline{B}+\overline{C})}
\end{aligned}
$$

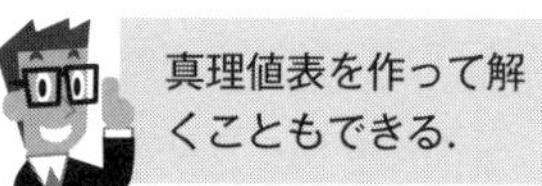

答え▶▶▶ 5

問題 29 ★★★ ➡4.6.1 ➡4.6.3

次は，論理式とそれに対応する論理回路を示したものである．このうち誤っているものを下の番号から選べ．ただし，正論理とし，A，B および C を入力，X を出力とする．

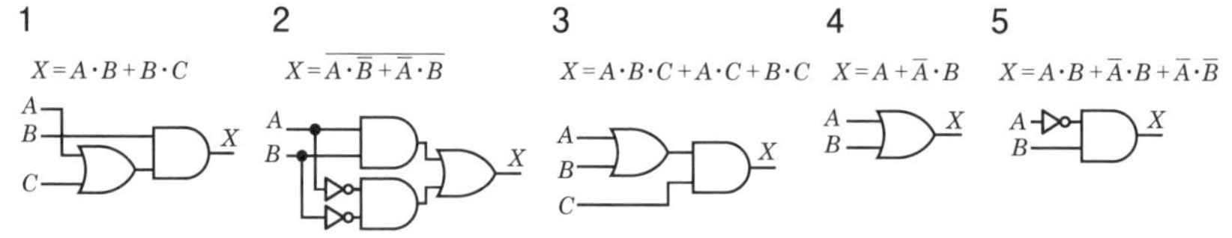

解説

1　$X = A \cdot B + B \cdot C = B \cdot (A + C)$

2　$X = \overline{A \cdot \overline{B} + \overline{A} \cdot B} = (\overline{A \cdot \overline{B}}) \cdot (\overline{\overline{A} \cdot B})$

$= (\overline{A} + B) \cdot (A + \overline{B})$

$= \overline{A} \cdot A + \overline{A} \cdot \overline{B} + B \cdot A + B \cdot \overline{B} = \overline{A} \cdot \overline{B} + B \cdot A$

$= A \cdot B + \overline{A} \cdot \overline{B}$

3　$X = A \cdot B \cdot C + A \cdot C + B \cdot C$

$= (A \cdot B + A + B) \cdot C$

$= (A \cdot (B + 1) + B) \cdot C = (A + B) \cdot C$

4　$X = A + \overline{A} \cdot B = A \cdot (B + \overline{B}) + \overline{A} \cdot B$

$= A \cdot B + A \cdot B + A \cdot \overline{B} + \overline{A} \cdot B$

$= A \cdot (B + \overline{B}) + B \cdot (A + \overline{A}) = A + B$

5　$X = A \cdot B + \overline{A} \cdot B + \overline{A} \cdot \overline{B}$

$= A \cdot B + \overline{A} \cdot B + \overline{A} \cdot B + \overline{A} \cdot \overline{B}$

$= (A + \overline{A}) \cdot B + \overline{A} \cdot (B + \overline{B}) = B + \overline{A} = \overline{A} + B$

なので，回路図 $X = \overline{A} \cdot B$ と異なります．

また，選択肢 5 の回路図と論理式をベン図で表すと**図 4.78** のようになります．

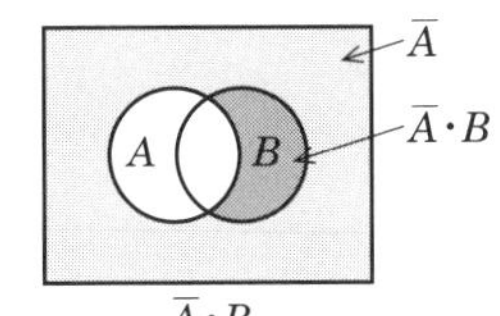

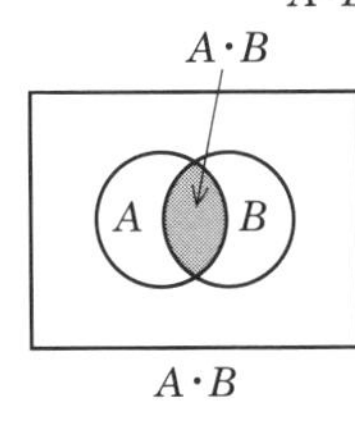

+

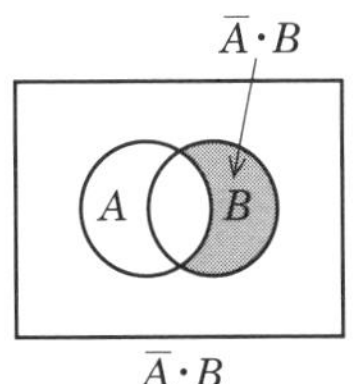

+

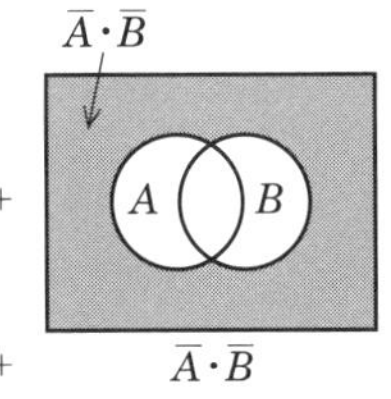

=

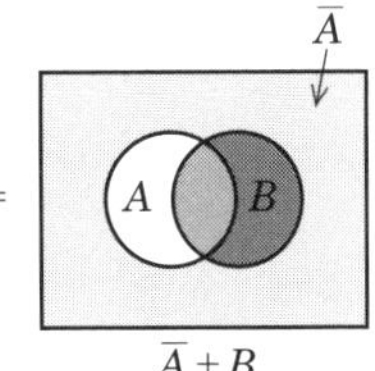

図 4.78

答え ▶▶▶ 5

問題 30 ★★ ➡ 4.6.4

図 4.79 に示す理想的な演算増幅器（A_{OP}）を用いた原理的なラダー（梯子）形 D-A 変換回路において，スイッチ SW_3 を a 側にし，他のスイッチ SW_0，SW_1 および SW_2 を b 側にしたときの出力電圧 V_o の大きさとして，正しいものを下の番号から選べ．

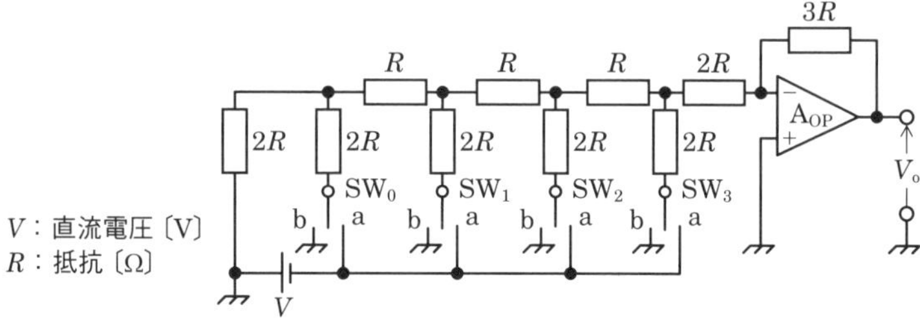

■**図 4.79**

1 $\dfrac{V}{2}$〔V〕　2 $\dfrac{V}{4}$〔V〕　3 $\dfrac{V}{8}$〔V〕　4 $\dfrac{V}{16}$〔V〕　5 $\dfrac{V}{32}$〔V〕

解説 問題のスイッチ設定から回路は**図 4.80** のようになります．演算増幅器の入力端子 BC 間は仮想短絡状態なので，点 A から右側を見た抵抗は $2R$ となります．また，点 A から左側を見た合成抵抗も $2R$ となるので，それらの合成抵抗は $2R/2 = R$ となります．よって，点 A の電圧 V_A〔V〕は次式で表されます．

演算増幅器の入力端子間の電位差は 0〔V〕，仮想短絡状態．

$$V_A = -\frac{R}{2R+R}V = -\frac{1}{3}V\text{〔V〕} \qquad ①$$

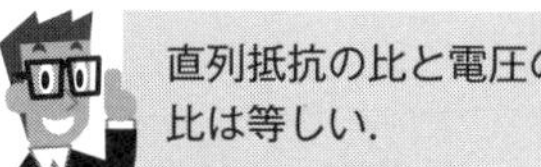

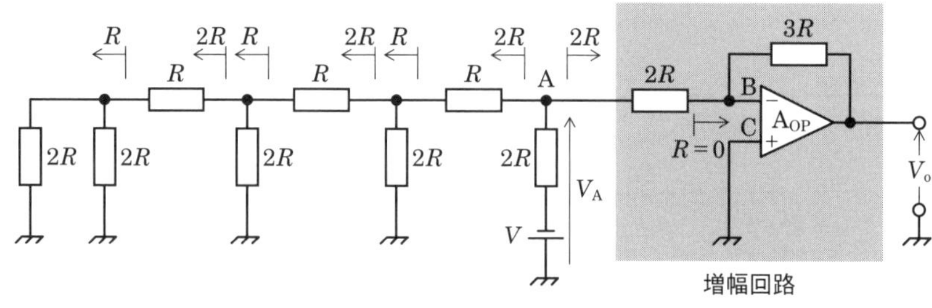

■**図 4.80**

演算増幅器の出力電圧 V_o〔V〕は帰還抵抗 $3R$ と入力抵抗 $2R$ の比で表されるので，次式で求めることができます．

$$V_o = -\frac{3R}{2R} V_A = -\frac{3}{2} V_A \text{〔V〕} \quad ②$$

−は，電圧の向きを表す．

式②に式①を代入すると，V_o は次式で表されます．

$$V_o = -\frac{3}{2} \times \left(-\frac{1}{3} V \right) = \boldsymbol{\frac{V}{2}} \text{〔V〕}$$

答え ▶▶▶ 1

問題 31 ★★ ➡ 4.6.4

図 4.81 に示す理想的な演算増幅器（A_{OP}）を用いた原理的なラダー（梯子）形 D-A 変換回路において，スイッチ SW_2 を a 側にし，他のスイッチ SW_0，SW_1 および SW_3 を b 側にしたときの出力電圧 V_o の大きさとして，正しいものを下の番号から選べ．

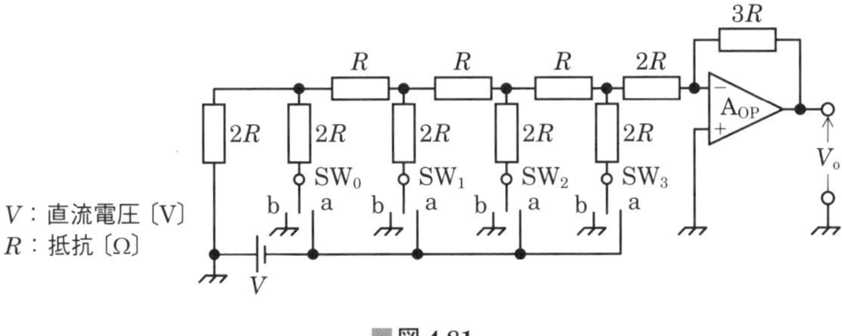

■ 図 4.81

1 $\dfrac{V}{32}$〔V〕　2 $\dfrac{V}{16}$〔V〕　3 $\dfrac{V}{8}$〔V〕　4 $\dfrac{V}{4}$〔V〕　5 $\dfrac{V}{2}$〔V〕

解説 **図 4.82** において，端子 CD 間を短絡して考えると，点 A から左と右を見た合成抵抗は $2R$ なので，それらの合成抵抗は $2R/2 = R$ となります．点 A の電圧 V_A〔V〕は次式で表されます．

$$V_A = -\frac{R}{2R + R} V = -\frac{1}{3} V \text{〔V〕} \quad ①$$

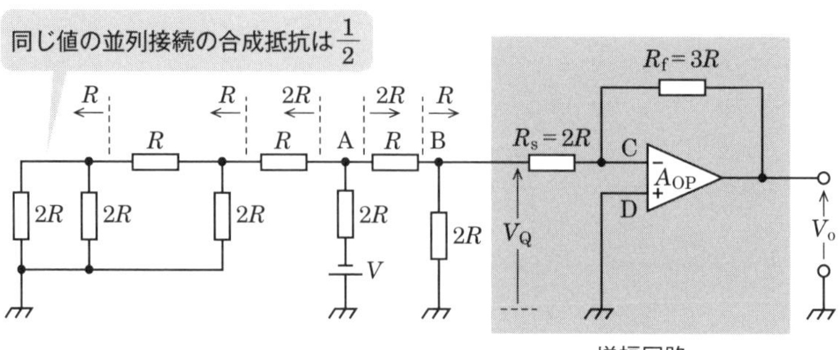

■図 4.82　D-A 変換回路の動作

演算増幅器の入力端子 CD 間は仮想短絡状態なので，点 C は接地と同電位となり，**図 4.83** のように表すことができます．したがって，点 B の電圧 V_B〔V〕は次式で表されます．

$$V_B = \frac{R}{R+R} V_A = -\frac{1}{6} V \text{〔V〕} \quad ②$$

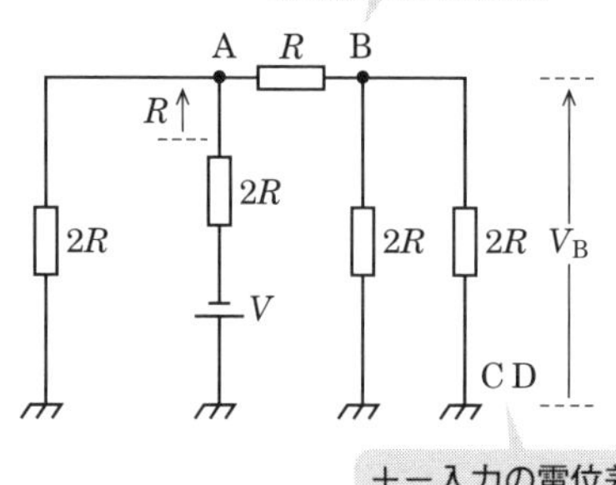

■図 4.83　演算増幅器の入力電圧

演算増幅器の増幅度 A_V が，帰還抵抗 $R_f = 3R$ と入力抵抗 $R_s = 2R$ の比で表されるので，出力電圧 V_o〔V〕は次式で求めることができます．

$$V_o = A_V V_B = -\frac{R_f}{R_s} V_B = -\frac{3R}{2R} V_B = -\frac{3}{2} V_B \text{〔V〕} \quad ③$$

式③に式②を代入すると，V_o の値が得られます．

$$V_o = -\frac{3}{2} \times \left(-\frac{1}{6} V\right) = \boldsymbol{\frac{V}{4}} \text{〔V〕}$$

答え▶▶▶4

出題傾向

各スイッチ SW の切換え位置 ab が異なる問題も出題されています．SW の切換え位置により出力電圧が異なります．各スイッチの一つを a 側として，ほかのスイッチは b 側のとき，a 側にするスイッチが SW_0 は $V/16$，SW_1 は $V/8$，SW_2 は $V/4$，SW_3 は $V/2$ となります．

おつかれさま
最後は電気磁気測定です

5章

電気磁気測定

この章から 5問 出題

【合格へのワンポイントアドバイス】

電気磁気測定の分野は計算問題と説明問題が半々くらいで構成されています．計算問題は，計算式を誘導する途中の式が穴あきになっている問題が多く出題されていますので，その誘導過程を正確に覚えてください．また，計算問題は電気回路の分野と類似している問題が多いので，電気回路の分野の問題も参考にして学習するとよいでしょう．

5.1 誤差，指示計器

- 測定値M，真の値Tより，誤差$\delta = M - T$，百分率誤差 $\varepsilon = (M/T - 1) \times 100$〔%〕によって求める
- 指示計器の特徴は動作原理から考える

5.1.1 誤　差

(1) 測定誤差

測定値をM，真の値をTとすると，誤差δ（デルタ）は次式で表されます．

$$\delta = M - T \tag{5.1}$$

百分率誤差（誤差率）ε〔%〕は次式で表されます．

$$\varepsilon = \frac{M - T}{T} \times 100 = \left(\frac{M}{T} - 1\right) \times 100 \text{〔\%〕} \tag{5.2}$$

(2) 誤差の分類

① **個人誤差**：誤操作や測定者固有のくせによる誤差

② **系統誤差**：測定器の誤差や測定環境による誤差

③ **偶然誤差**：原因が特定できないか，熱雑音のように人為的に取り除くことができない誤差

5.1.2 指示計器

(1) 永久磁石可動コイル形計器

構造を**図 5.1** に示します．永久磁石の磁界と測定電流による電磁力によって駆動トルクが発生し，指針を回転させます．駆動トルクとスプリングによる制御トルクとがつり合った位置が電流の値を指示します．指示値は電流の平均値に比例します．

【用途】直流の電流，電圧測定

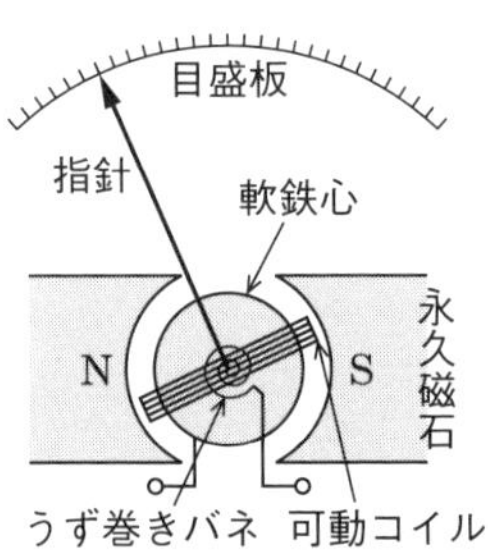

図 5.1　永久磁石可動コイル形計器

【特徴】

・直流用
・平均値動作
・感度がよい

① 感度がよい.

② 外部磁界の影響を受けにくい.

③ 振動に弱い.

④ 平均値で動作して目盛は実効値指示.

⑤ 誤差が小さいので，標準指示計器として用いられる.

(2) 可動鉄片形計器

固定コイルの内部に可動鉄片を置き，固定コイルに電流を流すと鉄片に発生する駆動トルクが指針を回転させます．駆動トルクとスプリングによる制御トルクとがつり合った位置が電流の値を指示します．指示は電流の 2 乗に比例します．

【用途】直流・交流の電流，電圧測定

【特徴】

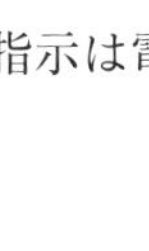

・直流，交流用
・実効値指示
・指示は電流の 2 乗に比例

① 構造が簡単.

② 外部磁界の影響を受けやすい.

③ 直流の測定では誤差を生じやすい.

④ 実効値指示.

(3) 電流力計形計器

構造を**図 5.2** に示します．固定コイルと可動コイルの両方に電流を流し，これらの電磁力によって駆動トルクが発生し指針を回転させます．駆動トルクとスプリングによる制御トルクとがつり合った位置が電流の値を指示します．指示は電流の 2 乗に比例します.

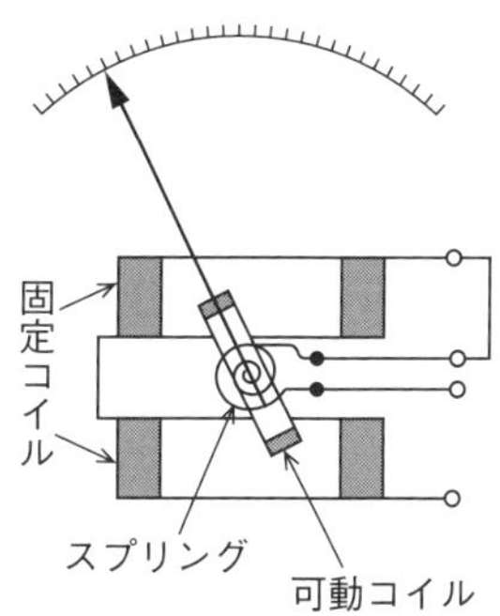

■図 5.2　電流力計形計器

【用途】直流・交流の電力測定

【特徴】

① 感度が悪い.

② 外部磁界の影響を受けやすい.

③ 2 乗目盛.

④ 実効値指示.

・直流，交流用
・電力測定
・実効値指示

(4) 誘導形計器

軸を中心に回転するアルミニウム円筒を取り囲むように，回転磁界を発生させる固定コイルを配置した構造です．固定コイルに交流電流を流すと，アルミ板に生じる，うず電流によって駆動トルクが発生します．駆動トルクとうず巻きバネによる制御トルクとがつり合った位置が電流の値を指示します．

【用途】交流の電力測定

【特徴】

① 構造が簡単．

② 誤差が大きい．

③ 広角度指示．

④ 使用周波数範囲が限られる．

⑤ 実効値指示．

・交流用
・電力測定
・実効値指示

(5) 静電形計器

図 5.3 のように，対向した 2 枚の電極 M と K に電圧を加えると静電気力が働き，これにより発生する吸引力が指針を動かします．静電気力とスプリングにより制御する力とがつり合った位置が電圧の値を指示します．指示は電圧の 2 乗に比例します．

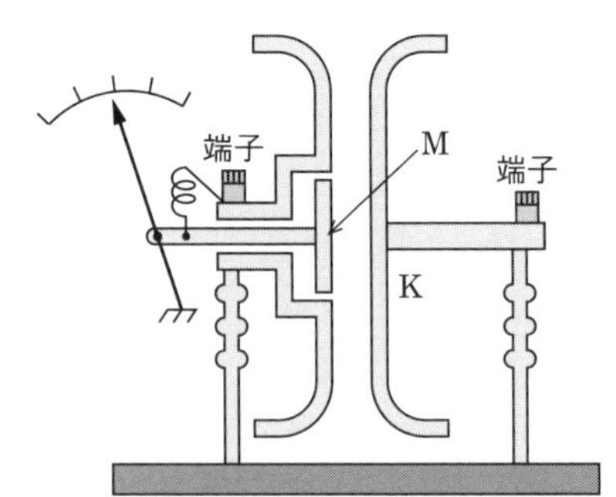

K：固定電極板
M：可動電極板

図 5.3　静電形計器

静電形計器の電極の面積を S〔m^2〕，電極間の距離を r〔m〕，空気の誘電率を ε〔F/m〕，測定電圧を V〔V〕とすると，極板間の電界 E〔V/m〕は次式で表されます．

$$E = \frac{V}{r}\ \text{〔V/m〕} \tag{5.3}$$

電界 E のエネルギー密度 w〔J/m^3〕は次式で表されます．

$$w = \frac{1}{2}\varepsilon E^2\ \text{〔J/m}^3\text{〕} \tag{5.4}$$

ここで，電極間の体積 Sr に蓄えられるエネルギー $W = wSr$〔J〕が力学的エネルギー $W_F = Fr$〔J〕に変わったとして，式（5.3）と式（5.4）から電極に加わる力の大きさ F〔N〕を求めると

$$W = \frac{1}{2}\varepsilon E^2 Sr = \frac{1}{2}\varepsilon\left(\frac{V}{r}\right)^2 Sr$$

$$= \frac{\varepsilon S V^2}{2r} = Fr \text{〔J〕} \qquad (5.5)$$

したがって

$$F = \frac{\varepsilon S V^2}{2r^2} \text{〔N〕} \qquad (5.6)$$

計器の指示値は静電気力 F に比例するので，測定電圧 V の 2 乗に比例します．

【用途】直流・交流の電圧測定

【特徴】

・交流，直流用
・高電圧の測定
・実効値指示

① 高電圧用．

② 入力抵抗が大きい．

③ 実効値指示．

(6) 熱電対形計器

熱線，熱電対，永久磁石可動コイル形電流計で構成されています．熱線に発生する熱によって熱電対に起電力が発生するので，発生した電流を永久磁石可動コイル形電流計で測定します．指示は電流の 2 乗に比例します．

【用途】直流・交流・高周波の電流，電圧の測定

【特徴】

① 周波数特性がよい．

② 過電流に弱い．

③ 実効値指示．

④ 波形誤差が生じない．

・高周波用
・過電流に弱い
・実効値指示

(7) 整流形計器

ブリッジ整流回路と永久磁石可動コイル形電流計で構成されています．整流された交流電流を永久磁石可動コイル形電流計で測定します．指示値は電流波形の平均値に比例します．

【用途】交流の電流，電圧測定

【特徴】

① 感度がよい.

② 平均値で動作して目盛は正弦波の実効値指示.

③ 振動に弱い.

④ 外部磁界の影響を受けにくい.

⑤ 波形誤差を生じる.

・交流用
・感度がよい
・波形誤差を生じる

整流形計器は，ブリッジ整流回路によって交流を整流して，電流計の指針を振らせる．電流計は平均値で動作するが，正弦波の波形率（実効値／平均値）によって実効値が計器に表示されているので，波形率が正弦波と異なる三角波交流などを測定すると誤差を生じる.

問題 1 ★★★ ➡5.1.1

図 5.4 に示す回路において，未知抵抗 R_X〔Ω〕の値を直流電流計 A および直流電圧計 V のそれぞれの指示値 I_A および V_V から，$R_X = V_V/I_A$ として求めたときの百分率誤差の大きさの値として，最も近いものを下の番号から選べ．ただし，I_A および V_V をそれぞれ $I_A = 31$〔mA〕および $V_V = 10$〔V〕，A および V の内部抵抗をそれぞれ $r_A = 1$〔Ω〕および $r_V = 10$〔kΩ〕とする．また，誤差は r_A および r_V のみによって生ずるものとする.

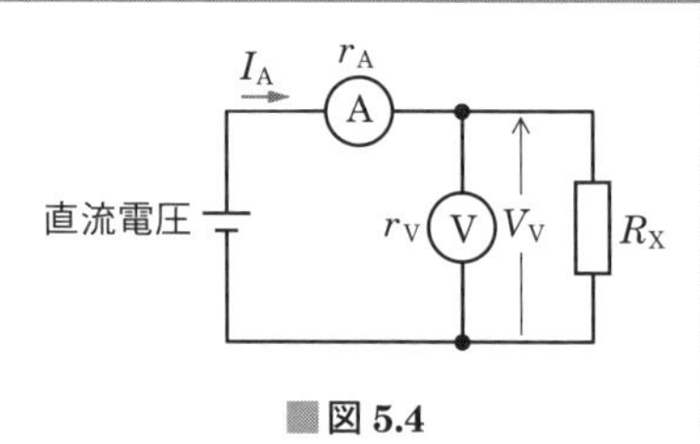

図 5.4

1 9.9〔%〕 2 8.7〔%〕 3 6.4〔%〕 4 4.8〔%〕 5 3.2〔%〕

解説 未知抵抗 R_X〔Ω〕を電流の測定値 I_A〔A〕および電圧の測定値 V_V〔V〕から求めた値を R_{XM}〔Ω〕とすると，次式が成り立ちます.

$$R_{XM} = \frac{V_V}{I_A} = \frac{10}{31 \times 10^{-3}}$$

$$= \frac{1}{3.1} \times 10^3 \text{〔Ω〕} \quad ①$$

分数のままにして，次の計算をする.

図 5.5 のように，電流計に流れる電流を I_A，電圧計に流れる電流を I_V とすると，R_X を流れる電流 I_R は次式で表されます.

$$I_R = I_A - I_V$$

$$= I_A - \frac{V_V}{r_V}$$

$$= 31 \times 10^{-3} - \frac{10}{10 \times 10^3}$$

$$= 31 \times 10^{-3} - 1 \times 10^{-3} = 30 \times 10^{-3} \text{〔A〕} \quad ②$$

電圧計の内部抵抗は電圧計に電流が流れることを表す．

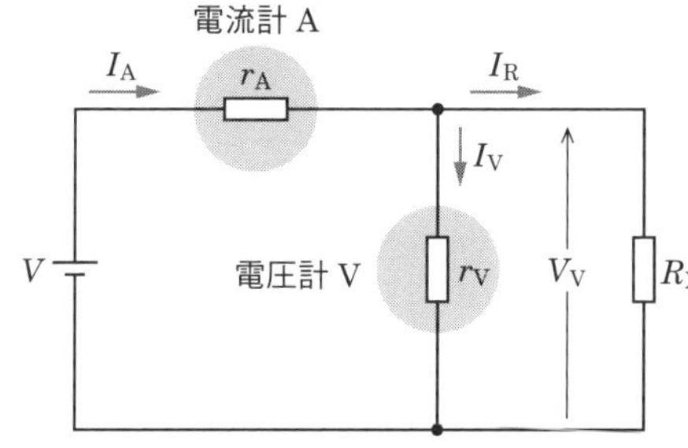

■図 5.5　各計器に流れる電流

5章

未知抵抗の真の値を R_X とすると，次式で表されます．

$$R_X = \frac{V_V}{I_R} = \frac{10}{30 \times 10^{-3}}$$

$$= \frac{1}{3} \times 10^3 \text{〔Ω〕} \quad ③$$

式①と式③より，百分率誤差 ε〔%〕は次式で表されます．

$$\varepsilon = \left(\frac{R_{XM}}{R_X} - 1 \right) \times 100$$

$$= \left(\frac{\frac{1}{3.1} \times 10^3}{\frac{1}{3} \times 10^3} - 1 \right) \times 100 = \left(\frac{3}{3.1} - 1 \right) \times 100 \fallingdotseq -3.2 \text{〔%〕}$$

よって，百分率誤差の大きさは **3.2〔%〕** です．

答え▶▶▶5

問題 2 ★★ ➡5.1.1

抵抗と電流の測定値から抵抗で消費する電力を求めるときの測定の誤差率εを表す式として，最も適切なものを下の番号から選べ．ただし，抵抗の真値をR〔Ω〕，測定誤差をΔR〔Ω〕，電流の真値をI〔A〕，測定誤差をΔI〔A〕としたとき，抵抗の誤差率ε_Rを$\varepsilon_R=\Delta R/R$および電流の誤差率ε_Iを$\varepsilon_I=\Delta I/I$とする．また，ε_Rおよびε_Iは十分小さいものとする．

1　$\varepsilon \fallingdotseq 2\varepsilon_I\varepsilon_R+1$　　2　$\varepsilon \fallingdotseq 2(\varepsilon_I+\varepsilon_R)$　　3　$\varepsilon \fallingdotseq 2\varepsilon_I+\varepsilon_R$

4　$\varepsilon \fallingdotseq \varepsilon_I-\varepsilon_R$　　5　$\varepsilon \fallingdotseq \varepsilon_I-2\varepsilon_R$

解説 抵抗の測定値$R_M=R+\Delta R$〔Ω〕と電流の測定値$I_M=I+\Delta I$〔A〕から，電力の測定値P_M〔W〕を求めると，次式で表されます．

$$P_M=I_M{}^2R_M=(I+\Delta I)^2\times(R+\Delta R)$$

電力の真値$P=I^2R$なので，誤差率εは次式で表されます．

$$\varepsilon=\frac{P_M-P}{P}=\frac{(I+\Delta I)^2\times(R+\Delta R)-I^2R}{I^2R}$$

$$=\frac{(I^2+2I\Delta I+\Delta I^2)\times R+(I^2+2I\Delta I+\Delta I^2)\times\Delta R-I^2R}{I^2R}$$

$$=\frac{2IR\Delta I+R\Delta I^2+I^2\Delta R+2I\Delta I\Delta R+\Delta I^2\Delta R}{I^2R}$$

$\varepsilon \ll 1$なので2乗した項を無視して求める．

$$=\frac{2\Delta I}{I}+\frac{\Delta I^2}{I^2}+\frac{\Delta R}{R}+\frac{2\Delta I\Delta R}{IR}+\frac{\Delta I^2\Delta R}{I^2R}$$

$$=2\varepsilon_I+\varepsilon_I{}^2+\varepsilon_R+2\varepsilon_I\varepsilon_R+\varepsilon_I{}^2\varepsilon_R$$

$\varepsilon_I\varepsilon_R$と$\varepsilon_I$の2乗項を無視すると，$\boldsymbol{\varepsilon \fallingdotseq 2\varepsilon_I+\varepsilon_R}$となります．

答え▶▶▶ 3

問題 3 ★★ ➡5.1.2

図 5.6 に示すように，正弦波交流を全波整流した電流 i が流れている抵抗 R〔Ω〕で消費される電力を測定するために，永久磁石可動コイル形の電流計 A および電圧計 V を接続したところ，それぞれの指示値が 2〔A〕および 16〔V〕であった．このとき R で消費される電力 P の値として，正しいものを下の番号から選べ．ただし，A および V の内部抵抗の影響は無視するものとする．

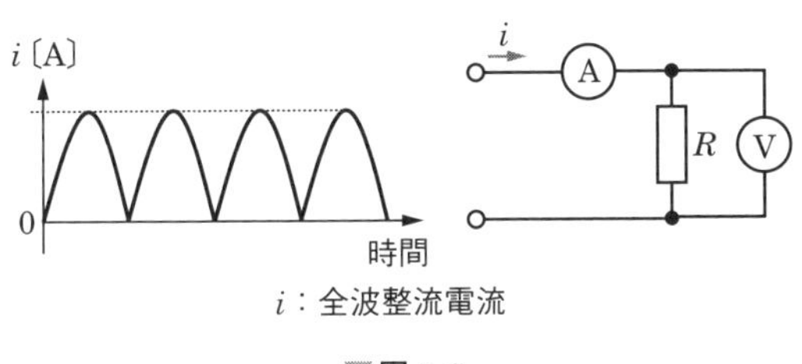

i：全波整流電流

図 5.6

1　$3\pi^2$〔W〕　2　$4\pi^2$〔W〕　3　$5\pi^2$〔W〕　4　$6\pi^2$〔W〕　5　$7\pi^2$〔W〕

解説 電流の最大値を I_m〔A〕とすると，永久磁石可動コイル形計器の指示値は平均値なので，指示値 I〔A〕は次式で表されます．

$$I = \frac{2}{\pi} I_m \text{〔A〕} \quad ①$$

永久磁石可動コイル形電流計は，脈流電流の平均値を指示する．

電流の実効値を I_e〔A〕とすると，最大値 I_m〔A〕は次式で表されます．

$$I_m = \sqrt{2} I_e \text{〔A〕} \quad ②$$

よって，式①と式②より

$$I_e = \frac{I_m}{\sqrt{2}} = \frac{\pi}{2\sqrt{2}} I \text{〔A〕} \quad ③$$

となります．同様に電圧の指示値の平均値電圧を V〔V〕とすると，実効値 V_e〔V〕は次式で表されます．

$$V_e = \frac{\pi}{2\sqrt{2}} V \text{〔V〕} \quad ④$$

抵抗 R で消費される電力 P〔W〕は電圧と電流の実効値の積で表されるので，次式で表されます．

$$P = V_e I_e = \left(\frac{\pi}{2\sqrt{2}}\right)^2 VI = \frac{\pi^2}{8} \times 16 \times 2 = \mathbf{4\pi^2} \text{〔W〕}$$

答え▶▶▶ 2

問題 4 ★★ ➡5.1.2

次の記述は，**図 5.7** に示す整流形電流計について述べたものである．□内に入れるべき字句の正しい組合せを下の番号から選べ．ただし，ダイオードDは理想的な特性を持つものとする．なお，同じ記号の□内には，同じ字句が入るものとする．

(1) 整流形電流計は，永久磁石可動コイル形電流計 A_a とダイオードDを図 5.7 に示すように組み合わせて，交流電流を測定できるようにした指示電気計器である．

(2) 永久磁石可動コイル形電流計 A_a の指針の振れは整流された電流の A を指示するが，整流形電流計の目盛は一般に正弦波交流の B が直読できるように，A に正弦波の波形率の C を乗じた値となっている．

	A	B	C
1	平均値	最大値	$\dfrac{\pi}{\sqrt{2}}$
2	平均値	実効値	$\dfrac{\pi}{2\sqrt{2}}$
3	平均値	実効値	$\dfrac{\pi}{\sqrt{2}}$
4	最大値	平均値	$\dfrac{\pi}{2\sqrt{2}}$
5	最大値	実効値	$\dfrac{\pi}{\sqrt{2}}$

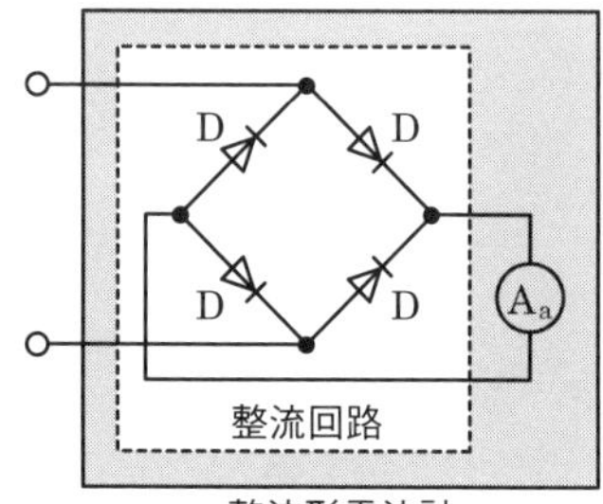

■図 5.7

解説 正弦波交流電流の最大値を I_m〔A〕とすると，平均値 I_a〔A〕と実効値 I_e〔A〕は次式で表されます．

$$I_a = \frac{2}{\pi} I_m \text{〔A〕} \quad ①$$

$$I_e = \frac{1}{\sqrt{2}} I_m \text{〔A〕} \quad ②$$

波高率 K_p と波形率 K_f は次式で表されます．

$$K_p = \frac{I_m}{I_e} = I_m \times \frac{\sqrt{2}}{I_m} = \sqrt{2} \quad ③$$

$$K_f = \frac{I_e}{I_a} = \frac{I_m}{\sqrt{2}} \times \frac{\pi}{2I_m} = \boldsymbol{\frac{\pi}{2\sqrt{2}}} \quad ④$$

← C の答え

永久磁石可動コイル形電流計を用いた整流形電流計の指針の振れは電流の**平均値**を指示しますが，目盛は**実効値**で表してあるので，指示値の実効値 I_e は次式で表されます．

A の答え：平均値
B の答え：実効値

$$I_e = K_f \times I_a = \frac{\pi}{2\sqrt{2}} \times I_a \fallingdotseq 1.11 I_a \ \text{〔A〕}$$

C の答え：$\frac{\pi}{2\sqrt{2}}$

答え ▶▶▶ 2

出題傾向 数値を代入して計算する問題も出題されています．また，下線の部分を穴埋めの字句とした問題も出題されています．

問題 5 ★★ ➡5.1.2

次の記述は，指示電気計器の特徴について述べたものである．このうち誤っているものを下の番号から選べ．

1　静電形計器は，直流および交流の高電圧の測定に用いられる．
2　整流形計器は，整流した電流を永久磁石可動コイル形計器を用いて測定する．
3　熱電対形計器は，波形にかかわらず最大値を指示する．
4　誘導形計器は，移動磁界などによって生ずる誘導電流を利用し，交流専用の指示計器として用いられる．
5　電流力計形計器は，電力計としてよく用いられる．

解説 誤っている選択肢は次のようになります．

3　熱電対形計器は，波形にかかわらず**実効値**を指示する．

答え ▶▶▶ 3

5章

5.2 測定範囲と測定波形

- 分流器の抵抗値は，電流計の内部抵抗と電流の分流比から求める
- 倍率器の抵抗値は，電圧計の内部抵抗と電圧の分圧比から求める
- 正弦波の波形率は 1.11 であり，整流形計器で正弦波以外の波形の交流を測定すると波形誤差を生じる

5.2.1 分流器・倍率器

(1) 分流器

電流計の測定範囲を拡大するため，**図 5.8** のように電流計と並列に接続する抵抗を**分流器**といいます．

電流計の内部抵抗を r_A〔Ω〕，測定範囲の倍率を N とすれば，分流器の抵抗値 R_A〔Ω〕は次式で表されます．

$$R_A = \frac{r_A}{N-1} \text{〔Ω〕} \qquad (5.7)$$

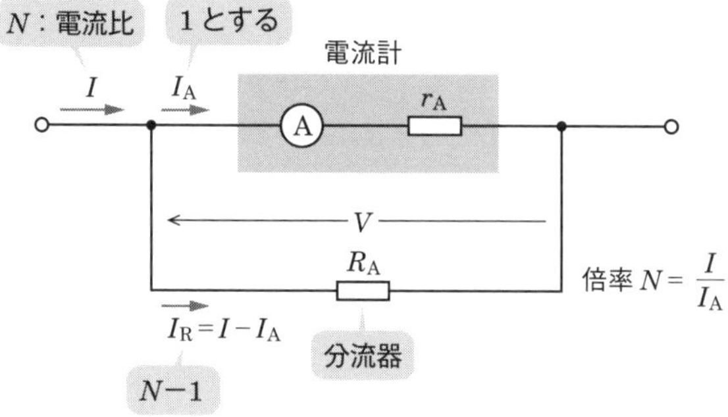

■図 5.8　分流器

(2) 倍率器

電圧計の測定範囲を拡大するため，**図 5.9** のように電圧計と直列に接続する抵抗を**倍率器**といいます．

電圧計の内部抵抗を r_V〔Ω〕，測定範囲の倍率を N とすれば，倍率器の抵抗値 R_V〔Ω〕は次式で表されます．

$$R_V = (N-1)\, r_V \text{〔Ω〕} \qquad (5.8)$$

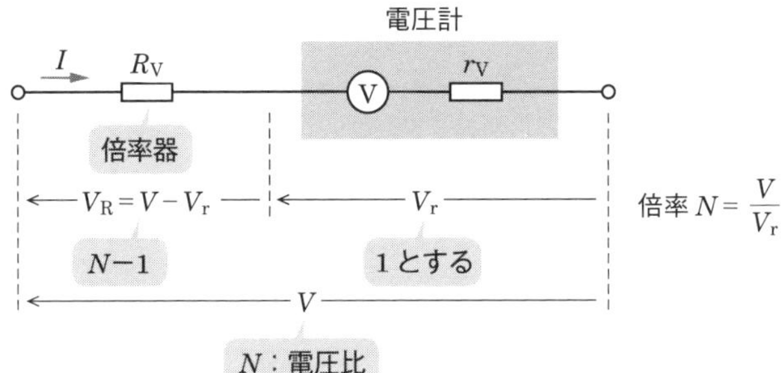

■図 5.9　倍率器

5.2.2 波形誤差

一般に，交流の測定値は実効値で表されます．整流形計器に用いられる永久磁石可動コイル形計器は平均値指示ですが，表示は正弦波の実効値で表されているので，正弦波以外の交流波形では，指示値に誤差が生じます．熱電形計器や静電形計器は実効値を指示するので，波形による誤差は生じません．

関連知識　波高率と波形率

交流波形の形状は波高率と波形率で表されます．最大値を V_m〔V〕，実効値を V_e〔V〕，平均値を V_a〔V〕とすると，波高率 K_p と波形率 K_f は次式で表されます．

$$K_p = \frac{V_m}{V_e} \tag{5.9}$$

$$K_f = \frac{V_e}{V_a} \tag{5.10}$$

各種の交流波形の波高率と波形率を**表 5.1** に示します．

■表 5.1　各種波形の波高率と波形率

波　形	波高率 K_p	波形率 K_f
正弦波	$\sqrt{2}$	$\frac{\pi}{2\sqrt{2}} \fallingdotseq 1.111$
半波整流波	2	$\frac{\pi}{2} \fallingdotseq 1.571$
方形波	1	1
三角波	$\sqrt{3}$	$\frac{2}{\sqrt{3}} \fallingdotseq 1.155$

5.2.3 ひずみ波の測定

図 5.10 に示すひずみ波において，基本波の周波数 f_1〔Hz〕，周期 T_1〔s〕，最大値 V_{m1}〔V〕，2 倍，4 倍の高調波成分の最大値を V_{m2}，V_{m4}〔V〕とすると，ひずみ波の実効値 V_e〔V〕は次式で表されます．

$$V_e = \sqrt{\left(\frac{V_{m1}}{\sqrt{2}}\right)^2 + \left(\frac{V_{m2}}{\sqrt{2}}\right)^2 + \left(\frac{V_{m4}}{\sqrt{2}}\right)^2} \text{〔V〕} \tag{5.11}$$

ひずみ波電圧の実効値は，負荷抵抗に流れる電流を熱電対電流計で測定することによって求めることができます．

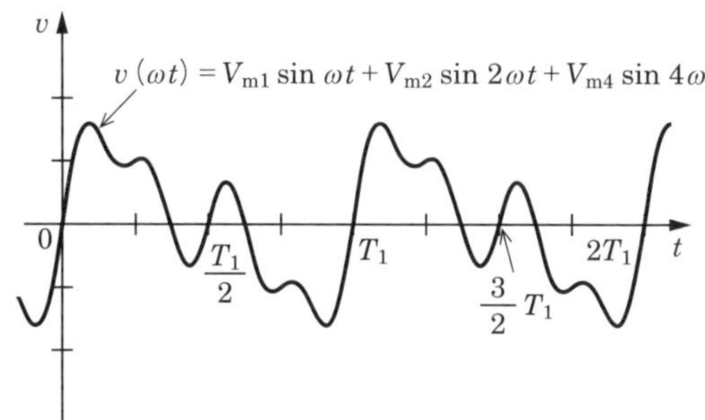

■図 5.10　ひずみ波

問題 6 ★★★ ➡5.2.1

次の記述は，**図 5.11** に示す直流電流・電圧計の内部の抵抗値について述べたものである．［　　］内に入れるべき字句を下の番号から選べ．ただし，内部回路を**図 5.12** とし，直流電流計 A の最大目盛値での電流を 0.5〔mA〕，内部抵抗を 90〔Ω〕とする．

(1) 抵抗 R_1 は，［ア］〔Ω〕である．

(2) 3〔mA〕の電流計として使用するとき，電流計の内部抵抗は，［イ］〔Ω〕である．

(3) 抵抗 R_2 は，［ウ］〔Ω〕である．

(4) 抵抗 R_3 は，［エ］〔kΩ〕である．

(5) 30〔V〕の電圧計として使用するとき，電圧計の内部抵抗は，［オ］〔kΩ〕である．

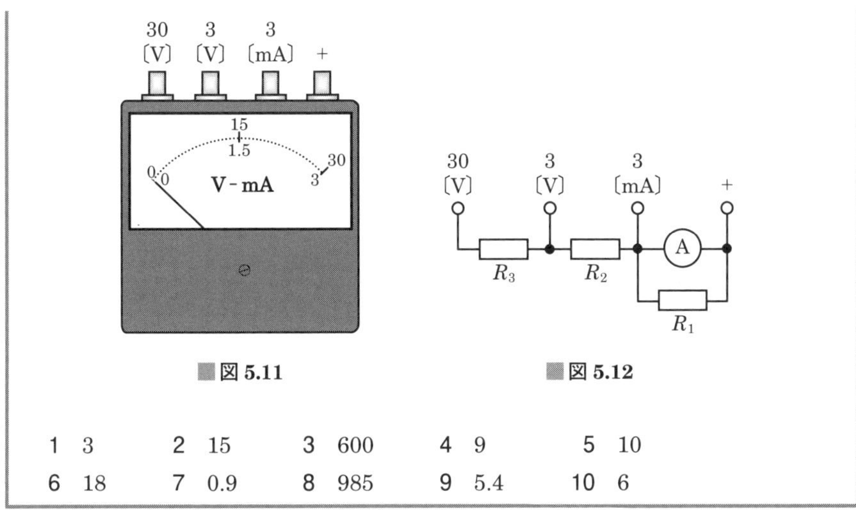

図 5.11

図 5.12

1 3	2 15	3 600	4 9	5 10
6 18	7 0.9	8 985	9 5.4	10 6

解説 図 5.12 の各部の電圧を**図 5.13** に示します．

(1) 電流計を流れる電流が最大目盛値 I_A のとき，電流計の内部抵抗を r_A〔Ω〕とすると，電流計に加わる電圧 V_{ab}〔V〕は次式で表されます．

$$V_{ab} = I_A r_A = 0.5 \times 10^{-3} \times 90 = 45 \times 10^{-3} \text{〔V〕}$$

$I_A = 3$〔mA〕の電流計として使用するとき，分流器の抵抗 R_1〔Ω〕に V_{ab} の電圧が加わります．R_1 に流れる電流は，$I_1 = I - I_A = 3 - 0.5 = 2.5$〔mA〕となるので，$R_1$ を求めると

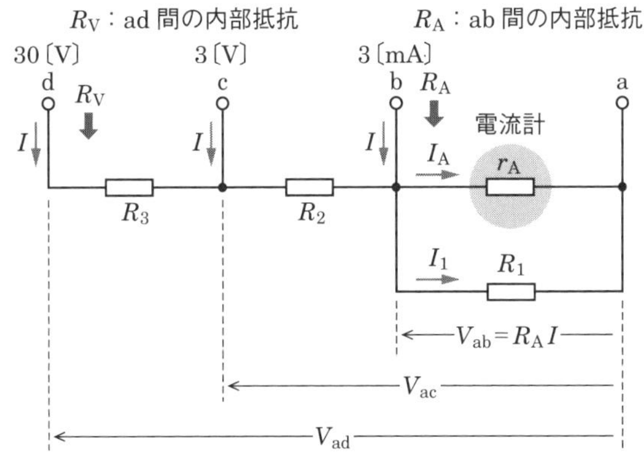

図 5.13 電流・電圧計の各部の電圧

$$R_1 = \frac{V_{ab}}{I_1} = \frac{45 \times 10^{-3}}{2.5 \times 10^{-3}} = \mathbf{18}\ 〔\Omega〕$$ ← ア の答え

(2) 3〔mA〕の電流計として使用するとき，電流計の内部抵抗 R_A〔Ω〕は次式で表されます．

$$R_A = \frac{r_A R_1}{r_A + R_1} = \frac{90 \times 18}{90 + 18} = \mathbf{15}\ 〔\Omega〕$$ ← イ の答え

(3) $V_{ac} = 3$〔V〕の電圧計として使用するとき，R_2 と R_A に $I = 3$〔mA〕の電流が流れるので，次式が成り立ちます．

$$V_{ac} = (R_2 + R_A) I$$

R_2 を求めると，次式で表されます．

$$R_2 = \frac{V_{ac}}{I} - R_A$$

$$= \frac{3}{3 \times 10^{-3}} - 15 = 1\,000 - 15 = \mathbf{985}\ 〔\Omega〕$$ ← ウ の答え

(4) $V_{ad} = 30$〔V〕の電圧計として使用するとき，R_3，R_2，R_A に $I = 3$〔mA〕の電流が流れるので，次式が成り立ちます．

$$V_{ad} = (R_3 + R_2 + R_A) I$$

R_3 を求めると，次式で表されます．

$$R_3 = \frac{V_{ad}}{I} - (R_2 + R_A)$$

エ の答え

$$= \frac{30}{3 \times 10^{-3}} - (985 + 15) = 10 \times 10^3 - 1\,000\ 〔\Omega〕 = 10 - 1\ 〔k\Omega〕 = \mathbf{9}\ 〔k\Omega〕$$

(5) 30〔V〕の電圧計として使用するとき，電圧計の内部抵抗 R_V〔kΩ〕は次式で表されます．

$$R_V = R_3 + (R_2 + R_A) = 9 + 1\ 〔k\Omega〕 = \mathbf{10}\ 〔k\Omega〕$$ ← オ の答え

答え▶▶▶アー6，イー2，ウー8，エー4，オー5

問題 7 ★★★ ➡5.2.1

図 5.14 に示すように，直流電圧計 V_1 および V_2 を直列に接続したとき，それぞれの電圧計の指示値 V_1 および V_2 の和の値から測定できる端子 ab 間の電圧 V_{ab} の最大値として，正しいものを下の番号から選べ．ただし，それぞれの電圧計の最大目盛値および内部抵抗は，**表 5.2** の値とする．

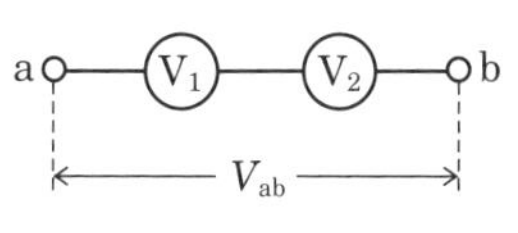

図 5.14

表 5.2

電圧計	最大目盛値	内部抵抗
V_1	30〔V〕	30〔kΩ〕
V_2	300〔V〕	500〔kΩ〕

1　305〔V〕　2　310〔V〕　3　318〔V〕　4　325〔V〕　5　330〔V〕

解説 各電圧計に流れる電流は同じなので，各電圧計の最大目盛値 V_1，V_2〔V〕の電圧となるときに流れる電流 I_1，I_2〔A〕が各電圧計の最大電流となります．それらは内部抵抗 r_1，r_2〔Ω〕の電圧降下なので，I_1，I_2 を求めると，次式で表されます．

$$I_1 = \frac{V_1}{r_1} = \frac{30}{30 \times 10^3} = 1 \times 10^{-3}\,〔\mathrm{A}〕 \quad ①$$

k = 10^3 と m = 10^{-3} は掛けると消えるので，10^{-3} を残して計算する．

$$I_2 = \frac{V_2}{r_2} = \frac{300}{500 \times 10^3} = 0.6 \times 10^{-3}\,〔\mathrm{A}〕 \quad ②$$

$I_1 > I_2$ なので，式②の電流が流れたときに電圧計 V_2 が最大目盛値に到達します．そのとき，ab 間の電圧 V_{ab}〔V〕は次式で表されます．

最大目盛値の電圧が小さい方が先に最大目盛値に到達するとは限らない．

$$V_{ab} = (r_1 + r_2) I_2$$

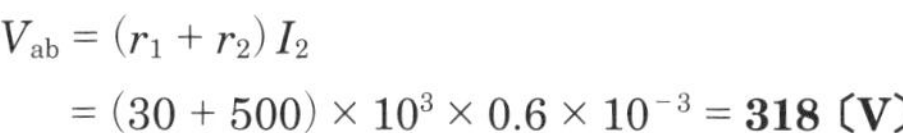

$$= (30 + 500) \times 10^3 \times 0.6 \times 10^{-3} = \mathbf{318}\,〔\mathbf{V}〕$$

答え▶▶▶3

出題傾向　電圧計が三つの問題も出題されています．

問題 8 ★★ ➡5.2.1

次の記述は，最大目盛値が 10〔mA〕で，内部抵抗がそれぞれ $r_1 = 2$〔Ω〕および $r_2 = 4$〔Ω〕の二つの直流電流計 A_1 および A_2 を用いて直流電流 I_0 を測定する方法について述べたものである．□内に入れるべき字句を下の番号から選べ．ただし，**図 5.15**，**図 5.16** および**図 5.17** において，A_1 および A_2 の指示値をそれぞれ I_1〔mA〕および I_2〔mA〕とする．

(1) 図 5.15 に示すように $R_1 = 2$〔Ω〕の抵抗を接続したとき，$\dfrac{I_1}{I_2} =$ [ア] である．

したがって，I_1 または I_2 の [イ] 倍が測定電流 I_0〔mA〕となる．

(2) 図 5.16 に示すように $R_2 = 4$〔Ω〕の抵抗を接続したとき，$\dfrac{I_1}{I_0} =$ [ウ] である．

したがって，[エ] の 2 倍が測定電流 I_0〔mA〕となる．

(3) 図 5.17 に示す回路において，$I_0 = I_1 + I_2$ で測定できる I_0 の最大値は，[オ]〔mA〕である．

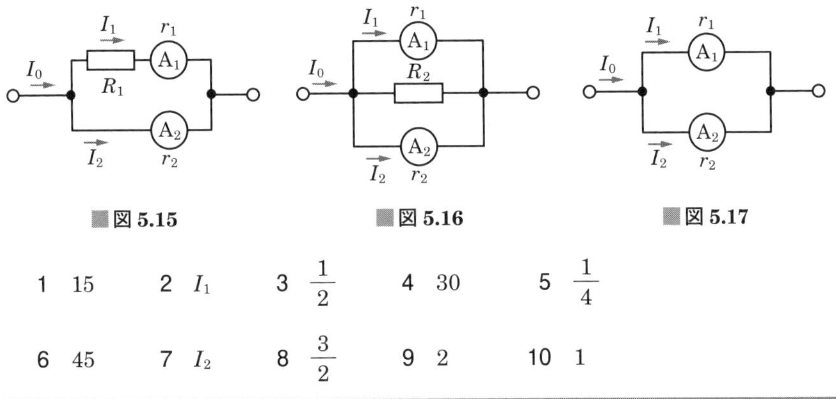

■図 5.15　■図 5.16　■図 5.17

1　15	2　I_1	3　$\dfrac{1}{2}$	4　30	5　$\dfrac{1}{4}$
6　45	7　I_2	8　$\dfrac{3}{2}$	9　2	10　1

解説 (1) A_1 と 2〔Ω〕の直列回路と A_2 の内部抵抗が同じ値の 4〔Ω〕になるので，$I_1/I_2 = \mathbf{1}$ となります．したがって，測定電流 I_0 は I_1 または I_2 の **2** 倍となります．

(2) A_2 の内部抵抗 4〔Ω〕と 4〔Ω〕の抵抗の並列接続は 2〔Ω〕となります．これらの並列抵抗の値が A_1 の内部抵抗の 2〔Ω〕と同じ値になるので，I_0 は I_1 の 2 倍となります．よって，$I_1/I_0 = \mathbf{1/2}$ となります．したがって，$\boldsymbol{I_1}$ の 2 倍が測定電流 I_0 となります．

(3) A_1 の方が内部抵抗が小さいので，先に最大目盛値 10〔mA〕となります．そのとき，A_2 には $I_1/2$ の電流が流れるので，測定電流 $I_0 = 10 + 10/2 = \mathbf{15}$〔mA〕となります．

答え▶▶▶ア－10，イ－9，ウ－3，エ－2，オ－1

問題 9 ★★ ➡5.2.2

図 5.18 に示す整流形電圧計を用いて，**図 5.19** に示すような方形波電圧を測定したとき 16〔V〕を指示した．方形波電圧の最大値 V として，最も近いものを下の番号から選べ．ただし，ダイオード D は理想的な特性とし，また，整流形電圧計は正弦波の実効値で目盛ってあるものとする．

1 8.0〔V〕
2 10.4〔V〕
3 12.4〔V〕
4 14.4〔V〕
5 16.0〔V〕

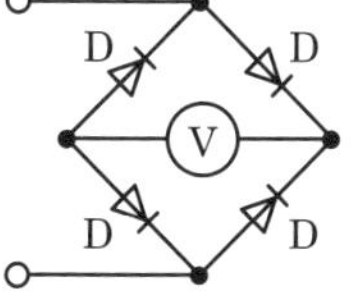

D：ダイオード
V：直流電圧計

■図 5.18

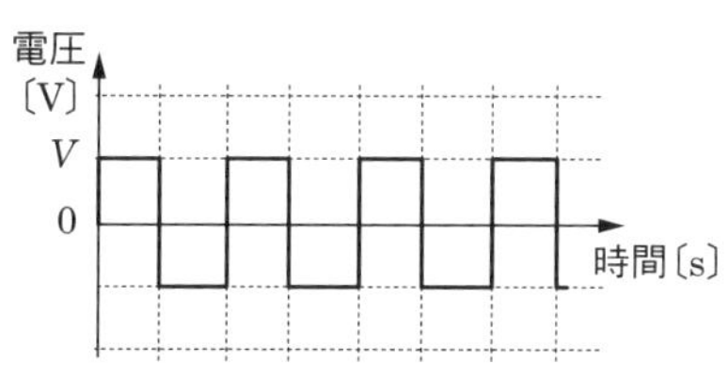

■図 5.19

解説 正弦波電圧の最大値を V_m〔V〕とすると，平均値 V_a〔V〕と実効値 V_e〔V〕は次式で表されます．

$$V_a = \frac{2}{\pi} V_m \text{〔V〕} \quad ①$$

$$V_e = \frac{1}{\sqrt{2}} V_m \text{〔V〕} \quad ②$$

整流形計器は平均値 V_a〔V〕に比例して動作しますが，指示値は正弦波の実効値で目盛られているので，式①と式②より次式が成り立ちます．

$$V_e = \frac{1}{\sqrt{2}} V_m = \frac{1}{\sqrt{2}} \times \frac{\pi}{2} V_a$$

$$\fallingdotseq 1.11 V_a \text{〔V〕} \quad ③$$

$\sqrt{2} \fallingdotseq 1.41$
$\pi \fallingdotseq 3.14$

方形波電圧の最大値を V〔V〕とすると，方形波電圧の平均値 $V_a = V$，実効値 $V_e = V$ で表されます．整流形電圧計に方形波電圧を加えると，指示値 V_M〔V〕は，式③より平均値 V_a の 1.11 倍となるので，次式で表されます．

$$V_M \fallingdotseq 1.11 V \text{〔V〕} \quad ④$$

よって，式④の指示値 V_M から最大値（＝平均値）V〔V〕を求めれば，次式で表されます．

$$V \fallingdotseq \frac{V_M}{1.11} = \frac{16}{1.11} \fallingdotseq \mathbf{14.4} \text{〔V〕}$$

答え▶▶▶ 4

問題 10 ★★ ➡5.2.2

図 5.20 に示す回路の端子 ab 間に**図 5.21** に示す半波整流電圧 v_{ab}〔V〕を加えたとき，整流形電流計 A の指示値として，正しいものを下の番号から選べ．ただし，A は全波整流形で目盛は正弦波交流の実効値に校正されているものとする．また，A の内部抵抗は無視するものとする．

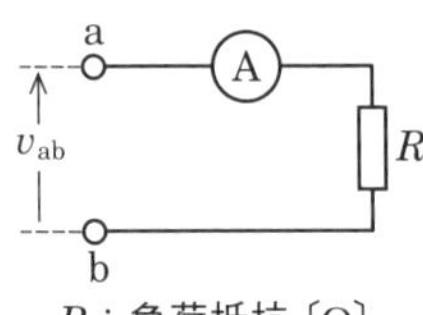

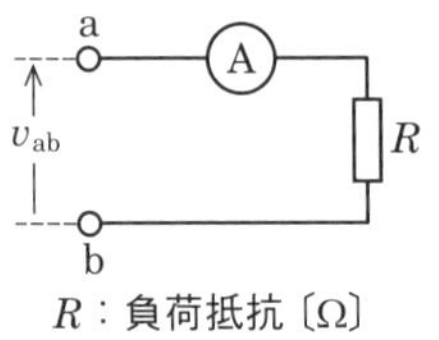

R：負荷抵抗〔Ω〕

■図 5.20

v_{ab}〔V〕 V_m 0 時間

v_{ab}：半波整流電圧〔V〕

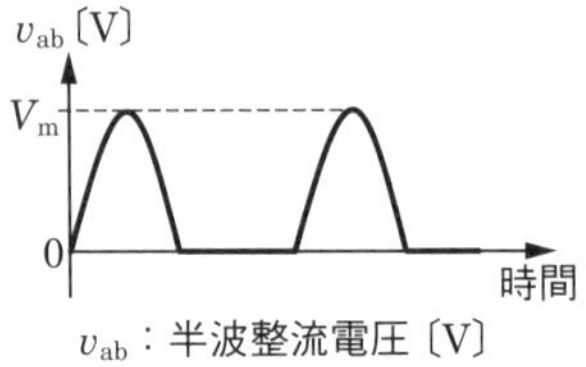

■図 5.21

1 $\dfrac{V_m}{2\sqrt{2}R}$〔A〕　2 $\dfrac{V_m}{\sqrt{2}R}$〔A〕　3 $\dfrac{\sqrt{2}V_m}{R}$〔A〕

4 $\dfrac{V_m}{2R}$〔A〕　5 $\dfrac{2V_m}{R}$〔A〕

解説 整流形計器は平均値 I_a〔A〕に比例して動作しますが，指示値は正弦波の実効値 I_e〔A〕で目盛られているので，最大値を I_m〔A〕とすると，次式が成り立ちます．

$$I_e = \frac{1}{\sqrt{2}} I_m = \frac{1}{\sqrt{2}} \times \frac{\pi}{2} I_a \text{〔A〕} \quad ①$$

抵抗を流れる電流の最大値 $I_m = V_m/R$ より，半波整流回路の出力電流の平均値は交流波形の平均値の 1/2 なので，I_m/π となります．よって，式①より指示値 I_e は次式で表されます．

$$I_e = \frac{\pi}{2\sqrt{2}} \times \frac{I_m}{\pi} = \boldsymbol{\frac{V_m}{2\sqrt{2}R}} \text{〔A〕}$$

正弦波電流の最大値 I_m より，平均値 I_a，実効値 I_e は

$$I_a = \frac{2}{\pi} I_m$$

$$I_e = \frac{1}{\sqrt{2}} I_m$$

答え▶▶▶ 1

問題 11 ★★ ➡ 5.2.3

図 5.22 に示す回路の端子 ab 間に次式に示すひずみ波交流電圧 v_{ab} を加えたとき，整流形電流計 A の指示値として，正しいものを下の番号から選べ．ただし A は，全波整流形で目盛は正弦波交流の実効値に校正されているものとする．また，A の内部抵抗は無視するものとする．

$$v_{ab}=V_m\sin\omega t+\frac{V_m}{3}\sin(3\omega t-\pi)\ 〔\mathrm{V}〕$$

（V_m：電圧〔V〕，ω：角周波数〔rad/s〕，t：時間〔s〕）

1 $\dfrac{16V_m}{9\pi R}$〔A〕

2 $\dfrac{8V_m}{9\pi R}$〔A〕

3 $\dfrac{8\sqrt{2}V_m}{9R}$〔A〕

4 $\dfrac{4\sqrt{2}V_m}{9\pi R}$〔A〕

5 $\dfrac{4\sqrt{2}V_m}{9R}$〔A〕

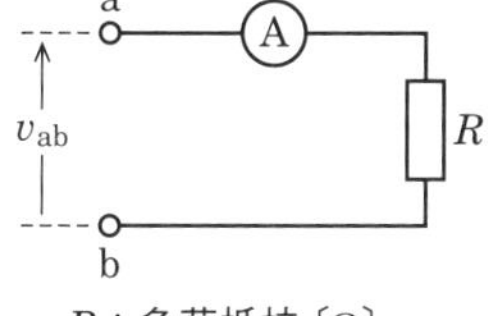

R：負荷抵抗〔Ω〕

図 5.22

解説 ひずみ波交流電圧 v_{ab}〔V〕の平均値 V_a〔V〕は次式で表されます．

$$V_a=\frac{2}{T}\int_0^{T/2}v_{ab}dt\ 〔\mathrm{V}〕 \qquad ①$$

ここで，式①において，時間の関数 t〔s〕を角度の関数 θ〔rad〕に置き換えれば，$\omega t=\theta$，積分区間 $t=0\sim T/2$〔s〕は $\theta=0\sim\pi$〔rad〕となるので，V_a は次式で表されます．

sin や cos 関数は 1 周期の区間で積分すると 0 になるので，平均値を求めるときは（1/2）周期の区間で積分する．

$$V_a=\frac{1}{\pi}\int_0^{\pi}v_{ab}d\theta$$

$$=\frac{V_m}{\pi}\int_0^{\pi}\left(\sin\theta-\frac{1}{3}\sin 3\theta\right)d\theta$$

$$=\frac{V_m}{\pi}\left\{(-1)\times[\cos\theta]_0^{\pi}-\frac{1}{3}\times\left[(-1)\times\frac{1}{3}\times\cos 3\theta\right]_0^{\pi}\right\}$$

$$=\frac{V_m}{\pi}\{(-1)\times(\cos\pi-\cos 0)\}-\frac{1}{3}\times\left\{(-1)\times\frac{1}{3}(\cos 3\pi-\cos 0)\right\}$$

$$=\frac{V_m}{\pi}\left(2-\frac{2}{9}\right)=\frac{16V_m}{9\pi}\ 〔\mathrm{V}〕 \qquad ②$$

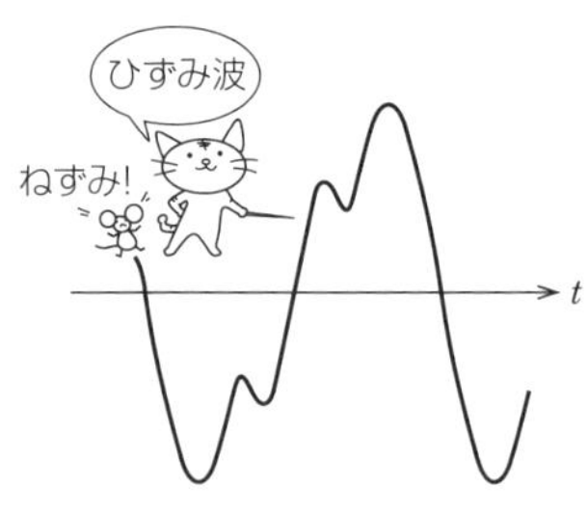

指示値 I_M〔A〕は電流の平均値 I_a〔A〕に比例し，正弦波の実効値で表してあるので，電流が流れる抵抗の値を R〔Ω〕とすれば，式②より次式で表されます．

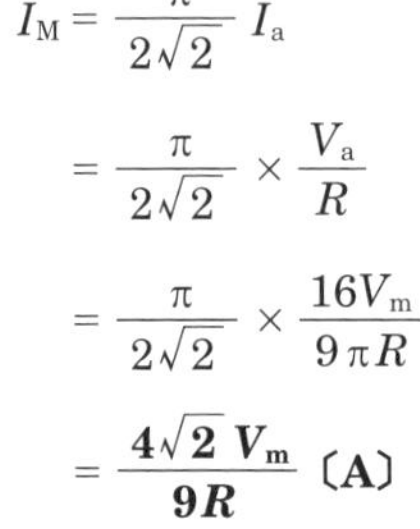

$$
\begin{aligned}
I_M &= \frac{\pi}{2\sqrt{2}} I_a \\
&= \frac{\pi}{2\sqrt{2}} \times \frac{V_a}{R} \\
&= \frac{\pi}{2\sqrt{2}} \times \frac{16V_m}{9\pi R} \\
&= \boldsymbol{\frac{4\sqrt{2}\,V_m}{9R}} \text{〔A〕}
\end{aligned}
$$

最大値 I_m，平均値 I_a，実効値 I_e より

$$I_a = \frac{2}{\pi} I_m,\quad I_e = \frac{1}{\sqrt{2}} I_m$$

答え▶▶▶5

出題傾向 電圧や抵抗が記号ではなく数値で与えられている問題も出題されています．

数学の公式

$$\sin(\theta - \pi) = -\sin\theta$$

$$\frac{d}{dx} nx = n \qquad \frac{d}{d\theta}\cos\theta = -\sin\theta$$

$$\frac{d}{d\theta}\cos 3\theta = \frac{d}{dx}\cos x \times \frac{d}{d\theta} 3\theta = -3\sin 3\theta$$

ただし，$x = 3\theta$

$$\int \sin 3\theta d\theta = -\frac{1}{3}\cos 3\theta$$ （積分定数は省略）

問題 12 ★★ ➡5.2.3

次の記述は，ひずみ波交流電流 $i = I_m \sin \omega t + \dfrac{1}{3} I_m \sin 3\omega t$〔A〕を熱電対形電流計 A_1 と整流形電流計 A_2 を用いて測定したときの指示値について述べたものである．□内に入れるべき字句を下の番号から選べ．ただし，A_2 は全波整流形で，目盛は正弦波交流の実効値を指示するように校正されているものとする．なお，同じ記号の□内には同じ字句が入るものとする．

(1) i は，基本波に，最大値が基本波の $\dfrac{1}{3}$ で周波数が基本波の［ア］倍の高調波が加わった電流である．

(2) 周波数が基本波の［ア］倍の高調波の電流の実効値は，［イ］〔A〕である．

(3) 熱電対形電流計 A_1 は，i の［ウ］を指示し，その値は［エ］〔A〕である．

(4) 整流形電流計 A_2 は，i の平均値の［オ］倍の値を指示する．

1 3　2 $\dfrac{1}{3} I_m$　3 実効値　4 $\dfrac{\sqrt{5}}{3} I_m$　5 $\dfrac{\pi}{\sqrt{2}}$

6 5　7 $\dfrac{1}{3\sqrt{2}} I_m$　8 平均値　9 $\dfrac{\sqrt{5}}{9} I_m$　10 $\dfrac{\pi}{2\sqrt{2}}$

解説 (1) 周波数を f〔Hz〕とすると，角周波数 $\omega = 2\pi f$〔rad/s〕で表されるので，i は基本波（ω）に **3** 倍の高調波（3ω）が加わった電流です．

［ア］の答え

(3) 熱電対形電流計は実効値 I_e を指示します．

$$I_e = \sqrt{\left(\frac{1}{\sqrt{2}} I_m\right)^2 + \left(\frac{1}{3\sqrt{2}} I_m\right)^2}$$

$$= \sqrt{\frac{1}{2} + \frac{1}{18}} I_m = \sqrt{\frac{5}{9}} I_m = \boldsymbol{\frac{\sqrt{5}}{3} I_m} \text{〔A〕}$$

［エ］の答え

(4) 整流形電流計は，指針が正弦波の平均値 $(2/\pi) I_m$ に比例しますが，目盛は正弦波の実効値 $(1/\sqrt{2}) I_m$ なので，ひずみ波交流電流の平均値の

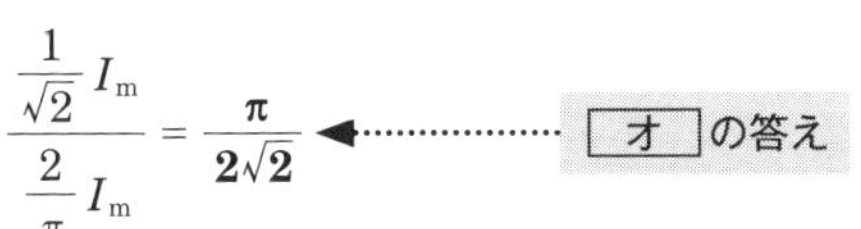

$$\frac{\frac{1}{\sqrt{2}} I_m}{\frac{2}{\pi} I_m} = \boldsymbol{\frac{\pi}{2\sqrt{2}}}$$

［オ］の答え

倍の値を指示します．

答え ▶▶▶ ア－1，イ－7，ウ－3，エ－4，オ－10

5.3 回路定数の測定

- 抵抗で分圧する電圧は抵抗値に比例する．二つの抵抗で分岐する電流は，ほかの枝路の抵抗値に比例する
- インピーダンス負荷の有効電力 P〔W〕は，電圧 V〔V〕，電流 I〔A〕，力率 $\cos\phi$ より，$P = VI\cos\phi$

5.3.1 電流・電圧・抵抗の測定

(1) 電圧の分圧

図 5.23 のように，抵抗が直列に接続された回路の各部の電圧と抵抗の間には，次式の関係があります．

$$V_1 = \frac{R_1}{R_1 + R_2} V \tag{5.12}$$

$$V_2 = \frac{R_2}{R_1 + R_2} V \tag{5.13}$$

(2) 電流の分流

図 5.24 のように抵抗が二つ並列に接続されているとき，各部の電流と全電流の比は次式で表されます．

$$I_1 = \frac{R_2}{R_1 + R_2} I \tag{5.14}$$

ほかの辺の抵抗 / 抵抗の和

$$I_2 = \frac{R_1}{R_1 + R_2} I \tag{5.15}$$

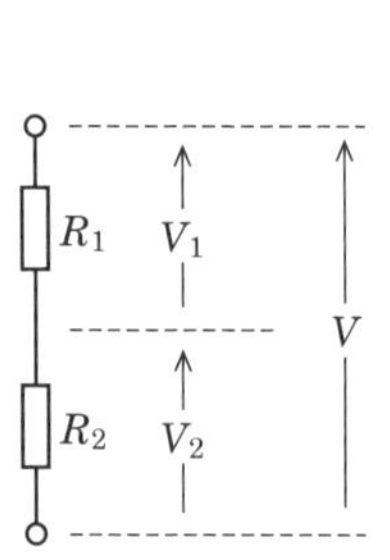

図 5.23　電圧の分圧

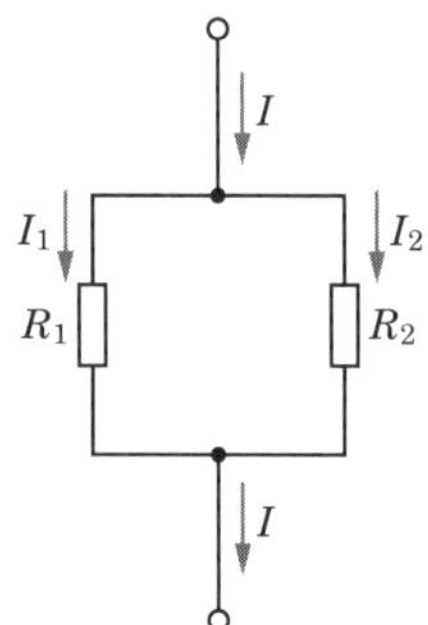

図 5.24　電流の分流

(3) 抵抗の測定

① アナログテスタ（回路計）

直流の電圧と電流，交流の電圧，抵抗値を測定することができる測定器です．永久磁石可動コイル形計器，分流器，倍率器，整流器，抵抗測定用電池で構成され，抵抗の測定では内部の電池から被測定抵抗に電流を流して抵抗値を測定します．

② デジタルテスタ

アナログテスタとほぼ同様の測定範囲を持ち，指針によらずに 10 進数の数字で測定値を表示します．アナログ式に比較して，入力抵抗が高い，感度がよい，読取り誤差がない，などの特徴があります．

③ 電位降下法

電圧計と電流計を用いて抵抗を測定するときの回路を**図 5.25** に示します．この方法は電位降下法と呼ばれ，電圧計の測定値を V〔V〕，電流計の測定値を I〔A〕とすると，未知抵抗の測定値 R_X〔Ω〕は次式で表されます．

$$R_X = \frac{V}{I}\ 〔\Omega〕 \tag{5.16}$$

電圧計の内部抵抗および電流計の内部抵抗が測定誤差になるので，低抵抗の測定では図 5.25（a）を用いて，高抵抗の測定では図 5.25（b）を用いた方が誤差を小さくすることができます．

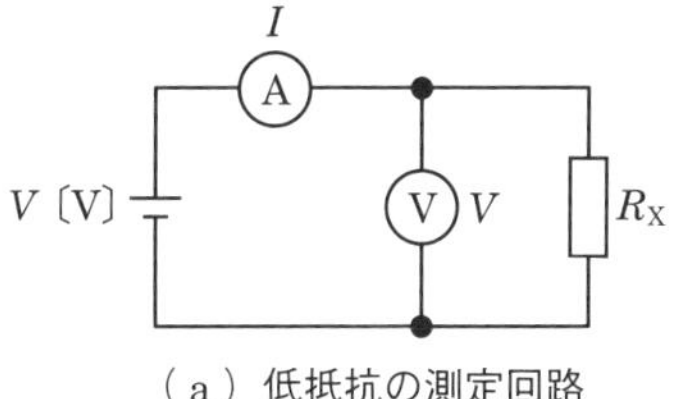

（a）低抵抗の測定回路

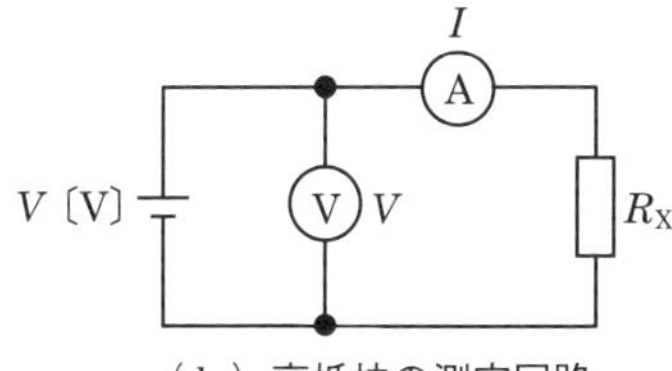

（b）高抵抗の測定回路

図 5.25　抵抗の測定回路

5.3.2 交流電力の測定

交流の電力測定では，一般に有効電力を測定します．電流力計形計器によるもののほかには，3 電圧計法や 3 電流計法などがあります．

(1) 3 電圧計法

図 5.26 のように，既知抵抗 R と電圧計を接続して，各電圧計で電圧を測定します．このとき各電圧計の読みが V_1，V_2，V_3 であったとすると，負荷 $\dot{Z}$ に消費される有効電力 P〔W〕は次式で表されます．

$$P = \frac{1}{2R}\left(V_1^2 - V_2^2 - V_3^2\right)\text{〔W〕} \tag{5.17}$$

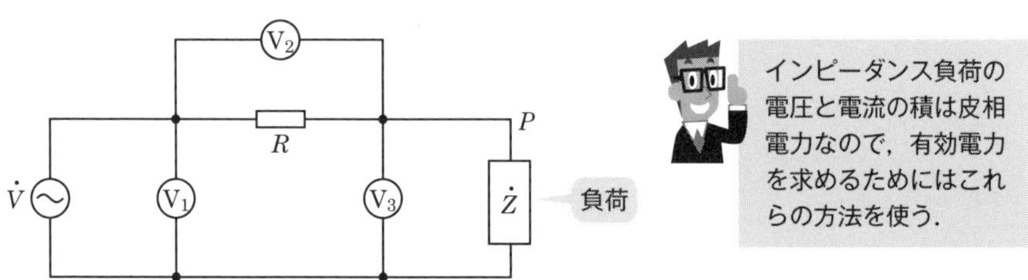

■図 5.26　3 電圧計法

(2) 3 電流計法

図 5.27 のように，既知抵抗 R と電流計を接続して，各電流計の読みが I_1，I_2，I_3 であったとすると，負荷 $\dot{Z}$ に消費される有効電力 P〔W〕は次式で表されます．

$$P = \frac{R}{2}\left(I_1^2 - I_2^2 - I_3^2\right)\text{〔W〕} \tag{5.18}$$

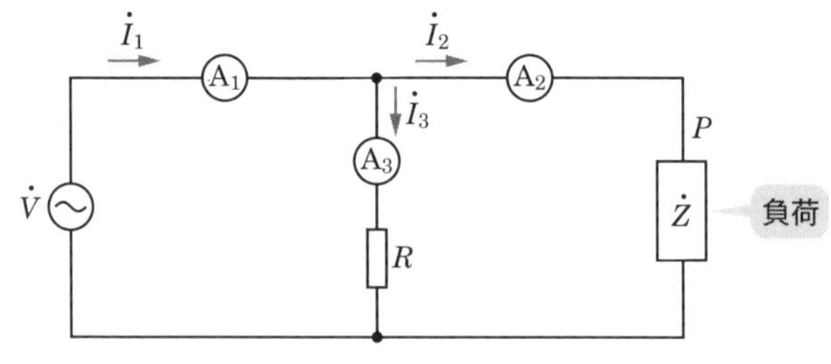

■図 5.27　3 電流計法

問題 13 ★★ ➡ 5.3.1

次の記述は，**図 5.28** (a) および図 5.28 (b) に示す二つの回路による未知抵抗の測定について述べたものである. ［　　］内に入れるべき字句を下の番号から選べ. ただし，図 5.28 (a) および図 5.28 (b) において，電流計Aの指示値をそれぞれ I_1 および I_2〔A〕，電圧計Vの指示値をそれぞれ V_1 および V_2〔V〕とする.

(1) 図 5.28 (a) に示す回路で，未知抵抗を V_1/I_1 として求めたときの値を R_{X1}〔Ω〕とすれば，R_{X1} は，真値 R_S より［ア］なる.
　このとき，電圧計Vの内部抵抗を R_V〔Ω〕とすれば，真値 R_S は，$R_S = V_1/$(［イ］)〔Ω〕で表される.

(2) 図 5.28 (b) に示す回路で，電流計Aの内部抵抗を R_A〔Ω〕とすれば，真値 R_S は，$R_S = V_2/I_2 -$［ウ］〔Ω〕で表される.

(3) 一般に，未知抵抗が高抵抗のときには［エ］の方法が使われる.

(4) この方法による抵抗測定は，一般に［オ］と呼ばれる.

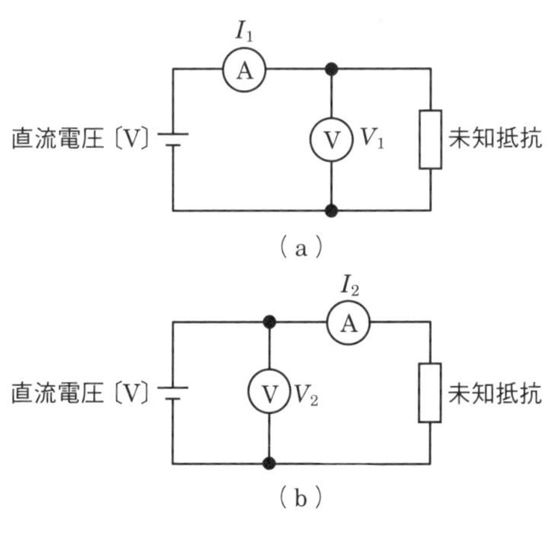

図 5.28

1　大きく	2　$I_1 - \dfrac{V_1}{R_V}$	3　$\dfrac{V_2}{R_A}$	4　(a)	5　電位降下法
6　小さく	7　$I_1 + \dfrac{V_1}{R_V}$	8　R_A	9　(b)	10　置換法

解説 (1) 未知抵抗の測定値 R_{X1}〔Ω〕は

$$R_{X1}=\frac{V_1}{I_1}\,〔\Omega〕 \quad ①$$

から求めることができますが，I_1 には電圧計に流れる電流 I_V が含まれるので，真値 R_S〔Ω〕よりも**小さく**なります．R_S を求めると，次式で表されます．

（ア の答え：小さく）

$$R_S=\frac{V_1}{I_1-I_V}=\frac{V_1}{\boldsymbol{I_1-\frac{V_1}{R_V}}}\,〔\Omega〕 \quad ②$$

（イ の答え：$I_1-\frac{V_1}{R_V}$）

(2) 電流計の電圧降下 V_A（$=R_AI_2$）による誤差を引けばよいので

$$R_S=\frac{V_2-V_A}{I_2}=\frac{V_2}{I_2}-\boldsymbol{R_A}\,〔\Omega〕 \quad ③$$

（ウ の答え：R_A）

となります．

(3) 電流計の内部抵抗 R_A は，高抵抗と比較して一般に小さいので，高抵抗を測定したときの誤差は図5.28 (a) よりも図5.28 (b) の方が小さくなります．そのため，高抵抗の測定には図5.28 **(b)** の方法が使われます．

（エ の答え：(b)）

(4) 図5.28の測定方法は**電位降下法**と呼ばれます．抵抗器をダイヤル式可変抵抗器などに置き換えて，電圧と電流を同じ値にして測定する方法が置換法です．

（オ の答え：電位降下法）

答え▶▶▶ア－6，イ－2，ウ－8，エ－9，オ－5

問題 14 ★★ ➡5.3.1

図5.29 に示すような，均一な抵抗線XYおよび直流電流計 A_a の回路で，XY上の接点を点Pに移動させたところ，端子aに流れる電流 I〔A〕の1/4が A_a に流れた．このとき，抵抗線XP間の抵抗の値として，正しいものを下の番号から選べ．ただし，A_a の内部抵抗 r を8〔Ω〕，XY間の抵抗 R を10〔Ω〕とする．

1　3.6〔Ω〕　　2　4.5〔Ω〕　　3　5.6〔Ω〕

4　7.5〔Ω〕　　5　8.2〔Ω〕

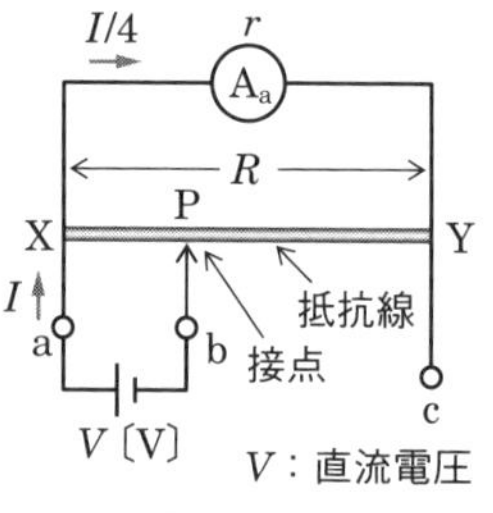

■図5.29

解説 抵抗線XP間の抵抗をR_{XP}〔Ω〕，YP間の抵抗をR_{YP}〔Ω〕，XY間の抵抗を$R = R_{XP} + R_{YP}$〔Ω〕，電流計とYP間を流れる電流を$I_a = I/4$〔A〕とすると，電流の分流比より，次式が成り立ちます．

$$I_a = \frac{R_{XP}}{R_{XP} + R_{YP} + r} I \text{〔A〕}$$

よって

$$\frac{I}{I_a} = \frac{R_{XP} + R_{YP} + r}{R_{XP}}$$

$$4 = \frac{R + r}{R_{XP}}$$

R_{XP}を求めれば，次式で表されます．

$$R_{XP} = \frac{R + r}{4} = \frac{10 + 8}{4} = \mathbf{4.5} \text{〔}\Omega\text{〕}$$

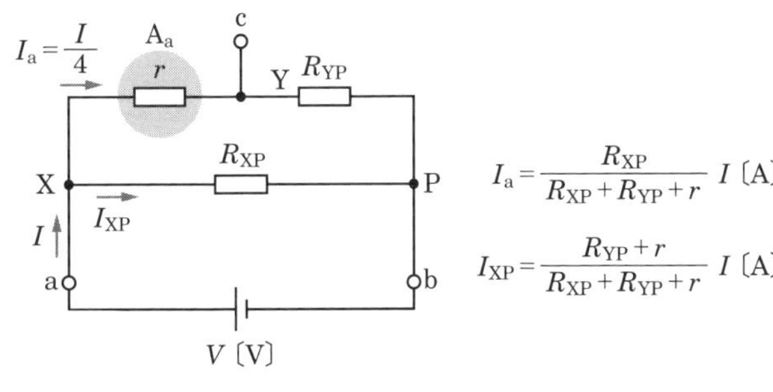

■図 5.30

答え▶▶▶2

問題 15 ★ ➡5.3.1

図 5.31 に示すように，最大目盛値 I_M が 10〔mA〕の永久磁石可動コイル形直流電流計 A を用いて抵抗の測定回路を構成した．この回路の端子 ab 間に抵抗 R_{X1} および R_{X2} を接続したとき，A はそれぞれ 5〔mA〕および 2〔mA〕を指示した．このときの R_{X1} および R_{X2} の値の組合せとして，正しいものを下の番号から選べ．ただし, A の内部抵抗 R_A は 100〔Ω〕で，可変抵抗 R_V は，端子 ab 間を短絡したとき，A に I_M が流れるように調整してあるものとする．

	R_{X1}	R_{X2}
1	800〔Ω〕	3 200〔Ω〕
2	600〔Ω〕	2 400〔Ω〕
3	500〔Ω〕	2 000〔Ω〕
4	400〔Ω〕	1 600〔Ω〕
5	300〔Ω〕	1 200〔Ω〕

図 5.31

解説 **図 5.32** のように端子 ab 間を短絡し，電流計を流れる電流が最大目盛値 I_M〔A〕のとき，電流計に加わる電圧 V_A〔V〕は次式で表されます．

$$V_A = I_M R_A$$
$$= 10 \times 10^{-3} \times 100 = 1 \text{〔V〕} \qquad ①$$

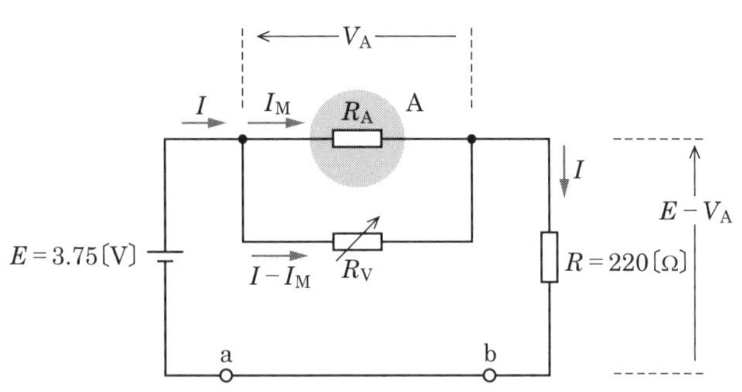

図 5.32 端子 ab を短絡したときの回路図

抵抗 R〔Ω〕を流れる電流 I〔A〕は次式で表されます．

$$I=\frac{E-V_A}{R}=\frac{3.75-1}{220}$$

$$=\frac{2\,750}{220}\times10^{-3}=12.5\times10^{-3}\text{〔A〕} \qquad ②$$

式①と式②より，R_V は次式で表されます．

$$R_V=\frac{V_A}{I-I_M}=\frac{1}{(12.5-10)\times10^{-3}}=400\text{〔Ω〕}$$

図 5.32 において，R，R_V，R_A〔Ω〕によって構成された回路の合成抵抗 R_0〔Ω〕は次式で表されます．

$$R_0=R+\frac{R_AR_V}{R_A+R_V}$$

$$=220+\frac{100\times400}{100+400}=220+80=300\text{〔Ω〕}$$

5章

端子 ab 間に抵抗 R_{X1} を接続すると，電流計の電流が $I_M/2$ となるので回路を流れる電流も $I/2$ となり，R_{X1} に加わる電圧を V_{X1} とすると，次式が成り立ちます．

$$\frac{V_{X1}}{R_{X1}}=\frac{E-R_0\times\dfrac{I}{2}}{R_{X1}}=\frac{I}{2}$$

回路を流れる電流が 1/2 となるので，回路全体の抵抗値は，2 倍になる．よって，$R_0=R_{X1}$

$$\frac{3.75-300\times6.25\times10^{-3}}{R_{X1}}=6.25\times10^{-3}$$

$$R_{X1}=\frac{1.875}{6.25}\times10^3=\mathbf{300}\text{〔Ω〕}$$ ◀……… R_{X1} の答え

端子 ab 間に抵抗 R_{X2} を接続すると，電流計の電流が $I_M/5$ となるので回路を流れる電流も $I/5$ となり，次式が成り立ちます．

$$\frac{E-R_0\times\dfrac{I}{5}}{R_{X2}}=\frac{I}{5}$$

$$\frac{3.75-300\times2.5\times10^{-3}}{R_{X2}}=2.5\times10^{-3}$$

$$R_{X2}=\frac{3}{2.5}\times10^3=\mathbf{1\,200}\text{〔Ω〕}$$ ◀……… R_{X2} の答え

答え▶▶▶5

関連知識　テスタによる抵抗の測定法

テスタによる抵抗値の測定では，まず測定端子を短絡させて最大指示値が0〔Ω〕となるように可変抵抗を調整します．

測定端子に抵抗を接続しない状態では，電流計の針は振れません．そのときの指示値を∞〔Ω〕として，0〔Ω〕から∞〔Ω〕の間に抵抗の値が目盛ってあります．

問題 16 ★★★ ➡5.3.2

次の記述は，**図 5.33** に示すように三つの交流電流計 A_1，A_2 および A_3 のそれぞれの測定値 I_1，I_2 および I_3〔A〕を用いて負荷で消費される交流電力 P を測定する方法について述べたものである．□内に入れるべき字句の正しい組合せを下の番号から選べ．ただし，各電流計の内部抵抗は無視するものとする．

(1) P および電源電圧 V〔V〕は，それぞれ，$P = V \times$ [A] $\times \cos\phi$〔Ω〕および $V = RI_3$〔V〕で表される．

(2) **図 5.34** より I_1，I_2 および I_3 の間には，$I_1^2 = I_2^2 + I_3^2 +$ [B] が成り立つ．

(3) (1) および (2) より P は，$P = (R/2) \times ($ [C] $)$〔W〕で表される．

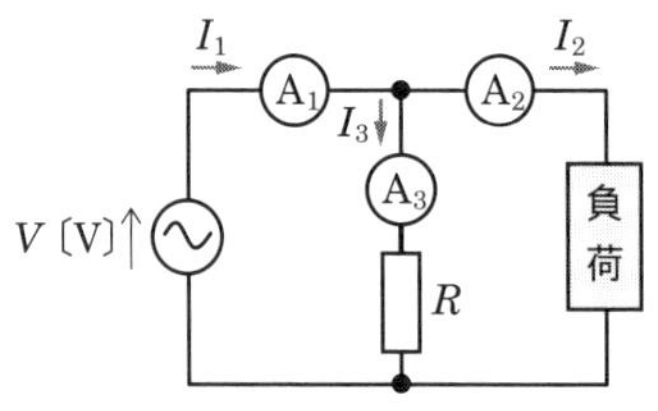

R：抵抗〔Ω〕
V：交流電源電圧〔V〕

■図 5.33

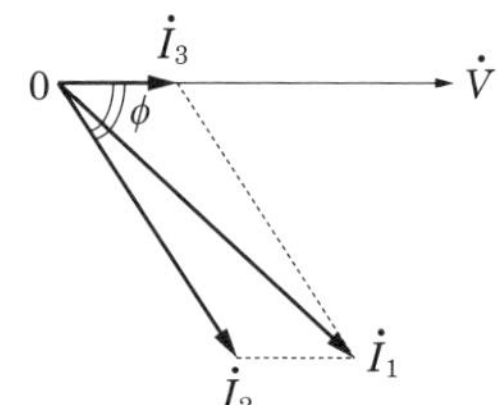

cos ϕ：負荷の力率
I_1，I_2，I_3 のベクトルを $\dot{I}_1$，$\dot{I}_2$，$\dot{I}_3$ で表す．

■図 5.34

	A	B	C
1	I_1	$I_2\cos\phi$	$I_1^2 - I_2^2 + I_3^2$
2	I_1	$2I_2I_3\cos\phi$	$I_1^2 - I_2^2 - I_3^2$
3	I_2	$I_2\cos\phi$	$I_1^2 - I_2^2 + I_3^2$
4	I_2	$2I_2I_3\cos\phi$	$I_1^2 - I_2^2 + I_3^2$
5	I_2	$2I_2I_3\cos\phi$	$I_1^2 - I_2^2 - I_3^2$

解説 負荷の交流電力 P〔W〕および負荷の電圧 V〔V〕は，負荷を流れる電流の大きさを I_2〔A〕，力率を $\cos\phi$ とすると，次式で表されます．

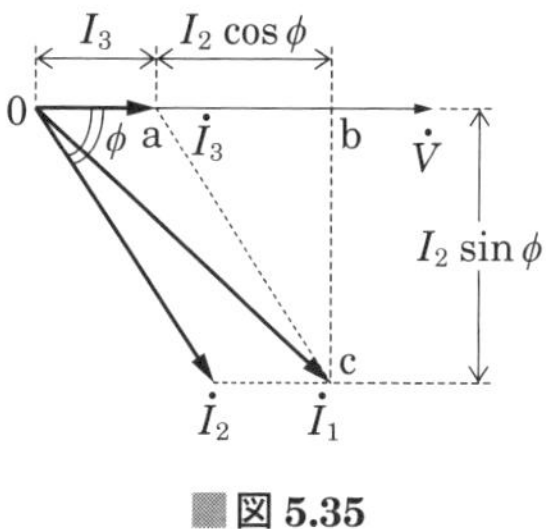

図 5.35

$$P = V\boldsymbol{I_2}\cos\phi \text{〔W〕} \quad ①$$

（A の答え）

$$V = RI_3 \text{〔V〕} \quad ②$$

電流 $\dot{I}_1$ は $\dot{I}_2$ と $\dot{I}_3$〔A〕のベクトル和なので，**図 5.35** のように表すことができ，$\dot{I}_1$ の大きさ I_1〔A〕は次式で表されます．

$$\dot{I}_1 = \dot{I}_2 + \dot{I}_3 \text{〔A〕}$$

$$\begin{aligned}I_1^2 &= (\overline{0a} + \overline{ab})^2 + (\overline{bc})^2 \\ &= (I_3 + I_2\cos\phi)^2 + (I_2\sin\phi)^2 \\ &= I_3^2 + 2I_2I_3\cos\phi + I_2^2\cos^2\phi + I_2^2\sin^2\phi\end{aligned}$$

三角関数の公式
$\cos^2\phi + \sin^2\phi = 1$

$$\begin{aligned}&= I_3^2 + I_2^2(\cos^2\phi + \sin^2\phi) + 2I_2I_3\cos\phi \\ &= I_3^2 + I_2^2 + \boldsymbol{2I_2I_3\cos\phi}\end{aligned} \quad ③$$

（B の答え）

式③より，力率 $\cos\phi$ を求めると

$$\cos\phi = \frac{I_1^2 - I_2^2 - I_3^2}{2I_2I_3} \quad ④$$

となります．式①に式②と式④を代入すると，負荷の交流電力 P〔W〕は次のようになります．

$$\begin{aligned}P &= VI_2\cos\phi \\ &= RI_3I_2 \times \frac{I_1^2 - I_2^2 - I_3^2}{2I_2I_3} \\ &= \frac{R}{2} \times (\boldsymbol{I_1^2 - I_2^2 - I_3^2}) \text{〔W〕}\end{aligned}$$

（C の答え）

答え▶▶▶ 5

問題 17 ★★ ➡ 5.3.2

図 5.36 に示す回路において，交流電圧計 V_1，V_2 および V_3 の指示値をそれぞれ V_1，V_2 および V_3〔V〕としたとき，負荷の力率 $\cos\theta$ を表す式として，正しいものを下の番号から選べ．

1 $\cos\theta = \dfrac{V_1^2 + V_2^2 - V_3^2}{V_2 V_3}$

2 $\cos\theta = \dfrac{V_1^2 - V_2^2 - V_3^2}{2V_2 V_3}$

3 $\cos\theta = \dfrac{V_1^2 + V_2^2 + V_3^2}{2V_2 V_3}$

4 $\cos\theta = \dfrac{V_1^2 - V_2^2 - V_3^2}{4V_2 V_3}$

5 $\cos\theta = \dfrac{V_1^2 + V_2^2 + V_3^2}{4V_2 V_3}$

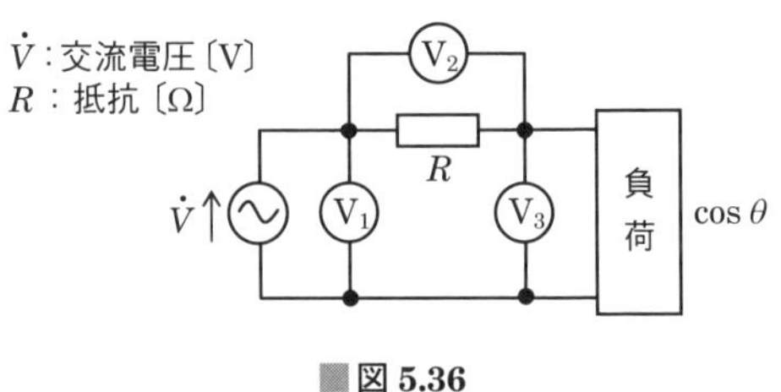

■図 5.36

解説 電圧計に加わる電圧をベクトル図で表すと，**図 5.37** のようになります．図 5.37 より次式が成り立ちます．

$$\dot{V}_1 = \dot{V}_2 + \dot{V}_3 \text{〔V〕}$$

$$V_1^2 = (\overline{0a} + \overline{ab})^2 + (\overline{bc})^2$$
$$= (V_2 + V_3\cos\theta)^2 + (V_3\sin\theta)^2$$
$$= V_2^2 + 2V_2V_3\cos\theta + V_3^2\cos^2\theta + V_3^2\sin^2\theta$$
$$= V_2^2 + V_3^2(\cos^2\theta + \sin^2\theta) + 2V_2V_3\cos\theta$$
$$= V_2^2 + V_3^2 + 2V_2V_3\cos\theta$$

よって　$\cos\theta = \dfrac{\boldsymbol{V_1^2 - V_2^2 - V_3^2}}{\boldsymbol{2V_2V_3}}$　となります．

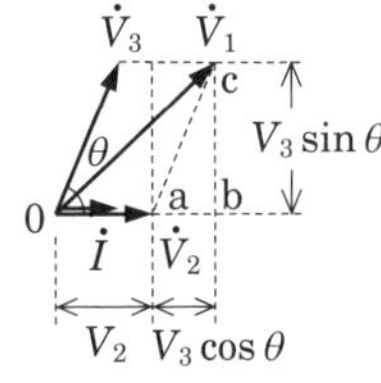

■図 5.37

三角関数の公式
$\cos^2\theta + \sin^2\theta = 1$

答え▶▶▶2

問題 18 ★★ ➡5.3.2

図 5.38 に示す回路において，交流電圧計 V_1，V_2 および V_3 の指示値をそれぞれ V_1，V_2 および V_3〔V〕としたとき，負荷で消費する電力 P〔W〕を表す式として，正しいものを下の番号から選べ．ただし，各交流電圧計の内部抵抗の影響はないものとする．

1 $P = \dfrac{R}{2}(V_1^2 + V_2^2 - V_3^2)$

2 $P = \dfrac{1}{R}(V_1^2 + V_2^2 + V_3^2)$

3 $P = \dfrac{1}{R}(V_1^2 - V_2^2 - V_3^2)$

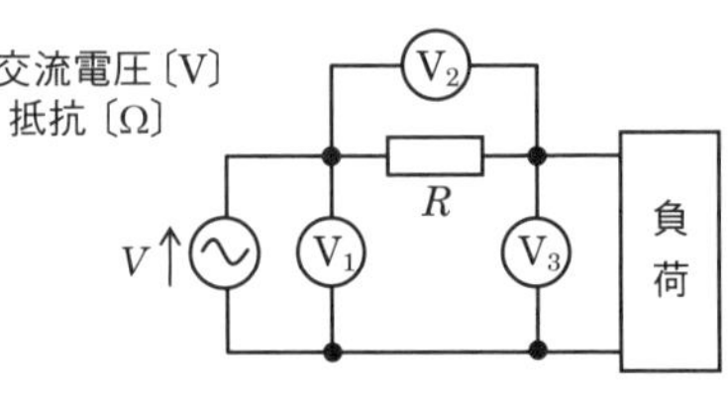

■図 5.38

4　$P = \dfrac{1}{2R}(V_1^2 - V_2^2 - V_3^2)$

5　$P = \dfrac{1}{2R}(V_1^2 + V_2^2 + V_3^2)$

解説　負荷を流れる電流は，抵抗 R を流れる電流 I〔A〕（$= V_2/R$）と同じ値なので，負荷の力率を $\cos\theta$ とすると，負荷で消費する電力 P〔W〕は次式で表されます．

$$P = V_3 I \cos\theta = \frac{V_2 V_3}{R}\cos\theta \qquad ①$$

ここで，式①に問題 17 の $\cos\theta$ を代入すると，次式のようになります．

$$P = \frac{V_2 V_3}{R} \times \frac{V_1^2 - V_2^2 - V_3^2}{2V_2 V_3}$$

$$= \boldsymbol{\frac{1}{2R}(V_1^2 - V_2^2 - V_3^2)}\text{〔W〕}$$

答え▶▶▶4

問題 19 ★★　➡5.3.2

図 5.39 に示す回路において，交流電圧計 V_1，V_2 および V_3 の指示値がそれぞれ $V_1 = 100$〔V〕，$V_2 = 50$〔V〕，$V_3 = 50$〔V〕であった．負荷で消費する電力 P〔W〕の値として，正しいものを下の番号から選べ．ただし，抵抗 $R = 10$〔Ω〕とし，各交流電圧計の内部抵抗の影響はないものとする．

1　1 500〔W〕
2　750〔W〕
3　500〔W〕
4　250〔W〕
5　125〔W〕

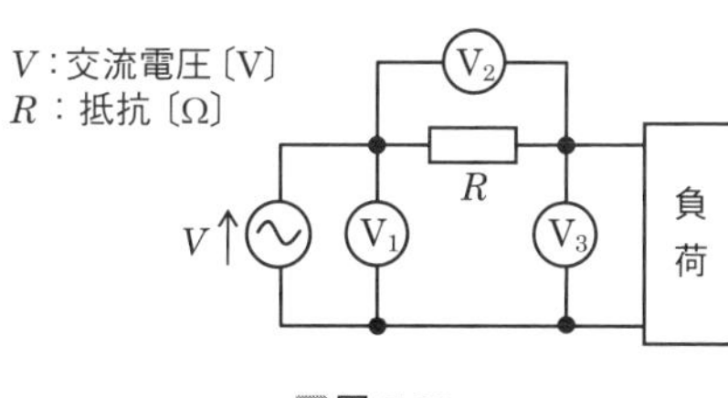

■図 5.39

解説 負荷で消費する電力 P〔W〕は次式で表されます．

電力を求める式は問題 17 や問題 18 のように求めるが，面倒なので結果式を覚えた方がよい．

$$P=\frac{1}{2R}(V_1{}^2-V_2{}^2-V_3{}^2)$$

$$=\frac{1}{2\times10}\times(100^2-50^2-50^2)$$

$$=\frac{1}{20}\times(10\,000-2\,500-2\,500)=\mathbf{250}\text{〔}\mathbf{W}\text{〕}$$

この問題は，$|\dot{V}_1|=|\dot{V}_2|+|\dot{V}_3|$ なので問 17 の図 5.37 においてベクトルの三角形が構成できず，力率 $\cos\theta=1$ となるので，負荷を流れる電流 $I=V_2/R=50/10=5$〔A〕と $V_3=50$〔V〕より，$P=V_3I=50\times5=$ **250〔W〕** と計算して求めることもできます．

答え▶▶▶4

問題 20 ★★ ➡5.3

次の記述は，**図 5.40** に示す回路を用いて，絶縁物 M の体積抵抗率を測定する方法について述べたものである．［　　］内に入れるべき字句の正しい組合せを下の番号から選べ．ただし，直流電流計 A_a の内部抵抗は，M の抵抗に比べて十分小さいものとする．

(1) M に円盤状の主電極 P_m，対向電極 P_p，高圧直流電源 V〔V〕，直流電圧計 V_a および直流電流計 A_a を接続する．

(2) P_m を取り囲むリング状の保護電極 G を設け，その端子 g を図の［ A ］に接続する．

(3) (2) のように端子 g を接続するのは，M の表面を流れる漏れ電流が，A_a に［ B ］ようにするためである．

(4) M に電圧を加えたとき，V_a の指示値を V〔V〕，A_a の指示値を I〔A〕とすると，M の体積抵抗率 ρ は，$\rho=$［ C ］〔Ω・m〕で表される．

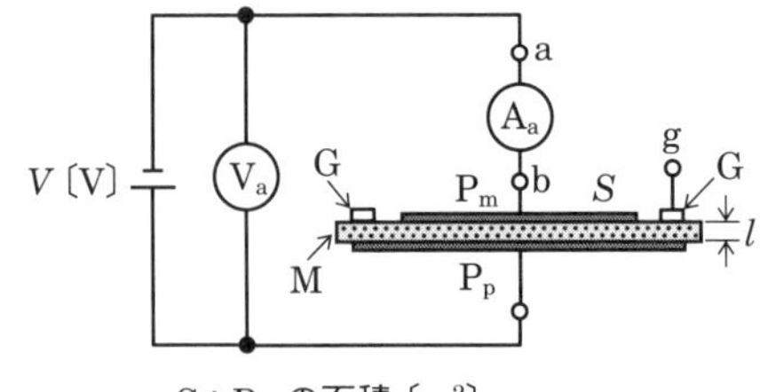

S：P_m の面積〔m²〕
l：M の厚さ〔m〕

■図 5.40

	A	B	C
1	端子 a	流れない	$\dfrac{VS}{Il}$
2	端子 a	流れる	$\dfrac{VS}{Il^2}$
3	端子 b	流れる	$\dfrac{VS}{Il}$
4	端子 b	流れない	$\dfrac{VS}{Il^2}$
5	端子 b	流れない	$\dfrac{VS}{Il}$

5章

解説 保護電極 G の端子 g を電流計の**端子 a** に接続すると，絶縁物 M の表面を流れ

（A の答え）

る漏れ電流は電流計を**流れない**ので，漏れ電流による誤差を避けることができます．

（B の答え）

電圧計の指示値 V〔V〕と電流計の指示値 I〔A〕から，電極間の抵抗 R〔Ω〕は次式で表されます．

$$R = \frac{V}{I} \text{〔Ω〕} \quad ①$$

体積抵抗率を ρ〔Ω·m〕，電極の面積を S〔m²〕，絶縁物の厚さを l〔m〕とすると，抵抗 R〔Ω〕は次式で表されます．

$$R = \rho \frac{l}{S} \text{〔Ω〕} \quad ②$$

よって，式①と式②より，体積抵抗率 ρ〔Ω·m〕は次式で表されます．

$$\rho = \frac{RS}{l} = \boldsymbol{\frac{VS}{Il}} \text{〔Ω·m〕}$$ ← C の答え

答え▶▶▶ 1

5.4 ブリッジ回路による測定

- ブリッジが平衡する条件は，対辺のインピーダンスの積が等しいとき
- コイル L，コンデンサ C，共振角周波数 ω_0 の関係は，$\omega_0 L = 1/(\omega_0 C)$

5.4.1 ブリッジによるインピーダンスの測定

図 5.41 のようなブリッジ回路において，各辺のインピーダンスの値を変化させてブリッジが平衡すると，交流検流計 G に流れる電流 $\dot{I}_0 = 0$ となるので，次式が成り立ちます．

$$\dot{Z}_1 \dot{I}_1 = \dot{Z}_2 \dot{I}_2 \tag{5.19}$$

$$\dot{Z}_3 \dot{I}_1 = \dot{Z}_4 \dot{I}_2 \tag{5.20}$$

式（5.19）と式（5.20）より

$$\frac{\dot{I}_1}{\dot{I}_2} = \frac{\dot{Z}_2}{\dot{Z}_1} = \frac{\dot{Z}_4}{\dot{Z}_3}$$

となります．したがって，次のようになります．

$$\frac{\dot{Z}_1}{\dot{Z}_2} = \frac{\dot{Z}_3}{\dot{Z}_4} \tag{5.21}$$

$$\dot{Z}_1 \dot{Z}_4 = \dot{Z}_2 \dot{Z}_3 \tag{5.22}$$

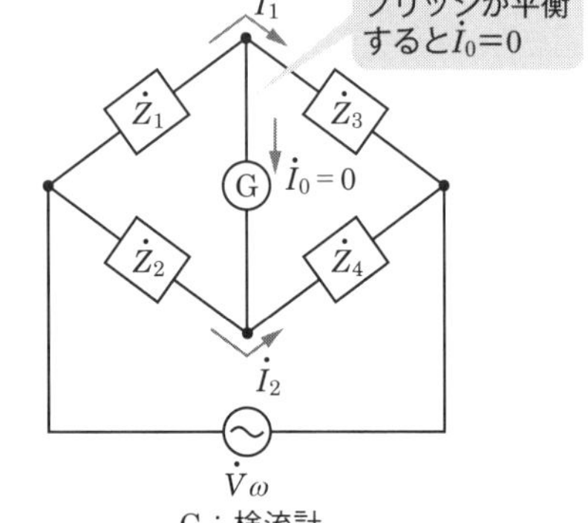

■図 5.41　ブリッジ回路

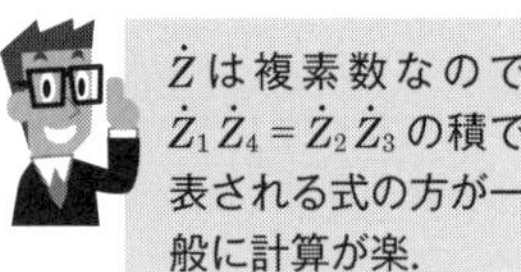

直流抵抗の測定では，図 5.41 のインピーダンスを抵抗に置き換えた**ホイートストンブリッジ**が用いられます．また，低抵抗の測定にはケルビンダブルブリッジが用いられます．

測定用交流ブリッジのうち，静電容量の測定には，**図 5.42** のシェーリングブリッジや**図 5.43** のウィーンブリッジなどが用いられます．インダクタンスの測定には，**図 5.44** のヘイブリッジや**図 5.45** のヘビサイドブリッジなどが用いられます．

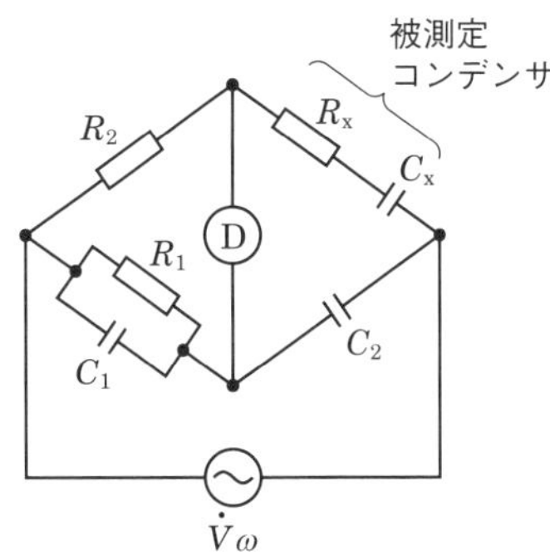

■図 5.42　シェーリングブリッジ

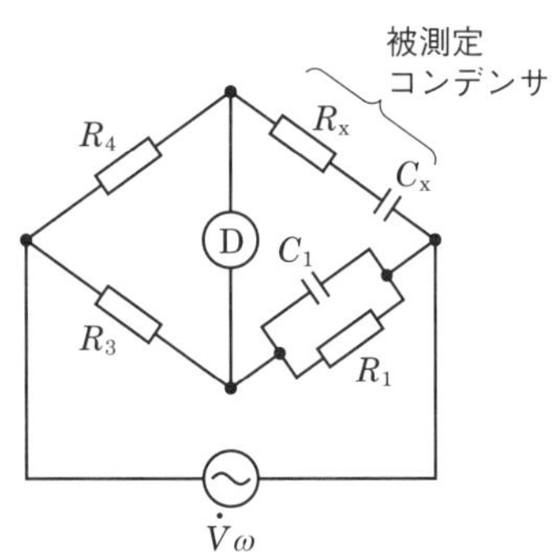

■図 5.43　ウィーンブリッジ

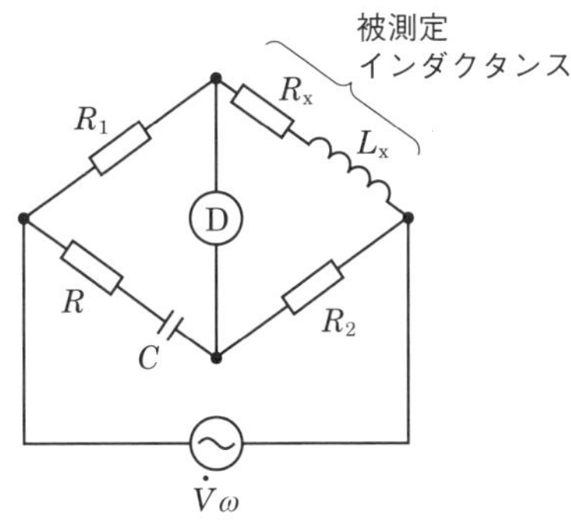

■図 5.44　ヘイブリッジ

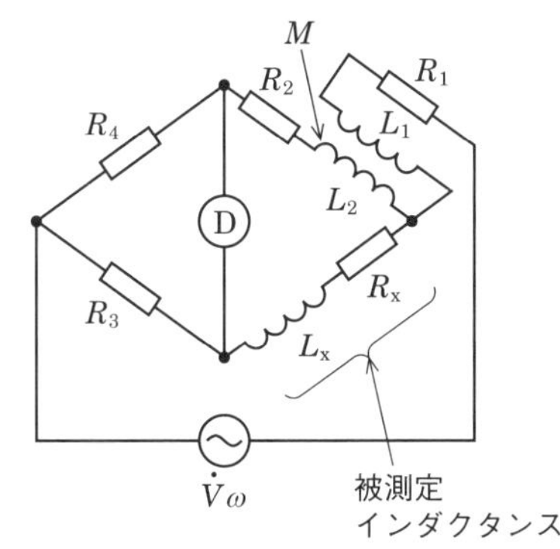

■図 5.45　ヘビサイドブリッジ

5.4.2　Q メータ

Q メータは，高周波におけるコイルやコンデンサなどの部品定数や損失抵抗の測定に用いられます．Q メータを用いてコンデンサの損失係数を測定するときの構成を**図 5.46** に示します．図において，被測定コンデンサ C_X の損失抵抗分を R_S〔Ω〕，静電容量を C_S〔F〕とします．

スイッチ SW を接（ON）にして C を調整し，電圧計の目盛が最大になったときの C の値を C_1〔F〕および電圧計の目盛を Q_1 とすると，共振回路中の損失は自己インダクタンスが L〔H〕のコイルの内部抵抗分 R_L〔Ω〕によるものだけになるので，次式が成り立ちます．

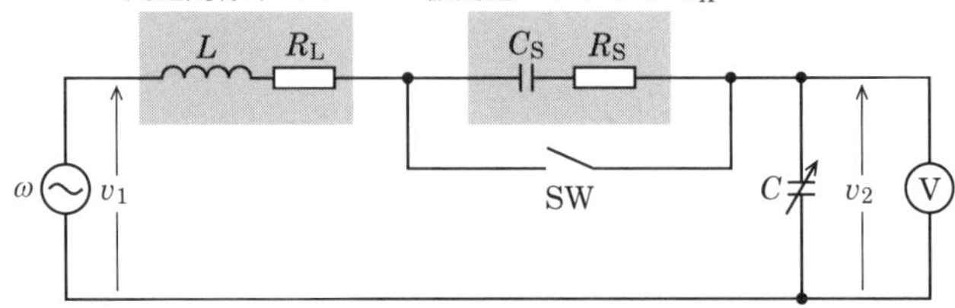

■図 5.46　Q メータの回路構成

$$Q_1 = \frac{1}{\omega C_1 R_L} \tag{5.23}$$

SW を断（OFF）にして C_X を C と直列に接続し，C を調整して電圧計の目盛が最大の共振状態としたときの C の値を C_2 とすると，C_S と C_2 の直列合成静電容量が C_1 に等しくなり，次式が成り立ちます．

$$\frac{1}{C_1} = \frac{1}{C_S} + \frac{1}{C_2} \tag{5.24}$$

C_S を求めれば

$$\frac{1}{C_S} = \frac{1}{C_1} - \frac{1}{C_2} = \frac{C_2 - C_1}{C_1 C_2} \tag{5.25}$$

となり，よって

$$C_S = \frac{C_1 C_2}{C_2 - C_1} \tag{5.26}$$

となります．このとき，電圧計の目盛を Q_2 とすると，次式が成り立ちます．

$$Q_2 = \frac{1}{\omega C_2 (R_L + R_S)} \tag{5.27}$$

式（5.23）を式（5.27）の R_L に代入すると

$$\frac{1}{\omega C_1 Q_1} + R_S = \frac{1}{\omega C_2 Q_2} \tag{5.28}$$

となり，よって

$$R_S = \frac{1}{\omega C_2 Q_2} - \frac{1}{\omega C_1 Q_1}$$

$$= \frac{C_1 Q_1 - C_2 Q_2}{\omega C_1 C_2 Q_1 Q_2} \tag{5.29}$$

となります．C_X の Q の値を Q_X，損失係数を D_X とすると，損失係数 D_X は式 (5.26) と式 (5.29) より，次式で表されます．

$$
\begin{aligned}
D_X &= \omega C_S R_S \\
&= \omega \frac{C_1 C_2}{C_2 - C_1} \times \frac{C_1 Q_1 - C_2 Q_2}{\omega C_1 C_2 Q_1 Q_2} \\
&= \frac{C_1 Q_1 - C_2 Q_2}{Q_1 Q_2 (C_2 - C_1)} \qquad (5.30)
\end{aligned}
$$

Q メータの電圧計 V の目盛は，可変コンデンサ C の両端電圧 v_2〔V〕と電圧の大きさが一定の信号電圧 v_1〔V〕との比 Q ($Q = v_2/v_1$) で目盛られているので，Q を直読することができます．

問題 21 ★ ➡5.4.1

次の記述は，交流ブリッジ回路によるコンデンサ C の誘電損の測定について述べたものである．［　］内に入れるべき字句を下の番号から選べ．ただし，角周波数を ω〔rad/s〕とする．

(1) **図 5.47** に示すように，コンデンサ C に誘電損があるとき，加えた正弦波交流電圧 $\dot{V}$〔V〕と流れる電流 $\dot{I}$〔A〕との位相差は $\pi/2$〔rad〕より δ〔rad〕小さくなる．

(2) このため，一般に，コンデンサの良否を表す指標として $\tan\delta$ を求めている．この $\tan\delta$ を［ア］という．

(3) したがって，$\tan\delta$ が［イ］ほど損失の少ないコンデンサとなる．

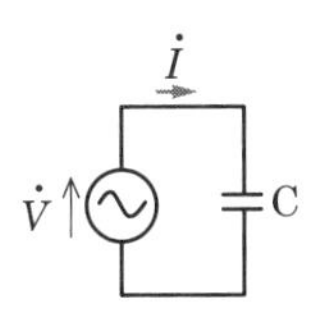

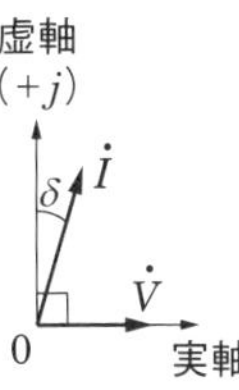

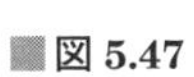

■図 5.47

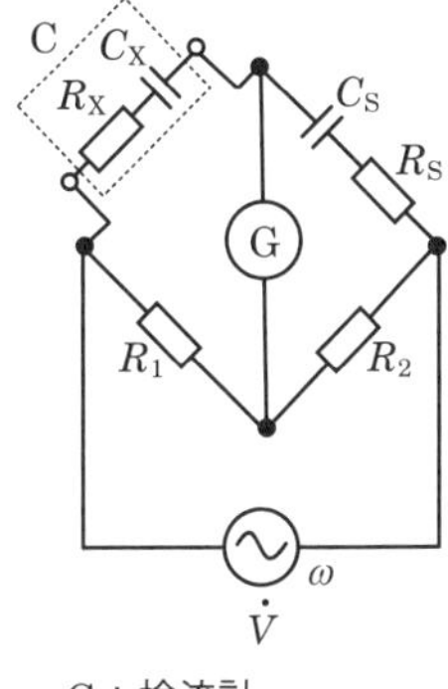

G：検流計
C_S：静電容量〔F〕
R_1, R_2, R_S：抵抗〔Ω〕

■図 5.48

(4) コンデンサ C の静電容量を C_X，誘電損を表す抵抗を R_X とすると，**図 5.48** に示す交流ブリッジ回路が平衡したとき C_X，R_X および $\tan\delta$ は，それぞれ次式で求められる．

$C_X =$ ［ウ］〔F〕　$R_X =$ ［エ］〔Ω〕　$\tan\delta =$ ［オ］

1 誘電正接	2 小さい	3 $\dfrac{C_S R_1}{R_2}$	4 $\dfrac{R_S R_1}{R_2}$	5 $\omega R_S C_S$
6 誘電分極	7 大きい	8 $\dfrac{C_S R_2}{R_1}$	9 $\dfrac{R_2 R_1}{R_S}$	10 $\dfrac{\omega C_S}{R_S}$

解説 C_S と R_S の直列回路のインピーダンスを $\dot{Z}_S$，C_X と R_X の直列回路のインピーダンスを $\dot{Z}_X$ とすると，ブリッジの平衡条件より，次式が成り立ちます．

$$R_1 \dot{Z}_S = R_2 \dot{Z}_X \quad ①$$

$\dot{Z}$ が分数式なので，分数ではなく，積で表される式を使う

$$R_1 \times \left(R_S + \frac{1}{j\omega C_S} \right) = R_2 \times \left(R_X + \frac{1}{j\omega C_X} \right) \quad ②$$

両辺の実数部および虚数部はそれぞれ等しいので，次式が得られます．

$$R_1 R_S = R_2 R_X \quad ③$$

$$\frac{R_1}{j\omega C_S} = \frac{R_2}{j\omega C_X} \quad ④$$

式③と式④より，C_X と R_X を求めると

$$C_X = \boldsymbol{\frac{C_S R_2}{R_1}} \text{〔F〕} \quad ⑤$$

← ウ の答え

$$R_X = \boldsymbol{\frac{R_S R_1}{R_2}} \text{〔Ω〕} \quad ⑥$$

← エ の答え

となります．C_X と R_X の直列回路の誘電正接 $\tan\delta$ は次式で表されます．

$$\tan\delta = \frac{R_X}{\dfrac{1}{\omega C_X}} = \omega C_X R_X \quad ⑦$$

式⑦に式⑤と式⑥を代入すると，次のようになります．

$$\tan\delta = \omega \times \frac{C_S R_2}{R_1} \times \frac{R_S R_1}{R_2}$$

$$= \boldsymbol{\omega C_S R_S}$$

← オ の答え

答え▶▶▶ア－1，イ－2，ウ－8，エ－4，オ－5

問題 22 ★★★ ➡5.4.1

図 5.49 に示すシェーリングブリッジが平衡したとき，抵抗 R_X〔Ω〕および静電容量 C_X〔F〕を表す式の組合せとして，正しいものを下の番号から選べ．

	R_X	C_X
1	$\dfrac{C_2R_1}{C_S}$	$\dfrac{R_2C_S}{R_1}$
2	$\dfrac{C_SR_2}{C_2}$	$\dfrac{R_2C_S}{R_1}$
3	$\dfrac{C_SR_1}{C_2}$	$\dfrac{R_1C_S}{R_2}$
4	$\dfrac{C_2R_1}{C_S}$	$\dfrac{R_2C_2}{R_1}$
5	$\dfrac{C_2R_1}{C_S}$	$\dfrac{R_1C_S}{R_2}$

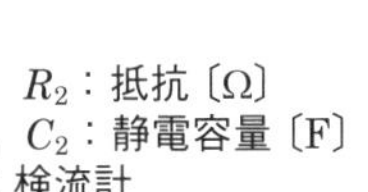

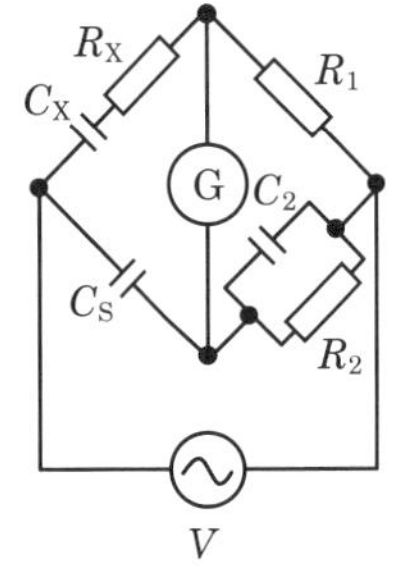

■図 5.49

解説 R_2 と C_2 の並列回路のインピーダンスを $\dot{Z}_2$〔Ω〕, R_X と C_X の直列回路のインピーダンスを $\dot{Z}_X$〔Ω〕とすると，ブリッジ回路が平衡しているので，次式が成り立ちます．

$$R_1 \times \frac{1}{j\omega C_S} = \dot{Z}_X\dot{Z}_2$$

$$\dot{Z}_X = \frac{1}{\dot{Z}_2} \times \frac{R_1}{j\omega C_S} = \left(\frac{1}{R_2} + j\omega C_2\right) \times \frac{R_1}{j\omega C_S}$$

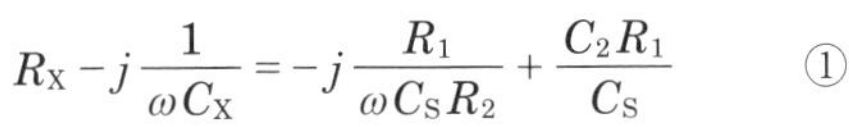

$$R_X - j\frac{1}{\omega C_X} = -j\frac{R_1}{\omega C_S R_2} + \frac{C_2R_1}{C_S} \qquad ①$$

式①の実数部より

$$R_X = \boldsymbol{\frac{C_2R_1}{C_S}}\ 〔Ω〕$$ ◀……… R_X の答え

虚数部より

$$C_X = \boldsymbol{\frac{R_2C_S}{R_1}}\ 〔F〕$$ ◀……… C_X の答え

となります．

対辺のインピーダンスの積が等しいとき，ブリッジは平衡する．

$\dot{Z}_1$ と $\dot{Z}_2$ の並列回路の合成インピーダンス $\dot{Z}_0$ は

$$\frac{1}{\dot{Z}_0} = \frac{1}{\dot{Z}_1} + \frac{1}{\dot{Z}_2}$$

答え▶▶▶ 1

問題23 ★★★ ➡5.4.1

次の記述は，**図 5.50** に示すブリッジ回路を用いてコイルの自己インダクタンス L_X〔H〕および抵抗 R_X〔Ω〕を求める方法について述べたものである．□内に入れるべき字句の正しい組合せを下の番号から選べ．ただし，交流電源 V〔V〕の角周波数を ω〔rad/s〕とする．

(1) ブリッジ回路が平衡しているとき，次式が得られる．

$$R_1R_2=(\boxed{\text{A}})\times\frac{R_S}{1+j\omega C_SR_S} \quad \cdots\cdots【1】$$

(2) 式【1】より R_X および L_X は，次式で表される．

$R_X=\boxed{\text{B}}$〔Ω〕，$L_X=\boxed{\text{C}}$〔H〕

	A	B	C
1	$\dfrac{j\omega L_X}{R_X+j\omega L_X}$	$\dfrac{R_1R_2}{R_S}$	$R_1R_2C_S$
2	$\dfrac{j\omega L_X}{R_X+j\omega L_X}$	$\dfrac{R_1R_S}{R_2}$	$\dfrac{R_1R_2}{C_S}$
3	$R_X+j\omega L_X$	$\dfrac{R_1R_2}{R_S}$	$R_1R_2C_S$
4	$R_X+j\omega L_X$	$\dfrac{R_1R_S}{R_2}$	$R_1R_2C_S$
5	$R_X+j\omega L_X$	$\dfrac{R_1R_S}{R_2}$	$\dfrac{R_1R_2}{C_S}$

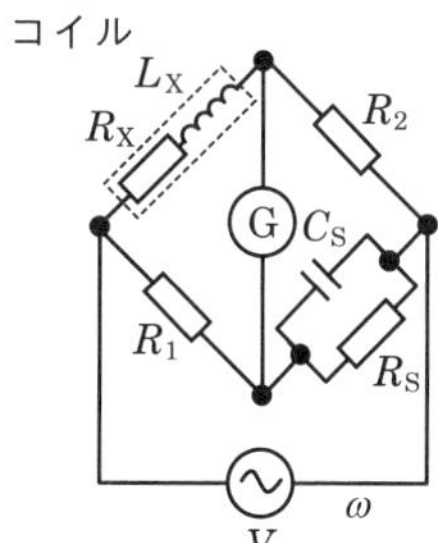

G：交流検流計
R_1，R_2，R_S：抵抗〔Ω〕
C_S：静電容量〔F〕

図 5.50

解説 R_S と C_S の並列回路のインピーダンス $\dot{Z}_S$〔Ω〕は次式で表されます．

$$\dot{Z}_S=\frac{R_S\times\dfrac{1}{j\omega C_S}}{R_S+\dfrac{1}{j\omega C_S}}=\frac{R_S}{1+j\omega C_SR_S}\text{〔Ω〕} \quad ①$$

ブリッジ回路の平衡条件より，対辺のインピーダンスの積は次式で表されます．

$$R_1R_2=(\boldsymbol{R_X+j\omega L_X})\times\frac{R_S}{1+j\omega C_SR_S}$$

↑ $\boxed{\text{A}}$ の答え

$$(1+j\omega C_SR_S)R_1R_2=(R_X+j\omega L_X)R_S$$

$$R_1R_2+j\omega C_SR_SR_1R_2=R_XR_S+j\omega L_XR_S \quad ②$$

対辺のインピーダンスの積が等しいとき，ブリッジは平衡する．

式②の実数部より

$$R_X = \frac{\boldsymbol{R_1 R_2}}{\boldsymbol{R_S}} \text{〔Ω〕}$$ ◀………… B の答え

式②の虚数部より

$$L_X = \boldsymbol{R_1 R_2 C_S} \text{〔H〕}$$ ◀………… C の答え

となります.

答え▶▶▶ 3

出題傾向 下線の部分を穴埋めの字句とした問題も出題されています.

問題 24 ★★★ ➡5.4.1 ➡5.4.2

次の記述は，**図 5.51** に示す交流ブリッジを用いてコイルの自己インダクタンス L_X〔H〕，等価抵抗 R_X〔Ω〕および尖鋭度 Q を測定する方法について述べたものである．□内に入れるべき字句を下の番号から選べ．ただし，ブリッジは平衡しており，交流電源 $\dot{V}$〔V〕の角周波数を ω〔rad/s〕とする．

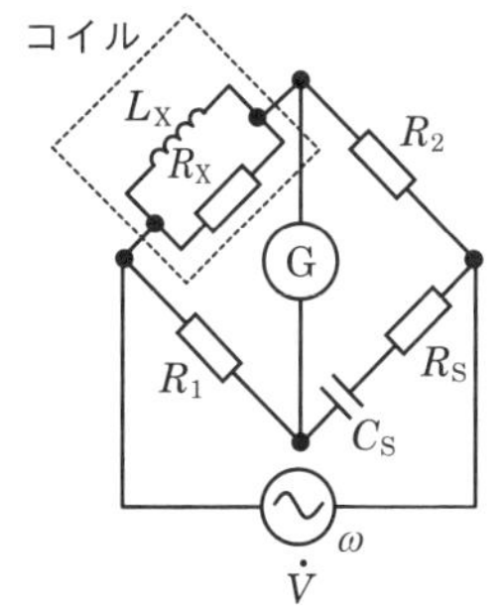

G：交流検流計
R_1，R_2，R_S：抵抗〔Ω〕
C_S：静電容量〔F〕

図 5.51

(1) L_X と R_X の合成インピーダンスを $\dot{Z}_X$，静電容量 C_S〔F〕と抵抗 R_S〔Ω〕の合成インピーダンスを $\dot{Z}_S$ とすると，平衡状態では，次式が成り立つ．

$$\dot{Z}_S = R_S - j\frac{1}{\omega C_S} = R_1 R_2 \times \frac{1}{\dot{Z}_X} \text{〔Ω〕} \cdots\cdots \text{【1】}$$

(2) 式【1】の $\frac{1}{\dot{Z}_X}$ は，$\frac{1}{\dot{Z}_X} =$ ア になる．

(3) したがって，(2) を用いて式【1】を計算すると，次式が得られる．

$$R_S - j\frac{1}{\omega C_S} = \boxed{\text{イ}} \cdots\cdots \text{【2】}$$

(4) 平衡状態では，式【2】の右辺と左辺で実数部と虚数部がそれぞれ等しくなるので R_X および L_X は次式で求められる．

$R_X =$ ウ〔Ω〕，$L_X =$ エ〔H〕

(5) また，コイルの Q は，次式で表される．

$Q =$ オ

1 $\dfrac{R_X+j\omega L_X}{j\omega L_X R_X}$	2 $R_1\left(\dfrac{R_X}{R_2}-j\dfrac{\omega L_X}{R_2}\right)$	3 $\dfrac{R_1R_2}{R_S}$	4 $\dfrac{C_S}{R_1R_2}$
5 $\dfrac{R_S}{\omega C_S}$	6 $\dfrac{j\omega L_X R_X}{R_X+j\omega L_X}$	7 $R_1R_2\left(\dfrac{1}{R_X}-j\dfrac{1}{\omega L_X}\right)$	
8 $\dfrac{R_1R_S}{R_2}$	9 $C_SR_1R_2$	10 $\dfrac{1}{\omega C_S R_S}$	

解説 問題の式【1】の $\dot{Z}_X$ は，R_X と $j\omega L_X$ の並列合成インピーダンスなので，次式で表されます．

$$\frac{1}{\dot{Z}_X}=\frac{1}{R_X}+\frac{1}{j\omega L_X}=\boldsymbol{\frac{R_X+j\omega L_X}{j\omega L_X R_X}} \quad ①$$

↑ ア の答え

問題の式【1】に式①を代入すると，次式のようになります．

$$R_S-j\frac{1}{\omega C_S}=\frac{R_1R_2(R_X+j\omega L_X)}{j\omega L_X R_X}=\boldsymbol{R_1R_2\left(\frac{1}{R_X}-j\frac{1}{\omega L_X}\right)} \quad ②$$

↑ イ の答え

式②の実数部より

$$R_S=\frac{R_1R_2}{R_X} \quad よって \quad R_X=\boldsymbol{\frac{R_1R_2}{R_S}}\,〔\Omega〕$$

↑ ウ の答え

式②の虚数部より

$$\frac{1}{C_S}=\frac{R_1R_2}{L_X} \quad よって \quad L_X=\boldsymbol{C_SR_1R_2}\,〔H〕$$

↑ エ の答え

直列回路は $Q=\dfrac{\omega L}{R}$
並列回路は $Q=\dfrac{R}{\omega L}$

となるので，コイルの尖鋭度 Q は次式で表されます．

$$Q=\frac{R_X}{\omega L_X}=\frac{1}{\omega C_S R_1 R_2}\times\frac{R_1R_2}{R_S}=\boldsymbol{\frac{1}{\omega C_S R_S}}$$

↑ オ の答え

答え▶▶▶ア－1，イ－7，ウ－3，エ－9，オ－10

問題 25 ★★ ➡ 5.4.1

次の記述は，ブリッジ回路による抵抗材料 M の抵抗測定について述べたものである．［　　］内に入れるべき字句を下の番号から選べ．

(1) **図 5.52** に示す回路は，［ ア ］の原理図である．

(2) このブリッジ回路は，接続線の抵抗や接触抵抗の影響を除くことができることから［ イ ］の測定に適している．

(3) 回路図で抵抗 P，p，Q，q，R_S〔Ω〕を変えて検流計 G の振れを 0（零）にすると，次式が成り立つ．

$$PR_X = \boxed{\text{ウ}} + \frac{Qpr - Pqr}{p + q + r} \quad \cdots\cdots\cdots \text{【1】}$$

(4) 一般に，このブリッジは $\dfrac{Q}{P} = \boxed{\text{エ}}$ の条件を満たすようになっている．

(5) したがって，(4) の条件を用いて式【1】より R_X を求めると R_X は，次式で表される．

$R_X = \boxed{\text{オ}}$〔Ω〕

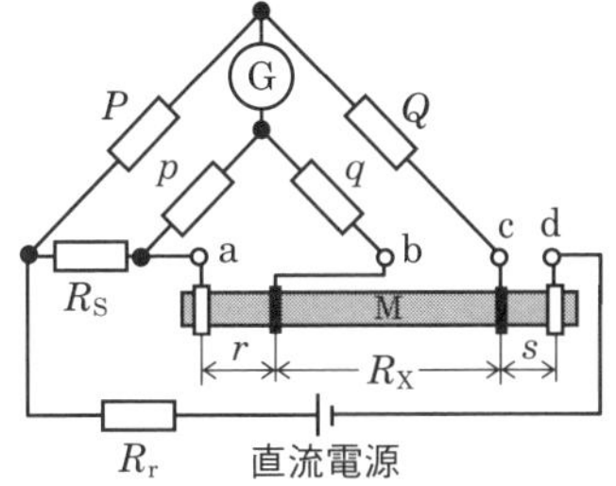

■図 5.52

1　ケルビンダブルブリッジ	2　高抵抗	3　$\dfrac{q}{p}$	4　$\dfrac{Q}{P}R_S$	5　QP
6　シェーリングブリッジ	7　低抵抗	8　$\dfrac{p}{q}$	9　$\dfrac{P}{Q}R_S$	10　QR_S

解説 **図 5.53** のように電流を定めると，ブリッジが平衡しているときは，$I_0 = 0$ なので，次式が成り立ちます．

$$PI_1 = R_S I_2 + pI_3 \quad ①$$

$$QI_1 = R_X I_2 + qI_3 \quad ②$$

抵抗 pq を流れる電流 I_3 は，抵抗の比から次式のように求めることができます．

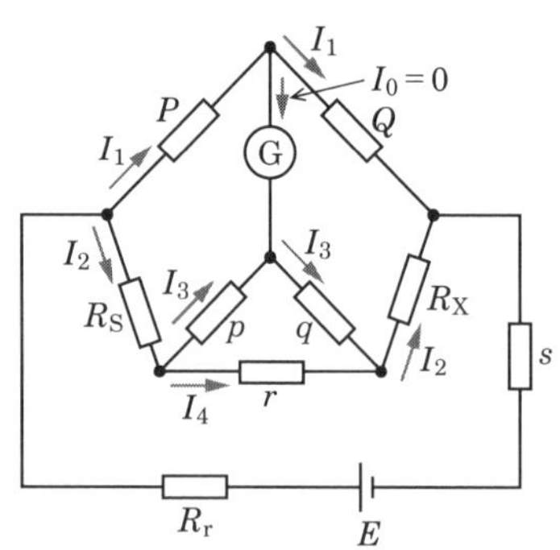

■図 5.53　ブリッジ回路を流れる電流

$$I_3 = \frac{rI_2}{p+q+r} \quad ③$$

ほかの辺の抵抗に比例する

式①と式②に式③を代入すると

$$PI_1 = R_S I_2 + p\frac{rI_2}{p+q+r} \quad ④$$

$$QI_1 = R_X I_2 + q\frac{rI_2}{p+q+r} \quad ⑤$$

となり，式⑤ /Q を式④の I_1 に代入すると

$$\frac{P}{Q}R_X + \frac{P}{Q}q\frac{r}{p+q+r} = R_S + p\frac{r}{p+q+r}$$

$$PR_X = \boldsymbol{QR_S} + \frac{Qpr - Pqr}{p+q+r} \quad ⑥$$

［ウ］の答え

となります．式⑥より，R_X が得られます．

$$R_X = \frac{Q}{P}R_S + \frac{pr}{p+q+r}\left(\frac{Q}{P} - \frac{q}{p}\right) \quad ⑦$$

ここで，P，Q と p，q の抵抗が連動していれば

$$\frac{Q}{P} = \boldsymbol{\frac{q}{p}} \quad ⑧$$

［エ］の答え

の条件を満たすようになっているので，式⑧の関係を式⑦に代入すると，R_X は次式で表されます．

$$R_X = \boldsymbol{\frac{Q}{P}R_S} \quad ⑨$$

［オ］の答え

よって，式⑨はrに関係しない値となるので，接触抵抗などの影響を取り除くことができるため，**低抵抗**の測定に適しています．

イ の答え

答え▶▶▶ア－1，イ－7，ウ－10，エ－3，オ－4

問題 26 ★★★ ➡ 5.4.1

図 5.54 に示す回路において，発振器 SG の周波数fを 200〔kHz〕にしたとき可変静電容量C_Vが 457〔pF〕で回路が共振し，fを 400〔kHz〕にしたときC_Vが 112〔pF〕で回路が共振した．このとき自己インダクタンスがL〔H〕のコイルの分布容量C_0の値として，最も近いものを下の番号から選べ．

1　3〔pF〕
2　6〔pF〕
3　9〔pF〕
4　12〔pF〕
5　15〔pF〕

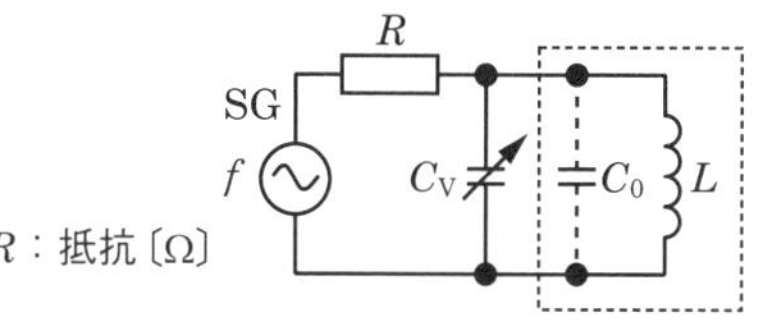

■図 5.54

解説 周波数を変化させて回路を共振させたときの周波数をそれぞれf_1，f_2，角周波数をω_1，ω_2，そのときの可変静電容量の値をC_{V1}，C_{V2}〔pF〕，コイルの自己インダクタンスをL，分布容量をC_0〔pF〕とすると，次式が成り立ちます．

$$\omega_1{}^2 = \frac{1}{L(C_{V1} + C_0)} \quad ①$$

$$\omega_2{}^2 = \frac{1}{L(C_{V2} + C_0)} \quad ②$$

二つの測定条件のときの共振角周波数を求めて，Cだけの式になるように変形する．

ここで，周波数$f_1 = 200$〔kHz〕，$f_2 = 400$〔kHz〕より，次式が成り立ちます．

$$2\omega_1 = \omega_2 \quad ③$$

式②÷式①に式③を代入すると，次式が得られます．

式①と式②はそれぞれの式が分数式なので注意

$$2^2 = \frac{L(C_{V1} + C_0)}{L(C_{V2} + C_0)} = \frac{C_{V1} + C_0}{C_{V2} + C_0}$$

$$4(C_{V2} + C_0) = C_{V1} + C_0$$

よって，C_0は次式によって求めることができます．

$$C_0 = \frac{C_{V1} - 4C_{V2}}{3}$$

$$= \frac{457 - 4 \times 112}{3} = \frac{9}{3} = \mathbf{3\,〔pF〕}$$

答え▶▶▶ 1

出題傾向 測定回路が 1 次コイルと 2 次コイルによる誘導結合の問題も出題されています．その場合も同じように計算します．

関連知識 共振回路の共振周波数

共振時に回路のリアクタンスが 0 になる条件より，**図 5.55** に示す共振回路の共振周波数は次式で表されます．

$$\omega_0 L = \frac{1}{\omega_0 C} \quad (5.31)$$

$$\omega_0^2 = \frac{1}{LC} \quad (5.32)$$

$$f_0 = \frac{1}{2\pi\sqrt{LC}} \text{〔Hz〕} \quad (5.33)$$

ただし，f_0〔Hz〕は共振周波数．また，$\omega_0 = 2\pi f_0$

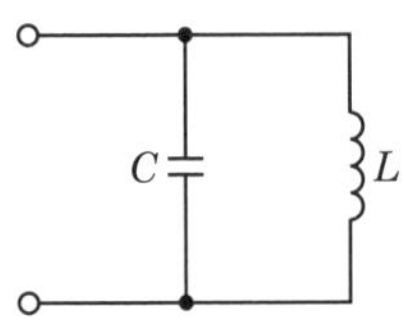

図 5.55　共振回路

問題 27 ★★　➡5.4.1

次の記述は，**図 5.56** に示す回路を用いて静電容量 C〔F〕を求める過程について述べたものである．［　　］内に入れるべき字句の正しい組合せを下の番号から選べ．ただし，回路は，交流電圧 $\dot{V}$〔V〕の角周波数 ω〔rad/s〕に共振しており，そのときの合成インピーダンス $\dot{Z}_0$ は，次式で表されるものとする．

$$\dot{Z}_0 = \frac{R}{1 + \omega^2 C^2 R^2} \text{〔Ω〕}$$

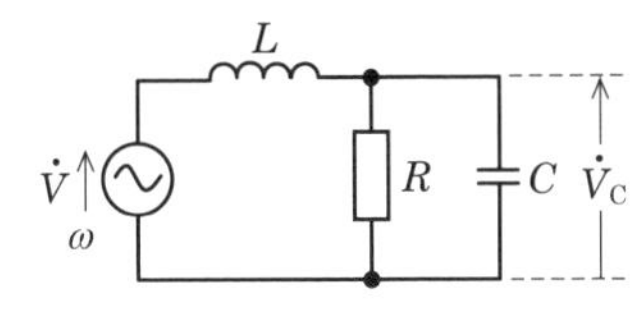

R：抵抗〔Ω〕
L：自己インダクタンス〔H〕
$\dot{V}$：交流電圧〔V〕

図 5.56

(1) 共振時において，$\dot{V}$ と C の両端の電圧 $\dot{V}_C$〔V〕の間には，$\dfrac{\dot{V}_C}{\dot{V}} =$ ［ A ］が成り立つ．

(2) したがって，$\left|\dfrac{\dot{V}_C}{\dot{V}}\right| =$ ［ B ］が成り立つ．

(3) よって，$\dot{V}$ および $\dot{V}_C$ の大きさをそれぞれ V〔V〕および V_C〔V〕とすれば C は，$C =$ ［ C ］〔F〕である．

	A	B	C
1	$1+j\omega CR$	$\sqrt{1-(\omega CR)^2}$	$\dfrac{1}{\omega R}\sqrt{\dfrac{V_C}{V}-1}$
2	$1+j\omega CR$	$\sqrt{1+(\omega CR)^2}$	$\dfrac{1}{\omega R}\sqrt{\dfrac{V_C^2}{V^2}-1}$
3	$1-j\omega CR$	$\sqrt{1-(\omega CR)^2}$	$\dfrac{1}{\omega R}\sqrt{\dfrac{V_C^2}{V^2}-1}$
4	$1-j\omega CR$	$\sqrt{1-(\omega CR)^2}$	$\dfrac{1}{\omega R}\sqrt{\dfrac{V_C}{V}-1}$
5	$1-j\omega CR$	$\sqrt{1+(\omega CR)^2}$	$\dfrac{1}{\omega R}\sqrt{\dfrac{V_C^2}{V^2}-1}$

解説 R と C の並列回路のインピーダンス $\dot{Z}_C$〔Ω〕は次式で表されます．

$$\dot{Z}_C=\frac{R\times\dfrac{1}{j\omega C}}{R+\dfrac{1}{j\omega C}}=\frac{R}{1+j\omega CR}\ \text{〔Ω〕} \quad ①$$

共振時の電圧比 $\dot{V}_C/\dot{V}$ は，インピーダンスの比で求めることができるので，次式が成り立ちます．

$$\frac{\dot{V}_C}{\dot{V}}=\frac{\dot{Z}_C}{\dot{Z}_0}=\frac{\dfrac{R}{1+j\omega CR}}{\dfrac{R}{1+\omega^2C^2R^2}}=\frac{1+(\omega CR)^2}{1+j\omega CR}$$

$a^2-b^2=(a+b)(a-b)$
$j^2=-1$

$$=\frac{(1+j\omega CR)(1-j\omega CR)}{1+j\omega CR}=\mathbf{1-j\omega CR} \quad ②$$

A の答え

式②の絶対値から C を求めると，次式で表されます．

$$\left|\frac{\dot{V}_C}{\dot{V}}\right|=\frac{V_C}{V}=\sqrt{\mathbf{1+(\omega CR)^2}} \quad ③$$

B の答え

よって

$$\omega^2C^2R^2=\left(\frac{V_C}{V}\right)^2-1 \quad ④$$

したがって，式④より

$$C=\frac{\mathbf{1}}{\boldsymbol{\omega R}}\sqrt{\frac{\mathbf{V_C^2}}{\mathbf{V^2}}-\mathbf{1}}\ \text{〔F〕}$$

となります．

C の答え

答え▶▶▶5

5.5 測定機器

- オシロスコープのリサジュー図形から垂直および水平入力信号の周波数の比と位相を求める
- プローブの倍率よりプローブ回路の部品定数を求める

5.5.1 計数形周波数計（周波数カウンタ）

図 5.57 に計数形周波数計の構成図を示します．入力信号は波形整形器および微分増幅器で，正弦波などの入力波形を整形してパルス波とします．基準発振器の出力を分周回路で基準時間信号として，基準時間で制御されたゲート回路を通過するパルスの数を計数器でカウントします．表示器ではその数値（周波数）を10 進数で表示します．

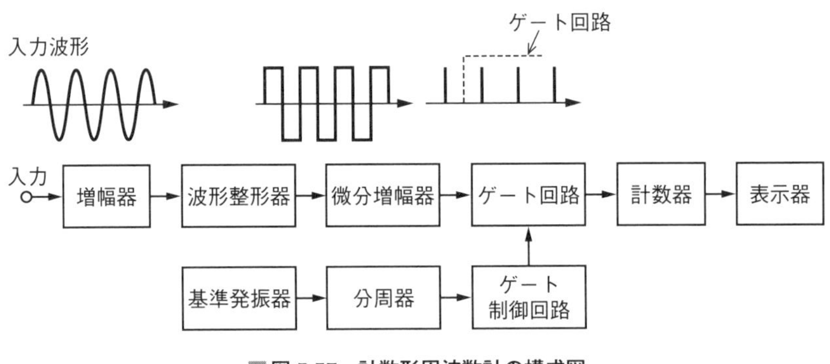

図 5.57　計数形周波数計の構成図

5.5.2 デジタルマルチメータ

デジタルマルチメータは，直流電圧・電流，交流電圧・電流，直流抵抗などの測定機能を 1 台の筐体にまとめた測定機です．電圧測定のみに用いられる機器はデジタルボルトメータといいます．

図 5.58 にデジタルマルチメータの構成図を示します．入力変換器は，アナログ入力信号を増幅するとともに，交流や直流の電圧，電流，あるいは抵抗値を，それらに比例した直流電圧に変換して出力します．A - D 変換器でアナログ量をデジタル量に変換します．制御器は，入力変換器，A - D 変換器のゲート開閉時間の制御や計数パルスの発生および制御を行い，表示器に表示用のデジタル量を出力します．表示器では測定値を 10 進数の数値で表示します．

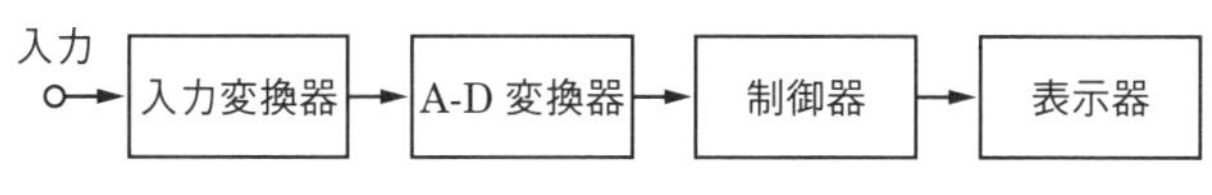

■図 5.58　デジタルマルチメータの構成図

A-D 変換器は比較方式や積分方式が用いられています．積分方式は時間に比例して増加する積分回路の出力電圧と入力電圧を比較し，その時間にゲート回路を通過するデジタルパルスを計数することによって，入力電圧に比例したパルス数に変換します．また，測定量と基準量の比較方法には，直接比較方式と間接比較方式があります．

図 5.59 に二重積分型の A–D 変換回路の構成と各部の電圧を示します．

制御回路によってスイッチ SW が a に入ると，正の入力直流電圧 V_x〔V〕がミラー積分回路に加わります．ミラー積分回路は CR の定数で決まる直線的に変化する出力電圧を得ることができるので，図 5.59 (b) のようにミラー積分回路の出力電圧 V_o〔V〕が零から負方向に直線的に変化し，同時に比較器が動作します．制御回路は，比較器が動作を始めた時刻 t_0〔s〕からクロックパルスを計数し，計数値が一定数 N_1 になった時刻 t_1〔s〕に SW を b に切り替え，V_x〔V〕と逆極性の負の基準電圧 V_s〔V〕を加えます．

ミラー積分回路の出力電圧は，t_1 から正方向に直線的に変化し，時刻 t_2 で零になります．このとき，コンデンサ C〔F〕には $i = E_i/R$〔A〕の電流が流れるので，C に蓄積される電荷は $Q = i\ (t_1 - t_0)$〔C〕で表されます．また，C に加わる電圧 $-V_o$〔V〕より電荷は $Q = -V_oC$〔C〕となるので，次式が成り立ちます．

$$i\,(t_1 - t_0) = -V_oC \text{〔C〕} \tag{5.34}$$

$$\frac{E_i}{R}(t_1 - t_0) = -V_oC \tag{5.35}$$

よって，式 (5.34) と式 (5.35) より

$$V_o = -\frac{t_1 - t_0}{CR}E_i \text{〔V〕} \tag{5.36}$$

オペアンプの入力端子間の電位差は零．
入力インピーダンスは∞となる．

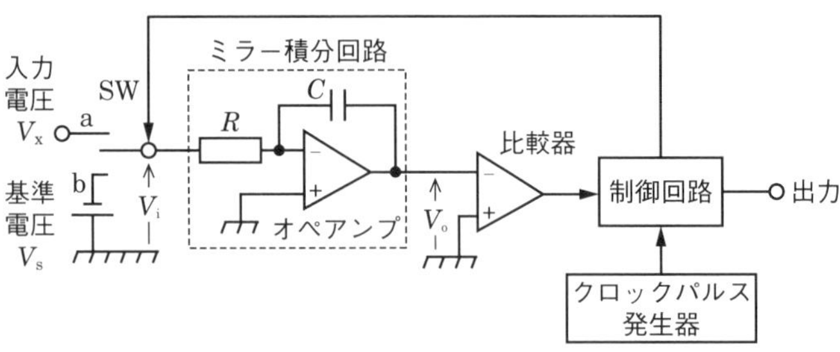

（a）構成

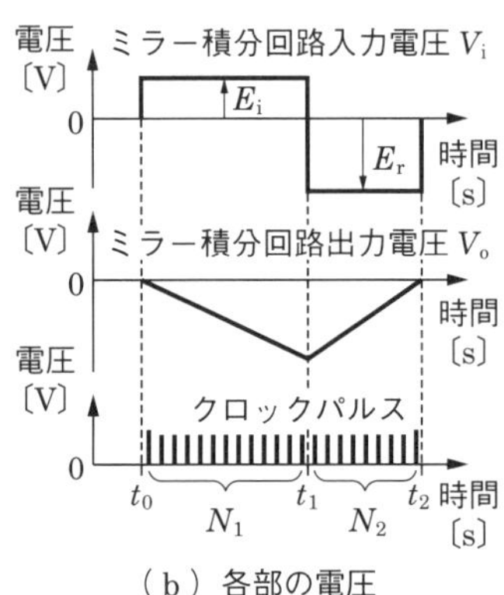

（b）各部の電圧

図 5.59　A–D 型変換回路

時刻 t_1〔s〕に SW を b に切り替えて，オペアンプの入力が V_x と逆の極性の基準電圧 E_r となると，V_o は式 (5.36) より次式で表されます．

$$V_o = -\frac{t_1 - t_0}{CR}E_i + \frac{t_2 - t_1}{CR}E_r \text{〔V〕} \tag{5.37}$$

時刻が t_2〔s〕になると $V_o = 0$ となるので，そのとき式 (5.37) は次式となります．

$$0 = -\frac{t_1 - t_0}{CR}E_i + \frac{t_2 - t_1}{CR}E_r \tag{5.38}$$

よって

$$E_i = \frac{t_2 - t_1}{t_1 - t_0}E_r \text{〔V〕} \tag{5.39}$$

図 5.59 (b) のように，t_0 から t_1 のクロックパルスの計数値が N_1，t_1 から t_2 のクロックパルスの計数値が N_2 とすると，E_i は式 (5.39) によって次式で表されます．

$$E_i = \frac{N_2}{N_1} E_r \text{〔V〕} \tag{5.40}$$

よって，クロックパルス数を計数すれば基準電圧 V_s と式 (5.40) より入力電圧 V_x を求めることができます．このとき式 (5.40) には CR の定数が含まれていないので，部品の定数の誤差が測定精度に影響しません．

積分回路に用いられる CR の定数が周囲温度の変化などによって変化すると積分定数が変化するが，二重積分方式では積分を 2 回行うことにより，出力パルス数が積分定数と無関係となるので，部品の定数が変化しても誤差が生じない．

5.5.3 オシロスコープ

オシロスコープは周期波形を直接，画面上に描かせることによって，周期波形の電圧，周波数，位相などを測定することができる測定機です．**図 5.60** に構成図を示します．水平増幅器と垂直増幅器の出力電圧が画面上の輝点の位置を決定します．水平入力にのこぎり波を加えると，水平軸を時間軸として変化する波形を観測することができます．入力信号の立上りでトリガ同期をとることによって，画面に静止した波形を描かせることができます．

オシロスコープは，周期波形を繰り返して画面上に表示することで，静止した波形を観測することができる．

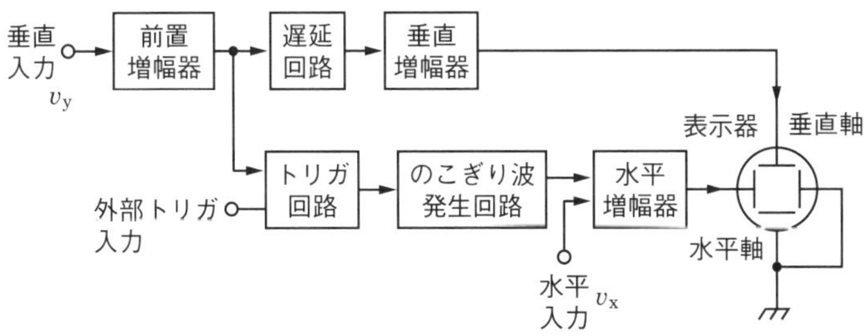

■図 5.60　オシロスコープの構成図

水平増幅器に f_x の周波数，垂直増幅器に f_y の周波数の正弦波を入力して，リサジュー図形を描かせたときの各入力波の位相差と画面の表示を**図 5.61** に示します．

リサジュー図形をオシロスコープに描かせる場合は，トリガ同期をとることができないが，垂直軸と水平軸に加える信号の周波数と位相差の比が整数比のときに，画面上に静止した波形を描かせることができる．

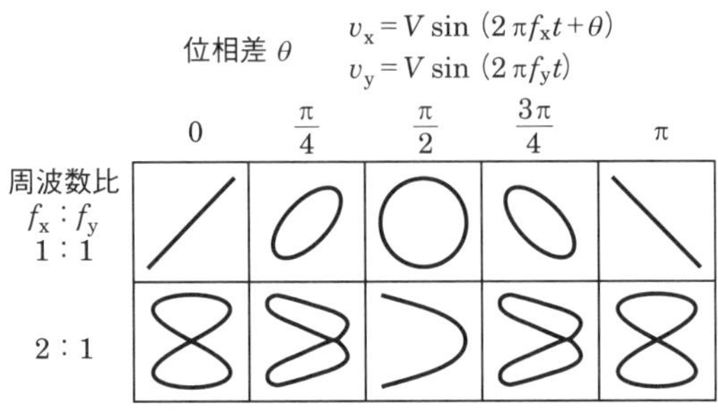

図 5.61　リサジュー図形

リサジュー図形は水平軸に加える信号の瞬時値を x 軸の値として，垂直軸に加える信号の瞬時値を y 軸の値として，時間の経過とともに変化する値を図にプロットすることで描くことができる．

オシロスコープを測定回路に接続するときは，測定回路に影響を与えないようにするために，測定器を接続するケーブルとしてプローブが用いられます．プローブの等価回路を**図 5.62** に示します．直流動作では，C_1 および C_2 を無視して，プローブの減衰量を $V_1 : V_2 = 10 : 1$ とすると，プローブの抵抗 R_1〔MΩ〕とオシロスコープの入力抵抗 R_2〔MΩ〕の比は次式で表されます．

$$R_1 : R_2 = 9 : 1 \tag{5.41}$$

次に C_1 および C_2 を考慮して，R_1〔MΩ〕と C_1〔pF〕の並列インピーダンスを $\dot{Z}_1$〔MΩ〕, R_2〔MΩ〕と C_2〔pF〕の並列インピーダンスを $\dot{Z}_2$〔MΩ〕とすると，減衰比が式 (5.41) と同じ比率となるので

$$\dot{Z}_1 = 9\dot{Z}_2 \tag{5.42}$$

$$\frac{R_1}{1 + j\omega C_1 R_1} = \frac{9R_2}{1 + j\omega C_2 R_2} \tag{5.43}$$

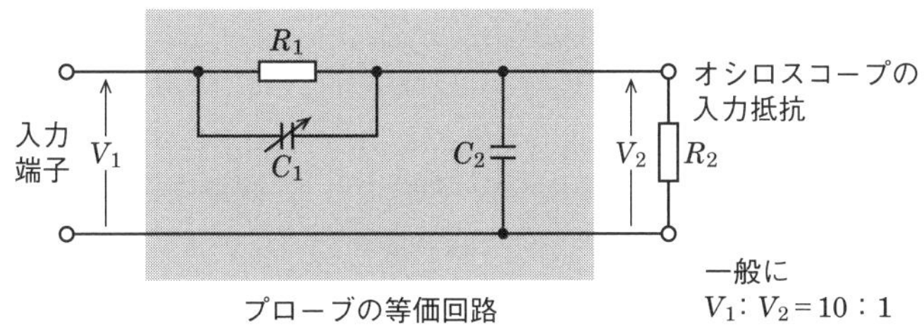

図 5.62　オシロスコープの入力回路

$$\frac{1 + j\omega C_2 R_2}{1 + j\omega C_1 R_1} = \frac{9R_2}{R_1} \tag{5.44}$$

式 (5.44) において，$9R_2/R_1 = 1$ より，左辺の虚数項が等しいときに周波数と無関係な値となるので

$$\omega C_1 R_1 = \omega C_2 R_2 \quad \text{よって} \quad \frac{R_2}{R_1} = \frac{C_1}{C_2} \tag{5.45}$$

入力に方形波を加えたときの観測波形を**図 5.63** に示します．調整用の可変コンデンサ（トリマコンデンサ）C_1 の値を調整して，式 (5.45) の関係があるとき，オシロスコープの画面に入力信号と相似な方形波を観測することができます．

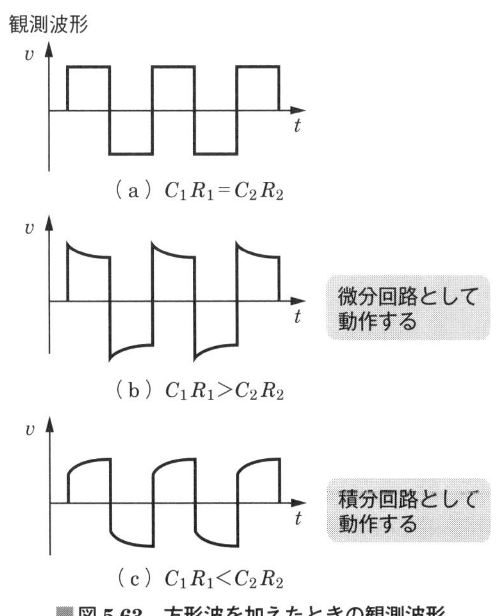

図 5.63　方形波を加えたときの観測波形

問題 28 ★ ➡5.5.2

次の記述は，**図 5.64** に示す原理的な二重積分型 A-D 変換回路の動作について述べたものである．[　　] 内に入れるべき字句の正しい組合せを下の番号から選べ．ただし，積分回路は，演算増幅器 A_{OP}，抵抗 R〔Ω〕，静電容量 C〔F〕を用いて，理想的に動作するものとし，初期状態で出力電圧 V_o は，0〔V〕とする．なお，同じ記号の [　　] 内には，同じ字句が入るものとする．

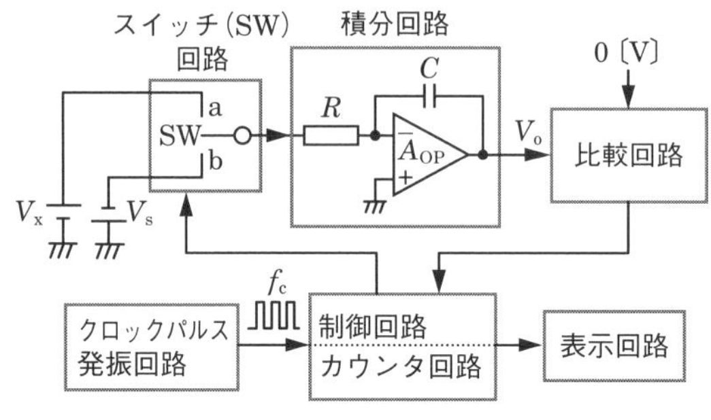

図 5.64

(1) 制御回路により，スイッチ SW を a 側に切り替えて未知の直流電圧 V_x〔V〕を，クロックパルスの数が N_o になるまでの間，積分回路の入力に加える．このとき，クロックパルスの周波数を f_c〔Hz〕とすると，パルス数が N_o になった後の出力電圧 V_{ox}〔V〕は，次式で表される．

$$V_{ox} = -\frac{V_x}{CR} \times (\boxed{\quad A \quad})\ \text{〔V〕} \quad \cdots\cdots 【1】$$

(2) パルス数が N_o になると，SW は b 側に切り替えられ，積分回路の入力には V_x とは逆極性の規定の直流電圧 V_s〔V〕が入力される．このため，V_o は，V_{ox}〔V〕から 0〔V〕に向かって増加を始める．

(3) 比較回路で V_o と 0〔V〕を比較し，SW が b 側に切り替えられてから $V_o = 0$〔V〕となるまでの間のパルス数をカウンタで計数する．このときのパルス数を N_x とすると次式が成り立つ．

$$-\frac{V_x}{CR} \times (\boxed{\quad A \quad}) + \frac{V_s}{CR} \times (\boxed{\quad B \quad}) = 0\ \text{〔V〕} \quad \cdots\cdots 【2】$$

(4) 式【2】より，次式が得られる．

$$V_x = (\boxed{\quad C \quad}) \times V_s\ \text{〔V〕} \quad \cdots\cdots 【3】$$

したがって，式【3】より N_o と V_s は既知数であるから，N_x から V_x を求めることができる．

	A	B	C
1	$N_o f_c$	N_x/f_c	N_o/N_x
2	$N_o f_c$	$N_x f_c$	N_x/N_o
3	N_o/f_c	N_x/f_c	N_x/N_o
4	N_o/f_c	$N_x f_c$	N_x/N_o
5	N_o/f_c	N_x/f_c	N_o/N_x

解説 クロックパルスがN_oになるまでの時間T_o〔s〕は，クロックパルスの周波数f_c〔Hz〕より次式で表されます．

$$T_o = \frac{N_o}{f_c} \text{〔s〕}$$

出力電圧V_{ox}〔V〕は

$$V_{ox} = -\frac{V_x}{CR} \times T_o = -\frac{V_x}{CR} \times \boldsymbol{\frac{N_o}{f_c}} \text{〔V〕}$$

A の答え

問題の式【2】は

$$-\frac{V_x}{CR} \times \frac{N_o}{f_c} + \frac{V_s}{CR} \times \boldsymbol{\frac{N_x}{f_c}} = 0 \quad \text{よって} \quad V_x = \boldsymbol{\frac{N_x}{N_o}} V_s \text{〔V〕}$$

B の答え

C の答え

答え▶▶▶3

問題 29 ★★★ ➡5.5.3

次の記述は，**図 5.65** に示すリサジュー図について述べたものである．[　　]内に入れるべき字句の正しい組合せを下の番号から選べ．ただし，図 5.65 は，**図 5.66** に示すようにオシロスコープの垂直入力および水平入力に最大値がV〔V〕で等しく，周波数の異なる正弦波交流電圧v_yおよびv_x〔V〕を加えたときに得られたものとする．

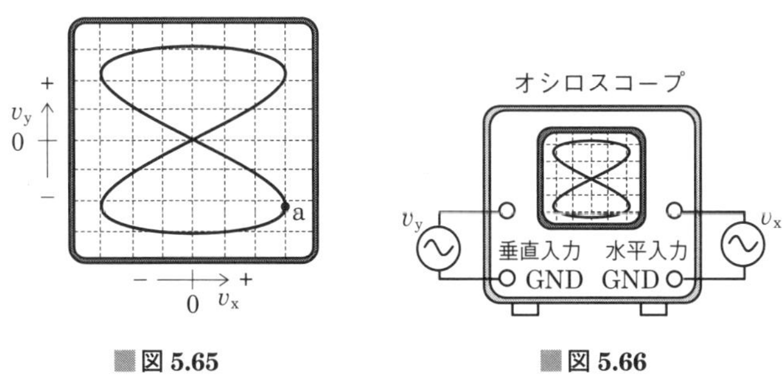

図 5.65　図 5.66

(1) v_x の周波数が 1〔kHz〕のとき，v_y の周波数は [A]〔kHz〕である．

(2) 図 5.65 の点 a における v_y の値は，約 [B]〔V〕である．

	A	B
1	2	$\frac{-V}{\sqrt{2}}$
2	2	$\frac{-V}{\sqrt{3}}$
3	0.5	$\frac{-V}{\sqrt{2}}$
4	0.5	$\frac{-V}{\sqrt{3}}$
5	2	$\frac{-2V}{\sqrt{2}}$

解説 v_y と v_x の波形を**図 5.67** に示します．垂直に引いた線 X を横切る回数（水平方向の変化）は，水平に引いた線 Y を横切る回数（垂直方向の変化）の 2 倍なので，垂直方向の周波数 f_y〔Hz〕は水平方向の周波数 $f_x = 1$〔kHz〕の 1/2 倍となり，$f_y = \mathbf{0.5}$〔kHz〕です．

[A] の答え

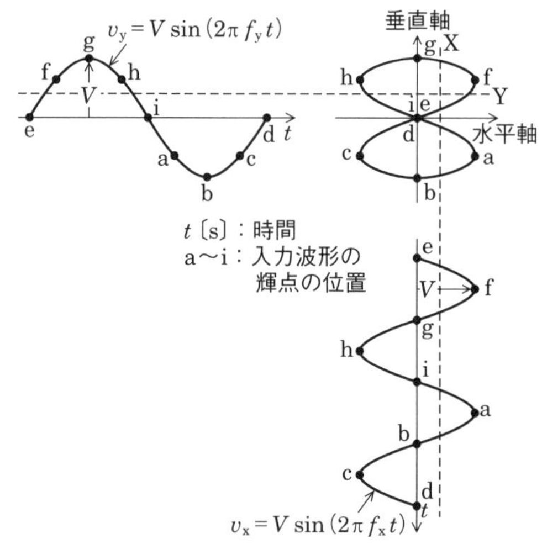

■図 5.67

点aを中心点eから始まる角度θ〔rad〕の三角関数で表すと，x軸の位相角は$\theta_x = 2\pi + \pi/2$〔rad〕，y軸の位相角は$\theta_y = \pi + \pi/4$〔rad〕となるので，v_y〔V〕を求めると次式で表されます．

$$v_y = V\sin\theta_y = V\sin\left(\pi + \frac{\pi}{4}\right) = \frac{-V}{\sqrt{2}}\ \text{〔V〕}$$

B の答え

答え▶▶▶3

問題 30 ★★★ ➡5.5.3

次の記述は，**図 5.68** に示すリサジュー図について述べたものである．□内に入れるべき字句の組合せとして，正しいものを下の番号から選べ．ただし，図5.68は，**図 5.69** に示すようにオシロスコープの垂直入力および水平入力のそれぞれに最大値V〔V〕の等しい正弦波交流電圧v_yおよびv_x〔V〕を加えたときに得られたものとする．

(1) v_xの周波数が400〔Hz〕のとき，v_yの周波数は A 〔Hz〕である．

(2) 図5.68の点aのときのv_xの値は， B 〔V〕である．

(3) 点oから始まって点oに戻るまで，1回のリサジュー図を描くのに要する時間は， C 〔s〕である．

	A	B	C
1	200	0	$\frac{1}{200}$
2	200	V	$\frac{1}{400}$
3	600	0	$\frac{1}{200}$
4	600	V	$\frac{1}{400}$
5	600	0	$\frac{1}{400}$

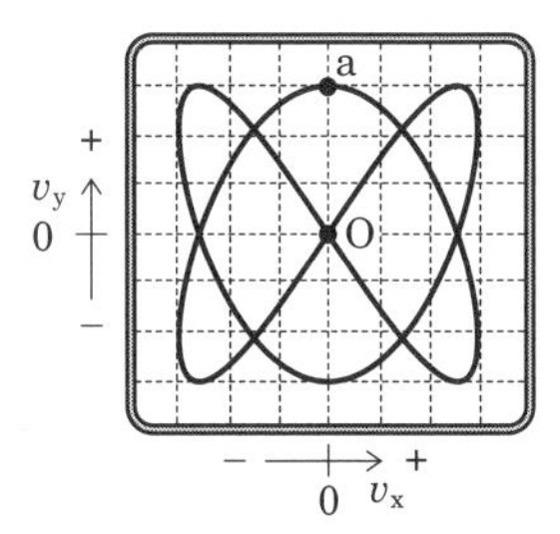

図 5.68

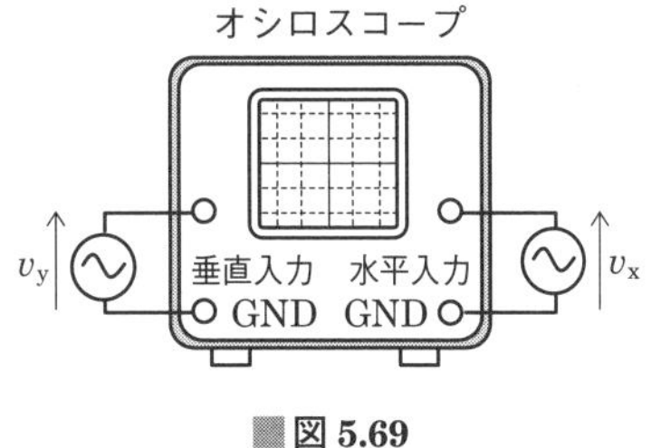

図 5.69

解説 問題の図5.68において，図5.68の画面上の任意の位置に垂直線Vと水平線Hを引くと，垂直に引いた線Vを横切る回数（水平方向の変化）は4で，水平に引いた線Hを横切る回数（垂直方向の変化）が6となるので，水平方向の周波数f_x〔Hz〕と垂直方向の周波数f_y〔Hz〕は次式の関係があります．

$$\frac{f_x}{f_y}=\frac{4}{6} \quad よって \quad f_y=\frac{6}{4}f_x=\frac{6}{4}\times 400=\mathbf{600}〔Hz〕$$ ◀…… A の答え

x軸上に位置する点aのx（水平）方向の変位は0なので$v_x=\mathbf{0}$〔V〕となります．
▲…… B の答え

正弦波の波形が水平軸あるいは垂直軸を通るのは，0〔V〕となる半周期なので，たとえばv_yの変化が水平軸を通る回数について，1回のリサジュー図形を追っていくと，水平軸を6回通るので周波数f_yの3周期分となります．よって，600/3 = 200〔Hz〕の周期が1回のリサジュー図を描くのに要する時間となるので，**1/200**〔s〕となります．
▲…… C の答え

答え▶▶▶3

問題 31 ★★★ ➡5.5.3

次の記述は，**図5.70**に示すオシロスコープのプローブについて述べたものである．□内に入れるべき字句の正しい組合せを下の番号から選べ．ただし，オシロスコープの入力抵抗R_oは1〔MΩ〕，プローブの等価回路は**図5.71**で表されるものとし，静電容量C_2を90〔pF〕とする．なお，同じ記号の□には同じ字句が入るものとする．

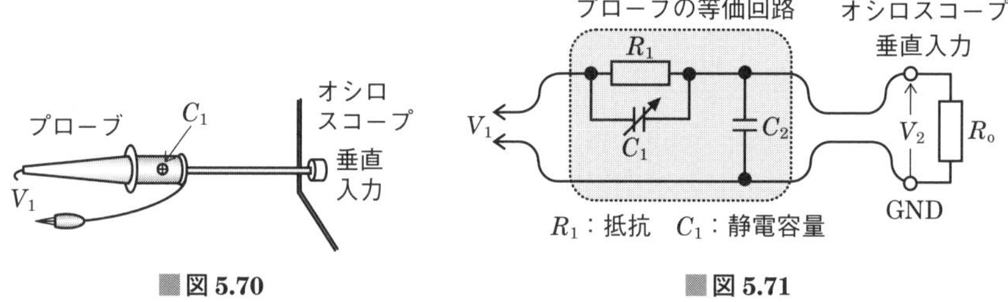

■図5.70　■図5.71

(1) C_1およびC_2を無視するとき，プローブの減衰比$V_1:V_2$を10：1にする抵抗R_1の値は， A である．

(2) C_1およびC_2を考慮し，R_1の値が， A であるとき，周波数に無関係に$V_1:V_2$を10：1にするC_1の値は， B である．

	A	B
1	9〔MΩ〕	8〔pF〕
2	9〔MΩ〕	10〔pF〕
3	9〔MΩ〕	12〔pF〕
4	10〔MΩ〕	10〔pF〕
5	10〔MΩ〕	12〔pF〕

解説 C_1 および C_2 を無視すると，プローブの減衰量はプローブの抵抗 R_1〔MΩ〕とオシロスコープの入力抵抗 R_0〔MΩ〕の比で表されるので，次式が成り立ちます．

$$\frac{V_1}{V_2}=\frac{R_1+R_0}{R_0}=10$$

$$10R_0=R_1+R_0$$

よって

$$R_1=9R_0=\mathbf{9}〔\mathbf{M\Omega}〕$$ ← A の答え ①

となります．次に C_1 および C_2 を考慮して，R_1〔MΩ〕と C_1〔pF〕の並列インピーダンスを $\dot{Z}_1$〔MΩ〕，R_2〔MΩ〕と C_2〔pF〕の並列インピーダンスを $\dot{Z}_2$〔MΩ〕とすると，減衰比が式①と同じ比率となるので，次式が成り立ちます．

$$\dot{Z}_1=9\dot{Z}_2$$

$$\frac{R_1\dfrac{1}{j\omega C_1}}{R_1+\dfrac{1}{j\omega C_1}}=\frac{9R_0\dfrac{1}{j\omega C_2}}{R_0+\dfrac{1}{j\omega C_2}}$$

$$\frac{R_1}{1+j\omega C_1R_1}=\frac{9R_0}{1+j\omega C_2R_0}$$

$$\frac{1+j\omega C_2R_0}{1+j\omega C_1R_1}=\frac{9R_0}{R_1} \quad ②$$

式②において，$9R_0/R_1=1$ より，左辺の虚数項が等しいときに周波数と無関係な値となるので，次式が成り立ちます．

$$\omega C_2R_0=\omega C_1R_1$$

したがって，C_1 は次のようになります．

$$C_1=\frac{C_2R_0}{R_1}=\frac{90\times 1}{9}=\mathbf{10}〔\mathbf{pF}〕$$ ← B の答え

答え▶▶▶ 2

索 引

タ　行

ラ 行・ワ 行

英数字・記号

〈著者略歴〉
吉川忠久（よしかわ　ただひさ）
学　歴　東京理科大学物理学科卒業
職　歴　郵政省関東電気通信監理局
日本工学院八王子専門学校
中央大学理工学部兼任講師
明星大学理工学部非常勤講師

第一級陸上無線技術士試験
やさしく学ぶ　無線工学の基礎（改訂３版）

2012年9月25日　第1版第1刷発行
2017年8月25日　改訂2版第1刷発行
2022年5月25日　改訂3版第1刷発行

著　者　吉川忠久
発行者　村上和夫
発行所　株式会社 オーム社
郵便番号　101-8460
東京都千代田区神田錦町3-1
電話　03(3233)0641(代表)
URL　https://www.ohmsha.co.jp/

組版　新生社　　印刷・製本　平河工業社
ISBN978-4-274-22852-0　Printed in Japan